Mathematik für Wirtschaftswissenschaftler III

Heinrich Rommelfanger

Mathematatik für Wirtschaftswissenschaftler III

Band 3: Differenzengleichungen – Differentialgleichungen – Wahrscheinlichkeitstheorie – Stochastische Prozesse

Springer Spektrum

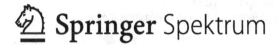

Prof. Dr. Heinrich Rommelfanger
Institut für Statistik und Mathematik
Universität Frankfurt
Frankfurt a.M., Deutschland

ISBN 978-3-642-45304-5 ISBN 978-3-642-45305-2 (eBook)
DOI 10.1007/978-3-642-45305-2

Die Deutsche Nationalbibliothek verzeichnet diese Publikation in der Deutschen Nationalbibliografie; detaillierte bibliografische Daten sind im Internet über http://dnb.d-nb.de abrufbar.

Springer Spektrum

Planung und Lektorat: Dr. Andreas Rüdinger, Barbara Lühker

Gedruckt auf säurefreiem und chlorfrei gebleichtem Papier

Springer Spektrum ist eine Marke von Springer DE.
Springer DE ist Teil der Fachverlagsgruppe Springer Science+Business Media.
www.springer-spektrum.de

Vorwort

Während in den beiden ersten Bänden die Teilgebiete der Mathematik behandelt werden, die Wirtschaftswissenschaftler unbedingt beherrschen sollten, spricht der dritte Band Leser an, die auch komplexere Wirtschaftsmodelle verstehen wollen. Den Schwerpunkt dieses Buches bilden dynamische Wirtschaftssysteme, die dadurch geprägt sind, dass sich Variablen aus unterschiedlichen Zeiträumen beeinflussen. So hängt z. B. der Konsum in einer Zeitperiode nicht nur von dem Einkommen in dieser Periode ab sondern auch von den Ersparnissen aus den Einkommen früherer Perioden. Um Wachstumszyklen und Konjunkturschwankungen zu verstehen, ist es notwendig, zumindest mit einfachen Differenzen- und Differentialgleichungen arbeiten zu können und deren Lösungen herzuleiten. Da in der einschlägigen Literatur hauptsächlich lineare Differenzen- und Differentialgleichungen Verwendung finden, stehen diese einfachen Typen im Mittelpunkt der Teilbereiche A und B. Realitätsnähere dynamische Modelle lassen sich aber erst mittels Systemen aus Differenzen- und/oder Differentialgleichungen modellieren. Diese anspruchsvolleren Lösungskonzepte werden in den Kapiteln 5 und 10 ausführlich behandelt.

Der Teilbereich C ist der Wahrscheinlichkeitstheorie gewidmet. Leider wird immer noch in vielen Statistikbüchern darauf verzichtet, die mathematische Basis des Wahrscheinlichkeitsraumes und vor allem der Zufallsvariablen mathematisch exakt darzustellen. Ohne die Definition der Zufallsvariablen als eine Abbildung des Stichprobenraumes in die Menge der reellen Zahlen ist es aber für Studierende kaum möglich, die Begriffe "Kumulierte Wahrscheinlichkeitsfunktion" und "Dichtefunktion" zu verstehen.

Im letzten Teilbereich D werden stochastische Prozesse behandelt. Dabei wird die in den ersten beiden Teilgebieten eingeführte Zeitabhängigkeit beibehalten, nun aber auf stochastische Übergänge erweitert. Nach den allgemeinen Definitionen in Kapitel 14 beschäftigt sich dann das Kapitel 15 mit den für die Anwendung wichtigen MARKOV-Ketten, die durch Übergangswahrscheinlichkeitsmatrizen beschrieben werden können. Im abschließenden Kapitel 16 werden dann zeitstetige WIENER-Prozesse untersucht, die in den letzten Jahrzehnten eine große Bedeutung gefunden haben bei Modellierung von Finanzprozessen. Genauer analysiert wird die wohl bekannteste Anwendung, die BLACK-SCHOLES-Formel zur Bewertung von Aktienoptionen.

Zahlreiche Beispiele, darunter viele klassische Konjunktur- und Wachstumsmodelle, erleichtern das Verständnis und machen den Leser mit den Rechentechniken vertraut. Zur Überprüfung des Wissensstandes werden in jedem Kapitel Kontrollaufgaben gestellt, zu denen am Ende des Buches Lösungshinweise angegeben sind.

Das vorliegende Lehrbuch basiert auf langjährigen Erfahrungen aus Vorlesungen über Wahrscheinlichkeitstheorie, MARKOV-Prozesse, Derivate Finanzinstrumente, Differenzen- und/oder Differentialgleichungen und ihren Anwendungen in den Wirtschaftswissenschaften, die der Autor an den Universitäten in Saarbrücken, Karlsruhe und Frankfurt am Main angeboten hat. Auf Grund von Diskussionen mit wissenschaftlichen Mitarbeitern, Tutoren und Studenten wurden die Vorlesungsskripte mehrfach überarbeitet und didaktisch neu gestaltet.

Mein Dank gilt allen, die zur Verbesserung der Manuskripte beigetragen haben, insbesondere natürlich den Personen, die mir bei der Erstellung der nun vorliegenden Fassung geholfen haben: Frau Jutta Preußler hat mit großer Geduld und Sorgfalt das mit zahlreichen Formeln gespickte Manuskript in druckreife Form gebracht und die redaktionelle Leitung übernommen. Frau Dipl. Kffr. Nina Golowko hat den Textentwurf kritisch gelesen und wertvolle Verbesserungsvorschläge eingebracht. Herr cand. rer. pol. Markus Berger hat den größten Teil der Zeichnungen neu angefertigt.

Frankfurt am Main, den 27.12.2005 Heinrich Rommelfanger

Inhaltsverzeichnis

A. Differenzengleichungen und ihre Anwendung in den Wirtschaftswissenschaften

In den Wirtschaftswissenschaften stehen wichtige ökonomische Größen nur für gewisse Zeitintervalle gleicher Länge zur Verfügung. So werden Einkommen, Konsum, Investitionen usw. pro Monat, pro Vierteljahr oder pro Jahr erfasst. Volkswirte untersuchen in der so genannten "Periodenanalyse" die Entwicklung des Volkseinkommens und anderer ökonomischer Größen.

Daher ist eine diskrete Zeiteinteilung und die darauf aufbauenden Wirtschaftsmodelle die nahe liegende, man kann sogar sagen die "natürliche" Betrachtungsweise. Kommen in einem Modell Wirtschaftsvariablen aus unterschiedlichen Zeitperioden vor, so führt dies im Allgemeinen zu dynamischen Modellen, die Differenzengleichungen enthalten.

Ein bekanntes Wachstumsmodell der Makroökonomie geht auf J. R. HICKS [1950, S. 174 f.] zurück. Er unterstellt die folgenden Beziehungen zwischen dem Einkommen Y, dem Konsum C und der Investition I einer Volkswirtschaft:

H1 Das Einkommen in der Periode t sei gleich dem Konsum plus der Investition in der Periode t, d. h.

$$Y_t = C_t + I_t .$$

H2 Der Konsum einer beliebigen Periode sei eine lineare Funktion der Einkommen der beiden voran gehenden Perioden, d. h.

$C_t = b_1 \cdot Y_{t-1} + b_2 \cdot Y_{t-2} + B$, wobei b_1, b_2 und B Konstante sind.

H3 Die Investition erhöhe sich in jeder Periode um einen festen Betrag h, d. h.

$$I_{t+1} = I_t + h \quad \text{oder} \quad I_t = I_0 + t \cdot h .$$

Dabei bedeuten: $Y_t = Y(t), C_t = C(t), I_t = I(t)$, $t = 0, 1, 2, \ldots$

Diese drei Annahmen lassen sich kombinieren zu der Gleichung

$$Y_t = b_1 \cdot Y_{t-1} + b_2 \cdot Y_{t-2} + B + I_0 + t \cdot h, \quad t = 2, 3, \ldots$$

Dies ist eine ***Differenzengleichung*** zur Bestimmung der Einkommensfunktion Y, da sie Werte der abhängigen Variablen Y zu verschiedenen Zeitpunkten t enthält.

Wieso hier der Ausdruck *Differenzengleichung* richtig ist, wird man erkennen, wenn in Kapitel 1 der Begriff *Differenz einer Funktion* definiert wird. Aufbauend auf dem Differenzenoperator werden dann verschiedene Klassen von Differenzengleichungen definiert und Lösungsansätze dargestellt.

Da dieses Buch das Ziel verfolgt, dem angehenden oder sich weiterbildenden Wirtschaftswissenschaftler ein Verständnis für dynamische Wirtschaftsmodelle zu ermöglichen, beschränkt sich die Darstellung auf die gebräuchlichsten Gleichungstypen und Gleichungssysteme. Dies sind im Wesentlichen die linearen Differenzengleichungen mit konstanten Koeffizienten.

Zahlreiche Beispiele, darunter viele klassische Anwendungen der dynamischen Wirtschaftstheorie, ergänzen die mathematische Gedankenführung und zeigen die Notwendigkeit auf, sich mit Differenzengleichungen zu befassen. Sie demonstrieren gleichzeitig die Fähigkeit dynamischer Modelle, ein "realistisches Verständnis" für die gegenseitige Beeinflussung ökonomischer Größen zu vermitteln.

1. Grundlegende Definitionen und Aussagen über Differenzengleichungen

1.1 Der Differenzenoperator

Definition 1.1:
Gegeben sei eine reellwertige Funktion $y = y(x)$ mit der Definitionsmenge $D \subseteq \mathbf{R}$ und eine beliebige Konstante $h \in \mathbf{R}$.

Als *erste Differenz von y* bezeichnet man dann die Funktion $\underset{h}{\Delta} y$, deren Wert bestimmt ist durch

$$\underset{h}{\Delta} y(x) = y(x+h) - y(x)\,. \tag{1.1}$$

Die Funktion $\underset{h}{\Delta} y$ ist definiert für alle $x \in D$, für die auch $(x+h) \in D$ ist.

Das Symbol Δ heißt *der Differenzenoperator*; er besagt, dass zur Bestimmung der ersten Differenz $\underset{h}{\Delta} y$ die Operation (1.1) mit der Funktion y vorzunehmen ist.

Die Zahl h wird als *das Differenzenintervall* bezeichnet.

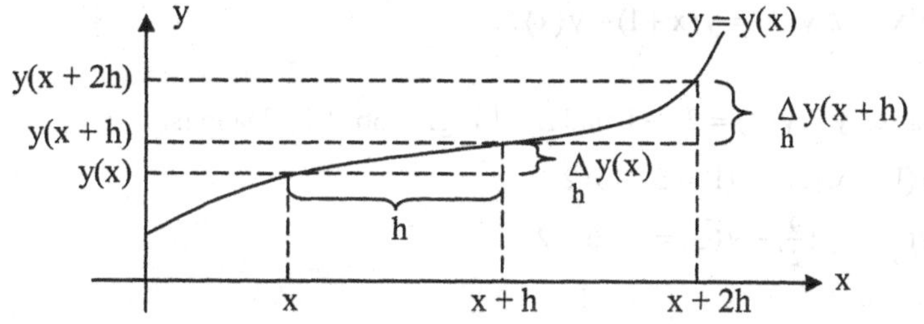

Abb. 1.1 Erste Differenz von y(x)

Anschaulich ist die *erste Differenz von y* diejenige Funktion, deren Funktionswert im Punkt x die Änderung des Funktionswertes von y angibt, die der Änderung der unabhängigen Variablen von x nach x + h entspricht.

< **1.1** > Die Funktion $y = y(x)$ in Abbildung 1.1 kann interpretiert werden als eine s-förmige Kostenfunktion, die die Gesamtkosten eines Betriebes angibt, wenn x Einheiten des einzigen Produktionsgutes erzeugt werden.
Die erste Differenz $\underset{h}{\Delta} y$ gibt dann den Kostenanstieg an, der durch Erhöhung des Outputs von x auf x + h Einheiten hervorgerufen wird. ♦

Solange keine Missverständnisse möglich sind, kann auf die explizite Angabe des Differenzenintervalls h in der Schreibweise der ersten Differenz verzichtet werden und man schreibt abkürzend

$$\Delta y(x) = y(x+h) - y(x). \tag{1.1'}$$

< **1.2** > Die erste Differenz der linearen Funktion y = y(x) = x errechnet sich nach (1.1') als

$$\Delta y(x) = \Delta x = (x+h) - x = h.$$

Man bezeichnet daher das Differenzenintervall auch mit Δx. So findet man oft in der Literatur die Schreibweise

$$\frac{\Delta f(x)}{\Delta x} = \frac{f(x+\Delta x) - f(x)}{\Delta x}$$

für den *Differenzenquotienten* der Funktion f an der Stelle x. ♦

In diesem Buch soll die abgekürzte Schreibweise aber reserviert bleiben für den in der praktischen Anwendung am Häufigsten anzutreffenden Fall, dass das Differenzenintervall gleich 1 ist:

$$\Delta y(x) = \underset{1}{\Delta} y(x) = y(x+1) - y(x).$$

< **1.3** > Es sei $y = y(x) = 2x - 1$ und h = 1 (vgl. Abb. 1.2). Dann ist

$$\Delta y(1) = y(2) - y(1) = 3 - 1 = 2$$

$$\Delta y(\tfrac{7}{2}) = y(\tfrac{9}{2}) - y(\tfrac{7}{2}) = 8 - 6 = 2$$

und allgemein

$$\Delta y(x) = y(x+1) - y(x) = 2(x+1) - 1 - 2x + 1 = 2.$$

Diese Ergebnisse überraschen nicht, denn bei einer linearen Funktion ruft jeder Zuwachs des Wertes für die unabhängige Variable um eine Einheit eine gleichmäßige Änderung des Funktionswertes hervor, der sich stets um die (konstante) Steigung ändert. ♦

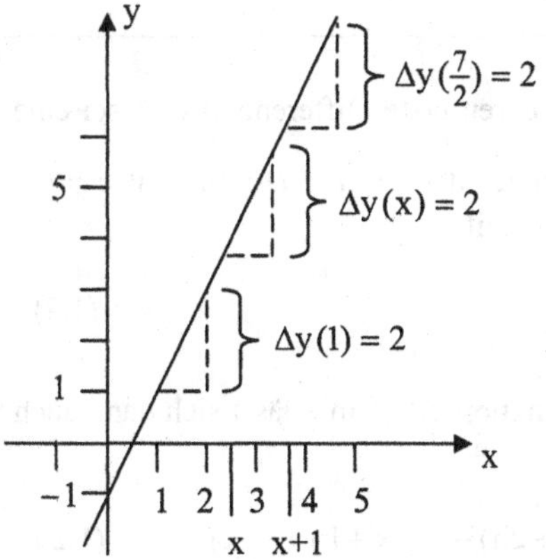

Abb. 1.2: $y(x) = 2x - 1,\ h = 1$

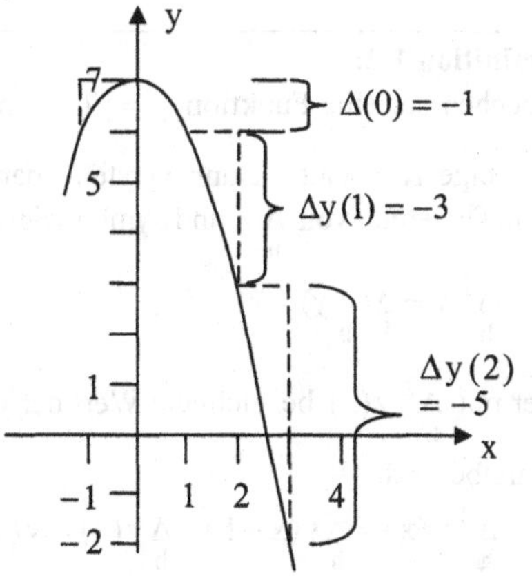

Abb. 1.3: $y(x) = -x^2 + 7,\ h = 1$

< 1.4 > Es sei $y = y(x) = -x^2 + 7$ und $h = 1$ (vgl. Abb. 1.3). Dann ist

$$\Delta y(-1) = y(0) - y(-1) = -0^2 + 7 - [-(1)^2 + 7] = 1$$

$$\Delta y(2) = y(3) - y(2) = -3^2 + 7 - (-2^2 + 7) = -5$$

und allgemein

$$\Delta y(x) = y(x+1) - y(x) = -(x+1)^2 + 7 - (-x^2 + 7) = -2x - 1.$$ ♦

< 1.5 > Es sei $y = y(x) = x^4$ und $h > 0$. Dann ergibt sich unter Verwendung des Binominalsatzes

$$\underset{h}{\Delta} y(x) = (x+h)^4 - x^4 = 4x^3h + 6x^2h^2 + 4xh^3 + h^4.$$

In den letzten beiden Beispielen ist der Wert von $\Delta y(x)$ nicht konstant, sondern hängt von x ab. Hier wird deutlich, dass die erste Differenz von y eine Funktion von x ist. ♦

1.2 Zweite und höhere Differenzen

Definition 1.2:
Gegeben sei eine Funktion $y = y(x)$ und deren erste Differenz $\underset{h}{\Delta} y$; h sei eine beliebige Konstante. Dann versteht man unter der *zweiten Differenz von y* die erste Differenz von $\underset{h}{\Delta} y$ und symbolisiert sie mit

$$\underset{h}{\Delta}^2 y = \underset{h}{\Delta}(\underset{h}{\Delta} y). \tag{1.2}$$

Der mit $\underset{h}{\Delta}^2 y(x)$ bezeichnete Wert der Funktion $\underset{h}{\Delta}^2 y$ in x lässt sich dann auch schreiben als

$$\underset{h}{\Delta}^2 y(x) = \underset{h}{\Delta} y(x+h) - \underset{h}{\Delta} y(x) = y(x+2h) - 2y(x+h) + y(x). \tag{1.2'}$$

Analog ist die mit $\underset{h}{\Delta}^3 y$ bezeichnete *dritte Differenz von y* die erste Differenz von $\underset{h}{\Delta}^2 y$:

$$\underset{h}{\Delta}^3 y = \underset{h}{\Delta}(\underset{h}{\Delta}^2 y). \tag{1.3}$$

Allgemein ist die mit $\underset{h}{\Delta}^n y$ bezeichnete *n-te Differenz von y* die erste Differenz der (n – 1)-ten Differenz von y, d. h. die erste Differenz von $\underset{h}{\Delta}^{n-1} y$:

$$\underset{h}{\Delta}^n y = \underset{h}{\Delta}(\underset{h}{\Delta}^{n-1} y) \quad \text{für } n = 3, 4, 5, \ldots \tag{1.4}$$

Definieren wir noch

$$\underset{h}{\Delta}^1 y = \underset{h}{\Delta} y \quad \text{und} \tag{1.5}$$

$$\underset{h}{\Delta}^0 y = y, \tag{1.6}$$

so ist die Definition (1.4) sinnvoll für alle natürlichen Zahlen n = 1, 2, 3,… Der Operator Δ^0 wird als *Identitätsoperator* bezeichnet, da er bei Anwendung auf die Funktion y diese nicht verändert.

< **1.6** > Es sei $y = y(x) = x^3$ und $h > 0$. Dann ist

$$\underset{h}{\Delta} y(x) = (x+h)^3 - x^3 = 3x^2h + 3xh^2 + h^3.$$

$$\underset{h}{\Delta}^2 y(x) = \underset{h}{\Delta} y(x+h) - \underset{h}{\Delta} y(x)$$
$$= [3(x+h)^2 h + 3(x+h)h^2 + h^3] - (3x^2 h + 3xh^2 + h^3)$$
$$= 6xh^2 + 3h^3 + 3h^3 = 6xh^2 + 6h^3$$

$$\underset{h}{\Delta}^3 y(x) = \underset{h}{\Delta}^2 y(x+h) - \underset{h}{\Delta}^2 y(x)$$
$$= [6(x+h)h^2 + 6h^3] - (6xh^2 + 6h^3) = 6h^3$$

$$\underset{h}{\Delta}^4 y(x) = \underset{h}{\Delta}^3 y(x+h) - \underset{h}{\Delta}^3 y(x) = 6h^3 - 6h^3 = 0$$

Selbstverständlich sind auch alle höheren Differenzen gleich Null, vgl. dazu Satz 1.4 auf S. 9. ♦

Für eine beliebige Funktion $y = y(x)$ und eine willkürliche Konstante h berechnet sich nach (1.4) der mit $\underset{h}{\Delta}^3 y(x)$ bezeichnete Wert der dritten Differenz von y aus (1.2') als

$$\underset{h}{\Delta}^3 y(x) = \underset{h}{\Delta}[y(x+2h] - 2y(x+h) + y(x)$$
$$= [y(x+2h+h) - 2y(x+h+h) + y(x+h)]$$
$$-[y(x+2h) - 2y(x+h) + y(x)]$$
$$= y(x+3h) - 3y(x+2h) + 3y(x+h) - y(x)\,.$$

Mittels vollständiger Induktion kann man zeigen, dass für jede natürliche Zahl m gilt

$$\underset{h}{\Delta}^m y(x) = \sum_{k=0}^{m} \binom{m}{k} \cdot (-1)^k \cdot y[x + (m-k)h]\,, \tag{1.7}$$

d. h. die m-te Differenz von y lässt sich darstellen als eine Summe von $m + 1$ Funktionswerten der Funktion y an $m + 1$ aufeinander folgenden äquidistanten Argumentenwerten, die in ihrem Aufbau der Binomischen Reihe gleicht und deren Glieder wechselnde Vorzeichen aufweisen.

1.3 Eigenschaften des Differenzenoperators

Satz 1.1:
Die erste Differenz der Summe zweier Funktionen ist gleich der Summe ihrer ersten Differenzen.
Sind y_1 und y_2 zwei Funktionen und h eine beliebige Konstante, dann gilt das *distributive Gesetz*

$$\underset{h}{\Delta}[y_1(x)+y_2(x)]=\underset{h}{\Delta}y_1(x)+\underset{h}{\Delta}y_2(x). \qquad (1.8)$$

Beweis:

$$\begin{aligned}\underset{h}{\Delta}[y_1(x)+y_2(x)]&=[y_1(x+h)+y_2(x+h)]-[y_1(x)+y_2(x)]\\&=[y_1(x+h)-y_1(x)]+[y_2(x+h)-y_2(x)]\\&=\underset{h}{\Delta}y_1(x)+\underset{h}{\Delta}y_2(x)\end{aligned}$$

Satz 1.2:
Ist c eine beliebige Konstante, dann ist die erste Differenz der Funktion cy gleich dem Produkt aus der Konstanten c mit der ersten Differenz von y.
Es gilt *das kommutative Gesetz in Bezug auf eine Konstante* c

$$\underset{h}{\Delta}[c\cdot y(x)]=c\cdot\underset{h}{\Delta}y(x)\text{; h ist eine willkürliche Konstante.} \qquad (1.9)$$

Beweis als Übung:

Durch sukzessive Anwendung des Satzes 1.1 kombiniert mit Satz 1.2 erhält man

Satz 1.3:
Sind $y_1,y_2,\ldots,y_n$ n Funktionen in x und $c_1,c_2,\ldots,c_n$, h beliebige reelle Konstanten, so gilt für jede natürliche Zahl n

$$\begin{aligned}&\underset{h}{\Delta}[c_1y_1(x)+c_2y_2(x)+\cdots+c_ny_n(x)]\\&\qquad=c_1\cdot\underset{h}{\Delta}y_1(x)+c_2\cdot\underset{h}{\Delta}y_2(x)+\cdots+c_n\cdot\underset{h}{\Delta}y_n(x)\end{aligned} \qquad (1.10)$$

oder unter Verwendung des Summenzeichens

$$\underset{h}{\Delta}\sum_{i=1}^{n}c_i\cdot y_i(x)=\sum_{i=1}^{n}c_i\cdot\underset{h}{\Delta}y_i(x). \qquad (1.10')$$

Beweis mittels des Prinzips der vollständigen Induktion als Übung.

Mit Satz 1.3 lässt sich die folgende wichtige Eigenschaft des Differenzenoperators allgemein beweisen, die wir schon in Beispiel < 1.6 > kennen gelernt haben.

Satz 1.4:

Für ein Polynom n-ten Grades $y(x) = a_n x^n + a_{n-1} x^{n-1} + \cdots + a_1 x + a_0$ ist für ein beliebiges Differenzenintervall h mit $a_0, a_1, \ldots, a_n \in \mathbf{R}$, $a_n \neq 0$, die n-te Differenz von y eine konstante Funktion, genauer gilt:

$\underset{h}{\Delta}^n y(x) = a_n \cdot n! \cdot h^n$, und alle höheren Differenzen sind gleich Null.

Beweisskizze:

Für eine beliebige natürliche Zahl m erhalten wir unter Verwendung des Binomischen Lehrsatzes

$$\begin{aligned} \underset{h}{\Delta} x^m &= (x+h)^m - x^m = \sum_{i=0}^{m} \binom{m}{i} \cdot x^{m-i} \cdot h^i - x^m \\ &= m \cdot x^{m-1} \cdot h + \frac{m(m-1)}{2} \cdot x^{m-2} \cdot h^2 + \cdots + h^m. \end{aligned}$$

Durch Anwendung des Differenzenoperators Δ auf x^m erhält man eine endliche Summe, deren Glieder jeweils ein Produkt aus einer reellen Konstanten und einer Potenz von x sind, wobei x^{m-1} die höchste vorkommende Potenz ist. Wenden wir nun Δ auf $y(x)$ an, so erhalten wir aufgrund der vorstehenden Überlegung und wegen Satz 1.3 als $\Delta y(x)$ ein Polynom (n – 1)-ten Grades. *Die Anwendung des Differenzenoperators Δ auf ein Polynom führt demnach zu einem Polynom, dessen Grad um 1 geringer ist.*

Wenden wir nun Δ auf das so erhaltene Polynom (n – 1) -ten Grades an, bilden wir also die zweite Differenz von y, so erhalten wir als $\underset{h}{\Delta}^2 y$ ein Polynom (n – 2) -ten Grades.

Setzen wir diese Überlegungen fort, so erhalten wir nach n-maliger Anwendung des Differenzenoperators als n-te Differenz von y ein Polynom 0-ten Grades, d. h. eine konstante Funktion.

Da die erste Differenz einer Konstanten stets gleich Null ist, sind dann alle (n + k)-ten Differenzen von $y(x)$ für k = 1, 2,… gleich Null.

Die Gültigkeit von $\underset{h}{\Delta}^n y(x) = a_n \cdot n! \cdot h^n$ sieht man ein, wenn man beachtet, dass nach vorstehenden Überlegungen nur

- der Summand $a_n x^n$ des Polynoms y(x),
- von $\underset{h}{\Delta} a_n x^n$ nur der Summand mit der höchsten x-Potenz $a_x \cdot n \cdot x^{n-1} \cdot h$,
- von $\underset{h}{\Delta}^2 a_n \cdot n \cdot x^{n-1} \cdot h$ nur der Summand $a_n \cdot n(n-1) \cdot x^{n-2} \cdot h^2$, usw.

einen Beitrag zur n-ten Differenz von y leisten.

1.4 Definition und Klassifikation von Differenzengleichungen

Definition 1.3:
Eine *gewöhnliche Differerenzengleichung*[1] ist eine Beziehung zwischen einer unabhängigen Variablen x, einer Funktion y derselben und einer oder mehrerer ihrer Differenzen $\underset{h}{\Delta} y, \underset{h}{\Delta}^2 y, \ldots$, wobei h eine willkürliche Konstante ist.
Eine solche Beziehung lässt sich in impliziter Form schreiben als

$$F(x, y(x), \underset{h}{\Delta}(x), \underset{h}{\Delta}^2 y(x), \ldots, \underset{h}{\Delta}^n y(x)) = 0, \tag{1.11}$$

wobei F eine Funktion mit n + 2 Variablen und n eine natürliche Zahl ist.

<1.7> **a.** $\Delta y(x) + 2y(x) = 0$

b. $\Delta^2 y(x) - 3\Delta y(x) - 5^x - 2 = 0$

c. $\underset{h}{\Delta}^2 y(x) - 2\underset{h}{\Delta} y(x) + y(x) = 0, \quad h \in \mathbf{R}_0$

d. $[\Delta^2 y(x)]^2 + \Delta y(x) + [y(x)]^4 - 2 = 0$

e. $\Delta^3 y(x) + y(x) \cdot \Delta^2 y(x) + \Delta y(x) - 1 = 0$ ♦

---

[1] Im Gegensatz zu gewöhnlichen Differenzengleichungen nennt man Beziehungen, in denen Differenzen einer Funktion $y(x_1, \ldots, x_n)$ bzgl. mehrerer unabhängiger Variablen $x_1, \ldots, x_n$ vorkommen, *partielle Differenzengleichungen.*
Sei $\underset{h}{\Delta} y(x,z) = y(x+h,z) - y(x,z)$ und $\underset{k}{\Delta} y(x,z) = y(x,z+k) - y(x,z)$ so ist
$\underset{k}{\Delta}[\underset{h}{\Delta} y(x,z)] + 3\underset{k}{\Delta} y(x,z) - 5y(x,z) - 3x + 7x^2 z - 10 = 10$ eine partielle Differenzengleichung.
Partielle Differenzengleichungen spielen in der Literatur nur eine geringe Rolle.

Definition 1.4:
Als Grad einer Differenzengleichung bezeichnet man den Exponent **der** Potenz, in die die höchste Differenz erhoben ist.

So stellt in < 1.7 > das Beispiel d. eine Differenzengleichung 2. Grades dar, während die übrigen Beispiele Differenzengleichungen 1. Grades sind.

Beachtet man die Darstellung (1.7) für die n-te Differenz einer Funktion y(x), so kann jede Differenzengleichung (1.11) dargestellt werden als eine Beziehung zwischen der unabhängigen Variablen x und den Werten der Funktion y zu mehreren Argumenten x, x + h,..., x + nh, d. h. in impliziter Form geschrieben werden als

$$\overline{F}(x, y(x), y(x+h), y(x+2h), \ldots, y(x+nh)) = 0, \qquad (1.11')$$

wobei $\overline{F}$ eine Funktion mit n + 2 Variablen ist.

Die Differenzengleichung (1.11') ist definiert für alle Elemente x einer Definitionsmenge D der Funktion y, für die auch x + h, x + 2h, ..., x + nh in D liegen.

Die Differenzengleichungen in den Beispielen < 1.7 > bis < 1.11 > lassen sich daher auch darstellen als

< 1.8 > **a.** $y(x+1) + y(x) = 0$

b. $y(x+2) - 5y(x+1) + 4y(x) - 5^x - 2 = 0$

c. $y(x+2h) - 4y(x+h) + 4y(x) = 0,\ h \in \mathbf{R}_0$

d. $[y(x+2) - 2y(x+1) + y(x)]^2 + [y(x+1) - y(x)] + [y(x)]^4 - 2 = 0$

oder

$$y(x+2)[y(x+2) - 4y(x+1) + 2y(x)] + y(x+1)$$
$$\cdot [4y(x+1) - 4y(x) + 1] + [y(x)]^4 + [y(x)]^2 - y(x) - 2 = 0$$

e. $y(x+3) + y(x+2)[y(x) - 3] + y(x+1)[4 - 2y(x)]$

$$+ y(x)[y(x) - 2] - 1 = 0$$ ♦

Definition 1.5:
Eine Differenzengleichung der Form (1.11') hat die *Ordnung* n, wenn die Differenz zwischen dem größten und dem kleinsten wirklich vorkommenden Argument gleich $n \cdot h$ ist.

So stellt in < 1.8 > das Beispiel a. eine Differenzengleichung 1. Ordnung dar; die Differenzengleichungen b., c. und d. haben die Ordnung 2, und die Gleichung e. weist die Ordnung 3 auf.[1]

Im Nachfolgenden werden wir stets das Differenzenintervall $h = 1$ wählen und führen zu unserer Rechtfertigung die beiden folgenden Gründe an:

1. Grund: Das Hauptanwendungsgebiet der Differenzenrechnung sind Probleme, die auf Zeitreihen basieren, und jedes Element einer Zeitreihe ist das Bild einer natürlichen Zahl, die die Lage dieses Elements in der Reihe angibt.

2. Grund: Ist die allgemeine Form einer Zeitreihe eine Funktion einer unabhängigen Variablen x mit der Definitionsmenge $D = \{x_0, x_0 + h, x_0 + 2h, \ldots\}$ und ist die positive reelle Zahl h nicht gleich 1, dann ist es stets möglich, x durch eine andere Variable $t = \frac{x}{h}$ zu ersetzen, welche die Werte $t_0 = \frac{x_0}{h}, t_0 + 1, t_0 + 2, \ldots$ annimmt.

< **1.9** > Ist die Definitionsmenge $D_x = \{-5, -3, -1, +1, \ldots\}$ gegeben, so liegt das Differenzenintervall $h = 2$ und der Anfangswert $x_0 = -5$ vor. Als neue Variable wird dann $t = \frac{x}{2}$ gewählt, die zum neuen Definitionsintervall

$$D_t = \{-\tfrac{5}{2}, -\tfrac{3}{2}, -\tfrac{1}{2}, \ldots\} \text{ führt.}$$ ♦

Ohne Beschränkung der Allgemeinheit können wir für unsere Untersuchungen weiter annehmen, dass die unabhängige Variable nur nicht-negative ganze Zahlen annimmt. Dies lässt sich stets durch Einführung einer neuen Variablen $k = (t - t_0) + b$ erreichen, wobei b eine geeignete nicht-negative ganze Zahl ist.

---

[1] Während die Ordnung einer Differentialgleichung eindeutig durch die Ordnung ihres höchsten Differentialquotienten bestimmt wird, richtet sich bei Differenzengleichungen die Ordnung nicht immer nach der höchsten darin vorkommenden Differenz.
So hat z. B. die Differenzengleichung

$$\underset{h}{\Delta}^2 y(x) - \underset{h}{\Delta} y(x) - 2y(x) = 0$$

nicht die Ordnung 2, wie dies die darin vorkommende höchste Differenz der Ordnung 2 anzeigt, denn diese Gleichung lässt sich mittels (1.7) umformen zu

$$y(x+2h) - 2y(x+h) + y(x) - y(x+h) + y(x) - 2y(x) = 0$$

oder

$$y(x+2h) - 3y(x+h) = 0 .$$

Da die Differenz zwischen dem größten und dem kleinsten wirklich vorkommenden Argument gleich

$$(x+2h) - (x+h) = 1 \cdot h$$

ist, ist dies eine Differenzengleichung 1. Ordnung.

< **1.10** > Mit b = 2 und durch Einführung der neuen Variablen

$$k = [t-(-2{,}5)]+2 = t+4{,}5$$

ergibt sich für die Definitionsmenge in < 1.9 >

$$D_k = \{2,3,4,5,\ldots\}.$$ ♦

Beide Transformationen lassen sich zusammenfassen zu

$$k = \frac{x}{h} - \left(\frac{x_0}{h} - b\right) = \frac{1}{h}(x - x_0) + b. \tag{1.12}$$

Definiert man noch zur Abkürzung der Schreibweise

$$y_k = y(k), \quad k \in \mathbf{N} \cup \{0\},$$

so lässt sich jede Differenzengleichung (1.11) bzw. (1.11') schreiben in der Form

$$F(k, y_k, y_{k+1}, y_{k+2}, \ldots, y_{k+n}) = 0 \tag{1.11''}$$

mit einer Definitionsmenge $\{k, k+1, k+2, \ldots\}$, $k \in \mathbf{N} \cup \{0\}$.

< **1.11'** > Die Differenzengleichungen aus < 1.8 > lassen sich daher auch schreiben als

a. $y_{k+1} + y_k = 0, \quad k = 0,1,2,\ldots$

b. $y_{k+2} - 5y_{k+1} + 4y_k - 5^k - 2 = 0, \quad k = 0, 1, 2$

c. $y_{k+2} - 4y_{k+1} + 4y_k - 5^k = 0, \quad k = 0, 1, 2$

d. $[y_{k+2} - 2y_{k+1} + 4y_k]^2 + [y_{k+1} - y_k] + [y_k]^4 - 2, \quad k = 0, 1, 2, \ldots$

e. $y_{k+3} + y_{k+2}[y_k - 3] + y_{k+1}[4 - 2y_k] + y_k[y_k - 2] - 1 = 0,$

$k = 0, 1, 2$ ♦

Wie obige Überlegungen zeigen, reicht es aus, Lösungen für die speziellen Differenzengleichungen der Form (1.11') zu ermitteln. Für jeden k-Wert ergibt sich dann der entsprechende x-Wert als $x = x_0 + (k-b)\cdot h$.

Definition 1.6:
Eine Differenzengleichung heißt *linear* über einer Menge $S \subseteq \mathbf{N} \cup \{0\}$, wenn sie geschrieben werden kann in der Form

$$f_n(k)y_{k+n} + f_{n-1}(k)y_{k+n-1} + \cdots + f_1(k)y_{k+1} + f_0(k)y_k - g(k) = 0, \tag{1.13}$$

wobei $f_n, f_{n-1}, \ldots, f_1, f_0$ und g jeweils Funktionen der unabhängigen Variablen $k \in S$, nicht aber von y_k darstellen.

Ist die Funktion $g(k) = 0$ für alle $k \in S$, so spricht man von einer *homogenen linearen Differenzengleichung.*

Ist aber die *Inhomogenität* g nicht identisch gleich Null, d. h. $g(k) \neq 0$ für wenigstens ein $k \in S$, so nennt man (1.13) eine *inhomogene lineare Differenzengleichung.*

Sind die Funktionen $f_n, f_{n-1}, \ldots, f_1, f_0$ konstante Funktionen, so bezeichnet man (1.13) als eine *lineare Differenzengleichung mit konstanten Koeffizienten.*

In Übereinstimmung mit Definition 1.5 heißt eine lineare Differenzengleichung (1.13) von der Ordnung n, wenn die Funktionen f_n und f_0 von Null verschieden sind für alle $k \in S$.

Differenzengleichungen mit konstanten Koeffizienten finden starke Berücksichtigung sowohl in theoretischen Arbeiten über Differenzengleichungen als auch in praktischen Anwendungen dieser Theorien. So beschränken sich GOLDBERG [1968], OTT[1970] und BAUMOL [1970] in ihren Büchern auf die Darstellung von Differenzengleichungen mit konstanten Koeffizienten und, wie auch in diesen Büchern ersichtlich, findet man in den meisten wirtschaftswissenschaftlichen Modellen nur Differenzengleichungen dieses einfachen Typs.

< 1.12 > In < 1.11 > sind die Gleichungen a. und c. linear homogene Differenzengleichungen mit konstanten Koeffizienten. Die Gleichung b. ist eine linear inhomogene Differenzengleichung mit konstanten Koeffizienten. Die Gleichungen d. und e. sind nicht lineare Differenzengleichungen. ♦

1.5 Der Lösungsbegriff

Definition 1.7:
Eine Funktion q_k heißt *Lösung einer Differenzengleichung* (1.11") über einer Menge S, wenn

$$F(k, q_k, q_{k+1}, q_{k+2}, \ldots, q_{k+n}) = 0 \quad \text{für alle } k \in S.$$

Ist eine Funktion eine Lösung einer Differenzengleichung, dann sagt man, sie *erfülle* die (*genüge* der) Differenzengleichung.

Um Missverständnisse zu vermeiden, soll hier nochmals betont werden, dass eine Differenzengleichung nur etwas aussagt über das Verhalten der Lösungsfunktion in den Argumenten $k \in S$.

< **1.13** > Die Funktion

$$y_k = c_1 \cdot 2^k + c_2 \cdot 3^k \tag{1.14}$$

mit beliebigen reellen Konstanten c_1 und c_2 ist über $\mathbf{N} \cup \{0\}$ eine Lösung der linear homogenen Differenzengleichung 2. Ordnung mit konstanten Koeffizienten

$$y_{k+2} - 5y_{k+1} + 6y_k = 0, \quad k = 0, 1, 2, \ldots \tag{1.15}$$

Zum Beweis der Richtigkeit dieser Behauptung brauchen wir nur die y_k-Werte der Funktion (1.14) in die Gleichung (1.15) einzusetzen und umzuformen. Es zeigt sich dann, dass für alle nichtnegativen ganzen Zahlen die Gleichung (1.15) erfüllt ist.

$$\begin{aligned} & c_1 \cdot 2^{k+2} + c_2 \cdot 3^{k+2} - 5c_1 \cdot 2^{k+1} - 5c_2 \cdot 3^{k+1} + 6c_1 \cdot 2^k + 6c_2 \cdot 3^k \\ & = 2^k \cdot c_1(4 - 10 + 6) + 3^k \cdot c_2(9 - 15 + 6) = 0 \end{aligned}$$

Es gibt also unendlich viele Lösungen der Differenzengleichung (1.15), und zwar je eine Lösung für jedes Wertepaar der Konstanten c_1 und c_2.

Nehmen wir nun an, dass eine Lösung von (1.15) so bestimmt werden soll, dass

$$y_0 = 3 \quad \text{und} \quad y_1 = 8. \tag{1.16}$$

Diese so genannten *Anfangsbedingungen* müssen von einer Funktion y, die der Differenzengleichung (1.15) genügt, zusätzlich erfüllt werden.

Untersuchen wir nun, ob es unter den bereits ermittelten Lösungen $y_k = c_1 2^k + c_2 3^k$ eine derartige spezielle Lösung gibt.

Für $k = 0$ und $k = 1$ muss dann gelten:

$$y_0 = c_1 2^0 + c_2 3^0 = 3 \quad \text{und}$$

$$y_1 = c_1 2^1 + c_2 3^1 = 8.$$

Löst man die erste dieser Gleichungen nach $c_1 = 3 - c_2$ auf und setzt dann c_1 in die zweite Gleichung ein, so erhält man als einzige Lösung dieses Gleichungssystems: $c_2 = 2$ und $c_1 = 1$.

Die Funktion $y_k = 1 \cdot 2^k + 2 \cdot 3^k$ ist also eine partikuläre Lösung der Differenzengleichung (1.15), die den vorgegebenen Anfangsbedingungen (1.16) genügt. ♦

Aus dem nachfolgenden Satz folgt, dass $y_k = 2^k + 2 \cdot 3^k$ auch die einzige Funktion ist, die für $k = 0,1,2,\ldots$ die lineare Differenzengleichung (1.15) unter den Anfangsbedingungen (1.16) löst.

Satz 1.5: *(Existenz- und Eindeutigkeitssatz für lineare Differenzengleichungen)*
Die lineare Differenzengleichung n-ter Ordnung

$$f_n(k) \cdot y_{k+n} + f_{n-1}(k) \cdot y_{k+n-1} + \cdots + f_1(k) \cdot y_{k+1} + f_0(k) \cdot y_k = g(k)$$

über einer Menge S aufeinander folgender ganzzahliger Werte von k hat eine und nur eine Lösung y, deren Funktionswerte für n **aufeinander folgende** k-Werte beliebig vorgegeben sind.

Beweis:
Nehmen wir an, dass die n vorgegebenen y-Werte $y_a, y_{a+1}, \ldots, y_{a+n-1}$, $a \in S$ lauten.

Der Wert y_{a+n} wird dann eindeutig bestimmt, wenn wir in (1.13) $k = a$ setzen:

$$f_n(a) \cdot y_{a+n} + f_{n-1}(a) \cdot y_{a+n-1} + f_1(a) \cdot y_{a+1} + f_0(a) \cdot y_a = g(a).$$

Da nach Definition 1b. $f_n(a) \neq 0$, folgt

$$y_{a+n} = \frac{1}{f_n(a)} \cdot [g(a) - f_{n-1}(a) \cdot y_{a+n-1} - \cdots - f_1(a) \cdot y_{a+1} - f_0(a) \cdot y_a].$$

Auf die gleiche Weise kann schrittweise gezeigt werden, dass auch die nachfolgenden Größen $y_{a+n+1}, y_{a+n+2}, \ldots$ eindeutig bestimmt sind. Der Beweis des Satzes ist aber erst erbracht, wenn gezeigt werden kann, dass y_k für alle $k \in S$ eindeutig bestimmt ist. Zur Vervollständigung des Beweises muss daher noch gezeigt werden, dass unter der *Induktionsannahme*: "Für beliebiges $j > n$, $(a+j) \in S$, sind alle $y_{a+n}, \ldots, y_{a+j}$ eindeutig bestimmt" die *Induktionsbehauptung*: "dann ist auch die nachfolgende Größe y_{a+j+1} eindeutig bestimmt" richtig ist.

Induktionsbeweis:
Setzen wir in (1.13) $k = a + j + 1 - n$, so erhalten wir

$$f_n(a+j+1-n) \cdot y_{a+j+1} + f_{n-1}(a+j+1-n) \cdot y_{a+j} + \cdots$$
$$+ f_0(a+j+1-n) \cdot y_{a+j-n+1} = g(a+j+1-n).$$

Da $f_n(a+j+1-n) \neq 0$, ergibt sich

$$y_{a+j+1} = \frac{1}{f_n(a+j+1-n)}[g(a+j+1-n) - f_{n-1}(a+j+1-n)\cdot y_{a+j} - \cdots$$
$$- f_0(a+j+1-n)\cdot y_{a+j-n+1}],$$

und da alle Größen auf der rechten Seite nach Induktionsannahme bekannt sind, ist y_{a+j+1} eindeutig bestimmt.

Analog lässt sich – ebenfalls mit Hilfe der vollständigen Induktion – beweisen, dass die Größen y_m, $m \in S$, $m < a$, eindeutig bestimmt sind. Dies ist der Fall, da $f_0(k) \neq 0$ für alle $k \in S$.

1.6 Grundlegende Eigenschaften der Lösungen linearer Differenzengleichungen

Die Lösungen *linearer* Differerenzengleichungen weisen einige gemeinsame grundlegende Eigenschaften auf, die an dieser Stelle allgemein dargestellt werden sollen.

Betrachten wir dazu die inhomogene, lineare Differenzengleichung n-ter Ordnung

$$f_n(k)\cdot y_{k+n} + f_{n-1}(k)\cdot y_{k+n-1} + \cdots + f_0(k)\cdot y_k = g(k) \tag{1.13}$$

und die dazu gehörige linear homogene Differenzengleichung

$$f_n(k)\cdot y_{k+n} + f_{n-1}(k)\cdot y_{k+n-1} + \cdots + f_0(k)\cdot y_k = 0. \tag{1.17}$$

Satz 1.6:

Besitzt die homogene Differenzengleichung (1.17) die Lösungen y_k^1 und y_k^2, so ist $y_k = y_k^1 + y_k^2$ ebenfalls eine Lösung von (1.17).

Satz 1.7:

Besitzt die homogene Differenzengleichung (1.17) eine Lösung y_k^1, so ist $y_k = A\cdot y_k^1$ für jede beliebige reelle konstante A ebenfalls eine Lösung von (1.17).

Satz 1.8:
Ist $\overline{y}_k$ mindestens eine beliebige partikuläre Lösung der inhomogenen Differenzengleichung (1.13) und ist $y_k(c_1,c_2,\dots,c_n)$ die allgemeine Lösung der zugehörigen homogenen Differenzengleichung (1.17), so ist
$y_k = \overline{y}_k + y_k(c_1,c_2,\dots,c_n)$ die allgemeine Lösung der inhomogenen Differenzengleichung (1.13).

Diese Sätze lassen sich recht einfach beweisen. Man muss nur die oben angegebenen Lösungen in die entsprechenden Gleichungen einsetzen und zeigen, dass dies zur Identität führt. Als Beispiel soll der Beweis zu Satz 1.8 skizziert werden:

Setzen wir $y_k = \overline{y}_k(c_1,c_2,\dots,c_n)$ in die Gleichung in (1.13) ein, so ergibt sich

$$\begin{aligned} & f_n(k)\cdot[\overline{y}_{k+n} + y_{k+n}(c_1,\dots,c_n)] + f_{n-1}(k)\cdot[\overline{y}_{k+n-1} + y_{k+n-1}(c_1,\dots,c_n)] \\ & \qquad + \dots + f_0(k)\cdot[\overline{y}_k + y_k(c_1,\dots,c_n)] \\ & = [f_n(k)\cdot\overline{y}_{k+n} + f_{n-1}(k)\cdot\overline{y}_{k+n-1} + \dots + f_0(k)\cdot\overline{y}_k] \\ & \quad + [f_n(k)\cdot y_{k+n}(c_1,\dots,c_n) + \dots + f_0(k)\cdot y_k(c_1,\dots,c_n)] \\ & = g(h) + 0 = g(h), \end{aligned}$$

da $y_k(c_1,\dots,c_n)$ Lösung von (1.17) und $\overline{y}_k$ Lösung von (1.13) ist.

Die Sätze 1.6 bis 1.8 zeigen nun einen Weg, wie die allgemeine Lösung einer linearen Differenzengleichung praktisch bestimmt werden kann.

1. Schritt:
Unter Verwendung der Sätze 1.6 und 1.7 bestimmt man die allgemeine Lösung der zugehörigen homogenen Differenzengleichung. Dazu versucht man, n partikuläre und "voneinander unabhängige" Lösungen von (1.17) zu finden. Bezeichnen wir diese mit $y_k^1, y_k^2, \dots, y_k^n$, so stellt nach den Sätzen 1.6 und 1.7 die Funktion

$$y_k = c_1\cdot y_k^1 + c_2\cdot y_k^2 + \dots + c_n\cdot y_k^n \tag{1.18}$$

ebenfalls eine Lösung von (1.17) dar. Da sie genau n beliebig wählbare Konstanten $c_1, c_2, \dots, c_n$ enthält, ist (1.18) die allgemeine Lösung von (1.17).

2. Schritt:
Man sucht irgendeine partikuläre Lösung $\overline{y}_k$ der inhomogenen Differenzengleichung (1.13). Nach Satz 1.8 ist dann

$$y_k = \overline{y}_k + c_1 \cdot y_k^1 + c_2 \cdot y_k^2 + \cdots + c_n \cdot y_k^n \tag{1.19}$$

die allgemeine Lösung von (1.13).

1.7 Aufgaben

1.1 Bestimmen Sie die nachfolgenden Funktionen $\Delta y(x)$ mit $h > 0$ und $\Delta y(x)$, $\Delta y(1)$, $\Delta y(3)$ für $h = 1$.

a. $y(x) = 2$ **b.** $y(x) = 2^x$

c. $y(x) = 3x + 2$ **d.** $y(x) = -2x - 1$

e. $y(x) = x^2$ **f.** $y(x) = 2hx + h^2$

1.2 Für die in Aufgabe 1.1 angegebenen Funktionen bestimme man

$\underset{h}{\Delta} y(x)$ für ein $h > 0$ und $\Delta^2 y(x)$, $\Delta^2 y(1)$ für $h = 1$.

1.3 Gegeben sei die Funktion $y(x) = x(x-1) \cdot (x-2) \cdot \ldots \cdot (x-m+1)$.

Man bilde: $\Delta^m y(x)$.

2. Lineare Differenzengleichungen 1. Ordnung

Eine lineare Differenzengleichung 1. Ordnung hat die Form

$$f_1(k)\,y_{k+1} + f_0(k)\,y_k = g(k), \quad k \in S \subseteq \mathbf{N} \cup \{0\}, \tag{2.1}$$

wobei die Funktionen f_0 und f_1 über der Menge S stets ungleich Null sind. Dividieren wir die Gleichung (2.1) durch $f_1(k)$, so erhalten wir

$$y_{k+1} + \frac{f_0(k)}{f_1(k)}\,y(k) = \frac{g(k)}{f_1(k)}, \quad k \in S. \tag{2.2}$$

Setzen wir noch $A_k = A(k) = -\frac{f_0(k)}{f_1(k)}$ und $B_k = B(k) = \frac{g(k)}{f_1(k)}$, so lässt sich eine *lineare Differenzengleichung 1. Ordnung* schreiben in der Form

$$y_{k+1} - A_k \cdot y_k = B_k, \quad k \in S \subseteq \mathbf{N} \cup \{0\}.$$

2.1 Lineare homogene Differenzengleichungen 1. Ordnung

Eine *linear homogene Differenzengleichung 1. Ordnung* hat dann die Gestalt

$$y_{k+1} = A_k \cdot y_k, \quad k \in S. \tag{2.3}$$

Sei die Definitionsmenge $S = \{0, 1, 2, \ldots\}$ und nehme die Funktion y in $k = 0$ einen beliebigen Wert C an, dann lassen sich die Funktionswerte y_k der Lösungsfunktion y von (2.3) schrittweise berechnen:

$$y_1 = A_0 \cdot C$$

$$y_2 = A_1 \cdot y_1$$

$$y_3 = A_2 \cdot y_2$$

....

$$y_k = A_{k-1} \cdot y_{k-1}$$

$$y_{k+1} = A_k \cdot y_k$$

....

Durch sukzessive Substitution erhält man die Funktion

$$y_k = A_{k-1} \cdot A_{k-2} \cdot \ldots \cdot A_2 \cdot A_1 \cdot A_0 \cdot C = C \cdot \prod_{i=0}^{k-1} A_i, \quad k = 0, 1, 2, \ldots \tag{2.4}$$

Sie ist die *allgemeine Lösung* der linear homogenen Differenzengleichung (2.3), denn für jede Wahl des Anfangswertes C führt (2.4) eingesetzt in die Gleichung (2.3) zur Identität.

< **2.1** > Die linear homogene Differenzengleichung 1. Ordnung

$$y_{k+1} = (k+1) \cdot y_k, \quad k = 0, 1, 2, \ldots$$

hat die allgemeine Lösung

$$y_k = k(k-1) \cdot \ldots \cdot 2 \cdot 1 \cdot C = C \cdot k!\,.$$

a. Soll zusätzlich die Anfangsbedingung $y_0 = 1$ erfüllt werden, so ergibt sich die partikuläre Lösung $y_k = k$.

b. Soll zusätzlich die Lösungsfunktion y in $k = 5$ den Wert $y_5 = 30$ annehmen, so bestimmt sich die Konstante C aus

$$y_5 = 5 \cdot 4 \cdot 3 \cdot 2 \cdot 1 \cdot C = 30 \quad \text{zu} \quad C = \frac{30}{5 \cdot 4 \cdot 3 \cdot 2 \cdot 1} = \frac{1}{4}$$

und die spezielle Lösung, die dieser zusätzlichen Bedingung genügt, ist

$$y_k^* = \frac{1}{4} k!\,.$$ ♦

2.1.1 Linear homogene Differenzengleichungen 1. Ordnung mit konstanten Koeffizienten

Dies ist der für die praktische Anwendung wichtige Spezialfall von (2.3) mit konstanter Funktion $a_k = a =$ konstant; die Differenzengleichung hat dann die Gestalt

$$y_{k+1} = a \cdot y_k, \quad k \in S = \{0, 1, 2, \ldots\} \tag{2.5}$$

und die allgemeine Lösung vereinfacht sich zu

$$y_k = C \cdot a^k. \tag{2.6}$$

Untersuchen wir den Einfluss des Koeffizienten a auf den Verlauf der abhängigen Variablen y_k, so können wir sechs Bewegungsformen unterscheiden, die wir in Abb. 2.1 veranschaulicht haben. Dabei wird C als positiv angenommen; für negative C ändern sich die wesentlichen Verhaltenseigenschaften der Lösung nicht, die Zeichnungen sind nur an der k-Achse zu spiegeln.

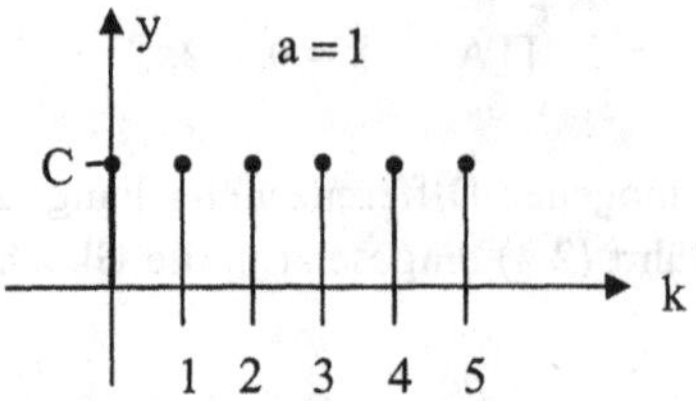

a. Stationärer Verlauf von Ca^k*, konstant.*

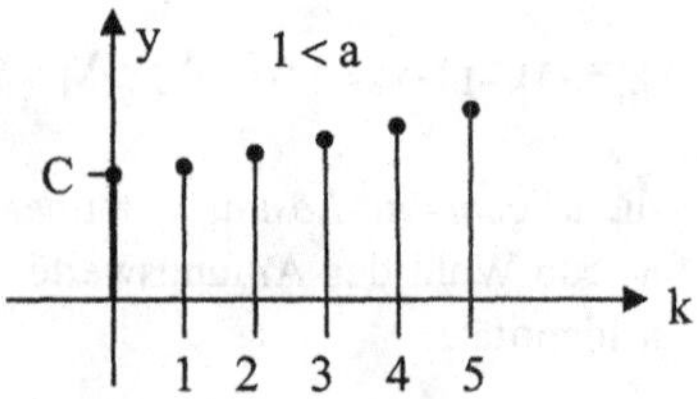

b. Monotones Ansteigen von Ca^k*, monoton und divergent*

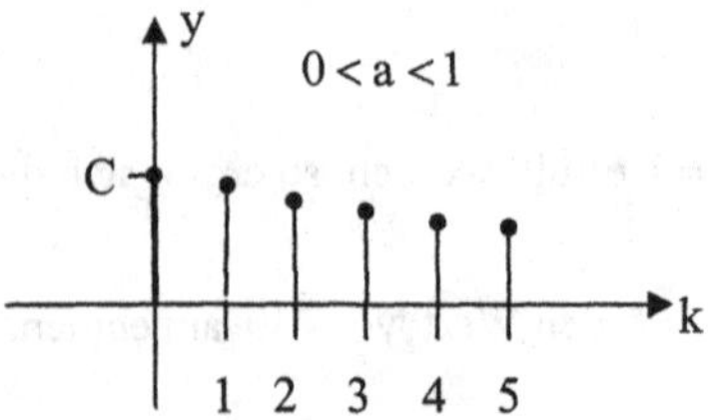

c. Monotones Sinken von Ca^k*, monoton und konvergent*

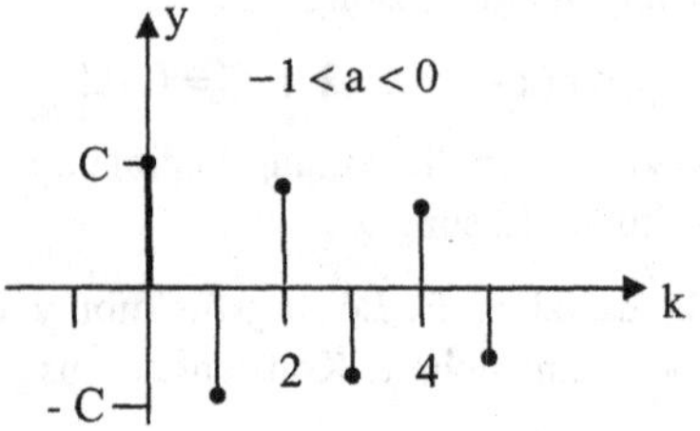

d. Gedämpfte Schwingungen von Ca^k*, oszillierend und konvergent*

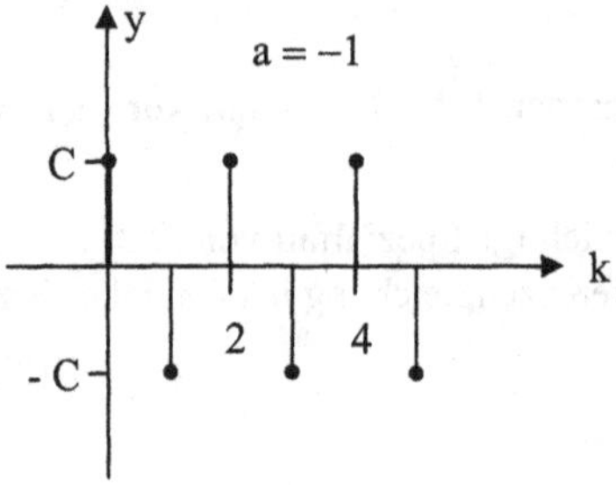

e. Gleichförmige Schwingungen von Ca^k*, oszillierend mit konstanter Amplitude*

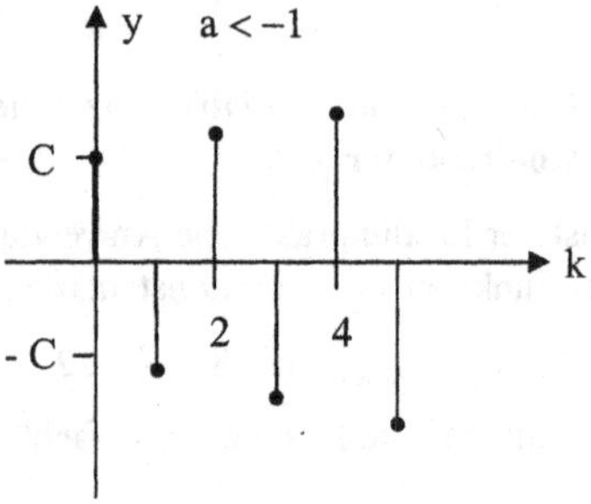

f. Zunehmende Schwingungen von Ca^k*, oszillierend und divergent*

Abb. 2.1: Lösungen $y_k = C \cdot a^k, C > 0$ *in Abhängigkeit von* a

Der Verlauf von y_k hängt im Wesentlichen vom Vorzeichen von a und vom absoluten Betrag von a ab.

Ist a positiv, so ist die Bewegung monoton; ist a negativ, so alternieren die Werte von y_k im Vorzeichen und beschreiben eine oszillierende Bewegung.

Ist der absolute Betrag von a größer (kleiner) als 1, dann ist die Bewegung divergent (konvergent). Ist $|a| = 1$, so bleibt y_k konstant gleich C (wenn a = 1) oder oszilliert mit gleich bleibender Amplitude (wenn a = –1).

In den Abbildungen 2.1 sind nur die Punkte (k, y_k) von Bedeutung; die "Stiele" dienen nur der besseren Übersicht der Darstellung. Da die Differenzengleichungen über einer diskreten Punktmenge S definiert wurden, suchen wir auch nur *diskrete Lösungsfunktionen* y_k. Es genügt, wenn sie für alle $k \in S$ definiert sind und die Differenzengleichung zur Identität führt.

2.2 Linear inhomogene Differenzengleichungen 1. Ordnung

Eine *linear inhomogene Differenzengleichung 1. Ordnung* lässt sich schreiben in der Form

$$y_{k+1} = A_k \cdot y_k + B_k, \quad k = 0, 1, 2, \ldots \tag{2.2}$$

Nach Satz 1.8 erhalten wir die allgemeine Lösung dieser inhomogenen Gleichung, wenn wir zu der allgemeinen Lösung der dazugehörigen homogenen Gleichung irgendeine partikuläre Lösung von $\bar{y}_k$ von (2.2) addieren.

Da nach obiger Überlegung

$$y_k = C \cdot \prod_{i=0}^{k-1} A_i \tag{2.4}$$

die allgemeine Lösung der zugehörigen homogenen Gleichung

$$y_{k+1} = A_k \cdot y_k, \quad k = 0, 1, 2, \ldots \tag{2.3}$$

ist, lässt sich die allgemeine Lösung von (2.2) schreiben als

$$y_k = C \cdot \prod_{i=0}^{k-1} A_i + \bar{y}_k, \quad k = 0, 1, 2, \ldots \tag{2.7}$$

Um eine partikuläre Lösung von (2.2) zu finden, wollen wir einen Ansatz von LAGRANGE verwenden, die so genannte *Methode der Variation der Konstanten*:

Die Konstante C in der allgemeinen Lösung (2.4) der zugehörigen homogenen Differenzengleichung wird durch eine Funktion $C_k = C(k)$ ersetzt.

Wir machen somit den Ansatz: $\bar{y}_k = C_k \cdot \prod_{i=0}^{k-1} A_i$.

Eingesetzt in (2.2) ergibt sich dann

$$C_{k+1} \cdot \prod_{i=0}^{k} A_i = A_k \cdot C_k \cdot \prod_{i=0}^{k-1} A_i + B_k \qquad \text{oder}$$

$$(C_{k+1} - C_k) \cdot \prod_{i=0}^{k} A_i = B_k \qquad \text{oder}$$

$$\Delta C_k = \frac{B_k}{\prod_{i=0}^{k} A_i}. \tag{2.8}$$

Beachtet man außerdem, dass – mittels sukzessiver Substitution –

aus $\Delta C_0 = C_1 - C_0$ folgt $C_1 = C_0 + \Delta C_0$,

aus $\Delta C_1 = C_2 - C_1$ folgt $C_2 = C_1 + \Delta C_1 = C_0 + \Delta C_0 + \Delta C_1$,

....

aus $\Delta C_{k-1} = C_k - C_{k-1}$ folgt $C_k = C_{k-1} + \Delta C_{k-1} = C_0 + \sum_{m=0}^{k-1} \Delta C_m$,

dann erkennt man, dass der Ansatz $y_k = C_k \cdot \prod_{i=0}^{k-1} A_i$ nur dann eine Lösung von (2.2) ist, wenn

$$y_k = C_0 + \sum_{m=0}^{k-1} \frac{B_m}{\prod_{i=0}^{m} A_i}, \quad C_0 \text{ ist eine beliebige Konstante,} \tag{2.9}$$

gewählt wird.

Die allgemeine Lösung der inhomogenen Differenzengleichung (2.2) ist somit gleich

$$y_k = \Big(C_0 + \sum_{m=0}^{k-1} \frac{B_m}{\prod_{i=0}^{m} A_i}\Big) \cdot \prod_{i=0}^{k-1} A_i + C_1 \cdot \prod_{i=0}^{k-1} A_i$$

oder – nach Zusammenfassung der Konstanten $C + C_0$ zu C – gleich

$$y_k = \Big(C + \sum_{m=0}^{k-1} \frac{B_m}{\prod_{j=0}^{m} A_j}\Big) \cdot \prod_{i=0}^{k-1} A_i, \quad k = 0, 1, 2, \ldots \tag{2.10}$$

< 2.2 > $y_{k+1} - (k+1)\, y_k = (k+1)!\,, \quad k = 0, 1, \ldots$

Hier ist $A_k = k+1, \quad B_k = (k+1)!$

$$\prod_{i=o}^{k-1} A_i = k(k-1)\cdots 1 = k!, \quad \prod_{j=0}^{k} A_j = (k+1)!$$

$$\frac{B_m}{\prod_{j=0}^{m} A_j} = \frac{(m+1)!}{(m+1)!} = 1 \quad , \quad \sum_{m=0}^{k-1} \frac{B_m}{\prod_{j=0}^{m} A_j} = \sum_{m=0}^{k-1} 1 = k$$

und somit ist nach (2.10) die allgemeine Lösung gleich

$$y_k = (C+k) \cdot k!, \quad k = 0, 1, 2, \ldots$$

Soll zusätzlich die Lösungsfunktion y_k in $k = 3$ den Wert $y_3 = 30$ annehmen, so bestimmt sich die Konstante C aus $y_3 = 30 = (C+3) \cdot 3!$ zu $C = \frac{30}{6} - 3 = 2$ und die spezielle Lösung, die dieser Zusatzbedingung genügt, ist $y_k^* = (2+k) \cdot k!$. ♦

2.2.1 Linear inhomogene Differenzengleichungen 1. Ordnung mit konstanten Koeffizienten

Dies ist der Spezialfall der inhomogenen Differenzengleichung (2.2) mit konstanter Funktion $A_k = a =$ konstant:

$$y_{k+1} = a\, y_k + B_k, \quad k = 0, 1, 2, \ldots$$

Da $\prod_{i=0}^{k-1} A_i = a^k$ ist, vereinfacht sich die Gestalt der allgemeinen Lösung (2.10) zu

$$y_k = \Big(C + \sum_{m=0}^{k-1} \frac{B_m}{a^{m+1}}\Big)\, a^k \qquad \text{oder} \tag{2.11}$$

$$y_k = C a^k + \sum_{m=o}^{k-1} B_m\, a^{k-m-1}. \tag{2.11'}$$

< 2.3 > $\Delta y_k + 2y_k + k + 1 = 0, \quad k = 1, 2, 3, \ldots$

Da $\Delta y_k = y_{k+1} - y_k$, hat diese lineare Differenzengleichung 1. Ordnung die Normalform

$$y_{k+1} = -y_k - k - 1,$$

d. h. $A_k = a = -1$ und $B_k = -(k+1)$

Die allgemeine Lösung ist nach (2.11') gleich

$$y_k = C(-1)^k + \sum_{m=0}^{k-1} [-(m+1)(-1)^{k-m-1}]$$

$$= \begin{cases} C + (1 - 2 + 3 - + \cdots - k) & \text{für } k \text{ gerade} \\ -C + (-1 + 2 - 3 + - \ldots - k) & \text{für } k \text{ ungerade} \end{cases}$$

$$y_k = \begin{cases} C - \frac{k}{2} & \text{für } k = 2, 4, 6 \\ -C - \frac{k+1}{2} & \text{für } k = 1, 3, 5 \end{cases}.$$

♦

2.2.2 Linear inhomogene Differenzengleichungen 1. Ordnung mit konstanten Koeffizienten und konstanter Inhomogenität

Diese linear inhomogenen Differenzengleichungen haben die Eigenschaft, dass neben $A_k = a$ auch $B_k = b$ eine konstante Funktion ist, die inhomogene Differenzengleichung (2.2) vereinfacht sich dann zu

$$y_{k+1} = a\,y_k + b, \quad k = 0, 1, 2, \ldots \tag{2.12}$$

und da $\sum_{m=0}^{k-1} b\,a^{(k-1)-m} = b \cdot \sum_{j=0}^{k-1} a^j = \begin{cases} b\frac{1-a^k}{1-a} & \text{für } a \neq 1 \\ b \cdot k & \text{für } a = 1 \end{cases}$,

vereinfacht sich die allgemeine Lösung (2.11) zu

$$y_k = \begin{cases} C \cdot a^k + b\frac{1-a^k}{1-a} & \text{für } a \neq 1 \\ C + bk & \text{für } a = 1 \end{cases}, \quad k = 0, 1, 2, \ldots \tag{2.13}$$

< 2.4 > $y_{k+1} = 2y_k + 1, \quad k = 0, 1, 2, \ldots$

Hier ist $a = 2$ und $b = 1$; die allgemeine Lösung dieser Differenzengleichung ist nach (2.13) demnach

$$y_k = C \cdot 2^k + 1\,\frac{1-2^k}{1-2} = (C+1)\cdot 2^k - 1, \quad k = 0, 1, 2, \ldots$$

Soll die Lösungsfunktion zusätzlich der Bedingung $y_3 = 15$ genügen, so muss C so gewählt werden, dass gilt

$$15 = (C+1)2^3 - 1 \quad \text{oder} \quad (C+1) = \tfrac{16}{8} = 2 \quad \text{oder} \quad C = 1.$$

Die gesuchte partikuläre Lösung ist somit

$$y_k^* = 2^{k+1} - 1, \quad k = 0, 1, 2\ldots$$ ♦

2.3 Einige Anwendungen von linearen Differenzengleichungen 1. Ordnung

2.3.1 Das Wachstumsmodell von Harrod

Betrachten wir das auf R. F. Harrod [1948] zurückgehende ökonomische Wachstumsmodell in der formalen Darstellung von Baumol [1970, S. 37-55, 165f.]:

Bezeichnen wir mit Y_t das Volkseinkommen, mit S_t die (Netto-)Sparsumme und mit I_t die gewünschte Nettoinvestition während der Periode t, so soll gelten:

1. These: $S_t = s \cdot Y_t$

2. These: $I_t = g(Y_t - Y_{t-1})$

Dabei seien sowohl die *Sparrate* s als auch der *Akzelerator* g konstant und positiv.

Im Gleichgewicht muss die realisierte Investition S_t gleich der gewünschten Investition I_t sein und somit

$$s Y_t = g(Y_t - Y_{t-1}) \quad \text{oder}$$

$$Y_t = \frac{-g}{s-g} \cdot Y_{t-1}. \tag{2.14}$$

Die allgemeine Lösung dieser homogenen Differenzengleichung mit dem konstanten Koeffizienten $a = \frac{-g}{s-g} = \frac{g}{g-s} = 1 + \frac{s}{g-s}$ ist nach (2.6)

$$Y_t = C\left(\frac{-g}{s-g}\right)^t = C\left(1 + \frac{s}{g-s}\right)^t. \tag{2.15}$$

Das Volkseinkommen wächst also mit der konstanten Rate $\frac{s}{g-s}$ und, da für $t = 0$ folgt $C = Y_0$, kann die Konstante C als das Volkseinkommen in der Periode 0 interpretiert werden.

Die Entwicklung des Einkommens hängt bei positivem Anfangszustand $Y_0 > 0$ vom Verhältnis zwischen s und g ab:

Fall 1: $g > s$

Dann ist die Wachstumsrate $\frac{s}{g-s}$ positiv und somit $1+\frac{s}{g-s} > 1$. Das Volkseinkommen ist stets positiv und nimmt monoton zu.

Fall 2: $g < s$

Dann ist stets $1+\frac{s}{g-s} = \frac{-g}{s-g} < 0$ und der Verlauf des Volkseinkommens ist oszillierend mit stetigem Wechsel zwischen positiven und negativen Werten, und zwar

für $s > 2g$ mit gedämpften Schwingungen $(-1 < \frac{s}{g-s} < 0)$,

für $s = 2g$ mit gleich bleibenden Schwingungen $(\frac{s}{g-s} = -1)$,

für $s < 2g$ mit zunehmenden Schwingungen $(\frac{s}{g-s} < -1)$.

Ökonomisch relevant ist nur der Fall $s > g$, vgl. hierzu z. B. [ROSE 1973, S. 40].

2.3.2 Die nachschüssige Rentenformel

Die *Tilgung* ist eine Form der Schuldenrückzahlung, die sowohl das Kapital als auch die Zinsen umfasst. Sie erfolgt durch Zahlungen in gleich bleibenden Zeitabständen (*Rentenzahlung*).

Nehmen wir an, dass die Verzinsung (Zinseszins) periodengerecht erfolge mit dem Zinssatz i und dass die Zahlungen R, die im Allgemeinen gleich groß sind, stets am Ende jeder Zinsperiode erfolgen. Weiterhin bezeichne K die abzutragende Schuld und K_n den geschuldeten Betrag nach der n-ten Zahlung; die Anfangsschuld K_0 ist also gleich K.

Bis zur Fälligkeit der nächsten Zahlung wächst die Schuld K_n um die Zinsen $i \cdot K_n$. Folglich beträgt die Schuld nach der Zahlung am Ende der n-ten Periode

$$K_{n+1} = K_n + i \cdot K_n - R, \quad n = 0, 1, 2, \ldots \text{ oder}$$

$$K_{n+1} = (1+i)K_n - R, \quad n = 0,1,2,\ldots \tag{2.16}$$

Dies ist eine linear inhomogene Differenzengleichung 1. Ordnung mit den konstanten Koeffizienten $a = (1+i)$ und der konstanten Inhomogenität $b = -R$, deren allgemeine Lösung gemäß (2.13) gleich

$$K_n = C(1+i)^n - R \cdot \frac{1-(1+i)^n}{1-(1+i)} \text{ ist.}$$

Soll zusätzlich die Anfangsbedingung $K_0 = K$ erfüllt werden, so ergibt sich aus $K = K_0 = C \cdot 1 - R\frac{1-1}{-i} = C$ die eindeutige partikuläre Lösung

$$K_n = K(1+i)^n - R \cdot \frac{1-(1+i)^n}{i}, \quad n = 0,1,2,\ldots, \tag{2.17}$$

die als *nachschüssige Rentenformel* bekannt ist.

Dabei ist das 1. Glied auf der rechten Seite von (2.17) der Betrag, auf den die Anfangsschuld (bei Zinseszins mit dem Zinssatz i und periodengerechter Verzinsung) nach n Perioden anwächst, während das 2. Glied den Betrag darstellt, auf den die bisher geleisteten n periodischen Zahlungen in der gleichen Zeit anwachsen. Die Differenz dieser beiden Glieder ist die restliche Schuld.

Sind die periodischen Zahlungen nicht gleich groß, dann müssen wir von der Differenzengleichung

$$K_{n+1} = K_n + i \cdot K_n - R_{n+1}, \quad n = 0,1,2,\ldots$$

ausgehen, wobei R_{n+1} die (n + 1)-te Zahlung bezeichnet.

Nach (2.11') ist die allgemeine Lösung dieser inhomogenen Gleichung mit konstanten Koeffizienten $a = (1+i)$ und nichtkonstanter Inhomogenität $B_n = -R_{n+1}$

$$K_n = (1+i)^n \cdot C - \sum_{j=0}^{n-1} R_{j+1}(1+i)^{n-j-1},$$

und die partikuläre Lösung, die der Anfangsbedingung $K_0 = K$ genügt, ist

$$K_n = K(1+i)^n - \sum_{j=1}^{n} R_j (1+i)^{n-j}, \tag{2.18}$$

die ebenfalls als *nachschüssige Rentenformel* bezeichnet wird.

2.3.3 Das Spinnwebmodell (Cobwebmodell)

Für einen Elementarmarkt hänge die Nachfrage D_t vom Marktpreis P_t ab und das Angebot S_t reagiere mit einer Verzögerung von einer Periode auf den Marktpreis. Weiterhin seien beide Funktionen linear, so dass das Marktmodell gegeben wird durch

$$D_t = \alpha + a P_t \tag{2.19}$$

$$S_t = \beta + b P_{t-1} \tag{2.20}$$

mit reellen Konstanten α, β, a, b.

Nimmt man weiter an, dass in jeder Periode der Markt den Preis so bestimmt, dass sich stets Angebot und Nachfrage ausgleichen, d. h.

$$D_t = S_t,$$

so muss der Preis P_t der Differenzengleichung

$$\alpha + a P_t = \beta + b P_{t-1} \qquad \text{oder}$$

$$P_t = \frac{b}{a} P_{t-1} + \frac{\beta - \alpha}{a}, \quad t = 1, 2, \ldots \tag{2.21}$$

genügen, deren allgemeine Lösung nach (2.13) gleich

$$P_t = C\left(\frac{b}{a}\right)^t + \frac{\beta - \alpha}{a} \, \frac{1 - (\frac{b}{a})^t}{1 - \frac{b}{a}} \qquad \text{ist.}$$

Ist der Anfangspreis P_0 bekannt, so bestimmt sich die Konstante C aus $P_0 = C\left(\frac{b}{a}\right)^0 + \frac{\beta - \alpha}{a - b}\left[1 - \left(\frac{b}{a^0}\right)\right]$ zu $C = P_0$; die zugehörige partikuläre Lösung ist dann

$$P_t = \left(P - \frac{\beta - \alpha}{a - b}\right) \cdot \left(\frac{b}{a}\right)^t + \frac{\beta - \alpha}{a - b}, \quad t = 0, 1, 2, \ldots \tag{2.22}$$

Ist nun der Anfangspreis P_0 speziell gleich $\frac{\beta - \alpha}{a - b}$, so vereinfacht sich die Lösung (2.22) zu

$$P_t = \frac{\beta - \alpha}{a - b}, \quad t = 0, 1, 2, \ldots,$$

d. h. der Marktpreis verändert sich nicht im Zeitverlauf. Dieser so ausgezeichnete Preis $\overline{P} = \frac{\beta - \alpha}{a - b}$ wird als *(statischer) Gleichgewichtspreis* bezeichnet, denn er entspricht der Lösung des statischen Angebot- und Nachfrage-Modells:

$$D = \alpha + aP, \qquad S = \beta + bP, \qquad D = S.$$

Untersuchen wir nun das Verhalten des Marktpreises im Zeitverlauf, wie es durch die Gleichung (2.22) beschrieben wird.

Dabei wollen wir uns auf die "Normalfälle" beschränken und annehmen, dass mit steigendem Preis die Nachfrage fällt $(a < 0)$ und das Angebot steigt $(b > 0)$.

Fall 1: $b < (-a)$

Ist $b < (-a)$, d. h. hat die Nachfragefunktion eine "größere" Steigung als die Angebotsfunktion, dann strebt der Preis wegen $-1 < \frac{b}{a} < 0$ in der Form einer gedämpften Schwingung gegen den Gleichgewichtspreis $\overline{P} = \frac{\beta - \alpha}{a - b}$; vgl. Abb. 2.1.

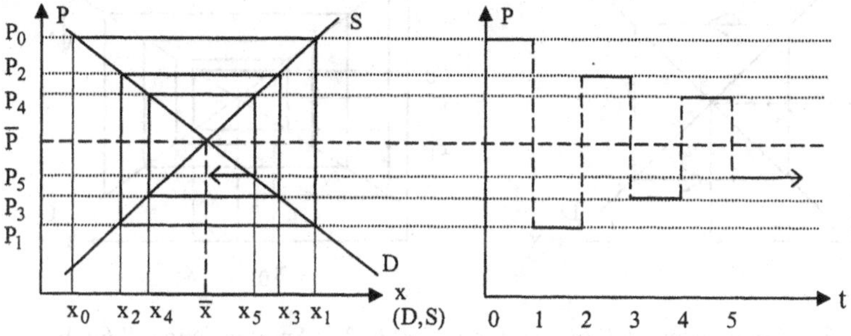

Abb. 2.1: Spinnwebmodell für $b < (-a)$

In Abbildung 2.1 erkennt man, warum dieses Angebot- und Nachfrage-Modell als Spinnwebmodell bezeichnet wird. Anhand dieser Abbildung lässt sich die Lösung auch gut veranschaulichen: In der Anfangsperiode befindet sich das System nicht im Gleichgewicht; die angekaufte und verkaufte Menge ist x_0 und der Anfangspreis P_0. Der Preis P_0 beeinflusst die Unternehmer, die Quantität $x_1 = \beta + bP_0$ zu produzieren, die vollständig zum Preis $P_1 = \frac{x_1 - \alpha}{a}$ von den Nachfragern gekauft wird. Dieser Preis P_1 führt zu einem Angebot $x_2 = \beta + bP_1$ in der nächsten Periode, die zum Preis $P_2 = \frac{x_2 - \alpha}{a}$ abgenommen wird, usw.

Der Preis konvergiert gegen den Gleichgewichtspreis $\overline{P}$ und die Quantität gegen die Gleichgewichtsquantität $\overline{x}$.

Fall 2: $b = (-a)$

Ist $b = (-a)$, d. h. $\frac{b}{-a} = -1$, so vereinfacht sich die Lösung (2.22) zu

$$P_t = \begin{cases} P_0 & \text{für } t = 0,2,4 \\ 2 \cdot \frac{\beta-\alpha}{a-b} - P_0 & \text{für } t = 1,3,5 \end{cases}$$

Der Preis alterniert also stets zwischen P_0 und $\frac{2(\beta-\alpha)}{a-b} - P_0$ und liegt stets um den festen Betrag $\left|P_0 - \frac{\beta-\alpha}{a-b}\right|$ vom Gleichgewichtswert $\overline{P} = \frac{\beta-\alpha}{a-b}$ entfernt, vgl. Abb. 2.2.

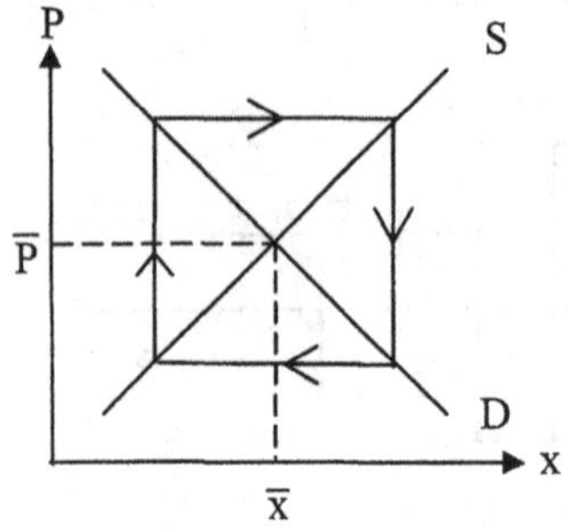

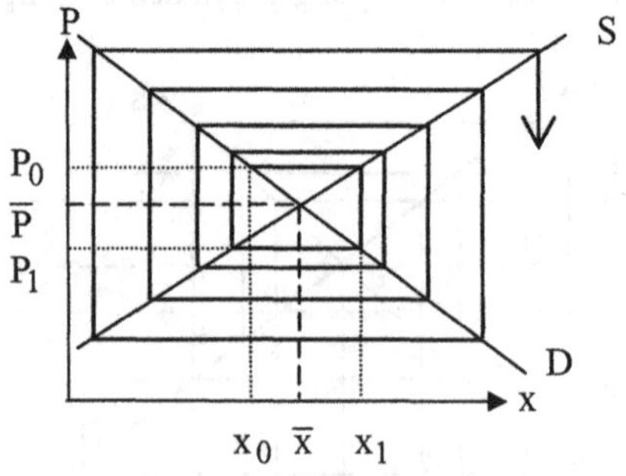

Abb. 2.2: Spinnwebmodell für $b = (-a)$ *Abb. 2.3: Spinnwebmodell für* $b > (-a)$

Fall 3: $b > (-a)$

Ist $b > (-a)$, d. h. ist die Angebotsfunktion steiler als die Nachfragefunktion (bezogen auf die P-Achse), dann divergiert der Marktpreis mit zunehmenden Schwingungen, denn $(\frac{b}{a})^t \underset{t\to+\infty}{\to} \pm\infty$, vgl. Abb. 2.3.

Seine bekannteste empirische Bestätigung fand das Spinnwebtheorem in dem von A. HANAU [1928, 1930] entdeckten Schweinezyklus.

2.3.4 Ein Modell der Einkommensverteilung

In einem Aufsatz von CHAMPERDOWNE [1953, S. 348] findet man das folgende einfache Modell der Einkommensverteilung: Es geht von disjunkten Einkommensklassen $R_0, R_1, R_2,...$ aus.

Die Anzahl der Personen in der Einkommensklasse R_n sei x_n, $n = 0,1,2,...$ Die Wahrscheinlichkeit, einen Rang nach unten zu gehen, sei für alle Ränge gleich 10 %. Die Chance, um einen Rang nach oben zu gehen, sei in R_0 gleich 30 %, aber in R_1 nur noch 15 %, in R_2 nur 10 % und allgemein in R_n nur $\frac{30}{n+1}$ %. Weiter sei x_0 und $x_1 = 3x_0$ vorgegeben.

Die Gleichgewichtsbedingung für dieses Modell ist dann

$$x_n = \frac{0,3}{n} x_{n-1} + \left(0,9 - \frac{0,3}{n+1}\right) x_n + 0,1\, x_{n+1}, \quad n = 1, 2, \ldots \tag{2.23}$$

Dies ist eine Differenzengleichung 2. Ordnung mit nicht-konstanten Koeffizienten, die sich nach Multiplikation mit 10 umordnen lässt in die Form

$$x_{n+1} - \frac{3}{n+1} x_n = x_n - \frac{3}{n} x_{n-1}, \quad n = 1, 2, \ldots \tag{2.24}$$

Wählt man nun eine neue Variable

$$y_n = x_n - \frac{3}{n} x_{n-1}, \quad n = 1, 2, 3, \ldots,$$

so muss y_n der linear homogenen Differenzengleichung 1. Ordnung

$$y_{n+1} = y_n, \quad n = 1, 2, 3, \ldots \tag{2.25}$$

genügen, deren allgemeine Lösung gemäß (2.6) gleich $y_n = C =$ konstant ist.

Setzt man die Anfangsbedingung $x_1 = 3x_0$ in $y_1 = x_1 - \frac{3}{1} x_0$ ein, so folgt, dass $y_1 = C = 0$; die in Frage kommende partikuläre Lösung ist also

$$y_n = 0, \quad n = 1, 2, 3, \ldots \qquad \text{oder}$$

$$x_n - \frac{3}{n} x_{n-1} = 0, \quad n = 1, 2, 3, \ldots \tag{2.26}$$

Diese linear inhomogene Differenzengleichung 1. Ordnung hat nach (2.4) die Lösung

$$x_n = C \cdot \prod_{i=0}^{n-1} \frac{3}{i+1} = C \frac{3^n}{n!}, \quad n = 1, 2, 3, \ldots \tag{2.27}$$

Damit die Lösung zusätzlich den Anfangsbedingungen genügt, muss gelten $x_0 = C \cdot \frac{3^0}{0!}$ oder $x_0 = C$, d. h. die gesuchte partikuläre Lösung ist

$$x_n^* = x_0 \cdot \frac{3^n}{n!}. \tag{2.28}$$

2.3.5 Geometrisches Wachstum von isolierten Populationen

Eines der einfachsten Modelle für das Wachstum einer Population erhält man durch die Annahme, dass aus jedem fortpflanzungsfähigen Individuum durchschnittlich die gleiche Anzahl R von Nachkommen hervorgeht und dass die Generationen **getrennt** sind, d. h., dass die Elterngeneration schon ausgestorben ist, wenn die Tochtergeneration ein fortpflanzungsfähiges Alter erreicht hat.

Bezeichnen wir die Anzahl der fortpflanzungsfähigen Individuen in der k-ten Generation mit x_k, so besteht zwischen der Populationsgröße in zwei aufeinander folgenden Generationen der Zusammenhang

$$x_{k+1} = R \cdot x_k, \quad k = 0, 1, 2, \ldots \tag{2.29}$$

Die Lösung dieser linear homogenen Differenzengleichung 1. Ordnung ist nach (2.6)

$$x_k = R^k \cdot x_0, \quad k = 0,1,2,\ldots \tag{2.30}$$

Offensichtlich wird für $R > 1$ die Population unbeschränkt wachsen, wogegen sie aussterben wird, wenn die *Reproduktionsrate* R kleiner als 1 ist.

Sind die Generationen nicht getrennt, so ist eine modifizierte Betrachtungsweise notwendig. Wir treffen nun die Annahme, dass die betrachtete Population pro Zeiteinheit, z. B. pro Jahr, um den Faktor n wächst, der weder vom Lebensalter der Individuen noch von deren Anzahl abhängen soll und sich auch nicht mit der Zeit ändert. Werden mit n nur die durch Geburt und Sterben bedingten Zu- und Abgänge in der Population berücksichtigt, so bezeichnet man die Konstante n als *Rate des natürlichen Populationswachstums.*

Symbolisieren wir die Anzahl der Individuen am Ende der k-ten Zeiteinheit mit y_k, dann gilt

$$y_{k+1} = y_k + n \cdot y_k = (1+n)\, y_k, \quad k = 0,1,2,\ldots \tag{2.31}$$

Mit dem *Wachstumsfaktor* $\lambda = 1 + n$ erhält man für die lineare Differenzengleichung (2.31) die zu (2.30) analoge Lösung

$$y_k = \lambda^k \cdot y_0 = (1+n)^k \cdot y_0, \quad k = 0,1,2,\ldots \tag{2.32}$$

2.3.6 Logistisches Wachstum von isolierten Populationen

Im Gegensatz zum Wachstumsmodell in Abschnitt 2.3.5 wird nun die einschränkende Annahme einer konstanten Reproduktionsrate R aufgegeben und stattdessen die lineare funktionale Beziehung

$$R(x_k) = R_0 - a \cdot x_k, \quad a > 0, \quad k = 0,1,2,\ldots \tag{2.33}$$

postuliert.

Zwischen den Anzahlen der Individuen aus zwei aufeinander folgenden Generationen besteht nun der nicht-lineare Zusammenhang

$$x_{k+1} = (R_0 - a\,x_k)\,x_k, \quad k = 0,1,2,\ldots \tag{2.34}$$

Sind die Größen R_0 und a vorgegeben, so bleibt die Populationsgröße x_k genau dann konstant, d. h.

$$x_k = \overline{x} \quad \text{für alle } k = 0,1,2,\ldots \qquad \textit{Gleichgewichtszustand}$$

wenn gilt

$$\overline{x} = \frac{R_0 - 1}{a}. \tag{2.35}$$

Um das Verhalten von Populationen in der Nähe des Gleichgewichtszustandes genauer zu untersuchen, führen wir als neue Variable die relative Abweichung z_k der Populationsgröße vom Gleichgewichtspunkt $\overline{x}$ ein.

$$z_k = \frac{x_k - \overline{x}}{\overline{x}}, \quad k = 0, 1, 2,\ldots \tag{2.36}$$

Umgeschrieben in die Form

$$x_k = \overline{x}\,(1 + z_k), \quad k = 0, 1, 2,\ldots \tag{2.37}$$

lässt sich die Variable z_k leicht interpretieren; z. B. drückt der Wert $z_k = 0{,}10$ aus, dass die Populationsgröße der k-ten Generation um 10 % höher ist als die Gleichgewichtsgröße $\overline{x}$.

Die Reproduktionsrate lässt sich dann wie folgt als Funktion der Variablen z_n schreiben

$$R = R_0 - a\,\overline{x}\,(1 + z_k) = R_0 - a\,\overline{x} - a\,\overline{x}\,z_k \overset{(2.35)}{=} 1 - a\,\overline{x}\,z_k \quad \text{oder}$$

$$R = 1 - b\,z_k \qquad \text{mit} \qquad b = a \cdot \overline{x} \tag{2.38}$$

Im Gegensatz zur Konstante a lässt sich die Größe b leicht interpretieren; z. B. bedeutet $b = 2$, dass auf eine Population x_k, die um $z_k = \frac{p}{100}$ über der Gleichgewichtsgröße $\overline{x}$ liegt, eine Generation folgt, die um $2 \cdot p$ % kleiner ist.

Die Wachstumsgleichung (2.34) wird mit dieser Darstellung für R gleich

$$x_{k+1} = (1 - b z_k) x_k \qquad \text{oder mit (2.37)}$$

$$\overline{x}(1 + z_{k+1}) = \overline{x}(1 - b z_k)\overline{x}(1 + z_k) \qquad \text{oder}$$

$$z_{k+1} = (1 - b) z_k - b z_k^2, \quad k = 0, 1, 2, \ldots \tag{2.39}$$

Für **kleine** Abweichungen vom Gleichgewichtspunkt $\overline{x}$ kann man das quadratische Glied $-b_{zk}^2$ gegenüber dem linearen Glied $(1 - b) z_k$ vernachlässigen, so dass sich schließlich die nachfolgende linear homogene Differenzengleichung ergibt

$$z_{k+1} \approx (1 - b) z_k, \quad k = 0, 1, 2, \ldots \tag{2.40}$$

mit der geometrischen Lösungsfolge

$$z_k \approx (1 - b)^k z_0, \quad k = 0, 1, 2, \ldots$$

Über die Entwicklung der Population lässt sich dann Folgendes aussagen:

Fall 1: $0 < b < 1$

Die Population nähert sich ohne Schwingungen dem Gleichgewichtszustand $\overline{x}$.

Fall 2: $1 < b < 2$

Die Population konvergiert in Schwingungen mit abnehmender Amplitude gegen $\overline{x}$.

Fall 3: $2 < b$

Die Population ändert sich in Schwingungen mit zunehmender Amplitude, zumindest so lange, wie der quadratische Term $-b z_k^2$ vernachlässigt werden darf.

2.4 Aufgaben

2.1 **a.** Man bestimme die allgemeine Lösung der Differenzengleichung

$$y_{k+1} - 3^{2k} y_k = 3^{k^2}, \quad k = 1, 2, \ldots$$

und die partikuläre Lösung, für die $y_1 = 2$ ist.

b. Man bestimme die allgemeine Lösung der Differenzengleichung

$$\Delta y_k + (k+2) y_k = (k+1)!, \quad k = 1, 2, \ldots$$

und die partikuläre Lösung, für die $y_3 = 3$ ist.

2.2 **a.** Man bestimme die allgemeine Lösung der Differenzengleichung $3y_{k+1} = 2y_k + 3, \quad k = 0, 1, 2, \ldots$ und die partikuläre Lösung, die der Anfangsbedingung $y_0 = 6$ genügt.

b. Man bestimme die partikuläre Lösung der Differenzengleichung $\Delta a_k - y_k = 3, \quad k = 1, 2, 3, \ldots,$ für die $y_1 = 0$ ist.

2.3 Die 1. HARRODsche These werde dahingehend geändert, dass nun die Sparrelation eine Wirkungsverzögerung (Lag) aufweist:

$$S_t = s \cdot Y_{t-1}.$$

Die 2. These bleibe unverändert. Man zeige, dass unter der Gleichgewichtsbedingung $S_t = I_t$ für alle t das Volkseinkommen $Y(t)$ stets mit der konstanten Rate $\frac{s}{g}$ monoton wächst, sobald die Sparrate s und der Akzelerator g beide positiv sind.

2.4 Die Entwicklung des Volkseinkommens nach beiden Versionen (mit und ohne Lag in der Sparrelation) des HARRODschen Modells soll untersucht werden für

a. $s = 0{,}15$ und $g = 3$.

b. $s = 0{,}30$ und $g = 0{,}5$.

2.5 Gegeben sei das Elementarmarktmodell

Nachfrage: $D_t = 70 - 4p_t$

Angebot: $S_t = -10 + 2p_{t-1}$

Bestimmen Sie den Gleichgewichtspreis und überprüfen Sie, ob er stabil oder instabil ist.

2.6 Am Ende jeder Zinsperiode werde die konstante Summe r bei einer Bank angelegt und mit Zinseszins zum Zinssatz i pro Periode stehen gelassen. K_j bezeichne den Gesamtbetrag des Kontos nach j Zinsperioden. Man zeige, dass

$$K_{j+1} = (1+i) \cdot K_j + r, \quad j = 0,1,2,\ldots$$

gilt, wobei $K_0 = 0$ ist.

Man löse diese Differenzengleichung und gebe eine Bestimmungsformel für K_j an.

3. Lineare Differenzengleichungen 2. Ordnung (mit konstanten Koeffizenten)

Eine lineare Differenzengleichung 2. Ordnung hat die Form

$$f_2(k)\,y_{k+2} + f_1(k)\,y_{k+1} + f_0(k)\,y_k = g(k), \quad k \in S \subseteq \mathbf{N} \cup \{0\}, \qquad (3.1)$$

wobei die Funktionen $f_0(k)$ und $f_2(k)$ über der Menge S stets von Null verschieden sind.

Um ein brauchbares Lösungskonzept zu erhalten, wollen wir uns auf den für die praktische Anwendung bedeutendsten Fall beschränken, dass die Koeffizienten $f_0(k), f_1(k), f_2(k)$ konstante Funktionen sind.

Dividieren wir nun die Gleichung (3.1) durch $f_2(k)$ und definieren wir

$$a_1 = \frac{f_1(k)}{f_2(k)} = \text{konst.}, \quad a_0 = \frac{f_0(k)}{f_2(k)} = \text{konst.} \quad \text{und} \quad B_k = B(k) = \frac{g(k)}{f_2(k)},$$

so lässt sich eine *Differenzengleichung 2. Ordnung mit konstanten Koeffizienten* schreiben in der Form

$$y_{k+2} + a_1 \cdot y_{k+1} + a_0 \cdot y_k = B_k, \quad k \in S. \qquad (3.2)$$

< **3.1** > $y_{k+2} + 2y_{k+1} - 15y_k = 4 + 6k, \quad k = 0, 1, 2, \ldots$ ♦

3.1 Linear homogene Differenzengleichung 2. Ordnung

Eine *linear homogene Differenzengleichung 2. Ordnung mit konstanten Koeffizienten* kann geschrieben werden in der Form

$$y_{k+2} + a_1 \cdot y_{k+1} + a_0 \cdot y_k = 0, \quad k = 0, 1, 2, \ldots \qquad (3.3)$$

Um eine Lösung dieser homogenen Differenzengleichung zu erhalten, könnte man das für Gleichungen 1. Ordnung gewählte Verfahren analog anwenden: Man entwickelt zunächst die Werte $y_1, y_2, \ldots, y_n$ und substituiert dann schrittweise so, dass jeder y_k-Wert durch einen Ausdruck wiedergegeben wird, der neben Konstanten nur die Anfangsbedingungen y_0 und y_1 enthält.

Dieses Verfahren ist jedoch zu kompliziert und daher soll seine Verwendung auch nicht empfohlen werden. Dies sieht man schnell ein, wenn man beispielsweise versucht, auf diesem Weg die Lösung der zu Beispiel < 3.1 > zugehörigen homogenen Gleichung zu bestimmen.

Dies zeigt uns aber auch, dass mit zwei vorgegebenen Werten, hier mit y_0 und y_1, alle y_k-Werte schrittweise berechnet werden können und zwar eindeutig, wie dies auch der Existenz- und Eindeutigkeitssatz für lineare Differenzengleichungen (Satz 1.5, S. 16) aussagt.

Um einen einfacheren Lösungsweg zu erhalten, wollen wir auf die Sätze 1.6 und 1.7 zurückgreifen, denen zufolge für zwei beliebige Lösungen $y_1(k)$ und $y_2(k)$ auch die Funktion

$$y_k^* = C_1 \cdot y_1(k) + C_2 \cdot y_2(k), \quad k = 0, 1, 2, \ldots \tag{3.4}$$

mit willkürlichen Konstanten C_1 und C_2 eine Lösung der Gleichung (3.3) ist.

Das Vorhandensein von zwei beliebigen Konstanten besagt nun keinesfalls, dass die so gebildete Lösungsfunktion y_k^* auch stets die allgemeine Lösung von (3.3) ist. Dies ist nur dann der Fall, wenn für jede beliebige Lösung y_k der Gleichung (3.3) die Konstanten C_1 und C_2 sich so bestimmen lassen, dass gilt:

$$Y_k = C_1 \cdot y_1(k) + C_2 \cdot y_2(k), \quad k = 0, 1, 2, \ldots$$

Da nach dem Existenz- und Eindeutigkeitssatz für lineare Differenzengleichungen zwei Lösungen von (3.4) schon dann identisch sind, wenn ihre Werte für zwei aufeinander folgende k-Werte übereinstimmen, z. B. für $k = 0$ und $k = 1$, genügt der Nachweis, dass die Konstanten C_1 und C_2 so bestimmt werden können, dass für beliebige Anfangswerte y_0 und y_1 gilt:

$$\begin{aligned} Y_0 &= C_1\, y_1(0) + C_2\, y_2(0) = y_0 \quad \text{und} \\ Y_1 &= C_1\, y_1(1) + C_2\, y_2(1) = y_1 \end{aligned} \tag{3.5}$$

< **3.2** > Für die linear homogene Differenzengleichung

$$y_{k+2} + 2y_{k+1} - 15y_k = 0, \quad k = 0, 1, 2, \ldots \tag{3.6}$$

kann durch direktes Einsetzen gezeigt werden, dass

$$y_1(k) = 3^k \qquad \text{und} \qquad y_2(k) = (-5)^k$$

Lösungen dieser homogenen Differenzengleichung sind.

Nach den Sätzen 1.6 und 1.7 ist dann

$$Y_k = C_1 \cdot 3^k + C_2 \cdot (-5)^k$$

ebenfalls eine Lösung von (3.6).

Nach obigen Überlegungen ist Y_k aber nur dann auch die allgemeine Lösung von (3.6), wenn für beliebige reelle Zahlen y_0 und y_1 das Gleichungssystem

$$Y_0 = C_1 \cdot 3^0 + C_2(-5)^0 = y_0$$

$$Y_1 = C_1 \cdot 3^1 + C_2(-5)^1 = y_1$$

in den Variablen C_1 und C_2 eine Lösung hat.

Lösen wir die 1. Gleichung nach C_1 auf und setzen wir den Ausdruck in die 2. Gleichung ein, so ergibt sich

$$C_2 = \tfrac{1}{8}(3y_0 - y_1) \qquad \text{und} \qquad C_1 = \tfrac{1}{8}(5y_0 + y_1).$$

Die Lösung Y_k kann also durch geeignete Wahl der Konstanten C_1 und C_2 so bestimmt werden, dass sie mit den Anfangswerten y_0 und y_1 jeder beliebigen Lösung y_k, und damit dieser Lösung selbst, übereinstimmt.

Betrachten wir dagegen die beiden speziellen Lösungen

$$y_1(k) = 3^k \qquad \text{und} \qquad y_3(k) = 2 \cdot 3^k,$$

dann ist nach den Sätzen 1.6 und 1.7

$$Y_k = C_1 \cdot 3^k + C_2 \cdot 2 \cdot 3^k$$

ebenfalls eine Lösung der Gleichung (3.6) für jede Wahl der Konstanten C_1 und C_2. Y_k ist aber nicht die allgemeine Lösung von (3.6), denn das Gleichungssystem

$$Y_0 = C_1 \quad + C_2 \qquad = y_0$$

$$Y_1 = C_1 \cdot 3 + C_2 \cdot 2 \cdot 3 = y_1$$

hat nicht für jede Wahl der rechten Seite eine Lösung.

Ist $y_1 = 3y_0$, dann gibt es unendlich viele Lösungen; ist $y_1 \neq 3y_0$, so gibt es keine Werte (C_1, C_2), die das Gleichungssystem lösen. ♦

Zur Bestimmung der allgemeinen Lösung einer homogenen Differenzengleichung 2. Ordnung reicht es also keineswegs aus, zwei beliebige Lösungen zu kennen, es ist vielmehr notwendig, dass diese Lösungen im oben dargestellten Sinne "unabhängig" voneinander sind.

Zwei beliebige Lösungen $y_1(x)$ und $y_2(x)$ der homogenen Differenzengleichung (3.3) weisen diese "Unabhängigkeits"-Eigenschaft auf, wenn das linear inhomogene Gleichungssystem (3.5) für jede Wahl der rechten Seiten y_0 und y_1 eine Lösung besitzt.

Nach einem Satz[1] der Linearen Algebra ist dies genau dann der Fall, wenn die Determinante der Koeffizientenmatrix dieses Gleichungssystems von Null verschieden ist.

Es gilt daher der folgende, einfach zu handhabende

Satz 3.1:
Sind $y_1(k)$ und $y_2(k)$ zwei Lösungen der homogenen Differenzengleichung 2. Ordnung

$$y_{k+2} + a_1 y_{k+1} + a_0 y_k = 0, \quad k = 0,1,2,\ldots, \tag{3.3}$$

dann ist

$$Y_k = C_1 \cdot y_1(k) + C_2 \cdot y_2(k), \quad k = 0,1,2,\ldots \tag{3.6}$$

nur dann die allgemeine Lösung von (3.3), wenn gilt

$$\begin{vmatrix} y_1(0) & y_2(0) \\ y_1(1) & y_2(1) \end{vmatrix} = y_1(0) \cdot y_2(1) - y_2(0) \cdot y_1(1) \neq 0. \tag{3.7}$$

Definition 3.1:
Zwei Lösungen $y_1(k)$ und $y_2(k)$ von (3.3), die der Bedingung (3.7) genügen, werden als *Fundamentalsystem* von (3.3) bezeichnet.

Das Problem der Bestimmung der allgemeinen Lösung der homogenen Differenzengleichung (3.3) wird durch Satz 3.1 zurückgeführt auf das Problem der Bestimmung zweier Lösungen von (3.3), die ein Fundamentalsystem bilden.

---

[1] **Hilfssatz 3.1**: Das linear inhomogene Gleichungssystem

$$\begin{matrix} a_{11}x_1 & + & a_{12}x_2 & + \cdots + & a_{1n}x_n & = & b_1 \\ a_{21}x_1 & + & a_{22}x_2 & + \cdots + & a_{2n}x_n & = & b_2 \\ \vdots & & \vdots & & \vdots & & \vdots \\ a_{n1}x_1 & + & a_{n2}x_2 & + \cdots + & a_{nn}x_n & = & b_n \end{matrix}$$

in den Variablen $x_1, x_2, \ldots, x_n$ und den reellen Konstanten $a_{ij}, b_i, i, j \in \{1, \ldots, n\}$, hat genau dann eine Lösung für jede Wahl der rechten Seiten $b_1, b_2, \ldots, b_n$, wenn gilt:

$$\begin{vmatrix} a_{11} & a_{12} & \cdots & a_{1n} \\ a_{21} & a_{22} & \cdots & a_{2n} \\ \vdots & \vdots & & \vdots \\ a_{n1} & a_{n2} & \cdots & a_{nn} \end{vmatrix} \neq 0.$$

Ein Beweis dieses Satzes und eine ausführliche Darstellung der Theorie linearer Gleichungssysteme und Determinanten findet man in den meisten Lehrbüchern der linearen (Wirtschafts-) Algebra, z. B. in ROMMELFANGER [2004, Bd. 2, S. 9-33]

Um eine Lösung der Differenzengleichung (3.3) zu finden, wollen wir den Lösungsansatz[1]

$$y_k = q^k, \quad k = 0, 1, 2, \ldots \tag{3.8}$$

verwenden, wobei q irgendeine von Null verschiedene Konstante ist. Wir schließen $q = 0$ aus, weil daraus folgt $y_k = 0$ für alle k und diese Lösung nicht in einem Fundamentalsystem enthalten sein kann.

Setzen wir diese Versuchlösung in die Gleichung (3.3) ein, so erhalten wir zunächst

$$q^{k+2} + a_1 \cdot q^{k+1} + a_0 \cdot q^k = 0$$

und nach Division durch q^k die quadratische Gleichung

$$q^2 + a_1 q + a_0 = 0, \tag{3.9}$$

die als die *charakteristische Gleichung* der Differenzengleichung (3.3) bezeichnet wird.

Die charakteristische Gleichung (3.9) hat als quadratische Gleichung die beiden Lösungen

$$q_1 = -\frac{a_1}{2} + \sqrt{\frac{a_1^2}{4} - a_0} \qquad \text{und} \qquad q_2 = -\frac{a_1}{2} - \sqrt{\frac{a_1^2}{4} - a_0},$$

die beide von Null verschieden sind, da die Konstante a_0 als Koeffizient der Differenzengleichung 2. Ordnung (3.3) stets ungleich Null ist.

Die den Wurzeln q_1 und q_2 entsprechenden Funktionen

$$y_1(k) = q_1^k \qquad \text{und} \qquad y_2(k) = q_2^k \tag{3.10}$$

sind nach Konstruktion Lösungen der Differenzengleichung (3.3).

< **3.3** > Die homogene Differenzengleichung 2. Ordnung

$$y_{k+2} + y_{k+1} - 6y_k = 0 \tag{3.11}$$

---

[1] Dieser Lösungsansatz liegt nahe, denn $y_k = C \cdot a^k$ ist die allgemeine Lösung der linear homogenen Differenzengleichung mit konstanten Koeffizienten $y_k = a \cdot y_k$ (vgl. S. 21).

Anstelle dieser Vorgehensweise, bei der ein Lösungsansatz "erraten" wird, kann man die Lösung einer homogenen Differenzengleichung 2. Ordnung auch exakt ableiten; eine Herleitungsskizze gibt z. B. GOLDBERG [1968, S. 202].

hat die charakteristische Gleichung $q^2 + q - 6 = 0$, die die beiden reellen, voneinander verschiedenen Wurzeln $q_1 = -\frac{1}{2} + \sqrt{\frac{1}{4} + 6} = -\frac{1}{2} + \frac{5}{2} = 2$ und $q_2 = -\frac{1}{2} - \frac{5}{2} = -3$ hat.

Diesen Wurzeln entsprechen die Lösungen von (3.11)

$$y_1(k) = 2^k \qquad \text{und} \qquad y_2(k) = (-3)^k .$$ ♦

< **3.4** > Die Differenzengleichung

$$y_{k+2} - 4y_{k+1} + 4y_k = 0 \tag{3.12}$$

hat die charakteristische Gleichung $q^2 - 4q + 4 = (q-2)^2 = 0$, deren Wurzeln $q_1 = 2 + \sqrt{4-4} = 2$ und $q_2 = 2$ reell und gleich sind.

Die entsprechenden Lösungen von (3.12) stimmen dann ebenfalls miteinander überein $y_1(k) = y_2(k) = 2^k$. ♦

< **3.5** > Die Differenzengleichung

$$y_{k+2} - 2y_{k+1} + 2y_k = 0 \tag{3.13}$$

hat die charakteristische Gleichung $q^2 - 2q + 2 = 0$, die die beiden konjugiert komplexen Wurzeln $q_1 = 1 + \sqrt{1-2} = 1 + i$ und $q_2 = 1 - i$ hat. Die zugehörigen Lösungen von (3.13) sind dann

$$y_1(k) = (1+i)^k \qquad \text{und} \qquad y_2(k) = (1-i)^k .$$ ♦

Wie die vorstehenden Beispiele zeigen, empfiehlt es sich für die weitere Untersuchung, die folgenden drei Fälle getrennt zu behandeln:

Fall 1: Die beiden Wurzeln der charakteristischen Gleichung (3.9) sind reelle und voneinander verschiedene Zahlen.

Fall 2: Die beiden Wurzeln sind reell und gleich.

Fall 3: Die beiden Wurzeln sind konjugiert komplex.

Weitere Möglichkeiten gibt es bei einer quadratischen Gleichung nicht.

Fall 1: Reelle und voneinander verschiedene Wurzeln

In diesem Fall bilden die Lösungen (3.10) ein Fundamentalsystem, denn die nach Satz 3.1 maßgebende Determinante (3.7) ist stets von Null verschieden, da

$$\begin{vmatrix} y_1(0) & y_2(0) \\ y_1(1) & y_2(1) \end{vmatrix} = \begin{vmatrix} 1 & 1 \\ q_1 & q_2 \end{vmatrix} = q_2 - q_1 \neq 0 .$$

Nach Satz 3.1 ist daher in diesem Fall die allgemeine Lösung der Differenzengleichung (3.3) gleich

$$Y_k = C_1 \cdot q_1{}^k + C_2 \cdot q_2{}^k \tag{3.14}$$

mit beliebigen Konstanten C_1 und C_2.

< 3.6 > Die Differenzengleichung (3.11) aus < 3.2 > hat daher die allgemeine Lösung $Y_k = C_1 \cdot 2^k + C_2 \cdot (-3)^k$. ♦

Fall 2: Reelle und gleiche Wurzeln

In diesem Fall bilden die Lösungen $y_1(k)$ und $y_2(k)$ kein Fundamentalsystem, da

$$\begin{vmatrix} y_1(0) & y_2(0) \\ y_1(1) & y_2(1) \end{vmatrix} = \begin{vmatrix} 1 & 1 \\ q_1 & q_2 \end{vmatrix} = q_2 - q_1 = 0 .$$

Behalten wir nun $y_1(k) = q_1{}^k$ bei und wählen wir als zweite Lösung die Funktion

$$y_2(k) = k \cdot q_1{}^k , \tag{3.15}$$

dann bilden die Funktionen $y_1(k)$ und $y_2(k)$ ein Fundamentalsystem, denn es gilt:

A. $y_2(k) = k \cdot q_1{}^k$ ist eine Lösung der Differenzengleichung (3.3), was durch direktes Einsetzen in (3.3) sofort überprüft werden kann:

$$y_2(k+2) + a_1 y_2(k+1) + a_0 y_2(k) =$$

$$(k+2) q_1{}^{k+2} + a_1 (k+1) q_1{}^{k+1} + a_0 k q_1{}^k =$$

$$k \cdot q_1{}^k \underbrace{(q_1{}^2 + a_1 q_1 + a_0)}_{\substack{=0,\text{ da } q_1 \text{ Lösung der} \\ \text{charakteristischen} \\ \text{Gleichung}}} + q_1{}^{k+1} \cdot \underbrace{(2q_1 + a_1)}_{\substack{=0,\text{ da im Fall (b)} \\ \text{stets gilt } q_1 = -\frac{a_1}{2}}} = 0$$

B. Die Determinante

$$\begin{vmatrix} y_1(0) & y_2(0) \\ y_1(1) & y_2(1) \end{vmatrix} = \begin{vmatrix} 1 & 0 \\ q_1 & q_1 \end{vmatrix} = q_1$$

ist ungleich Null, da die Wurzeln der charakteristischen Gleichung stets von Null verschieden sind; vgl. S. 43.

Nach Satz 3.1 ist dann die allgemeine Lösung von (3.3)

$$Y_k = C_1 \cdot q_1{}^k + C_2 \cdot k \cdot q_1{}^k = (C_1 + C_2 k) \cdot q_1{}^k \tag{3.16}$$

mit beliebigen Konstanten C_1 und C_2.

< **3.7** > Die Differenzengleichung (3.12) aus < 3.4 > hat die allgemeine Lösung

$$Y_k = (C_1 + C_2\, k) \cdot 2^k, \quad k = 0, 1, 2, \ldots$$

Soll diese Lösung zusätzlich den Bedingungen $y_2 = -4$ und $y_3 = 0$ genügen, so müssen die Konstanten C_1 und C_2 so bestimmt werden, dass gilt:

$$-4 = y_2 = (C_1 + C_2 \cdot 2) \cdot 2^2 \quad \text{und} \quad 0 = y_3 = (C_1 + C_2 \cdot 3) \cdot 2^3 .$$

Aus der 2. Bedingung folgt $C_1 = -3C_2$, und dies eingesetzt in die 1. Gleichung ergibt $C_2 = 1$ und damit $C_1 = -3$. Die partikuläre Lösung mit $y_2 = -4$ und $y_3 = 0$ ist daher

$$y_k = (-3 + k) \cdot 2^k, \quad k = 0, 1, 2, \ldots$$ ♦

Fall 3: Komplexe Wurzeln

Die Algebra[1] lehrt, dass in quadratischen Gleichungen mit reellen Koeffizienten die komplexen Wurzeln nur in konjugierten Paaren vorkommen. Bezeichnen wir diese mit $q_1 = a + ib$ und $q_2 = a - ib$; $a, b \in \mathbf{R}, b \neq 0$, so ergibt sich, da

$$\begin{vmatrix} y_1(0) & y_2(0) \\ y_1(1) & y_2(1) \end{vmatrix} = \begin{vmatrix} 1 & 1 \\ a + ib & a - ib \end{vmatrix} = -2ib \neq 0,$$

nach Satz 3.1, dass

$$y_1(k) = q_1{}^{ki} = (a + ib)^k \qquad \text{und} \qquad y_2(k) = q_2{}^k = (a - ib)^k$$

ein Fundamentalsystem bilden und die allgemeine Lösung der Differenzengleichung (3.3) lautet

$$y_k = C_1 \cdot q_1{}^k + C_2 \cdot q_2{}^k = C_1(a + ib)^k + C_2(a - ib)^k . \tag{3.17}$$

Für komplexe Wurzeln kann allerdings das Problem auftreten, dass die allgemeine Lösung y_k eine komplexe Funktion ist. Wir benötigen jedoch Lösungen, die in allen k-Werten des Definitionsbereichs reelle Zahlen annehmen.

---

[1] Vgl. [ZURMÜHL 1961, S. 33]; S. 318

Einen Ausweg aus diesem Problem bietet der

Satz 3.2:
Sind q_1 und q_2 komplexe Wurzeln der charakteristischen Gleichung (3.9), dann nimmt eine Lösung der Differenzengleichung (3.3) stets reelle Werte an, wenn die Konstanten C_1 und C_2 so gewählt werden, dass sie konjugiert komplex sind.

Beweis:
Die Wurzeln der charakteristischen Gleichungen sind konjugiert komplex und lassen sich daher in trigonometrischer Form, vgl. S. 313, darstellen:

$$q_1 = r(\cos\phi + i\cdot\sin\phi), \quad q_2 = r(\cos\phi - i\cdot\sin\phi). \tag{3.18}$$

Aufgrund der Formel von DE MOIVRE, vgl. S. 321, gilt dann

$$q_1{}^k = r^k\cdot(\cos k\phi + i\cdot\sin k\phi), \quad q_2{}^k = r^k\cdot(\cos k\phi - i\cdot\sin k\phi).$$

Seien nun C_1 und C_2 beliebig konjugiert komplexe Zahlen, die in trigonometrischer Form dargestellt sind als

$$C_1 = a(\cos B + i\cdot\sin B), \quad C_2 = a(\cos B - i\cdot\sin B)$$

mit beliebigen reellen Zahlen $a > 0$ und B, so vereinfacht sich y_k durch Ausmultiplikation und anschließende Anwendung trigonometrischer Formeln, vgl. S. 322, zu

$$\begin{aligned} Y_k &= a\cdot(\cos B + i\cdot\sin B)\cdot r^k\cdot(\cos k\phi + i\cdot\sin k\phi) \\ &\quad + a\cdot(\cos B - i\cdot\sin B)\cdot r^k\cdot(\cos k\phi - i\cdot\sin k\phi) \\ &= a\cdot r^k\cdot(2\cdot\cos B\cdot\cos k\phi - 2\cdot\sin B\cdot\sin k\phi) = 2\cdot a\cdot r^k\cdot\cos(k\phi + B). \end{aligned}$$

Der Betrag r und das Argument ϕ lassen sich aus den Gleichungen (3.18) bestimmen, während der Betrag a und das Argument B anstelle von C_1 und C_2 stehen und daher willkürliche Konstanten sind.

Definieren wir noch $A = 2a$, so hat die allgemeine reelle Lösung der homogenen Differenzengleichung (3.3), deren charakteristische Gleichung komplexe Wurzeln hat, die Form

$$Y_k = A\cdot r^k\cdot\cos(k\phi + B) \tag{3.19}$$

mit willkürlichen reellen Konstanten $A > 0$ und B.

Eine andere Darstellungsform für die allgemeine Lösung (3.19) erhält man, wenn die konjugiert komplexen Konstanten C_1 und C_2 in algebraischer Form dargestellt werden.

Mit $C_1 = c + id$ und $C_2 = c - id$ erhält die allgemeine Lösung (3.17) die Gestalt

$$\begin{aligned} Y_k &= (c + i d) \cdot r^k \cdot (\cos k\,\phi + i \cdot \sin k\phi) + (c - i d) \cdot r^k \cdot (\cos k\,\phi - i \cdot \sin k\phi) \\ &= 2c \cdot r^k \cdot \cos k\phi - 2d \cdot r^k \cdot \sin k\phi . \end{aligned}$$

Definieren wir noch $C = 2c$ und $D = -2d$, so lässt sich die allgemeine Lösung der Differenzengleichung (3.3) mit komplexen Wurzeln $q_{1/2} = r(\cos\phi \pm i \sin\phi)$ schreiben als

$$Y_k = C \cdot r^k \cdot \cos k\phi + D \cdot r^k \cdot \sin k\phi \tag{3.20}$$

mit willkürlichen reellen Konstanten C und D.

< **3.7** > Die Differenzengleichung (3.13) aus < 3.5 > hat die allgemeine Lösung

$$y_k = A(\sqrt{2})^k \cdot \cos(k\tfrac{\pi}{4} + B), \quad k = 0, 1, 2, \ldots ,$$

denn $1 \pm i = \sqrt{2}\,(\cos\frac{\pi}{4} \pm i \sin\frac{\pi}{4})$.

Suchen wir zusätzlich eine partikuläre Lösung von (3.13), die den Anfangsbedingungen $y_0 = 0$ und $y_1 = 2$ genügt, dann müssen wir die Konstanten A und B so wählen, dass gilt

$$0 = y_0 = A \cdot \cos B \qquad \text{und} \qquad 2 = y_1 = A\sqrt{2}\,\cos(\tfrac{\pi}{4} + B).$$

Die 1. Gleichung ist z. B. für $B = \frac{\pi}{2}$ erfüllt.

Aus der 2. Gleichung folgt dann $A = \dfrac{\sqrt{2}}{\cos(\frac{\pi}{4} + \frac{\pi}{2})} = \dfrac{\sqrt{2}}{-\sin\frac{\pi}{4}} = -2$.

Die gesuchte partikuläre Lösung ist also

$$y_k = -2(\sqrt{2})^k \cdot \cos(k\tfrac{\pi}{4} + \tfrac{\pi}{2}) = (\sqrt{2})^{k+2} \cdot \sin k\tfrac{\pi}{4}, \quad k = 0, 1, 2, \ldots$$

Die den vorgegebenen Anfangsbedingungen genügende partikuläre Lösung lässt sich zumeist einfacher mittels der Darstellungsform (3.20) berechnen.

Aus $y_k = C(\sqrt{2})^k \cdot \cos k\frac{\pi}{4} + D(\sqrt{2})^k \cdot \sin k\frac{\pi}{4}$

folgt aus $0 = y_0 = C \cdot 1 \cdot \cos 0 + D \cdot 1 \cdot \sin 0$

und $2 = y_1 = C \cdot \sqrt{2} \cdot \cos\frac{\pi}{4} + D \cdot \sqrt{2} \cdot \sin\frac{\pi}{4}$

$$0 = C \qquad \text{und} \qquad 2 = C + D, \quad \text{d. h. } D = 2$$

und somit ebenfalls

$$y_k = (\sqrt{2})^{k+2} \cdot \sin k\tfrac{\pi}{4}, \quad k = 0, 1, 2, \ldots$$ ♦

Unsere vorstehenden Ergebnisse können wir zusammenfassen zum

Satz 3.3:
Bezeichnen wir mit q_1 und q_2 die Wurzeln der quadratischen Gleichung

$$q_2 + a_1 \cdot q + a_0 = 0, \quad a_0, a_1 \in \mathbf{R}, \quad a_0 \neq 0, \tag{3.9}$$

dann ist sie allgemeine Lösung der homogenen Differenzengleichung

$$y_{k+2} + a_1 \cdot y_{k+1} + a_0 \cdot y_k = 0, \quad k = 0, 1, 2, \ldots \tag{3.3}$$

A. für reelle und voneinander verschiedene Wurzeln q_1 und q_2 durch

$$Y_k = C_1 \cdot {q_1}^k + C_2 \cdot {q_2}^k, \quad k = 0, 1, 2, \ldots \tag{3.14}$$

B. für reelle und gleiche Wurzeln $q_1 = q_2$ durch

$$Y_k = (C_1 + C_2\, k) \cdot {q_1}^k, \quad k = 0, 1, 2, \ldots \tag{3.16}$$

C. für konjugiert komplexe Wurzeln $q_{1,2} = r\,(\cos\phi \pm i \sin\phi)$ durch

$$Y_k = A \cdot r^k \cdot \cos(k\phi + B), \quad k = 0, 1, 2, \ldots \qquad \text{oder} \tag{3.19}$$

$$Y_k = C \cdot r^k \cdot \cos k\phi + D \cdot r^k \cdot \sin k\phi \tag{3.20}$$

bestimmt, mit willkürlichen reellen Konstanten C_1 und C_2 bzw. A und B oder C und D.

3.1.1 Geometrische Deutung der Parameter von $y_k = A\, r^k \cos(k\,\phi + B)$

Die Argumente ϕ und B

Betrachten wir zunächst die gewöhnliche Kosinusfunktion $y = \cos x$, eine stetige Kurve mit der Periode $T = 2\pi$.

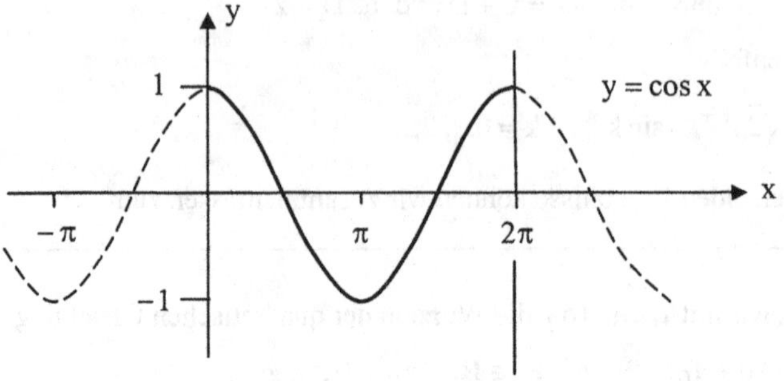

Abb.3.1: gewöhnliche Kosinusfunktion $y = \cos x$

Untersuchen wir nun die Funktion $x \mapsto y = \cos \phi\, x$, $\phi \in \mathbf{R}$. Diese Funktion hat die Periodenlänge $\frac{2\pi}{\phi}$, da für $x = \frac{2\pi}{\phi}$ gilt: $x \cdot \phi = \frac{2\pi}{\phi} \cdot \phi = 2\pi$.

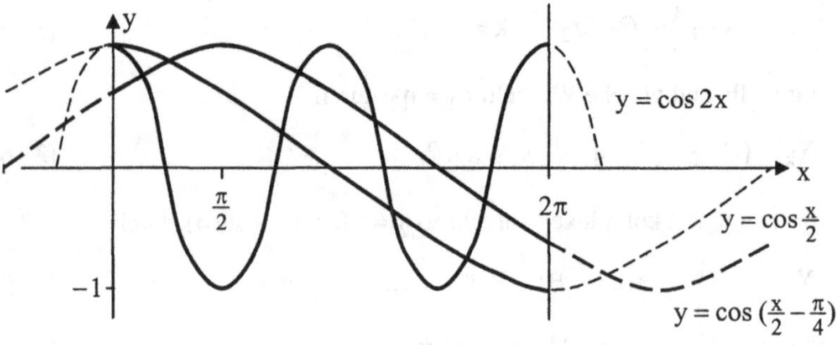

Abb. 3.2: $y = 2\cos x$, $\quad y = \cos \frac{2\pi}{\phi}$, $\quad y = \cos\left(\frac{x}{2} - \frac{\pi}{4}\right)$

Das Argument ϕ ist daher ein *Maß für die Periodenlänge* bzw. ein *Maß für die Frequenz* der Schwingungen; dabei bezeichnet man als Frequenz einer Schwingung die Anzahl der Schwingungen in der Zeiteinheit, also $F = 1 : \frac{2\pi}{\phi} = \frac{\phi}{2\pi}$.

Betrachten wir nun die Funktion $y = \cos(x\,\phi + B)$.

Da $\cos(x\,\phi + B) = 1$ für $x\,\phi + B = 0$, d. h. $x = -\frac{B}{\phi}$

und $x\,\phi + B = 2\pi$, d. h. $x = \frac{2\pi}{\phi} - \frac{B}{\phi}$, ist $y = \cos(x\,\phi + B)$ eine Kosinusfunktion mit der Periode $\frac{2\pi}{\phi}$; sie ist aber gegenüber der Funktion $\cos x\,\phi$ um $\frac{B}{\phi}$ nach links verschoben, wenn $B, \phi > 0$, vgl. die Funktion $y = \cos(\frac{x}{2} - \frac{\pi}{2})$ in Abb. 3.2.

Das Argument B ist also ein *Maß für die Phasenverschiebung.*

Die Beträge A und r^k

Die Funktion $y(x) = \cos(x\,\phi + B)$ erreicht, vgl. Abb. 3.2, maximal den Wert 1 und minimal den Wert -1.

Betrachtet man nun die Funktion $y(x) = \cos(x \cdot \phi + B)$, dann unterscheiden sich beide Funktionen formal nur um den multiplikativen Faktor A. Geometrisch gesehen bewirkt der Faktor A eine "gleichmäßige" Änderung (für $A > 1$ eine Vergrößerung, für $A < 1$ eine Verkleinerung) der Amplitudenwerte, und zwar so, dass der Ordinatenwert $\cos(x\,\phi + B)$ jedes Abzissenwertes x mit A multipliziert wird.

Der Betrag A ist also ein *Maß für die Amplitude.*

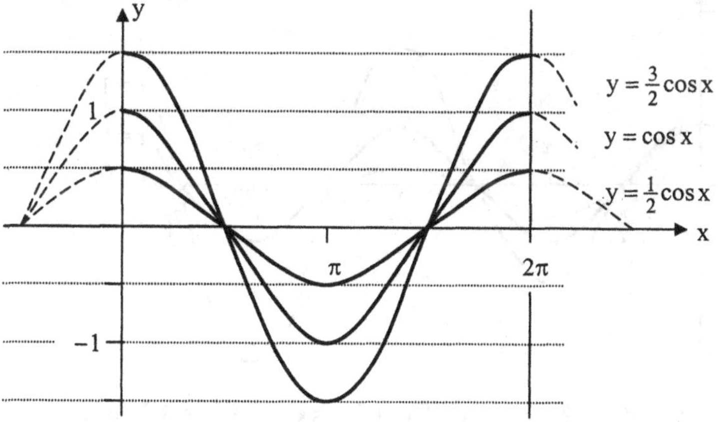

Abb. 3.3: $y = \cos x, \quad y = \frac{3}{2}\cos x, \quad y = \frac{1}{2}\cos x$

Betrachten wir die Funktion $y(x) = A r^x \cos(x\phi + B)$, so bewirkt der Faktor $A x^r$ eine Änderung der Amplitude. Diese Änderung ist aber im Allgemeinen nicht "gleichmäßig", da die Größe r^x eine Funktion von x ist.

Dabei sind folgende Fälle zu unterscheiden:

Fall 1: r =1

Für diesen Spezialfall ist $y(x) = A r^x \cos(x\,\phi + B)$ eine periodische Funktion mit der Periode $\frac{2\pi}{\phi}$ und der maximalen Amplitude A. Wir haben es mit gleichförmigen Schwingungen zu tun, z. B. $y(x) = \frac{4}{3}\cos x$, vgl. Abb. 3.4.

Fall 2: r > 1

Für $x \geq 1$ wird der Multiplikator $A\,r^x$ mit wachsendem x immer größer, die Schwingungen divergieren, z. B. $y(x) = \frac{4}{3}(1,1)^x \cos x$, vgl. Abb. 3.4.

Fall 3: 0 < r <1:

Für $x \geq 1$ konvergiert der Multiplikator $A\,r^x$ mit wachsendem x gegen Null; dann konvergiert auch die Funktion $y(x) = A\,r^x \cos(x\,\phi + B)$ gegen Null; die Schwingungen konvergieren, z. B. $y(x) = \frac{4}{3}(0,8)^x \cos x$, vgl. Abb. 3.4.

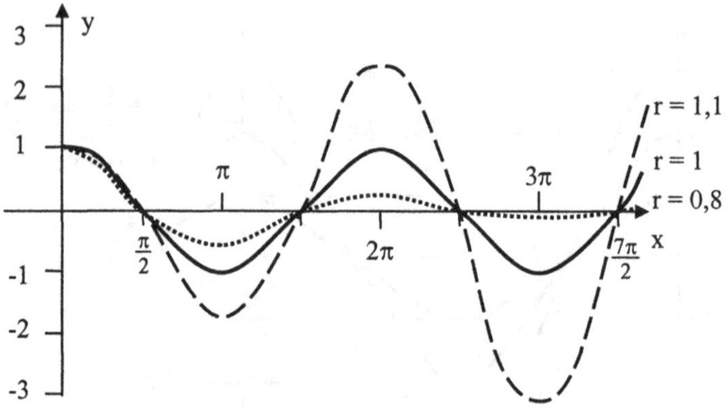

Abb. 3.4: $y = \frac{4}{3}\cos x$, $y = \frac{4}{3}(1,1)^x \cos x$, $y = \frac{4}{3}(0,8)^x \cos x$

In Anlehnung an den Sprachgebrauch in der Physik – denken wir z. B. an eine schwingende Feder, wobei dann x dem Zeitparameter entspricht und die Funktion $A \cdot r^x \cdot \cos(x\,\phi + B)$ die Abweichung im Zeitpunkt x aus der Ruhelage angibt – bezeichnet man die Fälle 1 und 2 als instabil, während im Fall 3 nach einiger Zeit, d. h. ab einem gewissen $x_0 > 0$ ein stabiler Zustand erreicht wird. Der Betrag r ist also ein *Maß für die Stabilität.*

Nur für den Abzissenwert $x = 0$ kommt der Betrag A allein zur Geltung, denn dann ist $r^0 = 1$ und damit $y(0) = A\cos B$.

In Einschränkung unserer vorstehenden Aussage können wir im Allgemeinen den Betrag A nur ansehen als ein *Maß für die Anfangsamplitude*, d. h. den Ordinatenwert des Punktes $x = 0$.

3.2 Linear inhomogene Differenzengleichungen 2. Ordnung

Zur Bestimmung der allgemeinen Lösung der inhomogenen Differenzengleichung

$$y_{k+2} + a_1 y_{k+1} + a_0 y_k = B_k, \quad k = 0, 1, 2, \ldots \tag{3.2}$$

ist es nach Satz 1.8 ausreichend, neben der allgemeinen Lösung der zugehörigen linear homogenen Differenzengleichung irgendeine partikuläre Lösung von (3.2) zu kennen.

Die Berechnung einer partikulären Lösung der inhomogenen Differenzengleichung (3.2) ist im Fall *konstanter Inhomogenität*, d. h. $B_k = b =$ konstant, besonders einfach, denn für $1 + a_1 + a_0 \neq 0$ existiert dann die *konstante Lösung*

$$\bar{y}_k = \bar{y} = \frac{b}{1 + a_1 + a_0}, \quad k = 0, 1, 2, \ldots$$

Liegt dieser Spezialfall nicht vor, dann eignet sich die *Methode der unbestimmten Koeffizienten* zur Bestimmung einer partikulären Lösung am besten.

Die Herleitung einer allgemeinen Form für eine partikuläre Lösung, wie dies in Abschnitt 2.2 für inhomogenen Differenzengleichungen 1. Ordnung erfolgte, ist für Gleichungen höherer Ordnungen nicht mehr sinnvoll. Denn bei Anwendung der *Methode der Variation der Konstanten* müssten nicht nur die drei unterschiedlichen Darstellungsformen der allgemeinen Lösung der zugehörigen homogenen Differenzengleichung berücksichtigt werden, die Bestimmung geeigneter Funktionen $C_1(k)$ und $C_2(k)$ lässt sich darüber hinaus nicht allgemein sondern nur getrennt für einzelne Inhomogenitätstypen durchführen. Dagegen ist die Methode der unbestimmten Koeffizienten ein empfehlenswerter Weg zur Bestimmung einer partikulären Lösung für inhomogene Differenzengleichungen 2. Ordnung.

Zur Veranschaulichung dieser Methode und der nachfolgenden allgemeinen Ausführungen betrachten wir zunächst einige Beispiele.

< 3.8 > Zur Bestimmung einer partikulären Lösung der linear inhomogenen Differenzengleichung

$$y_{k+2} + y_{k+1} - 6y_k = 3^k, \quad k = 0, 1, 2, \ldots \tag{3.21}$$

wollen wir den Lösungsansatz

$$\overline{y}_k = A \cdot 3^k, \quad k = 0, 1, 2, \ldots$$

versuchen, der den noch unbestimmten Koeffizienten A enthält. Die Konstante A soll nun so bestimmt werden, dass dann $\overline{y}_k$ eine Lösung von (3.21) ist. Aus

$$\begin{aligned}\overline{y}_{k+2} + \overline{y}_{k+1} - 6\overline{y}_k &= A\,3^{k+2} + A\,3^{k+1} - 6A\,3^k \\ &= A\,(9+3-6)\,3^k = 6A\,3^k \overset{!}{=} 3^k\end{aligned}$$

folgt, dass dies für $A = \frac{1}{6}$ der Fall ist Demnach handelt es sich hier um eine partikuläre Lösung von (3.21) für $\overline{y}_k = \frac{1}{6} \cdot 3^k$, und die allgemeine Lösung dieser inhomogenen Differenzengleichung, vgl. < 3.3 > auf S. 42, ist

$$y_k = C_1 \cdot 2^k + C_2 \cdot (-3)^k + \frac{1}{6} \cdot 3^k, \quad k = 0, 1, 2, \ldots \qquad \blacklozenge$$

< 3.9 > Suchen wir nun eine partikuläre Lösung der allgemeinen Differenzengleichung

$$y_{k+2} + y_{k+1} - 6y_k = d^k, \quad k = 0, 1, 2, \ldots, \tag{3.22}$$

wobei d irgendeine reelle Konstante ist.

Setzen wir die Versuchslösung $\overline{y}_k = A \cdot d^k$ in die Gleichung ein, so zeigt die Rechnung

$$\begin{aligned}\overline{y}_{k+2} + \overline{y}_{k+1} - 6\overline{y}_k &= Ad^{k+2} + Ad^{k+1} - Ad^k \\ &= Ad^k \cdot (d^2 + d - 6) = A\,(d+3)(d-2)\,d^k \overset{!}{=} d^k,\end{aligned}$$

dass $\overline{y}_k = Ad^k$ nur dann eine Lösung von (3.22) ist, wenn gilt:

$$A\,(d+3) \cdot (d-2) = 1.$$

A. Unter der Voraussetzung, dass d **keine** Wurzel der charakteristischen Gleichung von (3.22) ist, kann A aus dieser Gleichung berechnet werden und

$$\overline{y}_k = \frac{d^k}{(d+3) \cdot (d-2)}, \quad k = 0, 1, 2, \ldots$$

ist eine partikuläre Lösung von (3.22).

B. Ist d eine Wurzel der charakteristischen Gleichung von (3.22), dann ist wie folgt zu verfahren:

Man multipliziert die Versuchslösung mit k und bestimmt dann den Koeffizienten A so, dass die neue Versuchslösung

$$\overline{y}_k = A \cdot k \cdot d^k$$

eine Lösung von (3.22) ist.

Für $d = 2$ lautet die neue Versuchslösung $\overline{y}_k = A \cdot k \cdot 2^k$ und aus

$$\overline{y}_{k+2} + \overline{y}_{k+1} - 6\overline{y}_k = A(k+2) \cdot 2^{k+2} + A(k+1) \cdot 2^{k+1} - 6Ak\,2^k$$

$$= A\,2^k \cdot (4k + 8 + 2k + 2 - 6k) = A10 \cdot 2^k \overset{!}{=} 2^k$$

folgt, dass $A = \frac{1}{10}$ zu setzen ist und die allgemeine Lösung von (3.22) somit lautet

$$y_k = C_1 2^k + C_2(-3)^k + \frac{1}{10} k \cdot 2^k, \quad k = 0, 1, 2, \ldots$$ ◆

< **3.10** > Um eine partikuläre Lösung der Differenzengleichung

$$y_{k+2} - 2y_{k+1} + 2y_k = 6 \sin\frac{k\pi}{2}, \quad k = 0, 1, 2, \ldots \tag{3.23}$$

zu ermitteln, wollen wir den Ansatz

$$\overline{y}_k = A \sin\frac{k\pi}{2} + B \cos\frac{k\pi}{2}, \quad k = 0, 1, 2, \ldots$$

versuchen. Aus

$$\overline{y}_{k+2} - 2\overline{y}_{k+1} + 2\overline{y}_k = A \sin(\tfrac{k\pi}{2} + \pi) + B \cos(\tfrac{k\pi}{2} + \pi) - 2A \sin(\tfrac{k\pi}{2} + \tfrac{\pi}{2})$$

$$- 2B \cos(\tfrac{k\pi}{2} + \tfrac{\pi}{2}) + 2A \sin\tfrac{k\pi}{2} + 2B \cos\tfrac{k\pi}{2}$$

$$= A \sin\tfrac{k\pi}{2} - B \cos\tfrac{k\pi}{2} - 2A \cos\tfrac{k\pi}{2} + 2B \sin\tfrac{k\pi}{2}$$

$$+ 2A \sin\tfrac{k\pi}{2} + 2B \cos\tfrac{k\pi}{2} \overset{!}{=} 6 \sin\tfrac{k\pi}{2}$$

folgt durch Koeffizientenvergleich

bzgl. $\sin\frac{k\pi}{2}$: $-A + 2B + 2A = 6 \quad \Rightarrow \quad 5A = 6$

bzgl. $\cos\frac{k\pi}{2}$: $-B - 2A + 2B = 0 \quad \Leftrightarrow \quad B = 2A$.

Da $A = \frac{6}{5}$ und $B = \frac{12}{5}$, ist $\bar{y}_k = \frac{6}{5}\sin\frac{k\pi}{2} + \frac{12}{5}\cos\frac{k\pi}{2}$ eine partikuläre Lösung von (3.23), und die allgemeine Lösung dieser inhomogenen Differenzengleichung ist, vgl. < 3.7 > auf S. 48, gleich

$$y_k = A(\sqrt{2})^k \cdot \cos(k\frac{k\pi}{4} + B) + \frac{6}{5}\sin\frac{k\pi}{2} + \frac{12}{5}\cos\frac{k\pi}{2}, \quad k = 0,1,\ldots$$

mit zwei beliebigen reellen Konstanten A und B. ♦

Die vorstehenden Beispiele lassen erkennen, dass die Form einer partikulären Lösung der inhomogenen Differenzengleichung (3.2) oft abgeleitet werden kann aus der Funktionsform der Inhomogenität B_k. Dies ist zumindest dann möglich, wenn die Funktion B_k eine Linearkombination von Summen und Produkten der Funktionen a^k, $\sin bk$, $\cos bk$ und k^n ist, wobei a und b beliebige reelle Konstanten sind und n eine beliebige nichtnegative ganze Zahl ist. In diesen Fällen empfiehlt sich daher folgendermaßen zu verfahren:

Methode der unbestimmten Koeffizienten

Man geht dabei von Versuchslösungen aus, die noch unbestimmte Konstanten erhalten. Diese Versuchslösungen setzt man in die Differenzengleichung ein und versucht, die Konstanten so zu bestimmen, dass die Gleichung erfüllt wird.

Geeignete Versuchlösungen sind z. B.

g(k)	Versuchslösung
a^k	$A a^k$
$\sin bk$ oder $\cos bk$	$a \sin bk + B \cos bk$
k^n	$A_0 + A_1 k + A_2 k^2 + \ldots + A_n k^n$
$k^n a^k$	$a^k (A_0 + A_1 k + \ldots + A_n k^n)$
$a^k \sin bk$ oder $a^k \cos bk$	$a^k (A \sin bk + B \cos bk)$

Enthält die Versuchslösung $\bar{y}_k$ eine Funktion, welche eine Lösung der homogenen Differenzengleichung ist, dann muss dieses $\bar{y}_k$ zuerst mit k multipliziert werden und die sich ergebende neue Versuchsfunktion verwendet werden. Enthält diese Funktion ebenfalls ein Glied, das die homogene Gleichung erfüllt, dann muss nochmals mit k multipliziert werden. Im vorliegenden Fall einer Differenzengleichung 2. Ordnung ist es nicht erforderlich, weitere geeignete Versuchslösungen zu ermitteln. Handelt es sich um eine Gleichung höherer als 2. Ordnung, so wird das Verfahren, wenn notwendig, fortgesetzt.

Ist die Inhomogenität B_k die Summe mehrerer Funktionen obiger Art, so empfiehlt es sich, jede Funktion getrennt zu behandeln. Dies ist zulässig, denn es gilt der – durch direktes Einsetzen leicht zu beweisende – Satz 3.4.

Satz 3.4 *(Superpositionssatz)*:
Ist y_k^* eine Lösung der Differenzengleichung

$$y_{k+2} + a_1 \cdot y_{k+1} + a_0 \cdot y_k = B_k^*$$

und y_k^{**} eine Lösung der Differenzengleichung

$$y_{k+2} + a_1 \cdot y_{k+1} + a_0 \cdot y_k = B_k^{**},$$

dann ist $y_k = y_k^* + y_k^{**}$ eine Lösung der Differenzengleichung

$$y_{k+2} + a_1 \cdot y_{k+1} + a_0 \cdot y_k = B_k^* + B_k^{**}.$$

< 3.11 > Um die allgemeine Lösung der Differenzengleichung

$$y_{k+2} - 2y_{k+1} + y_k = 5 + k + 3^k, \quad k = 0, 1, 2, \ldots \tag{3.24}$$

zu bestimmen, ist die nachfolgende Vorgehensweise geeignet:

A. Bestimmung der allgemeinen Lösung der homogenen Gleichung

$$y_{k+2} - 2y_{k+1} + y_k = 0 \tag{3.24 a}$$

Die charakteristische Gleichung $q^2 - 2q + 1 = (q-1)^2 = 0$ hat die beiden reellen Nullstellen $q_{1,2} = 1$.

Die Gleichung (3.24 a) hat daher die allgemeine Lösung

$$y_k = (C_1 + C_2 \cdot k)1^k = C_1 + C_2 \cdot k, \quad k = 0, 1, 2, \ldots$$

B. Bestimmung einer partikulären Lösung der Gleichung

$$y_{k+2} - 2y_{k+1} + y_k = 5 + k, \quad k = 0, 1, 2, \ldots \tag{3.24 b}$$

Der Lösungssatz $\overline{y}_k = A_0 + A_1 k$ ist nicht geeignet, da beide Summanden Lösungen der zugehörigen homogenen Differenzengleichung sind. Wir multiplizieren deshalb $\overline{y}_k$ mit k und erhalten als neue Versuchslösung $A_0\,k + A_1\,k^2$, die aber ebenfalls nicht geeignet ist, da $A_0\,k$ eine Lösung der homogenen Gleichung (3.24 a) ist. Wir multiplizieren daher nochmals mit k und gelangen zur Versuchslösung $y_k^* = A_0\,k^2 + A_1\,k^3$, die wir in (3.24 b) einsetzen:

Aus

$$A_0(k+2)^2 + A_1(k+2)^3 - 2A_0(k+1)^2 - 2A_1(k+1)^3 + A_0 k^2 + A_1 k^3 \overset{!}{=} 5+k$$

folgt durch Koeffizientenvergleich

bzgl. k^3: $A_1 - 2A_1 + A_1 = 0$

bzgl. k^2: $A_0 + 6A_1 - 2A_0 - 6A_1 + A_0 = 0$

bzgl. k^1: $4A_0 + 12A_1 - 4A_0 - 6A_1 = 1 \Leftrightarrow A_1 = \frac{1}{6}$

bzgl. k^0: $4A_0 + 8A_1 - 2A_0 - 2A_1 = 5 \Leftrightarrow A_0 = 2$

und somit die partikuläre Lösung $y_k^* = 2k^2 + \frac{1}{6}k^3$.

C. Bestimmung einer partikulären Lösung der Gleichung

$$y_{k+2} - 2y_{k+1} + y_k = 3^k \tag{3.24 c}$$

Setzen wir die Versuchslösung $y_k^{**} = B \cdot 3^k$ in die Gleichung ein, so folgt aus

$$B \cdot 3^{k+2} - 2B3^{k+1} + B3^k = B(9-6+1)\,3^k = 3^k,$$

dass $y_k^{***} = \frac{1}{4} \cdot 3^k$ eine partikuläre Lösung von (3.24 c) ist.

Die allgemeine Lösung der Differenzengleichung (3.24) ist daher

$$y_k = C_1 + C_2 k + 2k^2 + \frac{1}{6}k^3 + \frac{1}{4}3^k, \quad k = 0, 1, 2, \ldots$$ ♦

< **3.12** > Die nichtlineare RICCATI-Differenzengleichung

$$y_{k+1} \cdot y_k + a_1 y_{k+1} + a_0 y_k = b, \quad k = 0, 1, 2, \ldots \tag{3.25}$$

lässt sich mittels der Substitution

$$y_k = \frac{u_k}{u_{k+1}} - a_0, \quad k = 0, 1, 2, \ldots \tag{3.26}$$

überführen in die lineare Differenzengleichung 2. Ordnung

$$(a_1 a_0 + b)\, u_{k+2} + (a_0 - a_1)\, u_{k+1} - u_k = 0, \quad k = 0, 1, 2, \ldots \tag{3.27}$$

Die Differenzengleichung

$$r_k(r_{k-1} + d) = 1, \quad k = 1, 2, \ldots, \; d \neq 0 \tag{3.28}$$

ist offensichtlich eine spezielle RICCATI-Gleichung und lässt sich mittels

$$r_k = \frac{n_k}{n_{k+1}}, \quad k = 0, 1, 2, \ldots \tag{3.29}$$

umformen zu

$$n_{k+1} - d\, n_k - n_{k-1} = 0, \quad k = 0, 1, 2, \ldots \tag{3.30}$$

Die charakteristische Gleichung dieser linear homogenen Differenzengleichung hat die Wurzeln $q_{1,2} = \frac{d}{2} \pm \frac{1}{2}\sqrt{d^2+4}$.

Die allgemeine Lösung der Differenzengleichung (3.30) ist somit

$$n_k = C_1\left(\frac{d+\sqrt{d^2+4}}{2}\right)^k + C_2\left(\frac{d-\sqrt{d^2+4}}{2}\right)^k.$$

Die allgemeine Lösung der Ausgangsgleichung (3.28) ist dann

$$r_k = \frac{C_1\left(\frac{d+\sqrt{d^2+4}}{2}\right)^k + C_2\left(\frac{d-\sqrt{d^2+4}}{2}\right)^k}{C_1\left(\frac{d+\sqrt{d^2+4}}{2}\right)^{k+1} + C_2\left(\frac{d-\sqrt{d^2+4}}{2}\right)^{k+1}} \tag{3.31}$$

mit willkürlichen reellen Konstanten C_1 und C_2.

Soll zusätzlich die Anfangsbedingung $r_0 = 0$ berücksichtigt werden, so muss gelten $C_2 = -C_1$.

Da für $d > 0$ stets $\frac{d+\sqrt{d^2+4}}{2} > 1$ und $-1 < \frac{d-\sqrt{d^2+4}}{2} < 0$, konvergiert r_k für $k \to \infty$ gegen den Grenzwert $\frac{2}{d+\sqrt{d^2+4}}$.

Ist aber $d < 0$, so konvergiert r_k für $k \to \infty$ gegen $\frac{2}{d-\sqrt{d^2+4}}$.

Da die Lösung der Differenzengleichung (3.28) auch geschrieben werden kann als fortgesetzte Bruchbildung

$$r_k = \cfrac{1}{d + \cfrac{1}{d + \cfrac{1}{d + \ldots}}}, \tag{3.32}$$

die auf der k-ten Stufe endet, stellen die obigen Grenzwerte den Wert der unendlich fortgesetzten Bruchbildung dar.

Der Grenzwert des Bruches

$$r_k = \cfrac{1}{1+\cfrac{1}{1+\cfrac{1}{1+\dots\ddots+\cfrac{1}{1}}}}$$

ist somit gleich $\dfrac{2}{1+\sqrt{1^2+4}} = \dfrac{2}{1+\sqrt{5}}$. ♦

3.3 Qualitative Analyse der Lösungen (Konvergenzverhalten, Gleichgewicht, Stabilität)

Bei praktischen Anwendungen reicht es nicht aus, die allgemeine oder die gewünschte partikuläre Lösung der jeweiligen Differenzengleichung zu bestimmen. Man benötigt vielmehr weitere Informationen über die Funktionen, die der Differenzengleichung genügen.

Untersuchen wir zunächst den Einfluss der Lösung y_k der zugehörigen homogenen Gleichung

$$y_{k+2} + a_1 \cdot y_{k+1} + a_0 \cdot y_k = 0, \quad k = 0, 1, 2, \dots \tag{3.3}$$

auf das Verhalten der Lösungsfolge $\{y_k\} = \{y_k + \bar{y}_k\}$.

Die Form der Lösungen

$$Y_k = C_1 \cdot q_1{}^k + C_2 \cdot q_2{}^k, \quad k = 0, 1, 2, \dots \tag{3.14}$$

$$Y_k = (C_1 + C_2\ k) \cdot q_1{}^k, \quad k = 0, 1, 2, \dots \tag{3.16}$$

$$Y_k = A\, r^k \cos(\phi k + B), \quad k = 0, 1, 2, \dots \tag{3.19}$$

lässt erkennen, dass deren Konvergenzverhalten im Wesentlichen von den Wurzeln q_1 und q_2 der charakteristischen Gleichung

$$q^2 + a_1 q + a_0 = 0 \tag{3.9}$$

abhängt:

A. Bei reellen Wurzeln q_1 und q_2 kommen deren Potenzen q_1^k und q_2^k direkt in der Lösung vor, und diese bestimmen dann das Konvergenzverhalten der Lösung.[1] Um konkrete Konvergenzaussagen zu machen, reicht es aus, sich die früheren Untersuchungen (vgl. S. 27f) über das Konvergenzverhalten der Folge $\{Ca^k\}$ in Erinnerung zu rufen. Denn für $q_1 \neq q_2$, o. B. d. A. $|q_1| > |q_2|$, hat die Lösungsfolge $\{C_1 q_1^k + C_2 q_2^k\}$ das gleiche Konvergenzverhalten wie die Folge $\{C_1 q_1^k\}$, vorausgesetzt $C_1 \neq 0$.

Dies sieht man sofort ein, wenn man (3.14) umschreibt zu

$Y_k = q_1^k \left[C_1 + C_2 \left(\frac{q_2}{q_1} \right)^k \right]$ und beachtet, dass – da nach Voraussetzung

$\left| \frac{q_1}{q_2} \right| < 1$ – die Potenz $\left(\frac{q_2}{q_1} \right)^k$ gegen Null strebt, wenn k über alle Grenzen wächst.

Für $q_1 = q_2$ und $C_2 \neq 0$ dominiert für ein genügend großes k der Lösungsbeitrag $C_2 \cdot k \cdot q_1^k$, denn $|C_1| << |C_2 k|$. Die Folge $\{C_2 \cdot k \cdot q_1^k\}$ divergiert für $|q_1 \geq 1|$ und konvergiert für $|q_1 < 1|$, denn es lässt sich beweisen[2], dass $k \cdot q_1^k$ stets gegen Null konvergiert für $k \to +\infty$, wenn $|q_1| < 1$.

B. Bei konjugiert komplexen Wurzeln ist die Potenz r^k der dominierende Ausdruck in der Lösung (3.19), es gilt aber $r = |q_1| = |q_2|$.

Die vorstehenden Überlegungen lehren, dass es – abgesehen vom Entartungsfall $C_1 = C_2 = 0$ – nur von der betragsmäßigen Größe der Wurzeln q_1 und q_2 der charakteristischen Gleichung abhängt, ob die Lösungen y_k gegen Null konvergieren. Es gilt der

Satz 3.5:
Eine **notwendige** und **hinreichende** Bedingung dafür, dass die Lösungsfolge $\{y_k\}$ der homogenen Differenzengleichung 2. Ordnung

$$y_{k+2} + a_1 \cdot y_{k+1} + a_0 \cdot y_k = 0, \quad k = 0, 1, 2, \ldots \tag{3.33}$$

[1] Vgl. die ausführliche Untersuchung in [BAUMOL 1970, S. 206-212 und S. 219-224]

[2] Vgl. z. B. [MANGOLD; KNOPP, Bd. 1, 1971, S. 454]

für alle Anfangswerte y_0 und y_1 gegen den Grenzwert 0 konvergiert, ist, dass

$$\rho = \max(|q_1|, |q_2|) < 1,$$

wobei q_1 und q_2 die Wurzeln der charakteristischen Gleichung von (3.3) sind.

Da die Wurzeln der charakteristischen Gleichung sich gemäß

$$q_1 = -\frac{a_1}{2} + \sqrt{\frac{a_1^2}{4} - a_0} \quad \text{und} \quad q_2 = -\frac{a_1}{2} - \sqrt{\frac{a_1^2}{4} - a_0} \tag{3.33}$$

eindeutig aus den Koeffizienten dieser quadratischen Gleichung herleiten lassen, liegt die Frage nahe: Welchen Bedingungen müssen die Koeffizienten a_1 und a_0 genügen, damit $\rho < 1$ ist?

Suchen wir zunächst – getrennt für reelle und komplexe Wurzeln – **notwendige** Bedingungen; d. h. setzen wir $\rho < 1$ voraus und folgern wir daraus Einschränkungen, denen die Koeffizienten a_1 und a_0 genügen müssen.

A. Reelle Wurzeln

Ist $\rho = \max(|q_1|, |q_2|) < 1$, so genügen die Wurzeln q_1 und q_2 den Doppelgleichungen

$$-1 < -\frac{a_1}{2} + \sqrt{\frac{a_1^2}{4} - a_0} < 1 \quad \text{und} \quad -1 < -\frac{a_1}{2} - \sqrt{\frac{a_1^2}{4} - a_0} < 1.$$

Durch Multiplikation mit 2 und anschließender Addition von a_1 folgt daraus

$$-2 + a_1 < \sqrt{a_1^2 - 4a_0} < 2 + a_1 \quad \text{und} \tag{3.34}$$

$$-2a + a_1 < -\sqrt{a_1^2 - 4a_0} < 2 + a_1. \tag{3.35}$$

Nach (3.33) ist $q_1 + q_2 = -a_1$, und daher gilt wegen $\rho < 1$

$$-2 < q_1 + q_2 = -a_1 < 2 \quad \text{oder} \quad -2 + a_1 < 0 < 2 + a_1.$$

Daher sind die erste Ungleichung in (3.34) und die zweite Ungleichung in (3.35) immer richtig, denn für reelle q_1 und q_2 gilt stets

$$\sqrt{a_1^2 - 4a_0} \geq 0.$$

Quadrieren wir nun die 2. Ungleichung in (3.34), so folgt

$$a_1^2 - 4a_0 < (2 + a_1)^2 = 4 + 4a_1 + a_1^2 \quad \text{oder}$$

$$1 + a_1 + a_0 > 0. \tag{3.36 a}$$

Wird die 1. Ungleichung in (3.35) mit (–1) multipliziert und dann quadriert, so ergibt sich

$$4-4a_1+a_1^2=(2-a_1)^2<a_1^2-4a_0 \qquad \text{oder}$$

$$1-a_1+a_0>0. \qquad (3.36\text{ b})$$

B. Konjugiert komplexe Wurzeln

Für konjugiert komplexe Wurzeln $q_1=a+ib$ und $q_2=a-ib$ gilt

$$q_1\cdot q_2=a^2+b^2=r^2>0.$$

Andererseits gilt nach (3.33) stets $q_1\cdot q_2=a_0$.
Da komplexe Wurzeln nur für $a_0>0$ auftreten können, folgt aus $r=|q_1|=|q_2|<1$

$$a_0=|a_0|=|q_1\cdot q_2|=r^2=|q_1|\cdot|q_2|<1\cdot 1=1 \qquad \text{oder}$$

$$1-a_0>0. \qquad (3.36\text{ c})$$

Beachtet man, dass für reelle Wurzeln mit $\rho<1$ stets die Bedingung (3.36 c) erfüllt ist, und dass für komplexe Wurzeln stets gilt

$$a_0>\frac{a_1^2}{4} \qquad \text{und damit} \qquad (1\pm a_1+a_0)>1\pm a_1+\frac{a_1^2}{4}=(1\pm\frac{a_1}{2})^2>0,$$

so sind, da nur äquivalente Umformungen vorgenommen wurden, die drei notwendigen Bedingungen (3.36 a, b, c) auch hinreichend für $\rho<1$. Es gilt also der

Satz 3.6:
Die Bedingungen

$$1+a_1+a_0>0, \quad 1-a_1+a_0>0, \quad 1-a_0>0 \qquad (3.36)$$

sind notwendig und hinreichend dafür, dass die absoluten Beträge der beiden Wurzeln der quadratischen Gleichung

$$q^2+a_1q+a_0=0 \qquad (3.9)$$

kleiner als 1 sind.

< 3.13 > Die Differenzengleichung $y_{k+2}+0{,}3y_{k+1}-0{,}4y_k=0$ hat die charakteristische Gleichung $q^2+0{,}3-0{,}4=0$.

Da mit $1+0{,}3-0{,}4=0{,}9>0$, $1-0{,}3-0{,}4=0{,}3>0$ und $1+0{,}4=1{,}4>0$ alle Bedingungen (3.36) erfüllt werden, hat diese Differenzengleichung nach den Sätzen 3.5 und 3.6 eine konvergente Lösung.

Dies bestätigt die Berechnung der allgemeinen Lösung:

$$Y_k = C_1 \cdot (0{,}5)^k + C_2 \cdot (-0{,}8)^k .$$ ♦

< **3.14** > Die Differenzengleichung $y_{k+2} + 2{,}1\, y_{k+1} + 0{,}9\, y_k = 0$ hat die charakteristische Gleichung $q^2 + 2{,}1 q + 0{,}9 = 0$.

Da $1 - a_1 + a_0 = 1 - 2{,}1 + 0{,}9 = -0{,}2 \not> 0$, ist nach Satz 3.5 mindestens eine der Wurzeln der charakteristischen Gleichung betragsmäßig größer als 1 und die Lösung der Differenzengleichung nach Satz 3.4 nicht für alle Anfangswerte y_0 und y_1 konvergent.

Da $q_1 = -\frac{2{,}1}{2} + \sqrt{\frac{2{,}1^2}{4} - 0{,}9} = -\frac{2{,}1}{2} + \frac{0{,}9}{2} = -0{,}6$ und $q_2 = -1{,}5$,

ist die allgemeine Lösung der Differenzengleichung:

$$Y_k = C_1(-0{,}6)^k + C_2(-1{,}5)^k, \quad k = 0, 1, 2, \ldots,$$

die für $C_2 \neq 0$ mit zunehmenden Schwingungen oszillierend divergiert. ♦

Betrachten wir nun die inhomogene Differenzengleichung

$$y_{k+2} + a_2 \cdot y_{k+1} + a_0 \cdot y_k = B_k, \quad k = 0, 1, 2, \ldots \tag{3.2}$$

A. Liegt eine **konstante Inhomogenität** vor, d. h. ist $B_k = b =$ konstant, dann besitzt, vgl. S. 53, die Gleichung (3.2) die konstante Lösung

$$y^* = \frac{b}{1 + a_1 + a_0}, \quad k = 0, 1, 2, \ldots, \text{ vorausgesetzt, dass gilt } 1 + a_1 + a_0 \neq 0.$$

Definition 3.2:

Der Wert $y^* = \dfrac{b}{1 + a_1 + a_0}$ heißt *(stationärer) Gleichgewichtswert* von y (oder der Differenzengleichung (3.2)), denn y* ist die Gleichgewichtslösung des *stationären Modells* $y + a_1 y + a_0 y = b$.

Er hat die folgende Eigenschaft:

> **Satz 3.7:**
> Sind zwei aufeinander folgende Werte einer beliebigen Lösung von (3.2) gleich dem Gleichgewichtswert y*, dann sind auch alle nachfolgenden Wert dieser Lösung gleich y*.

Zum Beweis braucht man nur in (3.2) y_{k+1} und y_k gleich y* zu setzen und die Gleichung nach y_{k+2} aufzulösen.

< 3.15 > Die Differenzengleichung

$$y_{k+2} + 0{,}1\, y_{k+1} - 0{,}3\, y_k = 4, \quad k = 0, 1, 2, \ldots \tag{3.37}$$

hat den Gleichgewichtswert $y^* = \dfrac{4}{1 + 0{,}1 - 0{,}3} = 5$. ◆

> **Definition 3.3:**
> Der Gleichgewichtswert (oder die Differenzengleichung (3.2)) wird als *stabil* bezeichnet, wenn bei beliebigen vorgegebenen Anfangsbedingungen y_0 und y_1 jede Lösung y_k von (3.1) gegen y* konvergiert, d. h. wenn gilt
>
> $\lim\limits_{k \to +\infty} y_k = y^*$ für alle y_0 und y_1.

Diese Stabilitätsbedingung ist offensichtlich dann erfüllt, wenn für jede Lösung y_k von (3.2) die Abweichung vom Gleichgewichtswert y* gegen Null konvergiert, d. h. wenn gilt

$$\lim_{k \to +\infty} (y_k - y^*) = 0 \text{ für alle } y_0 \text{ und } y_1. \tag{3.38}$$

Die Funktion $y_k = y_k - y^*$, die die Abweichung der Lösungsfolge y_k vom Gleichgewicht y* angibt, ist nun nach Satz 1.8 eine Lösung der zugehörigen homogenen Differenzengleichung

$$y_{k+2} + a_1\, y_{k+1} + a_0\, y_k = 0, \quad k = 0, 1, 2, \ldots \tag{3.3}$$

Eine Konvergenzaussage für Lösungsfolgen homogener Differenzengleichungen 2. Ordnung gibt der Satz 3.5, der zusammen mit Satz 3.6 einen unmittelbaren Beweis für die folgenden Äquivalenzaussagen liefert.

Satz 3.8:
Jede der drei folgenden Aussagen zieht die beiden anderen nach sich.

A1 Der Gleichgewichtswert $y^* = \dfrac{b}{1 + a_1 + a_0}$ der Differenzengleichung

$$y_{k+2} + a_1\, y_{k+1} + a_0\, y_k = b, \quad k = 0, 1, 2, \ldots \tag{3.2}$$

ist stabil.

A2 Die absoluten Beträge der beiden Wurzeln q_1 und q_2 der charakteristischen Gleichung von (3.2) sind kleiner als 1, d. h. $\rho = \max(|q_1|, |q_2|) < 1$.

A3 Die Koeffizienten a_1 und a_0 der Differenzengleichung (3.2) genügen den Bedingungen

$$1 + a_1 + a_0 > 0, \quad 1 - a_1 + a_0 > 0, \quad 1 - a_0 > 0. \tag{3.36}$$

< **3.16** > Für die Differenzengleichung (3.37) auf S. 65 gilt:

A1 Der Gleichgewichtswert $y^* = 5$ ist stabil, da für beliebige $C_1, C_2 \in \mathbf{R}$ gilt

$$y_k = C_1 \cdot 0{,}5^k + C_2(-0{,}6)^k + 5 \underset{k \to +\infty}{\to} 5.$$

A2 Die Wurzeln der charakteristischen Gleichung $q^2 + 0{,}1\,q - 0{,}3 = 0$

$$q_1 = 0{,}05 + \sqrt{0{,}0025 + 0{,}3} = -0{,}05 + 0{,}55 = 0{,}5 \quad \text{und} \quad q_2 = -0{,}6,$$

sind betragsmäßig kleiner als 1.

A3 Sie genügt den Bedingungen (3.36) denn

$$1 + 0{,}1 - 0{,}3 = 0{,}8 > 0; \quad 1 - 0{,}1 - 0{,}3 = 0{,}6 > 0; \quad 1 + 0{,}3 > 0.$$ ♦

B. Liegt **keine konstante Inhomogenität** vor, dann wird die partikuläre Lösung y^* von (3.2) auch keine konstante Funktion sein, sondern sich mit k ändern.

Sind die absoluten Beträge der Wurzeln der charakteristischen Gleichungen kleiner als 1, so wissen wir, dass die allgemeine Lösung Y_k der homogenen Gleichung (3.3) mit wachsendem k gegen 0 konvergiert. Die allgemeine Lösung y_k der inhomogenen Gleichung, die sich darstellen lässt als

$$y_k = Y_k + y_k^*,$$

nähert sich somit mit wachsendem k der Gleichgewichtsfunktion y_k^*, die in diesem Fall auch als *Gleichgewichtspfad* bezeichnet wird.

< **3.17** > Zur Berechnung einer partikulären Lösung der inhomogenen Differenzengleichung

$$y_{k+2} + 0{,}1\, y_{k+1} - 0{,}3\, y_k = 0{,}1 + 4k, \quad k = 0, 1, 2, \ldots \tag{3.39}$$

machen wir den Ansatz

$$y_k = A + Bk, \quad k = 0, 1, 2, \ldots$$

Setzen wir diese Versuchslösung in (3.39) ein, so zeigt ein Koeffizientenvergleich, dass diese nur dann eine Lösung ist, wenn $A = -13$ und $B = 5$ gewählt wird.

Die allgemeine Lösung von (3.39), vgl. < 3.16 >

$$y_k = C_1 \cdot 0{,}5^k + C_2(-0{,}6)^k - 13 + 5k, \quad k = 0, 1, 2, \ldots$$

verläuft dann für ein genügend großes k in der Nähe der Geraden mit der Gleichung $g(k) = 5k - 13$. ◆

3.4 Einige Anwendungen von linearen Differenzengleichungen 2. Ordnung

3.4.1 Das Multiplikator-Akzelerator-Modell von Samuelson

In Samuelson 1939 S. 75-78] finden wir den folgenden Ansatz für das Volkseinkommen:

Das Volkseinkommen Y_t setzt sich in jeder Rechnungsperiode t aus den drei folgenden Komponenten zusammen:

- den Ausgaben der Verbraucher (für den Kauf so genannter Konsumgüter): C_t
- den Regierungsausgaben: G_t
- der induzierten privaten Investition (Kauf von Kapitalausrüstung): I_t,
  d. h. $Y_t = C_t + I_t + G_t$.

Samuelson macht nun die folgenden Annahmen:

S1 Die Ausgaben für Konsumgüter sind proportional zum Volkseinkommen der voran gegangenen Periode:

$$C_t = \alpha \cdot Y_{t-1}, \quad \alpha > 0,$$

wobei die Proportionalitätskonstante α als die *marginale Konsumneigung* bezeichnet wird.

S2 Die induzierten privaten Investitionen einer beliebigen Periode sind zur Zunahme des Konsums derselben Periode im Vergleich zum Konsum der voran gegangenen Periode proportional (*Akzelerationsprinzip*)

$I_t = \beta\,(C_t - C_{t-1}), \quad \beta > 0.$

S3 Die Regierungsausgaben sind in jeder Periode gleich, G_t = konstant, und o. B. d. A. wollen wir zur weiteren Berechnung zunächst $G_t = 1$ setzen.

Wir erhalten somit die Differenzengleichung 2. Ordnung

$$Y_t = \alpha \cdot Y_{t-1} + \beta(C_t - C_{t-1}) + 1 = \alpha \cdot Y_{t-1} + \beta(\alpha \cdot Y_{t-1} - \alpha \cdot Y_{t-2}) + 1 \text{ oder}$$

$$Y_t = \alpha\,(1+\beta)\,Y_{t-1} - \alpha \cdot \beta \cdot Y_{t-2} + 1, \quad t = 2, 3, 4, \ldots \tag{3.40}$$

Die Gleichung (3.40) lässt sich dann in die äquivalente Standardform

$$Y_{k+2} - \alpha\,(1+\beta)\,Y_{k+1} + \alpha \cdot \beta \cdot Y_k = 1, \quad k = 0, 1, 2, \ldots \tag{3.41}$$

umschreiben.

Das Volkseinkommen Y_t ist also eine Lösung dieser linear homogenen Differenzengleichung 2. Ordnung mit konstanten Koeffizienten, und zwar ist das Volkseinkommen Y_t für alle späteren Perioden $(t \geq 2)$ eindeutig bestimmt, wenn zwei Anfangswerte Y_0 und Y_1 vorgegeben werden.

Spezialfall $\alpha = 0{,}5$ und $\beta = 1$

Die Gleichung (3.33) vereinfacht sich zu

$$Y_{k+2} - Y_{k+1} + \tfrac{1}{2} Y_k = 1, \quad k = 0, 1, 2, \ldots \tag{3.42}$$

1. Schritt: Bestimmung der allgemeinen Lösung der zugehörigen homogenen Gleichung $Y_{k+2} - Y_{k+1} + \frac{1}{2} Y_k = 0$.

Die charakteristische Gleichung ist $q^2 - q + \frac{1}{2} = 0$ mit den Wurzeln

$$q_1 = \tfrac{1}{2} + \sqrt{\tfrac{1}{4} - \tfrac{1}{2}} = \tfrac{1}{2} + \tfrac{i}{2} \text{ und } q_2 = \tfrac{1}{2} - \tfrac{i}{2}.$$

Für die Darstellung von q_1 und q_2 in trigonometrischer Form berechnen wir:

$$r = \sqrt{(\tfrac{1}{2})^2 + (\tfrac{1}{2})^2} = \tfrac{1}{2}\sqrt{2}$$

und aus $\cos\phi = \frac{1}{2}\sqrt{2}$ und $\sin\phi = \frac{1}{2}\sqrt{2}$ folgt $\phi = \frac{\pi}{4}$.

Wir erhalten also $q_{1,2} = \frac{1}{2}\sqrt{2}\,(\cos\frac{\pi}{4} \pm i \cdot \sin\frac{\pi}{4})$

und nach (3.19) als allgemeine Lösung der homogenen Gleichung

$$y_k = A\left(\tfrac{1}{2}\sqrt{2}\right)^k \cdot \cos\left(\tfrac{k\pi}{4}+B\right). \tag{3.43}$$

2. Schritt: Die Ermittlung einer partikulären Lösung von (3.42) bereitet keine Schwierigkeit. Nach (3.20) ergibt sich die konstante Lösung $y^* = \dfrac{1}{1-1+\frac{1}{2}} = 2$.

Die allgemeine Lösung der inhomogenen Differenzengleichung (3.42) ist demnach

$$Y_k = A\left(\tfrac{1}{2}\sqrt{2}\right)^k \cdot \cos\left(\tfrac{k\pi}{4}+B\right)+2, \quad k = 0, 1, 2, \ldots \tag{3.44}$$

Sind die Anfangswerte $y_0 = 2$ und $y_1 = 3$ vorgegeben, dann bestimmen sich die Konstanten A und B aus den Bedingungsgleichungen

$$2 = A\cos B + 2 \quad \Leftrightarrow \quad 0 = A\cos B \qquad \text{und} \tag{3.45}$$

$$3 = A\tfrac{1}{2}\sqrt{2}\cos\left(\tfrac{\pi}{4}+B\right)+2. \tag{3.46}$$

Die Gleichung (3.45) wird erfüllt für $B = \frac{\pi}{2}$.

Eingesetzt in (3.46) ergibt sich dann

$$\sqrt{2} = A\cos\left(\tfrac{\pi}{4}+\tfrac{\pi}{2}\right) = -A\sin\tfrac{\pi}{4} = -A\cdot\tfrac{1}{2}\sqrt{2},$$

woraus sich $A = -2$ bestimmt.

Da $\cos\left(x+\frac{\pi}{2}\right) = -\sin x$ ist, ergibt sich als partikuläre Lösung von (3.42), die den Anfangsbedingungen $y_0 = 2$ und $y_1 = 3$ genügt, die Funktion

$$y_k = 2\left(\tfrac{1}{2}\sqrt{2}\right)^k \cdot \sin\tfrac{k\pi}{4}+2, \quad k = 0, 1, 2, \ldots \tag{3.47}$$

Das Sinusglied macht Y_k zu einer oszillierenden Funktion der Zeit k mit der Frequenz

$$\frac{\frac{\pi}{4}}{2\pi} = \frac{1}{8}.$$

Da $r = \frac{1}{2}\sqrt{2} < 1$ ist, sind die Oszillationen gedämpft und das erste Glied auf der rechten Seite von (3.47) geht mit wachsendem k gegen Null. Das konstante Glied 2 bleibt erhalten; die Folge $\{Y_k\}$ konvergiert also gegen den Grenzwert 2, wobei sie in Oszillationen mit der Frequenz $\frac{1}{8}$ um den Wert 2 verläuft.

Es gilt also: Fortlaufende Regierungsausgaben von konstanter Höhe führen zu gedämpft oszillierenden Bewegungen des Volkseinkommens, das sich allmählich der mit den konstanten Regierungsausgaben multiplizierten Asymptote $y^* = \frac{1}{1-\alpha(1+\beta)+\alpha\beta} = \frac{1}{1-\alpha}$ nähert.

Spezialfall α = 0,8 und β = 2

Die Gleichung (3.33) vereinfacht sich zu

$$Y_{k+2} - 2{,}4\, Y_{k+1} + 1{,}6\, Y_k = 1. \tag{3.48}$$

Die charakteristische Gleichung $q^2 - 2{,}4\,q + 1{,}6 = 0$ hat die Wurzeln $q_{1,2} = 1{,}2 \pm \sqrt{1{,}44 - 1{,}6} = 1{,}2 \pm 0{,}4\,i$.

Da die Wurzeln komplex sind, weist das Volkseinkommen eine oszillierende Bewegung auf.

Weiterhin ist der Betrag $r = \sqrt{(1{,}2)^2 + (0{,}4)^2} = \sqrt{1{,}44 + 0{,}16} = \sqrt{1{,}6} > 1$, und somit sind die Oszillationen unbeschränkt.

Außerdem ist die konstante partikuläre Lösung von (3.48) gleich $y^* = \frac{1}{1-2{,}4+1{,}6} = \frac{1}{0{,}2} = 5$. Somit lässt sich die Schlussfolgerung ziehen, dass in diesem Spezialfall die Entwicklung des Volkseinkommens einer explodierenden, fortlaufend zunehmenden Oszillation um die Asymptote 5 entspricht.

3.4.2 Das Multiplikatormodell von HICKS

Die auf S. 1 aufgeführte Annahme bzgl. Einkommensverteilung, Konsum und Investition führen zu der folgenden linearen Differenzengleichung 2. Ordnung für die Einkommensfunktion Y_t:

$$Y_t = b_1 \cdot Y_{t-1} + b_2 \cdot Y_{t-2} + B + I_0 + t \cdot h, \quad t = 2, 3, \ldots$$

Diese lässt sich umschreiben in die Standardform

$$Y_{k+2} - b_1 \cdot Y_{k+1} - b_2 \cdot Y_k = k \cdot h + A, \quad k = 0, 1, 2, \ldots \tag{3.49}$$

wobei $A = (B + I_0 + 2h)$.

Setzen wir speziell $b_1 = \frac{1}{2}$ und $b_2 = \frac{1}{4}$, so ist die Differenzengleichung

$$Y_{k+2} - \tfrac{1}{2} Y_{k+1} - \tfrac{1}{4} Y_k = k \cdot h + A, \quad k = 0, 1, 2, \ldots \tag{3.50}$$

zu lösen. Deren charakteristische Gleichung $q^2 - \frac{1}{2}q - \frac{1}{4} = 0$ hat die beiden reellen Wurzeln

$$q_1 = \frac{1}{4} + \sqrt{\frac{1}{4} + \frac{1}{16}} = \frac{1}{4}(1+\sqrt{5}) \quad \text{und} \quad q_2 = \frac{1}{4}(1-\sqrt{5}).$$

Die allgemeine Lösung der zu (3.50) gehörigen homogenen Differenzengleichung ist daher

$$\hat{Y}_k = C_1 \, [\tfrac{1}{4}(1+\sqrt{5})]^k + C_2 \, [\tfrac{1}{4}(1-\sqrt{5})]^k$$

mit willkürlichen reellen Konstanten C_1 und C_2.

Zur Bestimmung einer partikulären Lösung von (3.50) wurde die Versuchslösung

$$\overline{Y}_k = A_0 + A_1 k$$

in die inhomogene Differenzengleichung eingesetzt.

Aus $A_0 + A_1 \cdot (k+2) - \frac{1}{2} \cdot [A_0 + A_1 \cdot (k+1)] - \frac{1}{4} \cdot (A_0 + A_1 k)$

$$= \frac{1}{4}A_0 + \frac{3}{2}A_1 + \frac{1}{4}A_1 k = k \cdot h + A$$

ergibt sich durch Koeffizientenvergleich nach k^1 und k^0:

$$A_1 = 4 \cdot h \qquad \text{und} \qquad A_0 = 4 \cdot (A - 6h).$$

Die allgemeine Lösung von (3.50) ist demnach

$$Y_k = C_1 \, (\tfrac{1+\sqrt{5}}{4})^k + C_2 \, (\tfrac{1-\sqrt{5}}{4}) + 4 \cdot (B + I_0 - 4h) + 4hk.$$

Da $|q_1| < 1$ und $|q_2| < 1$ konvergiert $\hat{Y}_k$ mit wachsendem k gegen Null und somit konvergiert Y_k mit wachsendem k gegen den Gleichgewichtspfad $\overline{Y}_k = 4 \cdot (B + I_0 - 4h) + 4hk$.

3.4.3 Logistisches Wachstum von isolierten Populationen

In SMITH [1968 S. 23ff] wird, im Unterschied zum Abschnitt 2.3.6, unterstellt, dass die Reproduktionsrate R nicht nur von der derzeitigen Populationsgröße x_n abhängt, sondern auch von den Populationsdichten $x_{n-1}, x_{n-2}, \ldots$ früherer Perioden.

Um ein überschaubares Beispiel zu erhalten, wollen wir uns hier auf den einfachen Fall beschränken, dass nur R von der Größe der Population des Vorjahres abhängt, d. h.

$$x_{k+1} = f(x_{k-1}) \cdot x_k, \quad n = 1, 2, \ldots \tag{3.51}$$

Mit dieser Wachstumsgleichung lässt sich beispielsweise die Vermehrung einer Pflanzenfresser-Art beschreiben, wenn das Populationswachstum vom Nahrungsangebot abhängt und die Üppigkeit der Vegetation ihrerseits davon abhängt, wie viele Pflanzen im Vorjahr von dieser Tierart gefressen worden sind.

Wir wollen nun wiederum das Verhalten von Populationen in der Nähe des Gleichgewichtspunktes $\overline{x}$ untersuchen, der dadurch charakterisiert ist, dass

$$f(\overline{x}) = 1 \qquad \text{und} \qquad f'(\overline{x}) < 0 .$$

Beschränken wir unsere Untersuchungen auf kleine Abweichungen vom Gleichgewichtspunkt $\overline{x}$, so reicht es aus, anstelle der Funktion f(x) ihre Tangente in $(\overline{x}, 1)$

$$R = f(x_{k-1}) \approx f'(\overline{x})\,(x_{k-1} - \overline{x}) + 1 \tag{3.52}$$

zu betrachten.

Mit der relativen Abweichung

$$z_k = \frac{x_k - \overline{x}}{\overline{x}} \tag{2.36}$$

als neue Variable lässt sich dann die Gleichung (3.51) schreiben als

$$\overline{x}(1 + z_{k+1}) \approx (f'(\overline{x}) \cdot z_{k-1} \cdot \overline{x} + 1) \cdot \overline{x}\,(1 + z_k) .$$

Für kleine Abweichungen z_k kann der quadratische Term in $z_{k-1} \cdot z_k$ vernachlässigt werden, so dass das Verhalten der Population in der Nähe des Gleichgewichtspunktes $\overline{x}$ beschrieben wird durch die lineare Differenzengleichung

$$z_{k+1} = z_k - b\,z_{k-1}, \quad k = 1, 2, \ldots \tag{3.53}$$

wobei die Konstante $b > 0$ definiert ist als $b - f'(\overline{x}) \cdot \overline{x}$.

Die charakteristische Gleichung der Differenzengleichung (3.53)

$$q^2 - q + b = 0$$

hat die Wurzeln $q_{1,2} = \frac{1}{2} \pm \frac{1}{2}\sqrt{1 - 4b}$, so dass wir die folgenden Aussagen über die Entwicklung der Population treffen können:

Fall 1: $0 < b \leq \frac{1}{4}$

Beide Wurzeln q_1 und q_2 sind reell und betragsmäßig kleiner als 1. Damit nähert sich die Population x_k dem Gleichgewichtspunkt $\overline{x}$ ohne Schwingungen.

Fall 2: $\frac{1}{4} < b$

Die Wurzeln sind konjugiert komplex und es treten Schwingungen auf.

Fall 2A: $\frac{1}{4} < b < 1$

In diesem Fall ist $r = \sqrt{q_1 \cdot q_2} < 1$, d. h. die Population konvergiert in Schwingungen mit abnehmender Amplitude gegen $\overline{x}$.

Fall 2B: $1 < b$

In diesem Fall ist $r > 1$, d. h. die Population oszilliert in Schwingungen mit zunehmender Amplitude um $\overline{x}$, zumindest solange der quadratische Term in $z_{k-1} \cdot z_k$ vernachlässigt werden darf und die Approximation (3.52) nicht zu grob wird.

3.4.4 Die Vermehrung der Kaninchen nach FIBONACCI

Im Jahre 1202 schrieb LEONARDO FIBONACCI aus Pisa ein Buch über Arithmetik und Algebra, in dem das folgende Problem behandelt wird:
"Jedes Paar erwachsener Kaninchen wirft jeden Monat ein Paar Junge. Diese werden im zweiten Monat erwachsen und verfahren ebenso.
Wie viele Kaninchenpaare existieren zu Beginn jeden Monats, wenn ein Nachlassen der Fruchtbarkeit oder Abgänge nicht auftreten?"

Die sich so ergebende Zahlenfolge

0, 1, 1, 2, 3, 5, 8, 13

wird FIBONACCI-*Folge* genannt; jedes Folgeglied ist offensichtlich die Summe seiner beiden Vorgänger

$$a_{k+2} = a_{k+1} + a_k, \quad k = 0, 1, 2, \ldots \tag{3.54}$$

Die allgemeine Lösung dieser homogenen Differenzengleichung ist nach Beispiel < 3.12 > mit $d = 1$ gleich

$$a_k = C_1 \left(\frac{1+\sqrt{1+4}}{2} \right)^k + C_2 \left(\frac{1-\sqrt{1+4}}{2} \right)^k .$$

Beachtet man zusätzlich die Anfangsbedingungen

$$a_0 = 0 \quad \text{und} \quad a_1 = 1,$$

so lautet das Bildungsgesetz der FIBONACCI-Folge

$$a_k = \frac{1}{\sqrt{5}}\left|\left(\frac{1+\sqrt{5}}{2}\right)^k - \left(\frac{1-\sqrt{5}}{2}\right)^k\right|, \quad k = 0, 1, 2,... \tag{3.55}$$

Die Wachstumsrate

$$w_k = \frac{a_{k+1}}{a_k} = \frac{1}{r_k} \quad \text{mit } d = 1, \text{ vgl. S. 58f,}$$

konvergiert dann für $k \to \infty$ gegen den Grenzwert $\frac{1+\sqrt{5}}{2} \cong 1{,}62$.

3.5 Aufgaben

3.1 Man bestimme die allgemeine Lösung der nachstehenden Differenzengleichungen und jeweils eine partikuläre Lösung, die den Anfangsbedingungen $y_0 = 0$ und $y_1 = 1$ genügt:

a. $y_{k+2} - y_{k+1} - 2y_k = 0, \quad k = 0, 1, 2,\ldots$

b. $y_{k+2} - 2y_{k+1} - y_k = 0, \quad k = 0, 1, 2,\ldots$

c. $y_{k+2} + y_k = 0, \quad k = 0, 1, 2,\ldots$

d. $\Delta^2 y_k + 4\Delta y_k + 5y_k = 0, \quad k = 0, 1, 2,\ldots$

e. $4y_{k+2} + 4y_{k+1} + y_k = 0, \quad k = 0, 1, 2,\ldots$

3.2 Zeichnen Sie die Lösungsfolge (k, y_k^*) von

a. $y_{k+2} + 2y_{k+1} + 2y_k = 0$ mit $y_0 = -\frac{1}{4}$ und $y_1 = \frac{1}{4}$, $k = 0, 1, 2,\ldots$

b. $4y_{k+2} - 2\sqrt{3}\, y_{k+1} + y_k = 0$ mit $y_0 = 0$ und $y_1 = -4$, $k = 0, 1, 2,\ldots$

in ein kartesisches Koordinatensystem.

3.3 Bestimmen Sie jeweils die allgemeine Lösung der inhomogenen Differenzengleichungen:

a. $y_{k+2} + y_{k+1} - 6y_k = 5, \quad k = 0, 1, 2,\ldots$

b. $y_{k+2} - 6y_{k+1} + 9y_k = 8 + 3^k, \quad k = 0, 1, 2,\ldots$

c. $y_{k+2} - 2y_{k+1} + y_k = 6k, \quad k = 0, 1, 2,\ldots$

d. $y_{k+2} + y_k = \sin\frac{k\pi}{2}$, $\qquad k = 0, 1, 2, \ldots$

e. $\Delta^2 y_k + \Delta y_k - 2y_k = k^2$, $\qquad k = 0, 1, 2, \ldots$

3.4 Bestimmen sie die Lösungen der Differenzengleichungen in Aufgabe 3.3, die den Anfangsbedingungen $y_0 = 1$ und $y_1 = -1$ genügen.

3.5 Im Multiplikatormodell von HICKS gelte nun bzgl. der Investitionen die alternative Annahme

(H3') $\quad I_{t+1} = r \cdot I_t \quad$ oder $\quad I_t = I_0 \cdot r^t, \quad r > 1$.

Was lässt sich für $b_1 = \frac{2}{3}$ und $b_2 = \frac{1}{6}$ über die Entwicklung des Volkseinkommens Y_t aussagen?

3.6 Untersuchen Sie das Multiplikatoren-Akzelerator-Modell von HICKS [1950, S. 69], das den folgenden Annahmen genügt:

a. $Y_t = C_t + I_t$

b. $C_t = b \cdot Y_{t-1}, \quad 0 < b < 1$

c. $I_t = v(Y_{t-1} - Y_{t-2}) + I_0, \quad v > 0$

auf Stabilität.

4. Lineare Differenzengleichungen n-ter Ordnung (mit konstanten Koeffizienten)

Die Theorie der linearen Differenzengleichungen n-ter Ordnung

$$f_n(k)\,y_{k+n} + f_{n-1}(k)\,y_{k+n-1} + \ldots + f_1(k)\,y_{k+1} + f_0(k)\,y_k = g(k), \quad (1.14)$$
$$k \in S \subseteq \mathbf{N} \cup \{0\},$$

mit konstanten Funktionen $f_n(k), f_{n-1}(k), \ldots, f_0(k)$ ist eine unmittelbare Verallgemeinerung der für den Spezialfall $n = 2$ bereits in Kapitel 3 entwickelten Theorie. Im Nachfolgenden soll daher lediglich ein Überblick über die allgemeinen Ergebnisse gegeben werden, auf ausführliche Erläuterungen und Beweise wird verzichtet.

Dividieren wir die Gleichung (1.14) durch den von Null verschiedenen Koeffizienten $f_n(k)$ und definieren wir dann die neuen Koeffizienten

$$a_i = \frac{f_i(k)}{f_n(k)} = \text{konstant}, \quad i = n-1, n-2, \ldots, 1, 0; \quad B_k = \frac{g(k)}{f_n(k)}, \; k \in S,$$

so erhalten wir - eventuell erst nach geeignetem Transponieren der unabhängigen Variablen k - die *lineare Differenzengleichung n-ter Ordnung mit konstanten Koeffizienten* in der "Normalform"

$$y_{k+n} + a_{n-1}\,y_{k+n-1} + \ldots + a_1\,y_{k+1} + a_0\,y_k = B_k, \quad k = 0, 1, 2, \ldots \quad (4.1)$$

4.1 Linear homogene Differenzengleichungen n-ter Ordnung

Die *linear homogene Differenzengleichung n-ter Ordnung mit konstanten Koeffizienten*

$$y_{k+n} + a_{n-1}\,y_{k+n-1} + \ldots + a_1\,y_{k+1} + a_0\,y_k = 0, \quad k = 0, 1, 2, \ldots \quad (4.2)$$

hat die *charakteristische Gleichung*

$$q^n + a_{n-1}q^{n-1} + \ldots + a_1 q + a_0 = 0.$$

Dies ist eine algebraische Gleichung n-ten Grades mit genau[1] n Wurzeln, die wir mit $q_1, q_2, \ldots, q_n$ bezeichnen wollen.

Dies können reelle oder komplexe Zahlen sein, wobei jede beliebige Wurzel auch mehrfach auftreten darf, komplexe Wurzeln aber nur in konjugiert komplexen Paaren.

Eine Menge von Lösungen $y_1(k), y_2(k), \ldots, y_n(k)$ der Differenzengleichung (4.2) mit der Eigenschaft, dass die Determinante

$$\begin{vmatrix} y_1(0) & y_2(0) & \cdots & y_n(0) \\ y_1(1) & y_2(1) & \cdots & y_n(1) \\ \vdots & \vdots & & \vdots \\ y_1(n-1) & y_2(n-1) & \cdots & y_n(n-1) \end{vmatrix} \tag{4.4}$$

von Null verschieden ist, bezeichnen wir als ein *Fundamentalsystem* von Lösungen.

Ein derartiges Fundamentalsystem lässt sich folgendermaßen ermitteln:

A. Man schreibt für jede reelle Wurzel q, die noch nicht vorgekommen ist, die Lösung:

$$C \cdot q^k,$$

welche die willkürliche reelle Konstante C enthält.

B. Wiederholt sich eine reelle Wurzel q h-mal, $h \in \mathbf{N}, h \leq n$, so schreibt man die Lösung

$$(C_1 + C_2 \cdot k + \ldots + C_h \cdot k^{h-1}) \cdot q^k,$$

welche die h willkürlichen Konstanten $C_1, C_2, \ldots, C_h$ enthält.

C. Für jedes Paar konjugiert komplexer Wurzeln mit dem absoluten Betrag r und dem Argument ϕ, $q_{1,2} = r(\cos\phi + i \sin\phi)$, die noch nicht vorgekommen sind, schreibt man die Lösung

$$A \cdot r^k \cdot \cos(\phi k + B) \quad \text{oder} \quad C \cdot r^k \cdot \cos\phi k + D \cdot r^k \cdot \sin\phi k,$$

welche die beiden willkürlichen reellen Konstanten A und B bzw. C und D enthält.

---

[1] Vgl. z. B. [ZURMÜHL 1961, S. 31ff].

D. Wiederholt sich ein Paar konjugiert komplexer Wurzeln mit dem absoluten Betrag r und dem Argument ϕ s-mal, $s \in \mathbf{N}, 2s \leq n$, so schreibt man die Lösung

$$r^k[A_1 \cdot \cos(k\phi + B_1) + A_2 \cdot k \cos(k\phi + B_2) + \\ \ldots + A_s \cdot k^{s-1} \cdot \cos(k\phi + B_s)] \qquad \text{oder}$$

$$(C_1 + C_2 k + \ldots + C_s k^{s-1}) r^k \cdot \cos k\phi \\ + (D_1 + D_2 k + \ldots + D_s k^{s-1}) r^k \cdot \sin k\phi,$$

welche die 2s willkürlichen reellen Konstanten $A_1, \ldots, A_s$ und $B_1, \ldots, B_s$ bzw. $C_1, \ldots, C_s$ und $D_1, \ldots, D_s$ enthält.

Die Summe der so bestimmten Lösungen enthält n willkürliche Konstanten und stellt die allgemeine Lösung der linear homogenen Differenzengleichung (4.2) dar.

< **4.1** > Die linear homogene Differenzenlgleichung 3. Ordnung

$$y_{k+3} - y_{k+2} - 8y_{k+1} + 12y_k = 0, \quad k = 0, 1, 2, \ldots \tag{4.5}$$

hat die charakteristische Gleichung

$$q^3 - q^2 - 8q + 12 = 0.$$

Erraten wir die Nullstelle $q_1 = 2$, so folgt aus

$$(q^3 - q^2 - 8q + 12) : (q - 2) = q^2 + q - 6 = (q - 2) \cdot (q + 3),$$

dass die beiden restlichen Nullstellen $q_2 = 2$ und $q_3 = -3$ sind. Die allgemeine Lösung der homogenen Differenzengleichung (4.5) ist daher

$$Y_k = (C_1 + C_2 k)\, 2^k + C_3 (-3)^k, \quad k = 0, 1, 2, \ldots$$ ◆

4.2 Linear inhomogene Differenzengleichungen n-ter Ordnung

Zur Bestimmung der allgemeinen Lösung der *linear inhomogenen Differenzengleichung n-ter Ordnung*

$$y_{k+n} + a_{n-1}\, y_{k+n-1} + \cdots + a_1\, y_{k+1} + a_0\, y_k = B_k, \quad k = 0, 1, 2, \ldots \tag{4.1}$$

benötigt man nach Satz 1.18 neben der allgemeinen Lösung der zugehörigen linear homogenen Differenzengleichung nur noch eine partikuläre Lösung von

(4.1). Auch im allgemeinen Fall eignet sich hierzu die *Methode der unbestimmten Koeffizienten.*

< **4.2** > Wählen wir zur Bestimmung der partikulären Lösung der linear inhomogenen Differenzengleichung 3. Ordnung

$$y_{k+3} - y_{k+2} - 8y_{k+1} + 12y_k = 3k + \tfrac{3}{4}, \quad k = 0, 1, 2, \ldots \qquad (4.6)$$

den Ansatz

$$y_k^* = A_0 + A_1 k,$$

so folgt nach Einsetzen dieser Probelösung in (4.6)

$$[A_0 + A_1(k+3)] - [A_0 + A_1(k+2)] - 8 \cdot [A_0 + A_1(k+1)] + 12 \cdot [A_0 + A_1 k] = 3k + \tfrac{3}{4}.$$

Der anschließende Koeffizientenvergleich

$$\begin{aligned} k^1 &: 4A_1 &= 3 \Leftrightarrow A_1 = \tfrac{3}{4}, \\ k^0 &: 4A_0 - 7A_1 &= \tfrac{3}{4} \Leftrightarrow A_0 = \tfrac{3}{2}, \end{aligned}$$

führt zur partikulären Lösung

$$y_k^* = \tfrac{3}{2} + \tfrac{3}{4} k.$$

Die allgemeine Lösung von (4.6) ist daher nach < 4.1 > gleich:

$$y_k = (C_1 + C_2 k)\, 2^k + C_3(-3)^k + \tfrac{3}{2} + \tfrac{3}{4} k \quad k = 0, 1, 2, \ldots$$ ♦

Durch Vorgabe von n Anfangswerten $\bar{y}_0, \bar{y}_1, \ldots, \bar{y}_{n-1}$ ist es, vgl. Satz 1.5, möglich, die n Konstanten in der allgemeinen Lösung eindeutig zu bestimmen und somit eine Lösung zu erhalten, die den Anfangsbedingungen genügt.

< **4.3** > Soll die Lösung der Differenzengleichung (4.6) aus < 4.2 > zusätzlich den Anfangsbedingungen $y_0 = 4$, $y_1 = -3$, $y_2 = 22$ genügen, so müssen die Konstanten C_1, C_2, C_3 so bestimmt werden, dass gilt

$$\begin{aligned} 4 &= C_1 + C_3 + \tfrac{3}{2} \\ -3 &= (C_1 + C_2)2 + C_3(-3) + \tfrac{3}{2} + \tfrac{3}{4} \\ 22 &= (C_1 + C_2\, 2)4 + C_3\, 9 + \tfrac{3}{2} + \tfrac{3}{2}. \end{aligned}$$

Dieses Gleichungssystem hat die eindeutige Lösung

$$C_1 = \tfrac{1}{2}, \quad C_2 = -\tfrac{1}{8}, \quad C_3 = 2,$$

und damit ist die gesuchte Lösung der Gleichung (4.6)

$$\bar{y}_k = (\tfrac{1}{2} - \tfrac{1}{8}k) \cdot 2^k + 2 \cdot (-3)^k + \tfrac{3}{2} + \tfrac{3}{4}k, \quad k = 0, 1, 2, \ldots$$ ♦

< **4.4** >Die Differenzengleichung

$$y_{k+4} - 2y_{k+3} + 2y_{k+2} - 2y_{k+1} + y_k = 2 + \cos \pi k, \quad k = 0, 1, 2, \ldots \tag{4.7}$$

hat die charakteristische Gleichung

$$q^4 - 2q^3 + 2q^2 - 2q + 1 = 0,$$

die geschrieben werden kann in der Form

$$(q^2 - 2q + 1) \cdot (q^2 + 1) = 0$$

und somit die folgenden Nullstellen hat:

$$q_1 = q_2 = 1, \quad q_{3,4} = \pm\, i = 1(\cos\tfrac{\pi}{2} \pm i \sin\tfrac{\pi}{2}).$$

Die allgemeine Lösung der zur inhomogenen Gleichung (4.7) zugehörigen linear homogenen Differenzengleichung ist demnach

$$Y_k = C_1 + C_2 k + A \cos(\tfrac{k\pi}{2} + B), \quad k = 0, 1, 2, \ldots$$

Zur Bestimmung einer partikulären Lösung von (4.7) wollen wir den Superpositionssatz benutzen und zunächst eine partikuläre Lösung der nachfolgenden Differenzengleichung suchen:

$$y_{k+4} - 2y_{k+3} + 2y_{k+2} - 2y_{k+1} + y_k = 2. \tag{4.7*}$$

Obgleich hier konstante Inhomogenität vorliegt, kommt eine konstante Funktion als Lösung nicht in Betracht, da 1^k Lösung der zugehörigen homogenen Differenzengleichung ist.

Nach der Methode der unbestimmten Koeffizienten ist

$$y_k^* = A_0 k^2$$

eine geeignete Versuchslösung.

Aus $A_0[(k+4)^2 - 2(k+3)^2 + 2(k+2)^2 - 2(k+1)^2 + k^2] = 2$ folgt $A_0 = \tfrac{1}{2}$ und somit die partikuläre Lösung $y_k^* = \tfrac{1}{2}k^2$.

Zur Bestimmung einer partikulären Lösung von

$$y_{k+4} - 2y_{k+3} + 2y_{k+2} - 2y_{k+1} + y_k = \cos \pi k \qquad (4.7^{**})$$

machen wir den Ansatz $y_k^{**} = A \sin \pi k + B \cos \pi k$.

Aus $A \sin \pi k + B \cos \pi k + 2A \sin \pi k + 2B \cos \pi k + 2A \sin \pi k + 2B \cos \pi k$

$$+ 2A \sin \pi k + 2B \cos \pi k + A \sin \pi k + B \cos \pi k \overset{!}{=} \cos \pi k$$

folgt $A = 0$ und $B = \frac{1}{8}$, und somit die partikuläre Lösung $y_k^{**} = \frac{1}{8} \cos \pi k$.

Die allgemeine Lösung von (4.7) ist demnach

$$y_k = C_1 + C_2 k + A \cos\left(\frac{k\pi}{2} + B\right) + \frac{1}{2} k^2 + \frac{1}{8} \cos \pi k .$$ ♦

4.3 Stabilitätsbedingungen

In Abschnitt 3.3 hatten wir festgestellt, dass eine lineare Differenzengleichung 2. Ordnung genau dann stabil ist, wenn die Wurzeln der charakteristischen Gleichung betragsmäßig kleiner als 1 sind, vgl. z. B.: Satz 3.8. Diese Aussage gilt auch für lineare Differenzengleichungen höherer als 2. Ordnung.

Da die Berechnung der Wurzeln algebraischer Gleichungen höherer als 2. Ordnung zumeist mühselig[1] ist, interessiert man sich für Methoden, die es gestatten, direkt aus den Koeffizienten der Gleichung zu schließen, ob ihre Wurzeln betragsmäßig kleiner als 1 sind. Einen Weg dazu bietet das auf J. SCHUR [1917] zurück gehende Stabilitätskriterium, das wir in der CHIPMANschen [1951, S. 118-121] Vereinfachung auf reelle Koeffizienten angeben:

Satz 4.1 (*Stabilitätskriterium von SCHUR*)
Die Wurzeln der Gleichung

$$a_n x_n + a_{n-1} x^{n-1} + \ldots + a_1 x + a_0 = 0, \quad a_i \in \mathbf{R}$$

sind genau dann betragsmäßig kleiner als 1, wenn die folgenden n Determinanten alle positiv sind. Dabei dienten die gestrichelten Linien in den Determinanten nur dazu, den symmetrischen Aufbau deutlich zumachen.

[1] Einen guten Überblick über die verschiedenen Lösungsmethoden findet man in ZURMÜHL [1961, S. 31-78].

$$\left|\begin{array}{c|c} a_n & a_n \\ \hline a_0 & a_n \end{array}\right|, \quad \left|\begin{array}{cc|cc} a_n & 0 & a_0 & a_1 \\ a_{n-1} & a_n & 0 & a_0 \\ \hline a_0 & 0 & a_n & a_{n-1} \\ a_1 & a_0 & 0 & a_n \end{array}\right|, \ldots,$$

$$\left|\begin{array}{cccc|cccc} a_n & 0 & \ldots & 0 & a_0 & a_1 & \ldots & a_{n-1} \\ a_{n-1} & a_n & \ldots & 0 & 0 & a_0 & \ldots & a_{n-2} \\ \vdots & \vdots & & \vdots & \vdots & \vdots & & \vdots \\ a_1 & a_2 & \ldots & a_n & 0 & 0 & \ldots & a_0 \\ \hline a_0 & 0 & \ldots & 0 & a_n & a_{n-1} & \ldots & a_1 \\ a_1 & a_0 & \ldots & 0 & 0 & a_n & \ldots & a_2 \\ \vdots & \vdots & & \vdots & \vdots & \vdots & & \vdots \\ a_{n-1} & a_{n-2} & \ldots & a_0 & 0 & 0 & \ldots & a_n \end{array}\right| \tag{4.8}$$

< **4.5** > Die linear inhomogene Differenzengleichung

$$y_{k+3} - \tfrac{1}{3} y_{k+2} + \tfrac{1}{4} y_{k+1} - \tfrac{1}{12} y_k = 5 \tag{4.9}$$

hat die charakteristische Gleichung

$$q^3 - \tfrac{1}{3} q^2 + \tfrac{1}{4} q - \tfrac{1}{12} = 0 \tag{4.10}$$

mit den Wurzeln $q_1 = \frac{1}{3}, \quad q_2 = \frac{1}{2} i, \quad q_3 = -\frac{1}{2} i$.

Da konstante Inhomogenität vorliegt, können wir als eine partikuläre Lösung die konstante Lösung $\overline{y} = \overline{y}_k = 6$ wählen und erhalten somit die allgemeine Lösung

$$y_k = C_1 \cdot (\tfrac{1}{3})^k + A \cdot (\tfrac{1}{2})^k \cdot \cos(\tfrac{\pi}{2} k + B) + 6 .$$

Mit wachsendem k konvergiert y_k gegen den stabilen Gleichgewichtswert $\overline{y} = 6$.

Wenden wir Satz 4.1 auf die charakteristische Gleichung (4.10) an, die wir zur Vermeidung von Brüchen mit 12 multiplizieren wollen:

$$12q^3 - 4q^2 + 3q - 1 = 0$$

$$\begin{vmatrix} 12 & -1 \\ -1 & 12 \end{vmatrix} = 144 - 1 = 143 > 0$$

$$\begin{vmatrix} 12 & 0 & | & -1 & 3 \\ -4 & 12 & | & 0 & -1 \\ - & - & - & - & - \\ -1 & 0 & | & 12 & -4 \\ 3 & -1 & | & 0 & 12 \end{vmatrix} = 19.440 - 15 = 19.425 > 0$$

Entwicklung nach der 2. Spalte und anschließende Anwendung der Regel von SARRUS

$$\begin{vmatrix} 12 & 0 & 0 & | & -1 & 3 & -4 \\ -4 & 12 & 0 & | & 0 & -1 & 3 \\ 3 & -4 & 12 & | & 0 & 0 & -1 \\ - & - & - & - & - & - & - \\ -1 & 0 & 0 & | & 12 & -4 & 3 \\ 3 & -1 & 0 & | & 0 & 12 & -4 \\ -4 & 3 & -1 & | & 0 & 0 & 12 \end{vmatrix} = 2.464.200 > 0$$

mehrfache Anwendung des LAPLACE'schen Entwicklungssatzes

Da alle Determinanten positiv sind, müssen nach Satz 4.1 alle Wurzeln der charakteristischen Gleichung (4.10) betragsmäßig kleiner als 1 sein. ♦

Wie schon dieses einfache Beispiel zeigt, hat das SCHUR-Kriterium den erheblichen Nachteil, dass die Berechnung der 2m-reihigen Determinanten, $m = 1, 2, \ldots, n$ recht mühevoll ist.

Eine erhebliche Verminderung diese Rechenaufwands bietet das von P. A. SAMUELSON [1948, S. 429-437] vorgeschlagene Kriterium, das seinerseits aber eine vorherige Transformation der Koeffizienten vorschreibt:

Satz 4.2 (*Stabilitätskriterium von SAMUELSON*):
Die Wurzeln der algebraischen Gleichung

$$a_n x^n + a_{n-1} x^{n-1} + \ldots + a_1 x + a_0 = 0, \quad a_i \in \mathbf{R}, a_n > 0$$

sind genau dann betragsmäßig kleiner als 1, wenn alle transformierten Koeffizienten $\bar{a}_i$ und alle Determinanten $H_1, H_2, \ldots, H_n$ positiv sind.

Dabei sind

$$\bar{a}_n = \sum_{i=0}^{n} a_i$$

$$\bar{a}_{n-1} = \sum_{i=0}^{n} a_i \, (2i - n)$$

$$\bar{a}_{n-r} = \sum_{i=0}^{n} a_{n-i} \sum_{k=0}^{r} \binom{n-i}{r-k} (-1)^k \binom{i}{k} \qquad \text{für } 1 < r < n$$

$$\bar{a}_0 = \sum_{i=0}^{n}(-1)^i a_{n-1}$$

und H_i die Hauptabschnittsdeterminanten der Matrix

$$\begin{pmatrix} \bar{a}_1 & \bar{a}_0 & 0 & 0 & \ldots & 0 \\ \bar{a}_3 & \bar{a}_2 & \bar{a}_1 & \bar{a}_0 & \ldots & 0 \\ \bar{a}_5 & \bar{a}_4 & \bar{a}_3 & \bar{a}_2 & \ldots & 0 \\ \ldots & \ldots & \ldots & \ldots & \ldots & \ldots \\ 0 & 0 & 0 & 0 & & \bar{a}_n \end{pmatrix}, \tag{4.11}$$

auf deren Hauptdiagonalen die Koeffizienten $\bar{a}_1, \bar{a}_2, \ldots, \bar{a}_n$ stehen und in deren Zeilen die Koeffizientenindizes von rechts nach links aufsteigende Zahlen durchlaufen. Koeffizienten mit Indizes unterhalb Null und oberhalb n werden durch Nullen ersetzt.

Beweisskizze:

Durch Einführung einer neuen unabhängigen Variablen $z = \frac{x+1}{x-1}$ wird das Polynom

$$f(x) = a_n x^n + a_{n-1} x^{n-1} + \ldots + a_1 x + a_0$$

transponiert in das Polynom

$$g(z) = f\left(\frac{z+1}{z-1}\right) = \bar{a}_n z^n + \bar{a}_{n-1} z^{n-1} + \ldots + \bar{a}_1 z + \bar{a}_0 .$$

Die Transformationsgleichung $z = \frac{x+1}{x-1}$ wurde so gewählt, dass $g(z)$ nur Nullstellen mit negativem Realteil besitzt, wenn $f(x)$ nur Nullstellen hat, die betragsmäßig kleiner als 1 sind. Notwendige und hinreichende Bedingungen dafür, dass $g(z)$ nur Nullstellen mit negativem Realteil hat, gibt das von SAMUELSON benutzte *Determinantenkriterium* von A. HURWITZ [1895].

In diesem Zusammenhang sei auch auf die Darstellung von R. ZURMÜHL [1961, S. 80ff] verwiesen, der noch weitere Kriterien angibt, die zum Teil wesentlich bequemer anzuwenden, z. B. das Kriterium von ROUTH [1977], bzw. bedeutend anschaulicher sind, z. B. das Ortskurvenkriterium von NYQUIST [1932].

< 4.6 > Wenden wir das Stabilitätskriterium von SAMUELSON auf die charakteristische Gleichung (4.10) aus < 4.5 > an, so erhalten wir

$$\bar{a}_3 = a_3 + a_2 + a_1 + a_0 = \tfrac{5}{6} > 0$$

$$\bar{a}_2 = 3a_3 + a_2 - a_1 - 3a_0 = \tfrac{8}{3} > 0$$

$$\bar{a}_1 = 3a_3 - a_2 - a_1 + 3a_0 = \tfrac{17}{6} > 0$$

$$H_1 = \bar{a}_1 = \tfrac{17}{6} > 0, \quad H_2 = \begin{vmatrix} \frac{17}{6} & \frac{5}{3} \\ \frac{5}{6} & \frac{8}{3} \end{vmatrix} = \tfrac{111}{18} > 0, \quad H_3 = \begin{vmatrix} \frac{17}{6} & \frac{5}{3} & 0 \\ \frac{5}{6} & \frac{8}{3} & \frac{17}{6} \\ 0 & 0 & \frac{5}{6} \end{vmatrix} = \tfrac{5}{6} \cdot H_2 > 0$$

d. h. die Wurzeln von (4.10) sind betragsmäßig kleiner als 1. ♦

Die Überprüfung einer Differenzengleichung auf Stabilität mittels eines der beiden vorstehenden Kriterien ist zumeist mit großem Rechenaufwand verbunden. Es empfiehlt sich daher, zunächst die folgenden, einfach zu handhabenden Stabilitätskriterien zu Rate zu ziehen, die aber nur hinreichende bzw. nur notwendige Bedingungen für die Stabilität des Gleichgewichtswertes beinhalten.

Satz 4.3: *Hinreichendes Stabilitätskriterium von SATO [1970]*
Sind alle Koeffizienten der algebraischen Gleichung

$$q^n + a_{n-1} q^{n-1} + \ldots + a_1 q + a_0 = 0, \quad a_i \in \mathbf{R} \tag{4.3}$$

positiv, so folgt aus

$$1 > a_{n-1} > a_{n-2} > a_1 > a_0, \tag{4.12}$$

dass alle Wurzeln von (4.3) betragsmäßig kleiner als 1 sind.

Satz 4.4: *Hinreichendes Stabilitätskriterium vom SMITHIES [1942]*
Hinreichend dafür, dass alle Wurzeln der Gleichung

$$q^n + a_{n-1} q^{n-1} + \ldots + a_1 q + a_0 = 0, \quad a_i \in \mathbf{R} \tag{4.3}$$

betragsmäßig kleiner als 1 sind, ist

$$\sum_{i=0}^{n-1} a_i < 1. \tag{4.13}$$

Satz 4.5: *Notwendiges Stabilitätskriterium vom SMITHIES [1942]*
Notwendig dafür, dass alle Wurzeln der Gleichung

$$q^n + a_{n-1} q^{n-1} + \ldots + a_1 q + a_0 = 0, \quad a_i \in \mathbf{R} \tag{4.3}$$

betragsmäßig kleiner als 1 sind, ist

$$-\sum_{i=0}^{n-1} a_i < 1. \tag{4.14}$$

< **4.7** > Das Kriterium von SATO ist nicht anwendbar im Falle der aus < 4.5 > stammenden Gleichung

$$q^3 - \tfrac{1}{3} q^2 + \tfrac{1}{4} q - \tfrac{1}{12} = 0. \tag{4.10}$$

Das notwendige Kriterium und auch das hinreichende Kriterium von SMITHIES sind aber erfüllt:

$$-\sum_{i=0}^{2} a_i = -\left(-\tfrac{1}{3} + \tfrac{1}{4} - \tfrac{1}{12}\right) = \tfrac{1}{6} < 1; \quad \sum_{i=0}^{2} |a_i| = \tfrac{1}{3} + \tfrac{1}{4} + \tfrac{1}{12} = \tfrac{2}{3} < 1.$$ ♦

4.4 Einige Anwendungen von linearen Differenzengleichungen höherer Ordnung

4.4.1 Das Mulitplikator-Akzelerator-Modell von HICKS mit verteilten induzierten Investitionen

Das in Abschnitt 3.4.2 dargestellte Modell von HICKS lässt sich verallgemeinern, indem man nun folgende Annahmen trifft:

H2* Der Konsum einer beliebigen Periode t sei eine lineare Funktion der Einkommen in den m vorangehenden Perioden

$$C_t = b_1 Y_{t-1} + b_2 Y_{t-2} + \cdots + b_m Y_{t-m}, \quad m \in \mathbf{N}.$$

Mit $b = b_1 + b_2 + \cdots + b_m$ wird die gesamte marginale Konsumquote und mit $s = 1 - b$ die gesamte marginale Sparquote bezeichnet.

H3* Eine Veränderung des Einkommens von der Periode $(\tau - 2)$ zur Periode $(\tau - 1)$ induziert Investitionen, die sich auf die Periode τ und die folgenden Perioden verteilen; es gelte für die induzierte Investition in der Periode t, $t = 0,1,2,\ldots$

$$I_t = c_1(Y_{t-1} - Y_{t-2}) + c_2(Y_{t-2} - Y_{t-3}) + \cdots + c_{m-1}(Y_{n-m+1} - Y_{n-m})$$

Damit ist $c = c_1 + c_2 + \cdots + c_{m-1}$ der globale Investitionskoeffizient oder die Größe des Akzelerators.

H1* Für die aufeinander folgenden Perioden $t = 0, 1, 2, \ldots$ seien außerdem autonome Konsum- und Investitionsausgaben A_t vorgegeben, und die Investitions- und Konsumpläne sollen so realisiert werden, dass

$$Y_t = C_t + I_t + A_t .$$

Diese Bedingung impliziert, dass Sparen und Investieren ex post gleich sind, also $(Y_t - C_t) = (I_t + A_t)$.

Diese Annahmen führen zu einer linearen Differenzengleichung m-ter Ordnung für das Einkommen Y_t, $t = 0, 1, 2, \ldots$

$$Y_t = (b_1 + c_2)Y_{t-1} + (b_2 - c_1 + c_2)Y_{t-2} + \cdots$$
$$+ (b_{m-1} - c_{m-2} + c_{m-1})Y_{t-m+1} + (b_m - c_{m-1})Y_{t-m} + A_t .$$

Für die meisten Problemstellungen ist es ausreichend, sich auf die Untersuchung eines Modells zu beschränken, das einen Lag über drei Perioden aufweist, d. h. mit $m = 3$.

Man erhält dann eine Differenzengleichung 3. Ordnung

$$Y_{k+3} - (b_1 + c_1)Y_{k+2} - (b_2 - c_1 + c_2)Y_{k+1} - (b_3 - c_2)Y_k = A_{k+3}, \quad k = 0, 1, 2, \ldots$$

A. Spezialfall

Für $b_1 = 0{,}4, b_2 = 0{,}3, b_3 = 0{,}3, c_1 = c_2 = 0{,}5, A_t = A_0(1+\frac{1}{4})^t$ hat diese Differenzengleichung die Form

$$Y_{k+3} - 0{,}9\,Y_{k+2} - 0{,}3\,Y_{k+1} + 0{,}2\,Y_k = A_0 \cdot (1+\tfrac{1}{4})^{k+3}, \; k = 0, 1, 2, \ldots \quad (4.15)$$

Die charakteristische Gleichung von (4.15)

$$q^3 - 0{,}9q^2 - 0{,}3q + 0{,}2 = 0$$

hat die Lösungen: $q_1 = 1$, $q_{2,3} = -0{,}05 \pm \sqrt{0{,}2025}$, $q_2 \approx 0{,}4$, $q_3 \approx -0{,}5$.

Die Versuchslösung $\bar{y}_k = C\,(1+\frac{1}{4})^k$ führt zur partikulären Lösung

$$\overline{Y}_k = \frac{125}{23{,}8} A_0 \cdot (1+\tfrac{1}{4})^k \approx 5{,}25\, A_0 \cdot (1+\tfrac{1}{4})^k .$$

Die allgemeine Lösung von (4.16) ist

$$Y_k = C_1 + C_2(-0{,}5)^k + C_3 \cdot 0{,}4^k + \tfrac{125}{23{,}8} A_0 (1+\tfrac{1}{4})^k .$$

Für genügend großes k verhält sich Y_k wie

$$\hat{Y}_k = C_1 + \tfrac{125}{23{,}8} A_0 (1+\tfrac{1}{4})^k .$$

Diese Differenzengleichung ist aber nicht stabil im Sinne der Definition 3.3, da sie von den Anfangswerten abhängt, die in C_1 zum Ausdruck kommen.

B. Allgemeiner Fall

Um für die allgemeine Differenzengleichung Stabilitätsaussagen zu erhalten, müssen wir die nachfolgende charakteristische Gleichung untersuchen:

$$q^3 - (b_1 + c_1)q^2 - (b_2 - c_1 + c_2)q + (c_2 - b_3) = 0$$

Beachtet man, dass für jede normierte algebraische Gleichung n-ter Ordnung das Produkt ihrer Wurzeln gleich dem $(-1)^n$ – fachen Wert des absoluten Gliedes ist, so ist die Differenzengleichung auf jeden Fall dann nicht stabil, wenn gilt $|c_2 - b_3| > 1$.

Nach HICKS [1950] legen ökonomische Untersuchungen die Annahme nahe, dass $c_2 > c_1$ und $c = c_1 + c_2 > 2$ ist. Dies bedeutet, dass im Allgemeinen der *reduzierte Investitionskoeffizient* $c_2 - b_3$ größer als 1 ist und das HICKsche Modell mit induzierten Investitionen somit eine instabile Entwicklung des Volkseinkommens präjudiziert.

Spätere Untersuchungen führten im Gegensatz zur HICKschen These zu der Vermutung, dass der reduzierte Investitionskoeffizient eher unter 1 liegt, vgl. z. B. die Stabilitätsuntersuchungen in [ALLEN 1971, S. 26-269 und 281-289].

4.4.2 Das Lagerungsmodell von METZLER

In dem Aufsatz "The Nature and Stability of Inventory Cycles" untersucht L. A. METZLER [1941] Lagerzyklen und entwickelt das folgende mathematische Modell:

Die in den Unternehmen erzeugten Konsumgüter haben einen zweifachen Verwendungszweck. Sie sind zum Verkauf und zur Aufrechterhaltung eines gewissen Lagerbestandes bestimmt.

In dem folgenden Modell bezeichnet

U_t die Anzahl der in der Periode t für den Verkauf und

S_t die Anzahl der in der Periode t für das Lager

erzeugten Konsumgütereinheiten.

Weiterhin wird angenommen, dass die Unternehmen in jeder Periode eine konstante, nicht induzierte Nettoinvestition durchführen, die mit I_0 bezeichnet wird.

Für das in der Periode t erzeugte Gesamteinkommen gilt dann

$$Y_t = U_t + S_t + I_0, \quad t = 2, 3, 4, \dots \tag{4.16}$$

Die Unternehmen planen am Anfang jeder Periode die zum Verkauf bestimmte Produktionsmenge dieser Periode. METZLER nimmt an, dass sie sich in ihren Produktionsplänen nicht nur auf die tatsächlichen Verkäufe in der Vorperiode stützen, sondern auch die Zu- und Abnahme des Konsums berücksichtigen:

$$U_t = C_{t-1} + \rho(C_{t-1} - C_{t-2}), \quad t = 2, 3, 4, \dots \tag{4.17}$$

Wird der *Erwartungskoeffizient* ρ positiv gewählt, so wird unterstellt, dass die Konsumänderung in der gleichen Richtung wie vorher verläuft.

Nimmt man weiter an, dass die tatsächlichen Verkäufe einer beliebigen Periode einen Bruchteil b, $0 < b < 1$, des Gesamteinkommens dieser Periode ausmachen:

$$C_t = b\,Y_t, \quad t = 1, 2, 3, \dots \tag{4.18}$$

dann folgt mit (4.17)

$$U_t = b(1+\rho)\,Y_{t-1} - b\rho\,Y_{t-2}, \quad t = 2, 3, 4, \dots \tag{4.19}$$

Die Produktion auf Lager wird ebenfalls am Anfang der jeweiligen Periode geplant. Es wird angenommen, dass die Unternehmen ein konstantes Verhältnis zwischen dem Lagerbestand und dem Verkauf in jeder Periode aufrecht halten wollen. Dieses Verhältnis wird mit k bezeichnet und *Lager-Akzelerator* genannt. Der gewünschte Lagerbestand in der Periode t ist daher

$$\hat{Q}_t = k \cdot U_t, \quad t = 1, 2, 3, \dots \tag{4.20}$$

wobei $0 < k < 1$ als ökonomisch sinnvoll angenommen werden kann.

Ist Q_{t-1} der Lagerbestand am Ende der (t-1)-ten Periode und auch zu Beginn der t-ten Periode, dann muss gelten:

$$S_t = \hat{Q}_t - Q_{t-1}, \quad t = 1, 2, \dots \tag{4.21}$$

oder mit (4.21)

$$S_t = k \cdot U_t - Q_{t-1}, \quad t = 1, 2, \dots \tag{4.22}$$

Q_{t-1} ist nun gleich dem gewünschten Lagerbestand in der (t-1)-ten Periode minus der nicht erwarteten Schwankung im Lagerbestand während der Periode (t-1), die verursacht wird durch die Differenz zwischen den realisierten Verkäufen C_{t-1} und den erwarteten Verkäufen U_{t-1} in der Periode (t-1). Also gilt:

$$Q_{t-1} = \hat{Q}_{t-1} - (C_{t-1} - U_{t-1}), \quad t = 1, 2, \ldots \tag{4.23}$$

oder mit (4.18), (4.19) und (4.20)

$$Q_{t-1} = -bY_{t-1} + (k+1)b(1+\rho)Y_{t-2} - (k+1)b\,\rho\,Y_{t-3}. \tag{4.24}$$

Dann lässt sich (4.22) schreiben als

$$S_t = b[k(1+\rho)+1]Y_{t-1} - b[k\rho + (k+1)\cdot(1+\rho)]Y_{t-2} + (k+1)b\rho Y_{t-3}, \quad t = 3, 4, 5, \ldots \tag{4.25}$$

Setzt man nun (4.19) und (4.25) in (4.16) ein, so ergibt sich die linear inhomogenen Differenzengleichung 3. Ordnung

$$\begin{aligned} Y_t = {} & b[(1+k)(1+\rho)+1]Y_{t-1} - b(k+1)\cdot(1+2\rho)Y_{t-2} \\ & + b\rho(1+k)Y_{t-3} + I_0, \quad t = 3, 4, 5, \ldots \end{aligned} \tag{4.26}$$

Eine partikuläre Lösung dieser Differenzengleichung ist die konstante Lösung

$$Y_t = \overline{Y} = \frac{I_0}{1 - b(2 + k + \rho + k\rho - 1 - k - 2\rho - 2k\rho + \rho + k\rho)} = \frac{I_0}{1-b}.$$

Nach dem Stabilitätskriterium von SAMUELSON konvergiert jede Lösung der Differenzengleichung (4.27) für t wachsend über alle Grenzen genau dann gegen diese konstante Lösung, wenn die folgenden Ungleichungen erfüllt sind:

$$\bar{a}_3 = 1 - b[(1+k)(1+\rho)+1] + b(1+k)(1+2\rho) - b\rho(1+k) = 1 - b > 0$$

$$\bar{a}_2 = 3 - b[(1+k)(1+\rho)+1] - b(1+k)(1+2\rho) + 3b\rho(1+k) = 3 - b(2k+3) > 0$$

$$\begin{aligned} \bar{a}_1 &= 3 + b[(1+k)(1+\rho)+1] - b(1+k)(1+2\rho) - 3b\rho(1+k) \\ &= 3 + b - 4b\rho(1+k) > 0 \end{aligned}$$

$$\begin{aligned} \bar{a}_0 &= 1 + b[(1+k)(1+\rho)+1] + b(1+k)(1+2\rho) + b\rho(1+k) \\ &= 1 + b + b(1+k)(2+4\rho) > 0 \end{aligned}$$

$$\begin{aligned} H_2 &= [3 + b + 4b\rho(1+k)]\cdot[3 - b(2k+3)] - [1 + b + b(1+k)(2+4\rho)]\cdot[1-b] \\ &= 8[\underbrace{1 - b(1+k)(1+2\rho) + b^2\rho(1+k)(1+2k)}_{=f(b)}] > 0 \end{aligned}$$

$$H_3 = H_2 \cdot \bar{a}_3 > 0$$

Die 1. und die 4. dieser Ungleichungen sind stets erfüllt, wenn der Multiplikator b kleiner als 1 und der Erwartungskoeffizient ρ positiv gewählt werden, wie dies auch ökonomisch sinnvoll ist. Die 6. Ungleichung ist automatisch erfüllt, wenn die 1. und die 5. Ungleichung gelten.

Für $0 < \rho < 1$ hat die nach oben geöffnete Parabel f(b) höchstens zwei positive reelle Nullstellen b_1 und b_2.

Beweis als Übung.

Die 5. Ungleichung ist daher äquivalent zu der Bedingung

$$b < b_1 \qquad \text{oder} \qquad b_2 < b .$$

Da $\quad f(\frac{3}{2k+3}) < 0 \quad$ für alle $k > 0$ $\quad$ und

$$f(\frac{3}{4\rho(1+k)-1}) < 0 \quad \text{für } 4\rho(1+k)-1 > 2k+3, \quad k > 0, \quad 0 < \rho < 1$$

sind die 2. und 3. Ungleichung stets dann erfüllt, wenn $b < b_1$ ist.

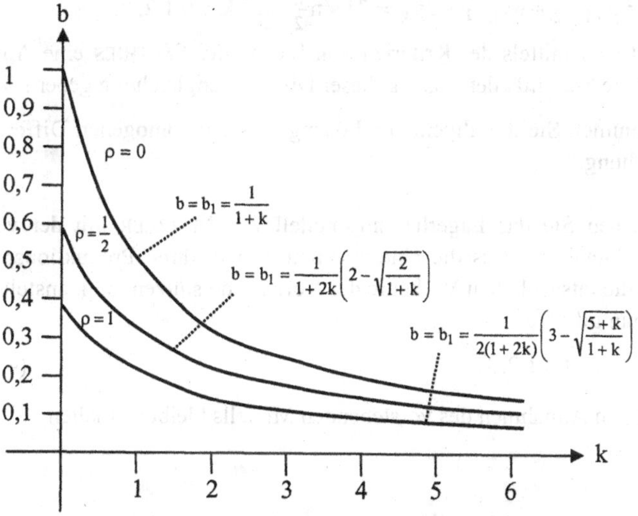

Abb. 4.1: $b = b_1(k)$

Die Stabilitätsbereiche sind Flächen unterhalb der Kurven $b = b_1(k)$. Aus Abb. 4.1 lässt sich ablesen, dass der Stabilitätsbereich umso kleiner ist je größer der Erwartungskoeffizient ρ ist.

4.5 Aufgaben

4.1 Bestimmen Sie die allgemeinen Lösungen der Differenzengleichungen

a. $y_{k+3} - 9y_{k+2} + 26y_{k+1} - 24y_k = 3, \quad k = 0,1,2,...$

b. $2y_{k+3} - 9y_{k+2} + 12y_{k+1} - 4y_k = 5 + k, \quad k = 0,1,2,...$

c. $y_{k+4} - 4y_{k+3} + 6y_{k+2} - 4y_{k+1} + y_k = 4, \quad k = 0,1,2,...$

4.2 Bestimmen Sie die allgemeine Lösung der Differenzengleichung

$$\Delta^3 y_k + 4\Delta^2 y_k = 8k + 2, \quad k = 0,1,2,\ldots$$

und die partikuläre Lösung, die den Bedingungen $y_0 = 3, y_1 = -2, \quad y_2 = 9$ genügt.
(Lösungshinweis: Die Wurzeln der charakteristischen Gleichung sind ganzzahlig.)

4.3 Gegeben ist die Differenzengleichung

$$2y_{k+3} + 5y_{k+2} + 6y_{k+1} + 2y_k = 25 \sin\frac{\pi}{2} \cdot k, \quad k = 0,1,2,\ldots$$

a. Lässt sich mittels der Kriterien von SATO oder SMITHIES eine Aussage über die Stabilität der Lösung dieser Differenzengleichung geben?

b. Bestimmen Sie die allgemeine Lösung dieser inhomogenen Differenzen gleichung.

4.4 Untersuchen Sie das Lagerhaltungsmodell von METZLER mit der vereinfachten Annahme, dass die Unternehmen sich in ihren Produktionsplänen nur auf die tatsächlichen Verkäufe der Vorperiode stützen, d. h. anstelle von (4.17) nun gilt:

$$U_t = C_{t-1}, \quad t = 1,2,3. \tag{4.17'}$$

Die übrigen Annahmen des vorstehenden Modells bleiben erhalten.

5. Systeme linearer Differenzengleichungen (mit konstanten Koeffizienten)

Zur Einführung in diese Thematik wollen wir zunächst ein ökonomisches Anwendungsbeispiel betrachten:

< **5.1** > Das Zwei-Länder-Außenhandelsmodell von GOLDBERG[1]

Die Annahmen lauten:

G1 Die Zeit ist in Perioden gleicher Länge unterteilt, die mit $t = 0,1,2,...$ bezeichnet werden. Alle ökonomischen Größen mit Ausnahme der Nettoinvestitionen (N), die als konstant angenommen werden, ändern sich von Periode zu Periode, sind also Funktionen von t.
Zur Unterscheidung der beiden Länder werden die Indizes 1 und 2 verwendet.

G2 Das Volkseinkommen (Y) ist gleich dem Konsum (C) plus den Nettoinvestitionen (N) zuzüglich der Exporte (X) abzüglich der Importe (Z):

$$Y_i(t) = C_i(t) + N_i + X_i(t) - Z_i(t), \quad i = 1,2 \tag{5.1}$$

G3 Die Ausgaben für inländische Konsumgüter (D) sind gleich den gesamten Ausgaben für Konsumgüter (C) abzüglich der Importe:

$$D_i(t) = C_i(t) - Z_i(t), \quad i = 1,2 \tag{5.2}$$

G4 Die Ausgaben für inländische Konsumgüter und die Importe der beiden Länder in einer beliebigen Periode sind konstante Vielfache des Volkseinkommens des jeweiligen Landes in der vorangehenden Periode:

$$\begin{aligned} D_1(t) &= m_{11} \cdot Y_1(t-1) \qquad & Z_1(t) &= m_{21} \cdot Y_1(t-1) \\ D_2(t) &= m_{22} \cdot Y_2(t-1) \qquad & Z_2(t) &= m_{12} \cdot Y_2(t-1), \end{aligned} \tag{5.3}$$

wobei $m_{11}, m_{21}, m_{22}, m_{12}$ Konstanten sind, die man als marginale Neigungen bezeichnet.

G5 Der Handel zwischen den beiden Ländern soll sich im Gleichgewicht befinden:

---

[1] Dieses Modell von S. GOLDBERG [1968, S. 325-329] ist eine vereinfachte Darstellung allgemeiner Außenhandelsmodelle von L. A. METZLER [1942; 1950], R. M. GOODWIN [1949] u. a.

$$Z_1(t) = X_2(t), \qquad Z_2(t) = X_1(t). \tag{5.4}$$

Durch geschicktes Einsetzen der Gleichungen (5.2), (5.4) und (5.3) in die Gleichung (5.1) ergibt sich

$$\begin{aligned} Y_1(t+1) &= m_{11} \cdot Y_1(t) + m_{12} \cdot Y_2(t) + N_1 \\ Y_2(t+1) &= m_{21} \cdot Y_1(t) + m_{22} \cdot Y_2(t) + N_2 \end{aligned}, \qquad t = 0, 1, 2, \ldots \tag{5.5}$$

Dies ist ein System bestehend aus zwei linearen Differenzengleichungen 1. Ordnung mit konstanten Koeffizienten in den Funktionen Y_1 und Y_2.

Während in den vorangegangenen Kapiteln jeweils **eine** Funktion gesucht wurde, die **einer** vorgegebenen Differenzengleichung genügen musste, soll nun ein Funktionstupel $(y_1(k), \ldots, y_n(k)), n \in \mathbf{N}$, ermittelt werden, das einem **System** von Differenzengleichungen genügt. Kommen dabei nur lineare Differenzengleichungen in dem System vor, so handelt es sich um ein *lineares Differenzengleichungssystem.*

Von besonderer Bedeutung sind *Systeme von linearen Differenzengleichungen 1.Ordnung mit konstanten Koeffizienten.* Sie haben die *"Normal-"* oder *"explizite Form"*

$$\begin{aligned} y_1(k+1) &= m_{11}\, y_1(k) + m_{12}\, y_2(k) + \cdots + m_{1n}\, y_n(k) + g_1(k) \\ y_2(k+1) &= m_{21}\, y_1(k) + m_{22}\, y_2(k) + \cdots + m_{2n}\, y_n(k) + g_2(k) \\ \cdots & \cdots \\ y_n(k+1) &= m_{n1}\, y_1(k) + m_{n2}\, y_2(k) + \cdots + m_{nn}\, y_n(k) + g_n(k) \\ & \qquad k = 0, 1, 2, \ldots \end{aligned} \tag{5.6}$$

Sind alle *Störfunktionen* $g_i(k), \quad i = 1, 2, \ldots, n$, identisch gleich Null, so liegt ein *linear homogenes Differenzengleichungssystem* vor. Ist dagegen wenigstens ein $g_i \neq 0$, so bezeichnet man das Differenzengleichungssystem als *inhomogen.*

Mit den Spalten-n-Tupeln $\mathbf{y}(k) = \begin{pmatrix} y_1(k) \\ y_2(k) \\ \vdots \\ y_n(k) \end{pmatrix}$, $\mathbf{g}(k) = \begin{pmatrix} g_1(k) \\ g_2(k) \\ \vdots \\ g_n(k) \end{pmatrix}$ und der

n×n-Matrix $\mathbf{M} = \begin{pmatrix} m_{11} & m_{12} & \cdots & m_{1n} \\ m_{21} & m_{22} & \cdots & m_{2n} \\ \vdots & \vdots & & \vdots \\ m_{n1} & m_{n2} & & m_{nn} \end{pmatrix}$

lässt sich (5.6) in Matrizenschreibweise darstellen als

$$\mathbf{y}(k+1) = \mathbf{M} \cdot \mathbf{y}(k) + \mathbf{g}(k), \quad k = 0, 1, 2, \dots \tag{5.7}$$

Die exponierte Stellung von Differenzengleichungssystemen 1. Ordnung verdeutlicht der folgende Satz 5.1.

> **Satz 5.1:**
> Jede lineare Differenzengleichung höherer Ordnung lässt sich in einfacher Weise als ein lineares Differenzengleichungssystem 1. Ordnung schreiben.

Beweisskizze für konstante Koeffizienten:
Für lineare Differenzengleichungen n-ter Ordnung

$$y(k+n) + a_{n-1}\, y(k+n-1) + \dots + a_1\, y(k+1) + a_0\, y(k) = B(k), \qquad k = 0, 1, 2, \dots \tag{4.1}$$

setzt man

$$\begin{aligned} y_1(k) &= y(k) \\ y_2(k) &= y_1(k+1) = y(k+1) \\ \dots & \quad \dots \\ y_n(k) &= y_{n-1}(k+1) = y(k+n-1) \end{aligned} \tag{5.8}$$

und erhält das gesuchte System

$$\begin{aligned} y_1(k+1) &= y_2(k) \\ y_2(k+1) &= y_3(k) \\ \dots & \quad \dots \quad \dots \quad \dots \\ y_{n-1}(k+1) &= y_n(k) \\ y_n(k+1) &= -a_0 y_1(k) - a_1 y_2(k) - a_2 y_3(k) - \dots - a_{n-1}\, y_n(k) + B(k) \\ & \qquad k = 0, 1, 2, \dots \end{aligned} \tag{5.9}$$

Das Differenzengleichungssystem (5.9) besteht aus n Gleichungen 1. Ordnung für die n Funktionen $y_1, y_2, \dots, y_n$. Man sieht unmittelbar ein, dass nicht nur jeder Lösung von (5.8) eine Lösung des Systems (5.9) entspricht, sondern auch jede Lösung von (5.9) wiederum zu einer Lösung der Differenzengleichung (5.8) führt.

< 5.2 > Die linear inhomogene Differenzengleichung, vgl. < 4.1 >,

$$y(k+3) - y(k+2) - 8y(k+1) + 12y(k) = 3k + \tfrac{3}{4}, \quad k = 0, 1, 2, \dots \tag{4.5}$$

lässt sich schreiben als das Gleichungssystem 1. Ordnung

$$\begin{aligned} y_1(k+1) &= y_2(k) \\ y_2(k+1) &= y_3(k) \\ y_3(k+1) &= -12y_1(k) + 8y_2(k) + y_3(k) + 3k + \tfrac{3}{4}, \quad k = 0, 1, \ldots \end{aligned}$$

♦

Der Satz 5.1 lässt sich noch dahingehend verallgemeinern, dass jedes lineare Differenzengleichungssystem in ein lineares Differenzengleichungssystem 1. Ordnung verwandelt werden kann.

< **5.3** > Das Differenzengleichungssystem

$$\begin{aligned} y(k+2) - 2y(k+1) + y(k) \quad + 3z(k) &= 6k \\ y(k+1) + z(k+1) - 5z(k) &= 4, \quad k = 0, 1, 2, \ldots \end{aligned}$$

bestehend aus einer Differenzengleichung 2. Ordnung in y und einer Differenzengleichung 1. Ordnung in z lässt sich mit

$y_1(k) = y(k), \quad y_2(k) = y_1(k+1), \quad y_3(k) = z(k)$

schreiben als Differenzengleichung 1. Ordnung

$$\begin{aligned} y_1(k+1) &= y_2(k) \\ y_2(k+1) &= -y_1(k) + 2y_2(k) - 3y_3(k) + 6k \\ y_3(k+1) &= -y_2(k) + 5y_3(k) + 4, \quad k = 0, 1, 2, \ldots \end{aligned}$$

♦

5.1 Homogene Systeme linearer Differenzengleichungen 1. Ordnung

Gegeben sei ein *homogenes System linearer Differenzengleichungen 1. Ordnung mit konstanten Koeffizienten* in der "expliziten Form"

$$\mathbf{y}(k+1) = \mathbf{M} \cdot \mathbf{y}(k), \quad k = 0, 1, 2, \ldots \tag{5.10}$$

mit $[\mathbf{y}(k)]' = [y_1(k), y_2(k), \ldots, y_n(k)]$ und der n×n Matrix $\mathbf{M} = (m_{ij})$ mit konstanten Elementen $m_{ij} \in \mathbf{R}$; $i, j = 1, \ldots, n$; $n \in \mathbf{N}$.

Für einen beliebigen Anfangsvektor $\mathbf{y}_0' = (C_1, \ldots, C_n) \in \mathbf{R}^n$ lässt sich dann $\mathbf{y}(k)$ mittels (5.10) sukzessiv berechnen:

Für k = 0 ergibt sich: $\mathbf{y}(1) = \mathbf{M} \cdot \mathbf{y}_0$

Für k = 1 ergibt sich: $\mathbf{y}(2) = \mathbf{M} \cdot \mathbf{y}(1) = \mathbf{M}(\mathbf{M} \cdot \mathbf{y}_0) = \mathbf{M}^2 \cdot \mathbf{y}_0$

Für k = 2 ergibt sich: $\mathbf{y}(3) = \mathbf{M} \cdot \mathbf{y}(2) = \mathbf{M}(\mathbf{M}^2 \cdot \mathbf{y}_0) = \mathbf{M}^3 \cdot \mathbf{y}_0$

usw. und allgemein:

$$\mathbf{y}(k) = \mathbf{M}^k \cdot \mathbf{y}_0, \quad k = 1,2,... \tag{5.11}$$

Die Lösung (5.11) mit beliebigen Konstanten $C_i \in \mathbf{R}$, $i = 1,...,n$, ist die *allgemeine Lösung* des homogenen Differenzengleichungssystems (5.10), denn für jede Wahl des Anfangsvektors $\mathbf{y}_0 \in \mathbf{R}^n$ führt (5.11) eingesetzt in (5.10) zur Identität.

Das Problem der Bestimmung einer Lösung des Differenzengleichungssystems (5.10) kann daher zurückgeführt werden auf das Problem der Bestimmung der *k-ten Potenz der Matrix* **M.** Nun ist es leider im Allgemeinen recht aufwendig, die k-te Potenz einer beliebigen quadratischen Matrix direkt zu ermitteln.

Keine Schwierigkeiten bereitet dagegen die Bestimmung der Potenzen einer *Diagonalmatrix*. Denn für

$$\mathbf{D} = \begin{pmatrix} \lambda_1 & 0 & \cdots & 0 \\ 0 & \lambda_2 & \cdots & 0 \\ \vdots & \vdots & & \vdots \\ 0 & 0 & \cdots & \lambda_n \end{pmatrix}$$

ergibt die Matrizenmultiplikation

$$\mathbf{D}^2 = \mathbf{D} \cdot \mathbf{D} = \begin{pmatrix} \lambda_1{}^2 & 0 & \cdots & 0 \\ 0 & \lambda_2{}^2 & \cdots & 0 \\ \vdots & \vdots & & \vdots \\ 0 & 0 & \cdots & \lambda_n{}^2 \end{pmatrix} \quad \text{und allgemein} \quad \mathbf{D}^k = \begin{pmatrix} \lambda_1{}^k & 0 & \cdots & 0 \\ 0 & \lambda_2{}^k & \cdots & = \\ \vdots & \vdots & & \vdots \\ = & = & \cdots & \lambda_N{}^k \end{pmatrix}.$$

Somit erhält man die k-te Potenz einer Diagonalmatrix **D**, indem man jedes Diagonalelement von **D** in die k-te Potenz erhebt.

Die einfache Bestimmbarkeit der Potenzen von Diagonalmatrizen legt die Frage nahe, ob das Problem der Bestimmung der k-ten Potenz einer Matrix **M** zurückgeführt werden kann auf die Aufgabe, die k-te Potenz einer geeignet gewählten Diagonalmatrix zu berechnen.

Zu diesem Zweck führen wir den Begriff *ähnliche Matrizen* ein:

Definition 5.1:
Zwei quadratische n×n-Matrizen **B** und **M** heißen ähnlich, wenn eine reguläre Matrix **A** existiert, so dass

$$\mathbf{B} = \mathbf{A}^{-1}\mathbf{M}\,\mathbf{A}. \qquad (5.12)$$

Ein Grund für die Bedeutung ähnlicher Matrizen liegt in dem

Satz 5.2:
Gilt $\mathbf{B} = \mathbf{A}^{-1}\mathbf{M}\,\mathbf{A}$, dann ist

$$\mathbf{B}^k = \mathbf{A}^{-1}\mathbf{M}^k\mathbf{A}, \quad k = 1, 2, \ldots \qquad (5.13)$$

Beweis (mittels vollständiger Induktion) als Übung.

Kann nun gezeigt werden, dass die gegebene Matrix **M** einer Diagonalmatrix **D** ähnlich ist, d. h. existiert eine *Transformationsmatrix* **A** mit

$$\mathbf{D} = \mathbf{A}^{-1}\mathbf{M}\,\mathbf{A}, \qquad (5.14)$$

so lässt sich $\mathbf{M}^k$ nach Satz 5.2 einfach berechnen, denn es gilt

$$\mathbf{M}^k = \mathbf{A}\,\mathbf{D}^k\mathbf{A}^{-1}. \qquad (5.15)$$

Nehmen wir nun an, dass die gegebene n×n-Matrix $\mathbf{M} = (m_{ij})$ einer Diagonal-

matrix $\mathbf{D} = \begin{pmatrix} \lambda_1 & 0 & \cdots & 0 \\ 0 & \lambda_2 & \cdots & 0 \\ \vdots & \vdots & & \vdots \\ 0 & 0 & \cdots & \lambda_n \end{pmatrix}$ mit der Transformationsmatrix $\mathbf{A} = (\mathbf{a}_1, \mathbf{a}_2, \ldots, \mathbf{a}_n)$

ähnlich ist.

Aus (5.14) ergibt sich durch Multiplikation mit **A** von links

$$\mathbf{A}\,\mathbf{D} = \mathbf{M}\,\mathbf{A} \qquad \text{oder} \qquad (5.16)$$

$$(\mathbf{a}_1, \mathbf{a}_2, \ldots, \mathbf{a}_n) \cdot \begin{pmatrix} \lambda_1 & 0 & \cdots & 0 \\ 0 & \lambda_2 & \cdots & 0 \\ \vdots & \vdots & & \vdots \\ 0 & 0 & \cdots & \lambda_n \end{pmatrix} = \mathbf{M} \cdot (\mathbf{a}_1, \mathbf{a}_2, \ldots, \mathbf{a}_n) \quad \text{oder}$$

$$(\lambda_1\,\mathbf{a}_1, \lambda_2\,\mathbf{a}_2, \ldots, \lambda_n\,\mathbf{a}_n) = (\mathbf{M}\,\mathbf{a}_1, \mathbf{M}\,\mathbf{a}_2, \ldots, \mathbf{M}\,\mathbf{a}_n).$$

Die Matrizengleichung (5.16) entspricht also den n Gleichungssystemen

$$\mathbf{M}\,\mathbf{a}_j = \lambda_j\,\mathbf{a}_j, \quad j = 1, 2, \ldots, n. \qquad (5.17)$$

Definition 5.2:
Ein beliebiger Vektor $\mathbf{x} \neq \mathbf{0}$ heißt *Eigenvektor* der Matrix **M**, wenn es eine Zahl $\lambda \neq 0$ gibt, so dass

$$\mathbf{M}\,\mathbf{x} = \lambda\,\mathbf{x} \tag{5.18}$$

Die Zahl λ wird als *Eigenwert* von **M** bezeichnet, der dem Eigenvektor **x** entspricht, und umgekehrt.

Ein Eigenvektor ist nur bis auf ein skalares Vielfaches bestimmt, denn es gilt

$$\mathbf{M}(c\,\mathbf{x}) = c(\mathbf{M}\,\mathbf{x}) = c(\lambda\,\mathbf{x}) = \lambda(c\,\mathbf{x}), \quad c \in \mathbf{R}.$$

Wählt man nun ein festes λ, dann muss jeder Vektor **x**, der der Gleichung (5.18) genügt, eine Lösung des homogenen Gleichungssystems

$$(\mathbf{M} - \lambda\,\mathbf{I}) = \mathbf{0} \tag{5.19}$$

sein. Dabei symbolisiert **I** die nxn-Einheitsmatrix. Das homogene Gleichungssystem (5.19) hat aber dann und nur dann eine nicht-triviale Lösung x, wenn

$$|\mathbf{M} - \lambda\mathbf{I} = 0|. \tag{5.20}$$

Diese Determinante stellt ein Polynom n-ten Grades in λ dar, das sich schreiben lässt in der Form

$$f(\lambda) = |\mathbf{M} - \lambda\mathbf{I}| = (-\lambda)^n + b_{n-1}(-\lambda)^{n-1} + \cdots + b_1(-\lambda) + b_0$$

mit geeignetem $b_j \in \mathbf{R}$, $j = 1,\ldots,n$, und als *charakteristisches Polynom* von **M** bezeichnet wird. $f(\lambda) = |\mathbf{M} - \lambda\mathbf{I}| = 0$ wird *charakteristische Gleichung* der Matrix **M** genannt.

Die Eigenwerte einer Matrix **M** sind also die Nullstellen des charakteristischen Polynoms dieser Matrix.

< **5.4** > Die Matrix $\mathbf{M} = \begin{pmatrix} -1 & 4 \\ 1 & 2 \end{pmatrix}$ hat die charakteristische Gleichung

$$\begin{vmatrix} -1-\lambda & 4 \\ 1 & 2-\lambda \end{vmatrix} = (-1-\lambda)(2-\lambda) - 4 = \lambda^2 - \lambda - 6 = 0,$$

welche die beiden reellen Nullstellen $\lambda_1 = -2$ und $\lambda_2 = 3$ hat.

Die zu den Eigenwerten gehörenden Eigenvektoren lassen sich dann berechnen als Lösung des entsprechenden homogenen Gleichungssystems (5.19):

Eigenvektor zu $\lambda_1 = -2$:

$$\begin{aligned} (-1+2)x_1 + \quad 4x_2 &= 0 \\ 1x_1 + (2+2)x_2 &= 0 \end{aligned} \quad \Leftrightarrow \quad x_1 + 4x_2 = 0,$$

d. h. jeder Spaltenvektor $c\begin{pmatrix}-4\\1\end{pmatrix}$ mit $c \in \mathbf{R}\setminus\{0\}$ ist ein zum Eigenwert $\lambda_1 = -2$ gehörender Eigenvektor.

Wählen wir $c = 1$, so ist $\mathbf{a}_1 = \begin{pmatrix}-4\\1\end{pmatrix}$.

Eigenvektor zu $\lambda_2 = 3$:

$$\begin{aligned} (-1+3)x_1 + \quad 4x_2 &= 0 \\ 1x_1 + (2-3)x_2 &= 0 \end{aligned} \quad \Leftrightarrow \quad x_1 - x_2 = 0,$$

d. h. jeder Spaltenvektor $d\begin{pmatrix}1\\1\end{pmatrix}$ mit $d \in \mathbf{R}\setminus\{0\}$ ist ein zum Eigenwert $\lambda_1 = 3$ gehörender Eigenvektor.

Wählen wir $d = 1$, so ist $\mathbf{a}_2 = \begin{pmatrix}1\\1\end{pmatrix}$.

Wir erhalten somit die Transformationsmatrix $\mathbf{A} = \begin{pmatrix}-4 & 1\\1 & 1\end{pmatrix}$, die regulär ist und deren Inverse gleich $\mathbf{A}^{-1} = \frac{1}{5}\begin{pmatrix}-1 & 1\\1 & 4\end{pmatrix}$ ist.

Nach (5.15) kann man die Potenzen von **M** berechnen als

$$\mathbf{M}^k = \begin{pmatrix}-1 & 4\\1 & 2\end{pmatrix}^k = \frac{1}{5}\begin{pmatrix}-4 & 1\\1 & 1\end{pmatrix}\cdot\begin{pmatrix}(-2)^k & 0\\0 & 3^k\end{pmatrix}\cdot\begin{pmatrix}-1 & 1\\1 & 4\end{pmatrix}.$$

< 5.5 >

$$\mathbf{M}^5 = \frac{1}{5}\begin{pmatrix}-4 & 1\\1 & 1\end{pmatrix}\cdot\begin{pmatrix}-32 & 0\\0 & 243\end{pmatrix}\cdot\begin{pmatrix}-1 & 1\\1 & 4\end{pmatrix} = \frac{1}{5}\begin{pmatrix}-4 & 1\\1 & 1\end{pmatrix}\cdot\begin{pmatrix}+32 & -32\\243 & 972\end{pmatrix} = \begin{pmatrix}23 & 220\\55 & 188\end{pmatrix} \qquad \blacklozenge$$

Das oben dargestellte Verfahren zur Bestimmung der k-ten Potenz einer quadratischen n×n-Matrix **M** ist nur dann möglich, wenn die Matrix n linear unabhängige Eigenvektoren $\mathbf{a}_1, \mathbf{a}_2, ..., \mathbf{a}_n$ besitzt. Andernfalls ist die Transformationsmatrix $\mathbf{A} = (\mathbf{a}_1, \mathbf{a}_2, ..., \mathbf{a}_n)$ **nicht regulär** und besitzt daher **keine** inverse Matrix.

Aussagen über die Existenz und die Anzahl linear unabhängiger Eigenvektoren einer n×n-Matrix **M** treffen die nachfolgenden Sätze, deren Beweise man z. B. in Zurmühl [1964, S. 149ff] nachlesen kann.

Satz 5.3:
Die zu paarweise verschiedenen Eigenwerten $\lambda_i, \ldots, \lambda_s$, $s \leq n$, gehörenden Eigenvektoren $\mathbf{a}_i, \ldots, \mathbf{a}_s$ sind linear unabhängig.

Satz 5.4:
Zu einem **einfachen** Eigenwert gibt es genau einen linear unabhängigen Eigenvektor.

Satz 5.5:
Zu einem r-fachen Eigenwert gibt es wenigstens einen und höchstens r linear unabhängige Eigenvektoren.

Besitzt die n×n-Matrix **M** eines homogenen Systems linearer Differenzengleichungen

$$\mathbf{y}(k+1) = \mathbf{M} \cdot \mathbf{y}(k) \tag{5.10}$$

n linear unabhängige Eigenvektoren $\mathbf{a}_1, \mathbf{a}_2, \ldots, \mathbf{a}_n$, so lässt sich die allgemeine Lösung dieses Systems schreiben als

$$\begin{aligned}
\mathbf{y}(k) &= \mathbf{M}^k \cdot \mathbf{y}_0 = \mathbf{A} \cdot \mathbf{D}^k \cdot \mathbf{A}^{-1} \cdot \mathbf{y}_0 \\
&= (\mathbf{a}_1, \mathbf{a}_2, \ldots, \mathbf{a}_n) \cdot \begin{pmatrix} \lambda_1^k & 0 & \cdots & 0 \\ 0 & \lambda_2^k & \cdots & 0 \\ \vdots & & & \vdots \\ 0 & \cdots & \cdots & \lambda_n^k \end{pmatrix} \cdot \mathbf{A}^{-1} \cdot \mathbf{y}_0 \\
&= (\mathbf{a}_1 \lambda_1^k, \mathbf{a}_2 \lambda_2^k, \ldots, \mathbf{a}_n \lambda_n^k) \cdot \mathbf{A}^{-1} \cdot \mathbf{y}_0,
\end{aligned}$$

wobei nicht notwendig alle λ_i voneinander verschieden sind.

Da der Anfangszustand $\mathbf{y}_0$ so gewählt werden kann, dass sein Produkt mit der regulären Matrix $\mathbf{A}^{-1}$ einen beliebig vorgebbaren Spaltenvektor $\mathbf{b} = \mathbf{A}^{-1} \cdot \mathbf{y}_0$ ergibt, lässt sich bei Existenz von n linear unabhängigen Eigenvektoren die allgemeine Lösung von (5.10) darstellen in der Form

$$\mathbf{y}(k) = b_1 \lambda_1^k \mathbf{a}_1 + b_2 \lambda_2^k \mathbf{a}_2 + \cdots + b_n \lambda_n^k \mathbf{a}_n \tag{5.21}$$

mit beliebigen reellen Konstanten $b_1, \ldots, b_n$.

< **5.6** > Das homogene System linearer Differenzengleichungen

$$\begin{aligned} y_1(k+1) &= -y_1(k) + 2y_2(k) - 3y_3(k) \\ y_2(k+1) &= 2y_1(k) + 2y_2(k) - 6y_3(k) \\ y_3(k+1) &= -y_1(k) - 2y_2(k) + y_3(k), \quad k=0,1,2,\ldots \end{aligned} \tag{5.22}$$

hat in Matrizenschreibweise die Gestalt

$$\mathbf{y}(k+1) = \mathbf{M} \cdot \mathbf{y}(k), \quad k=0,1,2,\ldots$$

$$\text{mit} \quad \mathbf{y}(k) = \begin{pmatrix} y_1(k) \\ y_2(k) \\ y_3(k) \end{pmatrix} \qquad \text{und} \qquad \mathbf{M} = \begin{pmatrix} -1 & 2 & -3 \\ 2 & 2 & -6 \\ -1 & -2 & 1 \end{pmatrix}.$$

Die allgemeine Lösung dieses Differenzengleichungssystems ist nach (5.11) $\mathbf{y}(k) = \mathbf{M}^k \cdot \mathbf{c}$, $k=0,1,2,\ldots$ mit willkürlichem Konstantenvektor $\mathbf{c}' = (c_1, c_2, c_3) \in \mathbf{R}^3$.

Um die k-te Potenz von **M** zu bestimmen, berechnen wir zunächst die Eigenwerte dieser Matrix als Wurzeln der charakteristischen Gleichung

$$\begin{vmatrix} -1-\lambda & 2 & -3 \\ 2 & 2-\lambda & -6 \\ -1 & -2 & 1-\lambda \end{vmatrix} = -\lambda^3 + 2\lambda^2 + 20\lambda + 24 = (\lambda+2)^2(\lambda-6) = 0. \tag{5.23}$$

Dieses Polynom 3. Grades hat die einfache Nullstelle $\lambda_1 = 6$ und die zweifache Nullstelle $\lambda_2 = \lambda_3 = -2$.

Die zu diesen Eigenwerten gehörenden Eigenvektoren lassen sich berechnen als Lösungen der entsprechenden homogenen Gleichungssysteme (5.19):

Für $\lambda_1 = 6$ ergibt sich das Gleichungssystem

$$\begin{pmatrix} -7 & 2 & -3 \\ 2 & -4 & -6 \\ -1 & -2 & -5 \end{pmatrix} \cdot \mathbf{a} = \mathbf{0} \qquad \text{oder} \qquad \begin{pmatrix} 0 & 1 & 2 \\ 1 & 0 & 1 \\ 0 & 0 & 0 \end{pmatrix} \cdot \mathbf{a} = \mathbf{0}.$$

Für jede beliebige Konstante c_1 stellt die allgemeine Lösung $\mathbf{a} = \begin{pmatrix} -1 \\ -2 \\ 1 \end{pmatrix} \cdot c_1$ einen Eigenvektor der Matrix **M** dar. Wir wählen $c_1 = 1$ und setzen somit $\mathbf{a}_1' = (-1, -2, 1)$.

Für $\lambda_2 = \lambda_3 = -2$ erhält man das Gleichungssystem

$$\begin{pmatrix} 1 & 2 & -3 \\ 2 & 4 & -6 \\ -1 & -2 & 3 \end{pmatrix} \cdot \mathbf{a} = \mathbf{0} \qquad \text{oder} \qquad \begin{pmatrix} 1 & 2 & -3 \\ 0 & 0 & 0 \\ 0 & 0 & 0 \end{pmatrix} \cdot \mathbf{a} = \mathbf{0},$$

das die folgende allgemeine Lösung besitzt

$$\mathbf{a} = \begin{pmatrix} -2 \\ 1 \\ 0 \end{pmatrix} \cdot c_2 + \begin{pmatrix} 3 \\ 0 \\ 1 \end{pmatrix} \cdot c_3, \quad c_2, c_3 \in \mathbf{R} \text{ beliebig.}$$

D. h. zum zweifachen Eigenvektor $\lambda_2 = \lambda_3 = -2$ gehören die beiden linear unabhängigen Eigenvektoren

$$\mathbf{a}_2' = (-2, 1, 0) \qquad \text{und} \qquad \mathbf{a}_3' = (3, 0, 1).$$

Die allgemeine Lösung des Differenzengleichungssystems (5.22) ist somit

$$\begin{pmatrix} y_1(k) \\ y_2(k) \\ y_3(k) \end{pmatrix} = b_1 \begin{pmatrix} -1 \\ -2 \\ 1 \end{pmatrix} \cdot 6^k + \left(b_2 \begin{pmatrix} -2 \\ 1 \\ 0 \end{pmatrix} + b_3 \begin{pmatrix} 3 \\ 0 \\ 1 \end{pmatrix} \right) \cdot (-2)^k$$

mit beliebigen reellen Konstanten b_1, b_2, b_3.

Ist zusätzlich die Anfangsbedingung $\mathbf{y}_0' = (1, 0, 2)$ zu beachten, so sind die Parameter b_1, b_2 und b_3 so zu bestimmen, dass das folgende lineare Gleichungssystem erfüllt ist.

$$\begin{array}{lllllll} y_1(0) & = & 1 & = & -b_1 & - & 2b_2 & + & 3b_3 \\ y_2(0) & = & 0 & = & -2b_1 & + & b_2 & & \\ y_3(0) & = & 2 & = & b_1 & + & & + & b_3 \end{array}$$

Die eindeutige Lösung $(b_1, b_2, b_3) = (\frac{5}{8}, \frac{10}{8}, \frac{11}{8})$ führt zur partikulären Lösung

$$\bar{\mathbf{y}}(k) = \begin{pmatrix} \bar{y}_1(k) \\ \bar{y}_2(k) \\ \bar{y}_3(k) \end{pmatrix} = \begin{pmatrix} -\frac{5}{8} \\ -\frac{10}{8} \\ \frac{5}{8} \end{pmatrix} \cdot 6^k + \begin{pmatrix} \frac{13}{8} \\ \frac{10}{8} \\ \frac{11}{8} \end{pmatrix} \cdot (-2)^k. \tag{5.24}$$

♦

Mit bedeutend weniger Rechenaufwand als das vorstehende Verfahren kommt die nachstehend beschriebene Methode zur Bestimmung der k-ten Potenz einer n×n-Matrix **M** aus, die auf dem Satz von CAYLEY-HAMILTON basiert. Sie hat darüber hinaus den Vorteil, dass hier nicht mehr die Existenz von n linear unabhängigen Eigenvektoren verlangt wird.

Satz 5.6: *(Satz von CAYLEY-HAMILTON)*
Eine beliebige quadratische Matrix **M** genügt ihrer eigenen charakteristischen Gleichung.
Dies bedeutet: Hat die n×n-Matrix **M** das charateristische Polynom

$$f(\lambda) = |\mathbf{M} - \lambda \mathbf{I}| = b_0 + b_1\lambda + \cdots b_n\lambda^n, \tag{5.25}$$

so erhält man die Nullmatrix, wenn man im charakteristischen Polynom jede Potenz λ^j durch die entsprechende Potenz $\mathbf{M}^j$, $j = 1,2,\ldots,n$ und $b_0 = b_0\lambda^0$ durch $b_0\,\mathbf{M}^0 = b_0$ ersetzt, d. h.

$$f(\mathbf{M}) = b_0\,\mathbf{I} + b_1\mathbf{M} + \cdots + b_{n-1}\mathbf{M}^{n-1} + b_n\mathbf{M}^n = \mathbf{0}. \tag{5.26}$$

Ein **Beweis** dieses Satzes findet man z. B. bei [BIRKHOFF; MACLANE 1953, S. 320] oder [ZURMÜHL 1964, S. 179].

< **5.7** > Für die Matrix $\mathbf{M} = \begin{pmatrix} -1 & 4 \\ 1 & 2 \end{pmatrix}$ aus < 5.4 > muss nach Satz 5.6 gelten

$$\mathbf{M}^2 - \mathbf{M} - 6\mathbf{I} = \mathbf{0}$$

$$\begin{pmatrix} -1 & 4 \\ 1 & 2 \end{pmatrix} \cdot \begin{pmatrix} -1 & 4 \\ 1 & 2 \end{pmatrix} - \begin{pmatrix} -1 & 4 \\ 1 & 2 \end{pmatrix} - 6\begin{pmatrix} 1 & 0 \\ 0 & 1 \end{pmatrix}$$

$$= \begin{pmatrix} 5 & 4 \\ 1 & 8 \end{pmatrix} + \begin{pmatrix} 1 & -4 \\ -1 & -2 \end{pmatrix} + \begin{pmatrix} -6 & 0 \\ 0 & -6 \end{pmatrix} \stackrel{!}{=} \begin{pmatrix} 0 & 0 \\ 0 & 0 \end{pmatrix}$$ ♦

Nehmen wir zunächst an, dass **M** eine 2×2-Matrix ist, deren charakteristische Gleichung eine quadratische Gleichung ist.

$$f(\lambda) = b_0 + b_1\,\lambda + b_2\,\lambda^2 \tag{5.27}$$

Dividieren wir nun $\lambda^k, k \geq 2$, durch $f(\lambda)$, so erhalten wir ein reduziertes Polynom $q(\lambda)$ und ein Restpolynom $r(\lambda)$, d. h.

$$\frac{\lambda^k}{f(\lambda)} = q(\lambda) + \frac{r(\lambda)}{f(\lambda)} \qquad \text{oder} \tag{5.28}$$

$$\lambda^k = q(\lambda) \cdot f(\lambda) + r(\lambda). \tag{5.29}$$

Da durch ein quadratisches Polynom dividiert wurde, ist $r(\lambda)$ ein Polynom höchstens ersten Grades. Es existieren daher Konstanten a und b, so dass gilt

$$r(\lambda) = a + b\,\lambda.$$

< **5.8** > Für die Matrix $\mathbf{M} = \begin{pmatrix} -1 & 4 \\ 1 & 2 \end{pmatrix}$ aus < 5.4 > gilt dann

$$f(\lambda) = \lambda^2 - \lambda - 6.$$

Wählen wir $k = 4$, so ergibt sich

$$\lambda^4 : (\lambda^2 - \lambda - 6) = \lambda^2 + \lambda + 7 + \frac{15\lambda + 42}{\lambda^2 - \lambda - 6},$$

$$\text{d. h. } q(\lambda) = \lambda^2 + \lambda + 7$$

$$r(\lambda) = 15\lambda + 42.$$

♦

Nach R. R. STOLL [1952, S. 163f] darf in Gleichung (5.29) die Variable λ durch die Matrix $\mathbf{M}$ ersetzt werden, es ergibt sich dann

$$\mathbf{M}^k = f(\mathbf{M}) \cdot q(\mathbf{M}) + r(\mathbf{M}). \tag{5.31}$$

Nach dem Satz von CAYLEY-HAMILTON gilt aber $f(\mathbf{M}) = \mathbf{0}$, so dass sich (5.31) vereinfacht zu

$$\mathbf{M}^k = r(\mathbf{M}) = a\,\mathbf{I} + b\,\mathbf{M}. \tag{5.32}$$

Das Problem der Ermittlung der Potenzen der Matrix $\mathbf{M}$ lässt sich somit zurückführen auf die Bestimmung der Koeffizienten a und b in (5.32).

Dazu benutzen wir die Tatsache, dass die Eignwerte λ_1 und λ_2 der Matrix $\mathbf{M}$ die Wurzeln ihrer charakteristischen Gleichung $f(\lambda) = |\mathbf{M} - \lambda\mathbf{I}| = 0$ sind, d. h. es gilt $f(\lambda_1) = 0$ und $f(\lambda_2) = 0$.

Nach (5.29) und (5.30) müssen dann die Koeffizienten a und b dem nachfolgenden inhomogenen Gleichungssystem genügen:

$$\begin{aligned} \lambda_1{}^k &= r(\lambda_1) = a + b\lambda_1 \\ \lambda_2{}^k &= r(\lambda_2) = a + b\lambda_2 \end{aligned} \tag{5.33}$$

A. Sind die beiden Eigenwerte von $\mathbf{M}$ voneinander verschieden, d. h. $\lambda_1 \neq \lambda_2$, dann besitzt das Gleichungssystem (5.33) in den Unbekannten a und b eine eindeutige Lösung, da die Determinante ihrer Koeffizientenmatrix

$$\begin{vmatrix} 1 & \lambda_1 \\ 1 & \lambda_2 \end{vmatrix} = \lambda_2 - \lambda_1$$

ungleich Null ist, vgl. hierzu den Hilfssatz 3.1 auf S. 42.

B. Sind die beiden Eigenwerte von **M** gleich, d. h. $\lambda_1 = \lambda_2$, dann ist der vorstehende Weg nicht gangbar. Um auch hier einen Lösungsweg zu finden, überlegen wir uns, dass in diesem Fall $f(\lambda) = |\mathbf{M} - \lambda \mathbf{I}| = 0$ eine zweifache Nullstelle in $\lambda_1 = \lambda_2$ hat und dass daher gilt $f(\lambda_1) = 0$ und $f'(\lambda_1) = 0$.

Differenzieren wir nun (5.29) nochmals nach λ, so erhalten wir

$$k \cdot \lambda^{k-1} = f'(\lambda) \cdot q(\lambda) + f(\lambda) \cdot q'(\lambda) + r'(\lambda).$$

Ersetzen wir in dieser Gleichung λ durch λ_1, so reduziert sie sich zu

$$k \cdot \lambda_1{}^{k-1} = r'(\lambda_1)$$

oder, da nach (5.30) gilt $r'(\lambda) = b$, zu

$$k \cdot \lambda_1{}^{k-1} = b. \tag{5.34}$$

Damit erhalten wir eine zweite Bestimmungsgleichung für die Koeffizienten a und b; die erste ist ja weiterhin

$$\lambda_1{}^k = a + b\lambda_1. \tag{5.33}$$

< **5.9** > Für die Matrix $\mathbf{M} = \begin{pmatrix} -1 & 4 \\ 1 & 2 \end{pmatrix}$ aus < 5.4 > mit den Eigenwerten $\lambda_1 = -2$ und $\lambda_2 = 3$ hat das Gleichungssystem (5.33) die Gestalt

$$\begin{aligned} (-2)^k &= a + b \cdot (-2) \\ 3^k &= a + b \cdot 3. \end{aligned}$$

Die eindeutige Lösung dieses Systems ist

$$\begin{aligned} a &= \tfrac{1}{5}[2 \cdot 3^k + 3(-2)^k] \\ b &= \tfrac{1}{5}[3^k - (-2)^k]. \end{aligned}$$

Die Potenzen der Matrix **M** lassen sich dann nach (5.32) berechnen als

$$\begin{aligned} \mathbf{M}^k = \begin{pmatrix} -1 & 4 \\ 1 & 2 \end{pmatrix}^k &= \tfrac{1}{5}[2 \cdot 3^k + 3(-2)^k] \begin{pmatrix} 1 & 0 \\ 0 & 1 \end{pmatrix} + \tfrac{1}{5}[3^k - (-2)^k] \begin{pmatrix} -1 & 4 \\ 1 & 2 \end{pmatrix} \\ &= \frac{3^k}{5} \begin{pmatrix} 1 & 4 \\ 1 & 4 \end{pmatrix} + \frac{(-2)^k}{5} \begin{pmatrix} 4 & -4 \\ -1 & 1 \end{pmatrix}. \end{aligned}$$

z. B. $\mathbf{M}^5 = \frac{243}{5} \begin{pmatrix} 1 & 4 \\ 1 & 4 \end{pmatrix} + \frac{-32}{5} \begin{pmatrix} 4 & -4 \\ -1 & 1 \end{pmatrix} = \begin{pmatrix} 23 & 220 \\ 55 & 188 \end{pmatrix}.$ ♦

< **5.10** > Die Matrix $\mathbf{M} = \begin{pmatrix} \sqrt{3} & 1 \\ -1 & \sqrt{3} \end{pmatrix}$ hat die charakteristische Gleichung

$\begin{pmatrix} \sqrt{3}-\lambda & 1 \\ -1 & \sqrt{3}-\lambda \end{pmatrix} = \lambda^2 - 2\sqrt{3}\,\lambda + 4 = 0$ mit den konjugiert komplexen Wurzeln

$$\lambda_{1,2} = \sqrt{3} \pm i = 2(\cos\tfrac{\pi}{6} \pm i\sin\tfrac{\pi}{6}).$$

Das Gleichungssystem zur Bestimmung der Konstanten a und b hat dann unter Benutzung der Formel von DE MOIVRE die Form

$$2^k(\cos k\tfrac{\pi}{6} + i\sin k\tfrac{\pi}{6}) = a + 2b\,(\cos\tfrac{\pi}{6} + i\sin\tfrac{\pi}{6})$$
$$2^k(\cos k\tfrac{\pi}{6} - i\sin k\tfrac{\pi}{6}) = a + 2b\,(\cos\tfrac{\pi}{6} - i\sin\tfrac{\pi}{6}).$$

Subtrahiert man die 2. Gleichung von der 1., so erhält man

$$2^k \cdot 2i\,\sin k\tfrac{\pi}{6} = 4bi\,\sin\tfrac{\pi}{6} = 2bi$$

oder $\qquad b = 2^k \sin k\tfrac{\pi}{6}.$

Addiert man die beiden Gleichungen, so erhält man

$$2^k \cdot 2\cos k\tfrac{\pi}{6} = 2a + 4b\,\cos\tfrac{\pi}{6} = 2a + 2b\sqrt{3}$$

oder $\qquad a = 2^k(\cos k\tfrac{\pi}{6} - \sqrt{3}\,\sin k\tfrac{\pi}{6}).$

Die Potenzen der Matrix **M** lassen sich dann nach (5.32) berechnen als

$$\begin{pmatrix} \sqrt{3} & 1 \\ -1 & \sqrt{3} \end{pmatrix}^k = 2^k(\cos k\tfrac{\pi}{6} - \sqrt{3}\sin k\tfrac{\pi}{6}) \cdot \begin{pmatrix} 1 & 0 \\ 0 & 1 \end{pmatrix} + 2^k\,\sin k\tfrac{\pi}{6} \cdot \begin{pmatrix} \sqrt{3} & 1 \\ -1 & \sqrt{3} \end{pmatrix}$$
$$= 2^k\left[\cos k\tfrac{\pi}{6} \cdot \begin{pmatrix} 1 & 0 \\ 0 & 1 \end{pmatrix} + \sin k\tfrac{\pi}{6} \cdot \begin{pmatrix} 0 & 1 \\ -1 & 0 \end{pmatrix}\right].$$ ◆

< **5.11** > Das homogene System linearer Differenzengleichungen

$$\begin{aligned} y_1(k+1) &= 5y_1(k) - y_2(k) \\ y_2(k+1) &= 4y_1(k) + y_2(k), \quad k = 0,1,2,\ldots \end{aligned} \tag{5.35}$$

hat die charakteristische Gleichung

$$|\mathbf{M} - \lambda\,\mathbf{I}| = \begin{vmatrix} 5-\lambda & -1 \\ 4 & 1-\lambda \end{vmatrix} = \lambda^2 - 6\lambda + 9 = 0$$

mit der zweifachen Wurzel $\lambda_1 = \lambda_2 = 3$.

Die Koeffizienten a und b zur Berechnung der k-ten Potenz der Matrix **M** gemäß der Formel (5.22) lassen sich aus dem Gleichungssystem

$$\begin{aligned} 3^k &= a + 3b \\ k \cdot 3^{k-1} &= b \end{aligned}$$

eindeutig bestimmen als

$$a = (1-k)3k \qquad \text{und} \qquad b = k \cdot 3^{k-1}.$$

Die k-te Potenz der Matrix **M** ist dann

$$\begin{aligned} \mathbf{M}^k = \begin{pmatrix} 5 & -1 \\ 4 & 1 \end{pmatrix}^k &= (1-k) \cdot 3^k \begin{pmatrix} 1 & 0 \\ 0 & 1 \end{pmatrix} + k \cdot 3^{k-1} \cdot \begin{pmatrix} 5 & -1 \\ 4 & 1 \end{pmatrix} \\ &= 3^k \cdot \begin{pmatrix} 1 & 0 \\ 0 & 1 \end{pmatrix} + k \cdot 3^{k-1} \cdot \begin{pmatrix} 2 & -1 \\ 4 & -2 \end{pmatrix}. \end{aligned}$$

Für einen beliebigen Anfangswert $\mathbf{y}_0 = (y_0^1, y_0^2)$ hat damit das homogene Differenzengleichungssystem (5.35) die Lösung

$$\mathbf{y}(k) = \begin{pmatrix} y_1(k) \\ y_2(k) \end{pmatrix} = 3^k \cdot \begin{pmatrix} y_0^1 \\ y_0^2 \end{pmatrix} + k \cdot 3^{k-1} \cdot \begin{pmatrix} 1 \\ 2 \end{pmatrix} \cdot (2y_0^1 - y_0^2).$$ ♦

Obenstehende Überlegungen zusammenfassend können wir uns die folgende Regel für die Bestimmung der k-ten Potenz einer 2×2-Matrix **M** merken:

Regel für die Bestimmung von $\mathbf{M}^k$ bei einer 2×2-Matrix M

Es sei **M** eine 2×2-Matrix mit den Eigenwerten λ_1 und λ_2, den Wurzeln der charakteristischen Gleichung $|\mathbf{M} - \lambda \mathbf{I}| = 0$.

A. Gilt $\lambda_1 \neq \lambda_2$, so ermittle man die Konstanten a und b als Lösung des Gleichungssystems

$$\begin{aligned} \lambda_1{}^k &= a + b\lambda_1 \\ \lambda_2{}^k &= a + b\lambda_2 \end{aligned} . \qquad (5.30)$$

B. Gilt $\lambda_1 = \lambda_2$, so ermittle man die Konstanten a und b aus dem Gleichungssystem

$$\lambda_1{}^k = a + b\lambda_1 \qquad (5.30)$$

$$k \cdot \lambda_1{}^{k-1} = b. \qquad (5.34)$$

In beiden Fällen gilt dann: $\mathbf{M}^k = a\,\mathbf{I} + b\,\mathbf{M}$.

Die vorstehenden Überlegungen und auch die Regel für die Bestimmung der Potenzen einer Matrix **M** lassen sich auf beliebige quadratische Matrizen verallgemeinern:

Regeln für die Bestimmung von $\mathbf{M}^k$

Ist **M** eine n×n-Matrix, so bestimme man zunächst die n Eigenwerte $\lambda_1, \lambda_2, \ldots, \lambda_n$ als Wurzeln der charakteristischen Gleichung $|\mathbf{M} - \lambda \mathbf{I}| = 0$.

Dann berechne man die Konstanten $a_0, a_1, \ldots, a_{n-1}$ als eindeutige Lösung des inhomogenen Gleichungssystems, dessen n Gleichungen sich wie folgt ergeben:

A. Für jeden Eigenwert λ_j müssen die Konstanten $a_0, a_1, \ldots, a_{n-1}$ der Gleichung

$$\lambda_j^{\,k} = a_0 + a_1\lambda_j + a_2\lambda_j^{\,2} + \cdots + a_{n-1}\lambda_j^{\,n-1} \qquad \text{genügen.}$$

B. Für jeden r-fachen Eigenwert $\lambda_s, 1 < r \le n$, müssen die Konstanten $a_0, a_1, \ldots, a_{n-1}$ den r Gleichungen

$$\begin{aligned}
\lambda_s^{\,k} &= a_0 + a_1\lambda_s + a_2\lambda_s^{\,2} + \cdots + a_{n-1}\lambda_s^{\,n-1}\\
k\cdot\lambda_s^{\,k-1} &= \quad a_1 + 2a_2\lambda_s + \cdots + (n-1)a_{n-1}\lambda_s^{\,n-2}\\
\cdots \qquad & \quad \cdots \qquad \cdots \qquad \cdots\\
k(k-1)\cdots(k-r+2)\lambda_s^{\,k-r+1} &= (r-1)\cdots 2\cdot 1 a_{s-1} + \cdots\\
&\quad + (n-1)\cdots(n-r+1)a_{n-1\;s}^{\;n-r} \qquad \text{genügen.}
\end{aligned}$$

Es gilt dann:

$$\mathbf{M}^k = a_0\,\mathbf{I} + a_1\,\mathbf{M} + a_2\,\mathbf{M}^2 + \cdots + a_{n-1}\,\mathbf{M}^{n-1}. \tag{5.35}$$

< 5.12 > Für das homogene System linearer Differenzengleichungen (5.22) in < 5.6 > hatten wir auf S. 102 die Eigenwerte $\lambda_1 = 6, \quad \lambda_2 = \lambda_3 = -2$ berechnet.

Zur Bestimmung der Parameter a_0, a_1 und a_2 ist dann nach dem obigen Verfahren das Gleichungssystem

$$\begin{aligned}
6^k &= a_0 + a_1 6 + a_2\,6^2\\
(-2)^k &= a_0 + a_1(-2) + a_2(-2)^2\\
k(-2)^{k-1} &= \quad a_1 + 2a_2(-2)
\end{aligned}$$

zu lösen. Die eindeutige Lösung ist:

$$
\begin{aligned}
a_0 &= \tfrac{1}{16}[6^k + 15(-2)^k] + \tfrac{3}{2}k(-2)^{k-1} \\
a_1 &= \tfrac{1}{16}[6^k - (-2)^k] + \tfrac{1}{2}k(-2)^{k-1} \\
a_2 &= \tfrac{1}{64}[6^k - (-2)^k] - \tfrac{1}{8}k(-2)^{k-1}
\end{aligned}
$$

Nach (5.31) ist dann $\mathbf{M}^k = a_0\,\mathbf{I} + a_1\,\mathbf{M} + a_2\,\mathbf{M}^2$, d. h.

$$
\begin{pmatrix} -1 & 2 & -3 \\ 2 & 2 & -6 \\ -1 & -2 & 1 \end{pmatrix}^k = \frac{6^k}{8}\begin{pmatrix} 1 & 2 & -3 \\ 2 & 4 & -6 \\ -1 & -2 & 3 \end{pmatrix} + \frac{(-2)^k}{8}\begin{pmatrix} 7 & -2 & +3 \\ -2 & 4 & +6 \\ +1 & +2 & 5 \end{pmatrix}.
$$

Für den speziellen Anfangswert $\mathbf{y}_0 = (1,0,2)$ ergibt sich dann die partikuläre Lösung

$$
\overline{\mathbf{y}}_k = \begin{pmatrix} \overline{y}_1(k) \\ \overline{y}_2(k) \\ \overline{y}_3(k) \end{pmatrix} = \begin{pmatrix} \tfrac{1}{8}[-5\cdot 6^k + 13(-2)^k] \\ \tfrac{1}{8}[-10\cdot 6^k + 10(-2)^k] \\ \tfrac{1}{8}[5\cdot 6^k + 11(-2)^k \end{pmatrix},
$$

die identisch ist mit der nach der ersten Methode berechneten Lösung (5.24) auf S. 104. ♦

5.2 Inhomogene Systeme linearer Differenzengleichungen 1. Ordnung

Bei der Bestimmung der allgemeinen Lösung eines *inhomogenen Systems linearer Differenzengleichungen 1. Ordnung mit konstanten Koeffizienten*

$$
\mathbf{y}(k+1) = \mathbf{M}\cdot\mathbf{y}(k) + \mathbf{g}(k), \quad k = 0,1,2,... \tag{5.7}
$$

können wir uns beschränken auf die Ermittlung einer partikulären Lösung von (5.7), denn es gilt der einfach zu beweisende

Satz 5.7:
Ist $\mathbf{y} = \overline{\mathbf{y}}(k)$ eine beliebige partikuläre Lösung des inhomogenen Systems (5.7) und $\mathbf{y} = \mathbf{y}(k)$ die allgemeine Lösung des zugehörigen homogenen Systems (5.10), so ist $\mathbf{y} = \mathbf{y}_I(k) = \mathbf{y}(k) + \overline{\mathbf{y}}(k)$ die allgemeine Lösung des inhomogenen Systems.

Vgl. dazu auch Satz 1.8 auf S.18.

Zur Bestimmung einer partikulären Lösung von (5.8) eignet sich die Methode der unbestimmten Koeffizienten, vgl. S. 58.

< **5.13** > Zur Bestimmung einer partikulären Lösung des inhomogenen Systems mit konstanter Inhomogenität

$$\begin{aligned} y_{k+1} &= -y_k + 4z_k + 10 \\ z_{k+1} &= y_k + 2z_k - 2 \end{aligned}$$

machen wir den Lösungsansatz $\begin{pmatrix} \bar{y}_k \\ \bar{z}_k \end{pmatrix} = \begin{pmatrix} A \\ B \end{pmatrix}$, $k = 0,1,2,\ldots$, den wir in das inhomogene Differenzengleichungssystem einsetzen.

Aus $\begin{aligned} A &= -A + 4B + 10 \\ B &= A + 2B - 2 \end{aligned} \Leftrightarrow \begin{aligned} 2A - 4B &= 10 \\ A + B &= 2 \end{aligned}$ folgt die partikuläre Lösung

$$\begin{pmatrix} \bar{y}_k \\ \bar{z}_k \end{pmatrix} = \begin{pmatrix} 3 \\ -1 \end{pmatrix}.$$

Die allgemeine Lösung dieses inhomogenen Differenzengleichungssystems ist dann, vgl. < 5.9 > auf S. 106,

$$\mathbf{y}_I(k) = \left[\frac{3^k}{5} \cdot \begin{pmatrix} 1 & 4 \\ 1 & 4 \end{pmatrix} + \frac{(-2)^k}{5} \cdot \begin{pmatrix} 4 & -4 \\ -1 & 1 \end{pmatrix} \right] \cdot \begin{pmatrix} C_1 \\ C_2 \end{pmatrix} + \begin{pmatrix} 3 \\ -1 \end{pmatrix}, \quad k = 0,1,2,\ldots$$

mit willkürlichen reellen Konstanten C_1 und C_2. ♦

< **5.14** > Zu lösen ist das inhomogene Differenzengleichungssystem:

$$\begin{aligned} y_1(k+1) &= y_1(k) + 2y_2(k) + 6k + 5 \\ y_2(k+1) &= 3y_1(k) + 2y_2(k) + 3^k - 2, \quad k = 0,1,2,\ldots \end{aligned}$$

A. Berechnung der allgemeinen Lösung des homogenen Systems:

Die charakteristische Gleichung $\begin{vmatrix} 1-\lambda & 2 \\ 3 & 2-\lambda \end{vmatrix} = \lambda^2 - 3\lambda - 4 = 0$ hat die Wurzeln $\lambda_1 = -1$ und $\lambda_2 = 4$.

Das Gleichungssystem zur Bestimmung der Konstanten a und b

$$\begin{aligned} (-1)^k &= a - b \\ 4^k &= a + 4b \end{aligned}$$

hat die eindeutige Lösung $\begin{aligned} a &= \tfrac{1}{5}[4^k - 4(-1)^k] \\ b &= \tfrac{1}{5}[4^k - (-1)^k] \end{aligned}$, so dass nach (5.28) gilt

$$\begin{aligned}\begin{pmatrix}1 & 2\\ 3 & 2\end{pmatrix}^k &= \tfrac{1}{5}\cdot[4^k+4(-1)^k]\cdot\begin{pmatrix}1 & 0\\ 0 & 1\end{pmatrix}+\tfrac{1}{5}[4^k-(-1)^k]\cdot\begin{pmatrix}1 & 2\\ 3 & 2\end{pmatrix}\\ &= \frac{4^k}{5}\cdot\begin{pmatrix}2 & 2\\ 3 & 3\end{pmatrix}+\frac{(-1)^k}{5}\cdot\begin{pmatrix}3 & -2\\ -3 & 2\end{pmatrix}.\end{aligned}$$

Die allgemeine Lösung des homogenen Systems ist daher

$$\mathbf{y}(k)=\begin{pmatrix}y_1(k)\\ y_2(k)\end{pmatrix}=\left[\frac{4^k}{5}\cdot\begin{pmatrix}2 & 2\\ 3 & 3\end{pmatrix}+\frac{(-1)^k}{5}\cdot\begin{pmatrix}3 & -2\\ -3 & 2\end{pmatrix}\right]\cdot\begin{pmatrix}C_1\\ C_2\end{pmatrix},\ k=0,1,2,...$$

B. Berechnung einer partikulären Lösung des inhomogenen Systems:

Die Störfunktionen $g_1(k)=6k+5$ und $g_2(k)=3^k-2$ legen die folgende Versuchslösung nahe.

$$\bar{\mathbf{y}}(k)=\begin{pmatrix}\bar{y}_1(k)\\ \bar{y}_2(k)\end{pmatrix}=\begin{pmatrix}a + Bk + C3^k\\ a + bk + c3^k\end{pmatrix}$$

Aus

$$\begin{aligned}A+B(k+1)+C3^{k+1} &= A+Bk+C3^k+2a+2bk+2c3^k+6k+5\\ a+b(k+1)+c3^{k+1} &= 3A+3Bk+3C3^k+2a+2bk+2c3^k+3^k-2\end{aligned}$$

folgt durch Koeffizientenvergleich

$$\begin{array}{lll} 3^k: & 3C = C+2c & C=-\tfrac{1}{2}\\ & 3c=3C+2c+1 & c=-\tfrac{1}{2}\\ k: & B=B+2b+6 & B=1\\ & b=3B+2b & b=-3\\ k^0: & A+B=A+2a+5 & A=\tfrac{1}{3}\\ & a+b=3A+2a-2 & a=-2. \end{array}$$

Somit erhalten wir die partikuläre Lösung

$$\bar{\mathbf{y}}(k)=\begin{pmatrix}\bar{y}_1(k)\\ \bar{y}_2(k)\end{pmatrix}=\begin{pmatrix}\tfrac{1}{3} + k - \tfrac{1}{2}3^k\\ -2 - 3k - \tfrac{1}{2}3^k\end{pmatrix},\quad k=0,1,2,\ldots$$

und die allgemeine Lösung des inhomogenen Systems ist

$$y_I(k) = \left[\frac{4^k}{5}\begin{pmatrix}2 & 2\\ 3 & 3\end{pmatrix} + \frac{(-1)^k}{5}\begin{pmatrix}3 & -2\\ -3 & 2\end{pmatrix}\right]\cdot\begin{pmatrix}C_1\\ C_2\end{pmatrix} + \begin{pmatrix}\frac{1}{3} + k - \frac{1}{2}3^k\\ -2 - 3k - \frac{1}{2}3^k\end{pmatrix},$$

$$k = 0, 1, 2, \ldots$$

mit willkürlichen reellen Konstanten C_1 und C_2. ♦

5.3 Eliminationsverfahren zu Lösung linearer Differenzengleichungssysteme

Der Satz 5.1 auf S. 95 vermittelt einen Zusammenhang zwischen einer linearen Differenzengleichung n-ter Ordnung und einem System linearer Differenzengleichungen 1. Ordnung. Zu Beginn dieses Kapitels haben wir diesen Satz benutzt, um eine lineare Differenzengleichung höherer Ordnung in ein lineares Differenzengleichungssystem 1. Ordnung zu transformieren. Man kann aber auch umgekehrt vorgehen und ein System linearer Differenzengleichungen in eine lineare Differenzengleichung höherer Ordnung überführen. Dabei muss das System nicht notwendig aus Differenzengleichungen 1. Ordnung bestehen, denn wie vorstehend auf S. 96 gezeigt wurde, kann jedes lineare Differenzengleichungssystem in ein System linearer Differenzengleichungen 1. Ordnung transformiert werden. Die Ordnung der Differenzengleichung, die man so erhält, kann nicht höher sein als die Summe der Ordnungen der Gleichungen des gegebenen Systems.

< **5.15** > Um eine Lösung des inhomogenen Differenzengleichungssystems

$$\begin{aligned} y_1(k+1) &= y_1(k) + 2y_2(k) + 6k + 5 \\ y_2(k+1) &= 3y_1(k) + 2y_2(k) + 3^k - 2, \quad k = 0,1,2,... \end{aligned}$$

aus < 5.13 > zu bestimmen, lösen wir nun die 1. Gleichung nach $y_2(k)$ auf

$$y_2(k) = \frac{1}{2}y_1(k+1) - \frac{1}{2}y_1(k) - 3k - \frac{5}{2} \tag{5.36}$$

und setzen diesen Ausdruck in die 2. Gleichung ein:

$$\frac{1}{2}y_1(k+2) - \frac{1}{2}y_1(k+1) - 3(k+1) - \frac{5}{2}$$

$$= 3y_1(k) + y_1(k+1) - y_1(k) - 6k - 5 + 3^k - 2$$

oder mit $y_k = y_1(k)$

$$y_{k+1} - 3y_{k+1} - 4y_k = 2\cdot 3^k - 6k - 3, \quad k = 0, 1, 2, \ldots \tag{5.37}$$

Die charakteristische Gleichung $q^2 - 3q - 4 = 0$ hat die Wurzeln $q_1 = -1$ und $q_2 = 4$, so dass nach Satz 3.3 die allgemeine Lösung der zugehörigen homogenen Differenzengleichung gleich

$$y_k = D_1 \cdot (-1)^k + D_2 \cdot 4^k, \quad k = 0, 1, 2, \ldots$$

mit willkürlichen Konstanten D_1 und D_2 ist.

Zur Bestimmung einer partikulären Lösung von (5.37) wählen wir den Lösungsansatz $\overline{y}_k = A + B\,k + C\,3^k$.

Aus $A + B(k+2) + C\,3^{k+2} - 3A - 3B(k+1) - 3C\,3^{k+1} - 4A - 4Bk - 4C\,3^k$

$$= 2 \cdot 3^k - 6k - 3$$

folgt durch Koeffizientenvergleich $C = -\frac{1}{2}, B = 1, A = \frac{1}{3}$.

Die allgemeine Lösung von (5.37) ist daher

$$y_1(k) = y_k = D_1 \cdot (-1)^k + D_2 \cdot 4^k + \tfrac{1}{3} + k - \tfrac{1}{2} \cdot 3^k, \quad k = 0, 1, 2, \ldots$$

Aus (5.36) folgt dann

$$y_2(k) = -D_1(-1)^k + \tfrac{3}{2} D_2 \cdot 4^k - 2 - 3k - \tfrac{1}{2} 3^k, \quad k = 0, 1, 2, \ldots$$

Mit $D_1 = \frac{1}{5}(3C_1 - 2C_2)$ und $D_2 = \frac{1}{5}(2C_1 + 2C_2)$ stimmt die hier ermittelte Lösung des Differenzengleichungssystems mit der in Beispiel < 5.9 > auf S. 111f bestimmten Lösung überein. ♦

< **5.16** > Das inhomogene Differenzengleichungssystem

$$\begin{array}{l} y_{k+2} - 2y_{k+1} + y_k + 3z_k = 6k \\ \qquad\qquad y_{k+1} + z_{k+1} - 5z_k = 4 \end{array}, \quad k = 0, 1, 2, \ldots$$

lässt sich, indem man z. B. die 1. Gleichung nach z_k auflöst

$$z_k = -\tfrac{1}{3} y_{k+2} + \tfrac{2}{3} y_{k+1} - \tfrac{1}{3} y_k + 2k$$

und diesen Ausdruck dann in die 2. Gleichung einsetzt, überführen in die Differenzengleichung 3. Ordnung

$$y_{k+3} - 7y_{k+2} + 8y_{k+1} - 5y_k = -24k - 6, \quad k = 0, 1, 2, \ldots$$ ♦

5.4 Qualitative Analyse der Lösungen

Die vorstehenden Untersuchungen zeigen, dass das Konvergenzverhalten der Lösung eines linearen Differenzengleichungssystems

$$\mathbf{y}(k+1) = \mathbf{M} \cdot \mathbf{y}(k) + \mathbf{g}(k), \quad k = 0, 1, 2, \ldots \tag{5.7}$$

für k wachsend über alle Grenzen im Wesentlichen von den Wurzeln der charakteristischen Gleichung $|\mathbf{M} - \lambda \mathbf{I}| = 0$ abhängt, vgl. dazu das analoge Ergebnis für lineare Differenzengleichungen in Abschnitt 3.3.

Sind alle Eigenwerte von **M** betragsmäßig kleiner als 1, dann gilt für einen beliebigen Anfangsvektor $\mathbf{y}_0$

$$\mathbf{y}(k) = \mathbf{M}^k \cdot \mathbf{y}_0 \underset{k \to \infty}{\to} \mathbf{0},$$

d. h. $\mathbf{y}_I(k) = \mathbf{M}^k \mathbf{y}_0 + \overline{\mathbf{y}}(k)$ verhält sich für hinreichend großes k wie der *Gleichgewichtspfad* $\overline{\mathbf{y}}(k)$.

Da die Bestimmung der Eigenwerte einer n-reihigen Matrix mit $n > 2$ im Allgemeinen recht mühselig ist, vgl. hierzu die Vielzahl numerischer Verfahren zur Bestimmung der Eigenwerte von Matrizen in [ZURMÜHL 1964, S. 279-337], ist es wünschenswert, Stabilitätskriterien zu kennen, die es erlauben, direkt aus den Elementen von **M** auf das "betragsmäßig kleiner Eins sein" der Eigenwerte zu schließen.

Aus der Vielzahl der in der Literatur angegebenen Kriterien, vgl. z. B. [GANDOLFO 1971, S. 132ff] und [ZURMÜHL 1964, S. 202-211] sollen hier nur drei Sätze vorgestellt werden:

Satz 5.8:
Eine notwendige Bedingung dafür, dass alle Eigenwerte der n×n-Matrix $\mathbf{M} = (m_{ij})$ betragsmäßig kleiner als 1 sind, ist

$$\left|\sum_{i=1}^{n} m_{ii}\right| < n.$$

Beweis: siehe z. B. [ZURMÜHL 1964, S. 209].

Satz 5.9:
Eine hinreichende Bedingung dafür, dass alle Eigenwerte der n×n-Matrix $\mathbf{M} = (m_{ij})$ betragsmäßig kleiner als 1 sind, ist

$$\sum_{j=1}^{n} | m_{ij} | < 1 \text{ für alle } i = 1, 2, \ldots, n \qquad \text{bzw.}$$

$$\sum_{i=1}^{n} | m_{ij} | < 1 \text{ für alle } j = 1, 2, \ldots, n\,.$$

Beweis: siehe z. B. [ZURMÜHL 1964, S. 203f.]

Satz 5.10:
Eine hinreichende und notwendige Bedingung dafür, dass alle Eigenwerte der n×n-Matrix $\mathbf{M} = (m_{ij})$ betragsmäßig kleiner als 1 sind, ist, dass

A. alle Elemente der Matrix **M** nicht-negativ sind, d. h. $m_{ij} > 0$ für alle $i, j = 1, \ldots, n$ und

B. alle Hauptminoren der Matrix $(\mathbf{I} - \mathbf{M})$ positiv sind, d. h.

$$1 - m_{ij} > 0, \quad \begin{vmatrix} 1 - m_{11} & -m_{12} \\ -m_{21} & 1 - m_{22} \end{vmatrix} > 0, \ldots, \quad \begin{vmatrix} 1 - m_{11} & -m_{12} & \cdots & -m_{1n} \\ -m_{21} & 1 - m_{22} & \cdots & -m_{2n} \\ \vdots & \vdots & & \\ -m_{n1} & -m_{n2} & \cdots & -m_{nn} \end{vmatrix} > 0\,.$$

Beweis: siehe z. B. [GANTMACHER 1959, S. 85].

Insbesondere durch die Forderung der Nichtnegativität der Matrix **M** wird die Anwendbarkeit des Satzes 5.10 sehr beschnitten.

< 5.17 > Für die Matrix $M = \begin{pmatrix} -1 & 4 \\ 1 & 2 \end{pmatrix}$ ist, da $\left| \sum_{i=1}^{2} m_{ii} \right| = |-1 + 2| = 1 < 2$, zwar die in Satz 5.8 formulierte notwendige Bedingung erfüllt. Wie in Beispiel < 5.4 > auf S. 99 berechnet, besitzt sie aber mit $\lambda_1 = -2$ und $\lambda_2 = 3$ Eigenwerte, die betragsmäßig größer als 1 sind.

Diese Matrix **M** genügt offensichtlich auch nicht den im Satz 5.9 formulierten hinreichenden Bedingungen. ♦

< **5.18** > Da für die Matrix

$$\mathbf{M}=\begin{pmatrix} \frac{1}{6} & 0 & \frac{1}{8} \\ -\frac{\sqrt{17}}{6} & -\frac{1}{6} & 0 \\ \frac{1}{9} & \frac{\sqrt{17}}{6} & \frac{1}{6} \end{pmatrix} \quad \text{gilt:} \quad \begin{aligned} \sum_{j=1}^{3} |m_{1j}| &= \tfrac{1}{6}+\tfrac{1}{8}=\tfrac{7}{24}<1 \\ \sum_{j=1}^{3} |m_{2j}| &= +\tfrac{\sqrt{17}}{9}+\tfrac{1}{6}\approx 0{,}85<1 \\ \sum_{j=1}^{3} |m_{3j}| &= \tfrac{1}{9}+\tfrac{\sqrt{17}}{6}+\tfrac{1}{6}\approx 0{,}96<1 \end{aligned}$$

sind nach Satz 5.9 alle Eigenwerte von **M** betragsmäßig kleiner als Eins. Die Bestimmung der Nullstellen der charakteristischen Gleichung liefert die Eigenwerte $\lambda_1=\frac{1}{4}(1+i)$, $\lambda_2=\frac{1}{4}(1-i)$, $\lambda_3=-\frac{1}{3}$. ♦

< **5.19** > Für die Matrix $\mathbf{M}=\begin{pmatrix} \frac{1}{6} & \frac{7}{8} & 0 \\ 0 & 0 & \frac{1}{12} \\ \frac{9}{10} & 0 & \frac{1}{8} \end{pmatrix}$ ist die notwendige Bedingung des Satzes 5.8 erfüllt, da $\left|\frac{1}{6}+0+\frac{1}{8}\right|=\frac{7}{24}<1$.

Dagegen ist die hinreichende Bedingung des Satzes 5.9 nicht erfüllt, da z. B. für die 1. Zeile von **M** gilt

$$\left|\frac{1}{6}\right|+\left|\frac{7}{8}\right|+|0|=\frac{25}{24}>1$$

und die 3. Zeile von **M** zum Wert $\left|\frac{9}{10}\right|+\left|\frac{1}{8}\right|=\frac{41}{40}>1$ führt.

Da alle Elemente von **M** nichtnegativ sind und die Hauptminoren $1-\frac{1}{6}=\frac{5}{6}>0$

$$\begin{vmatrix} 1-\frac{1}{6} & \frac{7}{8} \\ 0 & 1 \end{vmatrix}=\frac{5}{6}>0, \quad \begin{vmatrix} 1-\frac{1}{6} & -\frac{7}{8} & 0 \\ 0 & 1 & -\frac{1}{12} \\ -\frac{9}{10} & 0 & 1-\frac{1}{8} \end{vmatrix}=\frac{35}{48}+\frac{21}{320}>0 \text{ alle positiv sind,}$$

besitzt **M** gemäß Satz 5.10 nur Eigenwerte, die betragsmäßig kleiner als Eins sind. ♦

5.5 Einige Anwendungen linearer Differenzengleichungssysteme

5.5.1 Dynamisches Input-Output-Modell

Bei der Formulierung seines dynamisch offenen Input-Output-Modells (Modell VIII) geht J. SCHUMANN [1968, S. 167ff] von folgenden Annahmen aus:

S1 Die Volkswirtschaft ist unterteilt in n Industriesektoren und den Sektor "private Haushalte". Jeder Industriesektor stellt nur ein aggregiertes Produkt her.

Die Produktion $X_i(t)$ einer Industrie i, $i = 1, 2, \ldots, n$, in einer Periode t teilt sich auf in

- die Lieferungen $X_{ij}(t)$ an die Industrien j, $j = 1, 2, \ldots, n$, die der laufenden Produktion dienen,
- die Lieferungen $I_{ij}(t)$ an die Industrien j, die dem Aufbau oder falls negativ dem Abbau von Kapitalbeständen dienen und
- die Lieferung $C_i(t)$ an die Haushalte, die zum Konsum bestimmt sind.

$$X_i(t) = \sum_{j=1}^{n} X_{ij}(t) + \sum_{j=1}^{n} I_{ij}(t) + C_i(t), \quad i = 1, 2, \ldots, n \tag{5.38}$$

S2 Für die laufenden Inputs der Industrie j, $j = 1, 2, \ldots, n$, gilt die für Input-Output-Modelle charakteristische Annahme, dass sich die Mengen $X_{ij}(t)$ strikt proportional zur Ausbringung $X_j(t)$ verhalten.

$$X_{ij}(t) = a_{ij} X_j(t), \quad i, j = 1, 2, \ldots, n \tag{5.39}$$

Die Konstanten a_{ij} werden als *Input-Output-Koeffizienten* bezeichnet.

S3 Die zum Konsum bestimmten Mengen $C_i(t)$ seien exogen bestimmt, und zwar wird unterstellt, dass sie mit einer konstanten Wachstumsrate $m > 0$ ansteigen, die z. B. das Bevölkerungswachstum und steigende Ansprüche an die Lebenshaltung berücksichtigt.

$$C_i(t) = (1+m) \cdot C_i(t-1) = \cdots = (1+m)^t \cdot C_i(0), \quad i = 1, 2, \ldots \tag{5.40}$$

S4 Zwischen dem Kapitalbestand $K_{ij}(t)$ zu Beginn der Periode t und der Produktion $X_j(t)$ in der gleichen Periode bestehe ein Proportionalverhältnis b_{ij}, das von t unabhängig ist.

$$\frac{K_{ij}(t)}{X_j(t)} = \frac{K_{ij}(t+1)}{X_j(t+1)} = b_{ij}, \quad i,j = 1,2,\ldots,n, \quad t = 0,1,\ldots \tag{5.41}$$

Daher gilt für die Investitionen $I_{ij}(t) = K_{ij}(t+1) - K_{ij}(t)$

$$I_{ij}(t) = b_{ij} \cdot [X_j(t+1) - X_j(t)]. \tag{5.42}$$

Setzt man die Gleichungen (5.39), (5.40) und (5.42) in die Bilanzgleichung (5.38) ein, so erhält man nach Umordnen

$$\sum_{j=1}^{n} b_{ij} \cdot X_j(t+1) = \sum_{j=1}^{n} (\delta_{ij} - a_{ij} + b_{ij}) \cdot X_j(t) - (1+m)^t \cdot C_i(0), \tag{5.43}$$

$$\text{wobei } \delta_{ij} = \begin{cases} 1 & \text{für } i = j \\ 0 & \text{für } i \neq j \end{cases}, \quad i = 1,2,\ldots,n, \quad t = 0,1,2,\ldots$$

Mit den n×n-Matrizen $\mathbf{A} = (a_{ij})$ und $\mathbf{B} = (b_{ij})$ und den Vektoren $\mathbf{X}'(t) = [X_1(t), X_2(t), \ldots, X_n(t)]$ und $\mathbf{C}'(0) = [C_1(0), \ldots, C_n(0)]$ lassen sich die n simultanen Differenzengleichungen 1. Ordnung in Matrizenschreibweise darstellen als

$$\mathbf{B} \cdot \mathbf{X}(t+1) = (\mathbf{I} - \mathbf{A} + \mathbf{B}) \cdot \mathbf{X}(t) - (1+m)^t \cdot \mathbf{C}(0).$$

Ist die Matrix **B** regulär, so kann man diese Matrizengleichung mit der inversen Matrix $\mathbf{B}^{-1}$ multiplizieren und erhält

$$\mathbf{X}(t+1) = [\mathbf{B}^{-1}(\mathbf{I} - \mathbf{A}) + \mathbf{I}] \cdot \mathbf{X}(t) - (1+m)^t \cdot \mathbf{B}^{-1} \cdot \mathbf{C}(0), \quad t = 0,1,2,\ldots \tag{5.44}$$

Zur Bestimmung einer partikulären Lösung (5.40) setzen wir die Versuchslösung

$$\overline{\mathbf{X}}(t) = (1+m)^t \cdot \mathbf{D}, \text{ mit } \mathbf{D}' = (D_1, D_2, \ldots, D_n) \in \mathbf{R}^n$$

in das Differenzengleichungssystem (5.44) ein und erhalten nach Division durch $(1+m)^t$:

$$(1+m)\mathbf{D} = [\mathbf{B}^{-1}(\mathbf{I} - \mathbf{A}) + \mathbf{I}] \cdot \mathbf{D} - \mathbf{B}^{-1} \cdot \mathbf{C}(0).$$

Diese Matrizengleichung multiplizieren wir von Links mit **B** und lösen die Gleichung dann nach **D** auf:

$$\mathbf{D} = -[m\,\mathbf{B} - (\mathbf{I} - \mathbf{A})]^{-1} \cdot \mathbf{C}(0).$$

Eine partikuläre Lösung von (5.44) ist somit

$$\overline{\mathbf{X}}(t) = (1+m)^t \cdot [(\mathbf{I} - \mathbf{A}) - m\,\mathbf{B}]^{-1} \cdot \mathbf{C}(0), \quad t = 0,1,2,\ldots$$

Nach Satz 5.7 und Gleichung (5.11) lautet dann die allgemeine Lösung von (5.44)

$$\mathbf{X}(t) = [\mathbf{B}^{-1}(\mathbf{I}-\mathbf{A})+\mathbf{I})]^t \cdot \mathbf{K} + (1+m)^t \cdot [(\mathbf{I}-\mathbf{A}) - m\mathbf{B})]^{-1} \cdot \mathbf{C}(0),$$
$$t = 0, 1, 2, \ldots$$

mit einem beliebigen Konstantenvektor $\mathbf{K}' = (K_1, K_2, \ldots, K_n) \in \mathbf{R}^n$.

Ist der Anfangsoutput $\mathbf{X}(0)$ gegeben, so muss $\mathbf{K}$ gleich

$\mathbf{K} = \mathbf{X}(0) - [(\mathbf{I}-\mathbf{A}) - m\mathbf{B}]^{-1} \cdot \mathbf{C}(0)$ gesetzt werden.

Nach Satz 5.8 ist eine notwendige Bedingung dafür, dass jede Lösung $\mathbf{X}(t)$ für t wachsend über alle Grenzen gegen $\overline{\mathbf{X}}(t)$ konvergiert, dass die Summe der Elemente auf der Hauptdiagonalen (d. h. *die Spur*) der Matrix $\mathbf{B}^{-1}(\mathbf{I}-\mathbf{A})$ negativ ist.

Bzgl. weiterer Stabilitätsaussagen für dieses dynamische Input-Output-Modell verweisen wir auf die ausführlichen Stabilitätsuntersuchungen von SCHUMANN [1968, S. 174-196].

5.5.2 Wachstum einer Population unter Berücksichtigung des Altersaufbaus

Während in den Wachstumsmodellen der Abschnitte 2.35, 2.36 und 3.43 der Altersaufbau der Population vernachlässigt wurde, soll nun das unterschiedliche Verhalten von Individuen berücksichtigt werden. Mathematisch bedeutet dies, dass nun mehrere zeitabhängige Funktionen zu berücksichtigen sind.

Ein einfaches Beispiel für Modelle dieser Art findet man in ENGEL [1975, S. 40f]:

Für eine gewisse Spezies hypothetischer Käfer gilt folgendes:
Das Leben dieser Tiere ist sehr kurz; $\frac{5}{16}$ sterben im ersten Jahr, also als Nulljährige. Keines lebt länger als zwei Jahre. Ein nulljähriges Weibchen erzeugt im Mittel $\frac{3}{5}$, ein einjähriges $\frac{4}{5}$ weibliche Nachkommen.

Bezeichnen wir mit x_t die Anzahl der nulljährigen Weibchen zum Zeitpunkt t und mit y_t die Anzahl der einjährigen Weibchen, so genügt die Populationsentwicklung dem nachfolgenden homogenen System linearer Differenzengleichungen, wobei noch die Anfangsbestände x_0 und y_0 zu berücksichtigen sind.

$$\begin{aligned} x_{t+1} &= \tfrac{3}{5}x_t + \tfrac{4}{5}y_t \\ y_{t+1} &= \tfrac{11}{16}y_t \end{aligned}, \qquad t = 1, 2, \ldots \tag{5.45}$$

Die charakteristische Gleichung diese Systems

$$\begin{vmatrix} \frac{3}{5}-\lambda & \frac{4}{5} \\ \frac{11}{16} & -\lambda \end{vmatrix} = \lambda^2 - \frac{3}{5}\lambda + \frac{11}{20} = 0$$

hat die reellen Eigenwerte $\lambda_1 = \frac{11}{10}$ und $\lambda_2 = -\frac{5}{10}$ mit den zugehörigen Eigenvektoren $a_1 = \begin{pmatrix} 8 \\ 5 \end{pmatrix}$ und $a_2 = \begin{pmatrix} 8 \\ -11 \end{pmatrix}$.

Die allgemeine Lösung des Systems (5.45) ist somit nach (5.21) gleich

$$\begin{matrix} x_t \\ y_t \end{matrix} = C_1 \cdot \begin{pmatrix} 8 \\ 5 \end{pmatrix} \cdot (\tfrac{11}{10})^t + C^2 \cdot \begin{pmatrix} 8 \\ -11 \end{pmatrix} \cdot (-\tfrac{5}{10})^t . \qquad (5.46)$$

Bei gegebenen Anfangsbeständen x_0 und y_0 lassen sich die Konstanten C_1 und C_2 eindeutig bestimmen.

Ist $C_1 \neq 0$, so kann für genügend großes t der zweite Summand der Lösung (5.46) vernachlässigt werden, d. h. beide Altersgruppen wachsen "auf lange Sicht" exponentiell mit der Wachstumsrate 0,1 pro Periode. Dabei bleibt der Altersaufbau konstant mit jeweils 8 Nulljährigen zu 5 Einjährigen.

Damit bestätigt dieses Beispiel den so genannten *Ergodensatz von LOTKA*: "Eine Population, welche zeitlich konstanten altersspezifischen Sterblichkeits- und Fruchtbarkeitsraten unterworfen ist, nähert sich einem stabilen Altersaufbau, der von diesen Vitalitätsverhältnissen, nicht jedoch von der ursprünglich gegebenen Altersgliederung abhängt."

Dieses Beispiel lässt sich verallgemeinern, wobei wir auch hier der Einfachheit halber nur die Weibchen in einer bisexuellen Population betrachten.

Bezeichnen wir mit

$n_{x,t}$ die Anzahl der Weibchen zum Zeitpunkt $t \in \mathbf{N}_0$ im Alter $x \in \mathbf{N}_0$. Die Statistik $\{n_{x,t}\}$ beschreibt also den weiblichen Teil der Alterspyramide zu einem Zeitpunkt t.

P_x die (zeitunabhängige) Wahrscheinlichkeit, dass ein Weibchen der Altersgruppe x, $x = 0,1,\ldots,m-1$, im nächsten Jahr noch am Leben und dann in der Altersgruppe $x+1$ sein wird. D. h. P_x ist die altersabhängige Überlebenswahrscheinlichkeit. Zur Vereinfachung wird dabei unterstellt, dass kein Weibchen älter als m Perioden wird.

F_x die Anzahl der neugeborenen Weibchen, die im Laufe eines Jahres (durchschnittlich) pro Weibchen der Altersgruppe x geboren werden, d. h. die alterspezifische und auf weibliche Nachkommen bezogene Geburtsrate.

Die Entwicklung dieser Population, bei der innerhalb einer Altersspanne die Geburts- und Sterberate als konstant angenommen werden, wird dann durch das nachfolgende Differenzengleichungssystem beschrieben:

$$\begin{array}{lcl} n_{0,t+1} & = & F_0 n_{0,t} + F_1 n_{1,t} + \cdots + F_{m-1} n_{m-1,t} + F_m n_{m,t} \\ n_{1,t+1} & = & P_0 n_{0,t} \\ n_{2,t+1} & = & \qquad P_1 n_{1,t} \\ \vdots & & \\ n_{m,t+1} & & \qquad\qquad P_{m-1} n_{m-1,t} \end{array} \tag{5.47}$$

Bezeichnen wir mit $\mathbf{n}_t$ das (m+1)-Tupel $(n_{0,t},\ldots,n_{m,t})$ und mit $\mathbf{M}$ die (m+1)×(m+1)-Matrix, in deren erste Zeile die F_x, $x = 0,\ldots,m$, stehen und deren übrige Elemente gleich Null sind bis auf die Stellen $(x+1, x)$, die durch die Größen P_x, $x = 0,\ldots, m-1$, belegt sind, so lässt sich das Gleichungssystem (5.47) schreiben als Matrizengleichung

$$\mathbf{n}_{t+1} = \mathbf{M} \cdot \mathbf{n}_t, \quad t = 0,1,\ldots,m-1, \tag{5.48}$$

deren Lösung nach (5.11) gleich

$$\mathbf{n}_t = \mathbf{M}^t \cdot \mathbf{n}_0, \quad t = 1,\ldots,m \tag{5.49}$$

ist.

Gemäß der qualitativen Analyse im Abschnitt 5.4 können für großes t die Lösungsbeiträge vernachlässigt werden, die bedingt werden durch Eigenwerte, die betragsmäßig kleiner als 1 sind.

Die Gültigkeit des LOTKAschen Ergodensatzes ist daher dann gesichert, wenn die Matrix **M** nur einen einzigen Eigenwert besitzt, der betragsmäßig größer oder gleich 1 und der darüber hinaus reell und positiv ist. Vgl. dazu auch Seite 274.

5.6 Aufgaben

5.1 Man bestimme die allgemeine Lösung des homogenen Systems linearer Differenzengleichungen

$$\begin{array}{lcl} y_{k+1} & = & 2y_k - z_k \\ z_{k+1} & = & y_k + 4z_k, \quad k = 0, 1, 2, \ldots \end{array}$$

und die partikuläre Lösung mit $y_0 = 1$ und $z_0 = 1$.

5.2 Bestimmen Sie die allgemeine Lösung des Differenzengleichungssystems

$$x_{k+1} - x_k + 3y_k = 4 + 6k$$
$$y_{k+1} + 2x_k - 2y_k = 5.$$

Die Verwendung des Eliminationsverfahrens ist **nicht** gestattet.

5.3 In einem dynamischen Input-Output-Modell mit nur zwei Industriesektoren seien gegeben:

$$\mathbf{A} = \begin{pmatrix} 0{,}3 & 0{,}4 \\ 0{,}5 & 0{,}1 \end{pmatrix}, \quad \mathbf{B} = \begin{pmatrix} 1 & 2 \\ 3 & 0 \end{pmatrix}, \quad \mathbf{C}(0) = \begin{pmatrix} 100 \\ 150 \end{pmatrix}, \quad m = 0{,}10.$$

Berechnen Sie die allgemeine Lösung dieses Systems und die partikuläre Lösung, die der Anfangsbedingung $\mathbf{X}(0) = \begin{pmatrix} 3500 \\ 3000 \end{pmatrix}$ genügt.

5.4 Bestimmen Sie die allgemeine Lösung des Systems linearer Differenzengleichungen

$$y_{h+1} = -5y_h + 2z_k + 8$$
$$z_{k+1} = y_k - 6z_h - 3 \cdot (-4)^h$$

mittels des Eliminationsverfahrens.

5.5 Transformieren Sie die Differenzengleichung

$$y_{h+2} - 4y_{h+1} + 4y_h = 3, \quad h = 0,1,2,\ldots$$

in ein System von Differenzengleichungen 1. Ordnung. Bestimmen Sie dann die allgemeine Lösung dieses Systems und die partikuläre Lösung, die den Anfangsbedingungen $y_0 = 1$ und $y_1 = 1$ genügen. Wie lautet die partikuläre Lösung der gegebenen Differenzengleichung?

B. Differentialgleichungen und ihre Anwendung in den Wirtschaftswissenschaften

Im Rahmen der dynamischen, d. h. zeitabhängigen Betrachtung ökonomischer Zusammenhänge bestehen grundsätzlich zwei Möglichkeiten, die Zeitabhängigkeit der Variablen zu berücksichtigen:

A. Der Zeitraum wird in gleich lange Perioden aufgeteilt und den ökonomischen Stromgrößen, wie Volkseinkommen, Konsum, Investition usw., werden die in der abgelaufenen Periode aufgetretenen Geldströme zugeordnet. Diese *diskrete Zeitabhängigkeit* führt zu Differenzengleichungen, wenn Stromgrößen aus verschiedenen Zeitintervallen voneinander abhängen. Da, wie die statistischen Datenreihen in den statistischen Jahrbüchern und anderen Publikationen belegen, die Geldbewegungen in erster Linie über Perioden hinweg gemessen werden, ist die diskrete Zeitabhängigkeit die "natürliche" Darstellungsweise.

B. Die zeitabhängigen Variablen werden in einem Zeitintervall [0, T] definiert. Man spricht dann von *stetiger* oder *kontinuierlicher Zeitabhängigkeit.* Darüber hinaus wird angenommen, dass die ökonomischen Variablen "glatte" Kurven über [0, T] darstellen, d. h. die Variablen sind nach t differenzierbar.

Das Zustandekommen dieser stetigen Zeitabhängigkeit kann man sich so erklären, dass die Periodenlänge gegen 0 schrumpft.

$$\Delta Y(t) = Y(t+\Delta t) - Y(t) \quad \Leftrightarrow \quad Y(t+\Delta t) = Y(t) + \Delta Y(t)$$

$$Y'(t) = \lim_{\Delta t \to 0} \frac{\Delta Y(t)}{\Delta t}, \qquad \Delta Y(t) = \frac{\Delta Y(t)}{\Delta t} \cdot \Delta t \approx Y'(t) \cdot \Delta t$$

Für $\Delta t = 1$ gilt somit: $Y(t+\Delta t) = Y(t) + Y'(t)$.

Von LITTLER [1944] stammt der nachfolgende Ansatz für die zeitliche Entwicklung des Volkseinkommens. Hier wird unterstellt, dass die ökonomischen Kerngrößen Volkseinkommen Y, Konsum C, Nettoinvestitionen I und Sparen S differenzierbare Funktionen der Zeit t sind.

L1 Das Volkseinkommen wird verwendet für Konsum und Nettoinvestitionen.

$$Y(t) = C(t) + I(t) \tag{L.1}$$

L2 Zwischen dem Sparen S und den Investitionen I gelte die Beziehung

$$S(t) = I(t) + d \cdot (a_0 - C'(t)). \tag{L.2}$$

L3 Die Investitionen sind eine lineare Funktion der Zeit.

$$\frac{dI}{dt}(t) = I'(t) = b = \text{konstant} \tag{L.3}$$

L4 Das Sparen hängt linear vom Volkseinkommen ab.

$$\frac{dS}{dt}(t) = S'(t) = s = \text{konstant} \tag{L.4}$$

Für die marginale Sparquote s gilt i. Allg. $0 < s < 1$.

Differenzieren wir die Gleichung (L.1) zweimal und die Gleichung (L.2) einmal nach der Zeit und fassen wir dann beide Gleichungen zusammen, indem wir C"(t) eliminieren, so ergibt sich die Gleichung

$$Y''(t) - I''(t) = \tfrac{1}{d} \cdot [I'(t) - S'(t)].$$

Beachtet man zusätzlich, dass nach (L.3) und (L.4) gilt

$$I'(t) = b, \quad I''(t) = 0, \quad S'(t) = \frac{dS}{dY}[Y(t)] \cdot \frac{dY}{dt}(t) = s \cdot Y'(t),$$

so muss das Volkseinkommen der Gleichung genügen:

$$Y''(t) + \frac{s}{d} \cdot Y'(t) = \frac{b}{d} \quad , t \geq 0.$$

Dies ist eine lineare Differentialgleichung 2. Ordnung mit konstanten Koeffizienten zur Bestimmung der Einkommensfunktion Y(t).

Ein Blick in die Literatur zeigt, vgl. z. B. [ALLEN 1971], [BAUMOL 1970], dass gerade in Anfangsjahren der Wirtschaftstheorie Differentialgleichungsmodelle behandelt wurden. Diese Nichtbeachtung der realen Datenlage lässt sich damit erklären, dass zu dieser Zeit die Theorie der Differenzengleichung noch nicht ausreichend entwickelt war, während eine komplette Theorie der Differentialgleichungen schon im 19. Jahrhundert vorlag und in physikalischen Modellen zum Einsatz kam.

Aus diesem Grund wollen wir uns in diesem Buch auch beschränken auf die Behandlung linearer Differentialgleichungen mit konstanten Koeffizienten. Hierbei werden wir die starke Parallelität zwischen linearen Differenzen- und Differentialgleichungen erkennen. Bzgl. der hier nicht behandelten Ansätze zur Lösung nicht-linearer Differentialgleichungen 1. Ordnung verweisen wir auf die reichhaltige Literatur, vgl. z. B: [KAMKE 1962, 1965, 1971], [AULBACH 2004], [BOYCE; DI PRIMA 2000], [HEUSER 2004], [WALTER 2000], [BENKER 2005], [BURG; HAF; WILLE 2004].

6. Grundlegende Definitionen und Aussagen über Differentialgleichungen

6.1 Der Differentialoperator

Anhand der Abbildung 1.1 auf Seite 3 wird ersichtlich, dass der Differenzenquotient

$$\frac{\underset{h}{\Delta}\, y(x)}{h} = \frac{y(x+h) - y(x)}{(x+h) - x}$$

die Steigung der Geraden durch die Punkte $[x, y(x)]$ und $[x+h, y(x+h)]$ angibt.

Lassen wir nun h gegen Null gehen, so geht der Differenzenquotient $\frac{\underset{h}{\Delta}\, y(x)}{h}$ über in den *Differentialquotient* $\frac{dy(x)}{dx}$ d. h.

$$y'(x) = \frac{dy}{dx}(x) = \lim_{h \to 0} \frac{\underset{h}{\Delta}\, y(x)}{h}. \tag{6.1}$$

$D = \frac{d}{dx}$ wird als Differentialoperator bzw. als Fundamentaloperator der Differentialrechnung bezeichnet.

Dem Differentialoperator $D = \frac{d}{dx}$ entspricht also in der Differenzentheorie der Operator $\frac{\underset{h}{\Delta}}{h}$ und im Allgemeinen **nicht** der Differenzenoperator $\underset{h}{\Delta}$. Dennoch gibt es zahlreiche Analogien zwischen der Differenzen- und der Differentialrechnung; einige analoge Eigenschaften des Differenzen- und des Differentialoperators findet man bei [GOLDBERG 1968, S. 75] tabellarisch zusammengestellt.

6.2 Definition und Klassifikation von Differentialgleichungen

Definition 6.1:
Eine *gewöhnliche Differentialgleichung*[1] ist eine Beziehung zwischen einer unabhängigen Variablen x, einer Funktion y derselben und einer oder mehrerer ihrer Ableitungen y'(x), y''(x),...
Eine solche Beziehung lässt sich in impliziter Form schreiben als

$$F[x, y(x), y'(x), y''(x), \ldots, y^{(n)}(x)] = 0 \tag{6.2}$$

wobei F eine Funktion in n + 2 Variablen und n eine natürliche Zahl ist.

< **6.1** > $y'(x) - x - 5 = 0$ ♦

< **6.2** > $y''(x) + 3y' + 2xy - 2 = 0$ ♦

< **6.3** > $y'''(x) + 2\,[y''(x)]^2 + xy'(x) - \cos x = 0$ ♦

< **6.4** > $[y''[x]]^2 + y'(x) \cdot y(x) + x^2 - 2 = 0$ ♦

Definition 6.2:
Eine Differentialgleichung heißt von *n-ter Ordnung*, wenn $y^{(n)}$ in (6.2) wirklich vorkommt.

< **6.5** > Dann heißt die Gleichung in < 6.1 > von 1. Ordnung. Die Differentialgleichungen in < 6.2 > und < 6.4 > sind von 2. Ordnung. Die Differentialgleichung in < 6.3 > ist von 3. Ordnung. ♦

Definition 6.3:
Als Grad einer Differentialgleichung bezeichnet man den Exponent **der** Potenz, in die die höchste Ableitung erhoben ist.

---

[1] Im Gegensatz zu gewöhnlichen Differentialgleichungen nennt man Differentialgleichungen, in denen partielle Ableitungen nach mehreren unabhängigen Variablen vorkommen, *partielle Differentialgleichungen*.
Beispiele sind u. a.:

$$\frac{\partial^2 u}{\partial t^2}(t, x) - a^2 \cdot \frac{\partial^2 u}{\partial x^2}(t, x) = 0 \quad \text{(Schwingung einer eingespannten Saite)}$$

$$\frac{\partial^2 u}{\partial x \partial z}(x, z) + a\frac{\partial u}{\partial x}(x, z) + b\frac{\partial u}{\partial z}(x, z) + c\,u(x, z) - d = 0 \quad \text{(hyperbol. Differentialgleichung)}$$

Wir wollen auf die Darstellung der Lösungsmethoden für partielle Differentialgleichungen verzichten und verweisen auf [BURG; HAF; WILLE 2004], [MARSALL 1976] und [KAMKE 1965].

< 6.6 > Die Differentialgleichung in < 6.1 >, < 6.2 > und < 6.3 > sind Gleichungen ersten Grades, Die Gleichung in < 6.4 > stellt eine Differentialgleichung 2. Grades dar. ♦

> **Definition 6.4:**
> Eine Differentialgleichung heißt *linear*, wenn sie geschrieben werden kann in der Form
>
> $$f_n(x)\,y^{(n)}(x)+f_{n-1}(x)\,y^{(n-1)}(x)+\ldots+f_1(x)\,y'(x) + f_0(x)\,y(x)-g(x)=0, \qquad (6.3)$$
>
> wobei $f_n, f_{n-1}, \ldots, f_1, f_0$ und g jeweils Funktionen der unabhängigen Variablen x, nicht aber von y oder deren Ableitungen sind.
>
> Ist die Funktion $g \equiv 0$, so spricht man von einer *linear homogenen Differentialgleichung.*
>
> Ist die Funktion $g \neq 0$, so nennt man (6.3) eine *linear inhomogene Differentialgleichung*, g heißt die Inhomogenität.
>
> Sind die Funktionen $f_n, f_{n-1}, \ldots, f_1, f_0$ konstante Funktionen, so bezeichnet man (6.3) als eine *lineare Differentialgleichung mit konstanten Koeffizienten.*

< 6.7 > Die Gleichung in < 6.1 > ist eine linear inhomogene Differentialgleichung 1. Ordnung mit konstanten Koeffizienten. Die Gleichung in < 6.2 > ist eine linear inhomogene Differentialgleichung 2. Ordnung. Die Gleichungen in < 6.3 > und < 6.4 > sind nicht-lineare Differentialgleichungen. ♦

6.3 Lösungen von Differentialgleichungen

> **Definition 6.4:**
> Eine Funktion $y = h(x)$ heißt *Lösung einer Differentialgleichung* (6.2) über einer Menge $D \subseteq \mathbf{R}$, wenn
>
> $$F[x, h(x), h'(x), \ldots, h^{(n)}(x)] = 0 \qquad \text{für alle } x \in D.$$
>
> Ist eine Funktion eine Lösung einer Differentialgleichung, dann sagt man, sie *erfülle* die (*genüge* der) Differentialgleichung.

< 6.8 > Die Funktion $y = Cx, C \in \mathbf{R}$ beliebig, ist eine Lösung der linear homogenen Differentialgleichung 1. Ordnung

$$y'(x) - \frac{1}{x} y(x) = 0 . \tag{6.4}$$

Soll zusätzlich die Anfangsbedingung $y(3) = 6$ erfüllt werden, so muss gelten $C \cdot 3 = 6$ oder $C = 2$, d. h. $y = 2x$ ist eine partikuläre Lösung der Differentialgleichung (6.4), die der Anfangsbedingung genügt. ♦

Dass dies die einzige partikuläre Lösung der Differentialgleichung (6.4) ist, die auch der gegebenen Anfangsbedingung genügt, folgt z. B. aus.

Satz 6.1 *(Existenz- und Eindeutigkeitssatz von CAUCHY)*:
Ist $f(x,y)$ in einer Rechteckumgebung

$$U(x_0, y_0) = \{(x,y) \in \mathbf{R}^2 \mid |x - x_0| < a, \quad |y - y_0| < b; \quad a, b > 0\}$$

stetig, so existiert wenigstens eine Lösung der Differentialgleichung

$$y' = f(x,y),$$

die an der Stelle $x = x_0$ den Wert y_0 annimmt und im Intervall $]x_0 - a, x_0 + a[$ definiert und stetig ist.

Ist außerdem in $U(x_0, y_0)$ die sogenannte *LIPSCHITZbedingung*

$$|f(x,y_1) - f(x,y_2)| < N \cdot |y_1 - y_2|$$

erfüllt, so ist die Lösung eindeutig und eine stetige Funktion von y_0. Dabei hängt N nicht von x, y_1 und y_2 ab.

Die LIPSCHITZbedingung ist stets erfüllt, wenn $f(x,y)$ in $U(x_0, y_0)$ beschränkte partielle Ableitungen besitzt.

Ein Beweis des Satzes 6.1 soll hier nicht geführt werden, man kann ihn z. B. bei [KAMKE 1962, S. 232] nachlesen. Auch auf die Darstellung weiterer Existenz- und/oder Eindeutigkeitssätze für allgemeine Differentialgleichungen n-ter Ordnung bzw. für Systeme von Differentialgleichungen 1. Ordnung soll hier verzichtet werden. Wir verweisen auf die umfangreiche mathematische Literatur und nennen vor allem [KAMKE 1962], aber auch [BIEBERACH 1965, insb. § 1 Die grundlegenden Existenzsätze], [ERWE 1964, insb. III. Existenz- und Eindeutigkeitssätze] u. a.

Lediglich der zu Satz 1.5 auf S. 16 analoge *Existenz- und Eindeutigkeitssatz für lineare Differentialgleichungen* soll noch zitiert werden:

Satz 6.2:
Sind die Funktionen $f_n(x), f_{n-1}(x),\dots, f_1(x), f_0(x)$ und $g(x)$ im Intervall $]a,b[$ stetig und ist dort $f_n \neq 0$, so gibt es zu jedem Wertesystem $x_0, d_{n-1},\dots,d_1, d_0$ mit $a < x_0 < b, d_i \in \mathbf{R}$, *genau eine* Lösung $y = h(x)$ der Differentialgleichung

$$f_n(x)y^{(n)}(x) + \cdots + f_1(x)\,y'(x) + f_0(x)\,y(x) = g(x), \tag{6.3}$$

die den Anfangsbedingungen

$$h(x_0) = d_0, \quad h'(x_0) = d_1,\dots, h^{(n-1)}(x_0) = d_{n-1}$$

genügt. Diese Lösung ist im ganzen Intervall $]a,b[$ definiert.

Da für lineare Differentialgleichungen mit konstanten Koeffizienten die Voraussetzungen des Satzes 6.2 trivialerweise erfüllt sind, besitzen lineare Differentialgleichungen mit konstanten Koeffizienten stets eine Lösung für alle x, für die die Inhomogenität $g(x)$ stetig ist.

Eine Differentialgleichung 1. Ordnung und 1. Grades hat die Form

$$y' = f(x,y) \qquad \text{oder} \qquad \frac{dy}{dx} = f(x,y), \tag{6.5}$$

wobei die Funktion $f(x,y)$ in einem gewissen Gebiet G der x-y-Ebene definiert ist.

Die Gleichung (6.5) liefert in jedem Punkt des Gebietes G die Richtung der Tangente, die man an die durch diesen Punkt hindurch gehende Lösungskurve der Differentialgleichung (6.5) legen kann.

< **6.9** > $y' = \frac{y}{x}$ ist definiert in $\mathbf{R}^2 \setminus (0,0)$

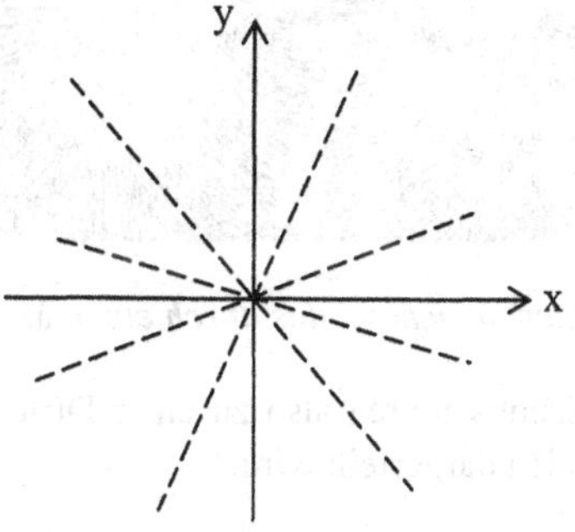

Abb. 6.1: Richtungsfeld der Gleichung $y' = \frac{y}{x}$ ♦

Stellt man umgekehrt in jedem Punkt (x, y) des Gebietes G die Richtung der Tangente, die durch $f(x, y)$ bestimmt wird, durch eine kurze Strecke, ein so genanntes *Linienelement*, dar, so erhält man ein *Richtungsfeld*. Hat man genügend Linienelemente eingezeichnet, ergeben sich die Lösungskurven, vgl. Abb. 6.1 und 6.2. Es ist plausibel, dass durch jeden Punkt von G genau eine solche Lösungskurve verläuft, wie dies auch im Existenz- und Eindeutigkeitssatz 6.1 behauptet wird.

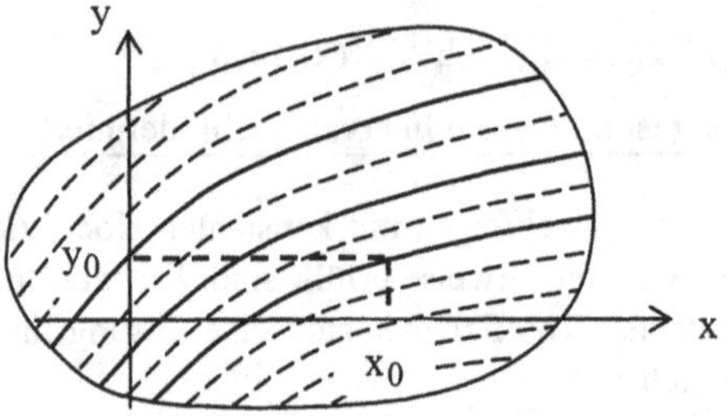

Abb. 6.2: Richtungsfeld einer Gleichung $y' = f(x, y)$ *in G*

< **6.10** > Ein solches Feld von Linienelementen lässt sich durch einen bekannten physikalischen Versuch erzeugen. Legt man auf eine horizontale Glasplatte Eisenspäne und hält dann einen Magneten unter die Platte, so richten sich die Eisenspäne gemäß dem magnetischen Kraftfeld aus.

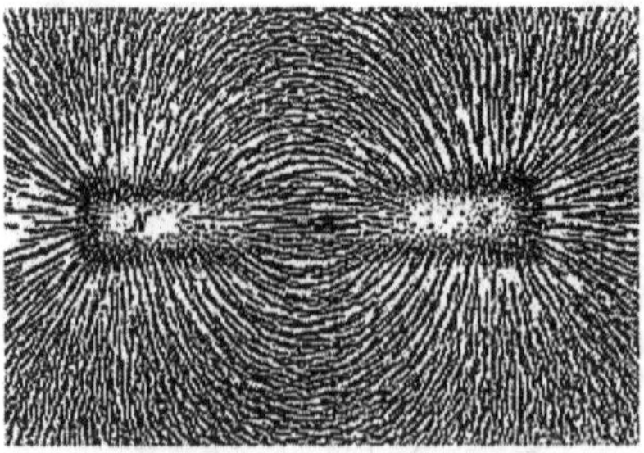

Abb. 6.3: Feld von Linienelementen, das durch einen Magneten erzeugt wird

Die Gesetze des Magnetismus führen also zu einer Differentialgleichung, deren Lösung durch die Kraftlinien dargestellt wird. ♦

Die Aufgabe, eine Lösung der Differentialgleichung (6.5) zu finden, lässt sich daher geometrisch so interpretieren: Es ist eine Kurve $y = h(x)$ zu suchen, die in jedem ihrer Punkte $[x, h(x)]$ die durch die Gleichung (6.5) definierte Tangente besitzt.

Kurven mit dieser Eigenschaft werden *Integralkurven* der Gleichung (6.5) genannt. Wir erhalten jeweils eine Schar solcher Kurven, wobei unter bestimmten Bedingungen, die wir hier nicht näher erörtern wollen, durch jeden Punkt des Gebietes genau eine Integralkurve geht. Dieser Schar von Integralkurven entspricht die *allgemeine Lösung* der Differentialgleichung, die die Gesamtheit aller Lösungen darstellt. Sie besteht, wie auch obige Beispiele zeigen, nicht aus einer eindeutigen Funktion, sondern aus einer Menge von Funktionen, die sich in einer willkürlich zu wählenden Konstanten unterscheiden. Durch Vorgabe einer Anfangsbedingung, z. B. in geometrischer Betrachtungsweise durch die Vorgabe eines Punktes des Gebietes, durch den die Integrationskurve verlaufen soll, wird eine Kurve aus der Schar ausgewählt. Die Funktion, die dieser Kurve entspricht, ist dann die *partikuläre Lösung* von (6.5), die der Anfangsbedingung genügt. Die Konstante C erhält dann einen speziellen Wert.

6.4 Grundlegende Eigenschaften der Lösungen linearer Differentialgleichungen

In Analogie zu linearen Differenzengleichungen[1] weisen auch lineare Differentialgleichung einige grundlegende Eigenschaften auf, die bei der Bestimmung einer Lösung berücksichtigt werden sollten.

Betrachten wir dazu die linear inhomogene Differentialgleichung n-ter Ordnung

$$f_n(x) \cdot y^{(n)}(x) + f_{n-1}(x) \cdot y^{(n-1)} + \cdots + f_0(x) \cdot y(x) = g(x) \qquad (6.3)$$

und die zugehörige linear homogene Differentialgleichung

$$f_n(x)\, Y^{(n)} \cdot (x) + f_{n-1}(x) \cdot Y^{(n-1)}(x) + \cdots + f_0(x)\, Y(x) = 0\,. \qquad (6.6)$$

Satz 6.3:
Besitzt die homogene Gleichung (6.6) Lösungen $Y = Y_1(x)$ und $Y = Y_2(x)$, so ist $Y = Y_1(x) + Y_2(x)$ ebenfalls eine Lösung von (6.6).

1 vgl. S. 17-19

Satz 6.4:
Besitzt die homogene Gleichung (6.6) eine Lösung $Y = Y(x)$, so ist $Y = A \cdot Y(x)$ für jede beliebige reelle Konstante A ebenfalls eine Lösung von (6.6).

Satz 6.5:
Ist $y = \overline{y}(x)$ eine beliebige partikuläre Lösung der inhomogenen Gleichung (6.3) und ist $Y = Y(x, C_1, C_2, \ldots, C_n)$ die allgemeine Lösung der zugehörigen homogenen Gleichung (6.6), so ist $y = \overline{y}(x) + Y(x, C_1, C_2, \ldots, C_n)$ die allgemeine Lösung der inhomogenen Gleichung (6.3).

Auch hier zeigen die Sätze 6.3 bis 6.5 den Weg, um die allgemeine Lösung einer linearen Differentialgleichung zu bestimmen.

1. Schritt
Unter Verwendung der Sätze 6.3 und 6.4 bestimmt man die allgemeine Lösung der zugehörigen linear homogenen Gleichung. Dazu versucht man, n partikuläre und "voneinander unabhängige" Lösungen von (6.6) zu finden. Bezeichnen wir diese mit $Y_1(x), Y_2(x), \ldots, Y_n(x)$, so stellt die Funktion

$$Y(x) = C_1 \cdot Y_1(x) + C_2 \cdot Y_2(x) + \cdots + C_n \cdot Y_n(x) \qquad (6.7)$$

ebenfalls eine Lösung von (6.6) dar. Da sie genau n beliebig wählbare Konstanten $C_1, C_2, \ldots, C_n$ enthält, ist (6.7) die allgemeine Lösung von (6.6).

2. Schritt
Man sucht irgendeine partikuläre Lösung $\overline{y}(x)$ der linear inhomogenen Gleichung (6.3) und hat dann nach Satz 6.5 mit

$$y(x) = \overline{y}(x) + C_1 \cdot Y_1(x) + C_2 \cdot Y_2(x) + \cdots + C_n \cdot Y_n(x) \qquad (6.8)$$

die allgemeine Lösung von (6.3) gefunden.

7. Differentialgleichungen 1. Ordnung und 1. Grades

Eine Differentialgleichung 1. Ordnung und 1. Grades hat die Form

$$y' = \frac{dy}{dx} = f(x,y) \qquad \text{oder} \tag{7.1}$$

$$M(x,y)\,dx + N(x,y)\,dy = 0 \tag{7.2}$$

wobei die Funktion $f(x,y)$ bzw. die Funktionen $M(x,y)$ bzw. $N(x,y)$ in einem gewissen Gebiet G des $\mathbf{R}^2$ definiert sind.

Ein allgemein gangbarer Weg zur Ermittlung einer Lösung von (7.1) bzw. (7.2) existiert nicht. Für eine Vielzahl spezieller Gleichungstypen existieren aber analytische Lösungsmethoden.

Das Fehlen einer formelmäßigen Lösung bedeutet im Übrigen nicht, dass diese Differentialgleichung dann keine Lösung besitzt. Diese ist unter sehr allgemeinen Voraussetzungen, vgl. dazu z. B. [ERWE 1964, S. 51ff] oder [PETROWSKI 1954, S. 37f], mit Sicherheit vorhanden. Nur ist die Lösung nicht immer durch einen Formelausdruck darstellbar. So ist z. B. die Differentialgleichung $y' = x + y^2$ nicht formelmäßig lösbar. In solchen Fällen muss die Lösung auf zeichnerischem Wege oder auf iterativem Wege gewonnen werden, vgl. dazu z. B. [ZURMÜHL 1961, S. 371-431].
Mittlerweile existieren Computerprogramme zur Lösung nicht-linearer Differentialgleichungen, vgl. z. B. [MARSAL 1976].

7.1 Differentialgleichungen der Form y' = f(x)

Als Lösung der Differentialgleichung

$$y' = f(x), \quad x \in I, \tag{7.3}$$

wobei I ein zusammenhängendes Intervall der reellen Zahlengerade ist, kommt jede Funktion $y = F(x)$ in Frage, die zumindest im Intervall I definiert ist und deren Ableitung gleich $f(x)$ ist. Eine solche Funktion wird *Stammfunktion*[1] der gegebenen Funktion f genannt.

Für eine stetige Funktion f und eine beliebige Stelle $x_0 \in I$ ist z. B.

$$\bar{y}(x) = \int_{x_0}^{x} f(t)\,dt \tag{7.4}$$

eine Lösung der Differentialgleichung (7.3).

Andererseits wird durch das bestimmte Integral $\int f(x)dx$ auch die Lösungsgesamtheit von (7.3) beschrieben, d. h. jede Lösung von (7.3) ist auch eine Stammfunktion von f. Dies lässt sich folgendermaßen veranschaulichen:

Sei $y = y(x)$ eine weitere Lösung von (7.2), dann genügt die Funktion $z(x) = y(x) - \bar{y}(x)$ der Differentialgleichung $z' = \frac{dz}{dx} = 0$, deren allgemeine Lösung bekanntermaßen die Menge aller Konstanten ist, d. h. für eine beliebige Konstante $C \in \mathbf{R}$ gilt: $z(x) = y(x) - \bar{y}(x) = C$ oder $y(x) = \bar{y}(x) + C$.

Die allgemeine Lösung der Differentialgleichung

$$y' = f(x), \quad x \in I \subseteq \mathbf{R} \tag{7.3}$$

ist also

$$y(x) = \int f(x)dx = F(x) + C \tag{7.5}$$

mit einer beliebigen Stammfunktion F und einer beliebigen Konstanten $C \in \mathbf{R}$. Geometrisch bedeutet dies, dass alle Integrationskurven parallel zueinander verlaufen.

---

[1] Als Stammfunktion F kann immer ein bestimmtes Integral mit konstanter (beliebiger) unterer Grenze und variabler oberer Grenze genommen werden; vgl. die ausführliche Behandlung der Integralrechnung [ROMMELFANGER 2004, Bd. 1, S. 285-332].

Addiert man zu y eine beliebige Konstante C hinzu, so erhält man eine weitere Stammfunktion und damit auch eine weitere Lösung von (7.3).

Der allgemeine Ausdruck $F(x)+C$ für alle Stammfunktionen einer gegebenen Funktion $f(x)$ wird als das *unbestimmte Integral der Funktion f(x)* bezeichnet. Man verwendet die Schreibweise: $F(x)+C = \int f(x)\,dx$.

Wird in der Darstellung $F(x) = \int_{x_0}^{x} f(t)\,dt$ die untere Integrationsgrenze x_0 so gewählt, dass F kein absolutes Glied aufweist, so wollen wir dafür die abkürzende Schreibweise $\int^{x} f(t)\,dt$ verwenden.

Um Verwechslungen mit der variablen oberen Grenze zu vermeiden, wurde die Integrationsvariable mit dem Symbol t bezeichnet.

< 7.1 > Die Differentialgleichung $y' = f(x) = x^2 - x - 2$ hat die allgemeine Lösung $y(x) = \frac{1}{3}x^3 - \frac{1}{2}x^2 - 2x + C$.

Die Integralkurven sind Polynome 3. Grades.

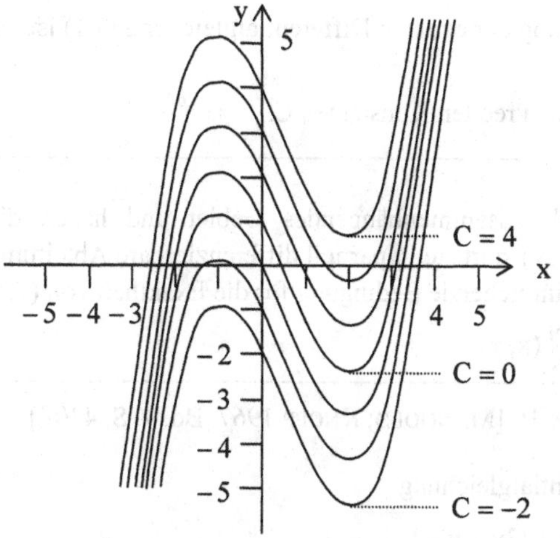

Abb. 7.1: Integralkurven zu $y' = f(x) = x^2 - x - 2$

Soll die Lösung zusätzlich der Randbedingung $y(\frac{3}{2}) = 1$ genügen, so muss gelten

$$y(\tfrac{3}{2}) = 1 = \tfrac{1}{3} \cdot (\tfrac{3}{2})^3 - \tfrac{1}{2} \cdot (\tfrac{3}{2})^2 - 2 \cdot \tfrac{3}{2} + C \quad \text{oder} \quad C = 4.$$

Es existiert somit nur eine einzige Lösung, die sowohl der Differentialgleichung als auch der Randbedingung genügt, nämlich $y(x) = \frac{1}{3}x^3 - \frac{1}{2}x^2 - 2x + 4$. ♦

7.2 Exakte Differentialgleichungen

Definition 7.1:
Eine Differentialgleichung 1. Ordnung und 1. Grades der Form

$$M(x, y)\,dx + N(x, y)\,dy = 0 \tag{7.2}$$

wird als eine in einem Gebiet G der x-y-Ebene *exakte Differentialgleichung* bezeichnet, wenn $M(x, y)\,dx + N(x,y)\,dy$ das vollständig Differential einer in G definierten Funktion $F(x,y)$ ist, d. h. wenn gilt

$$dF(x,y) = \frac{\partial F}{\partial x}(x,y)\cdot dx + \frac{\partial F}{\partial y}(x,y)\cdot dy = M(x,y)\,dx + N(x,y)\,dy\,. \qquad (7.6)$$

Die allgemeine Lösung der exakten Differentialgleichung (7.1) ist dann

$$F(x,y) = C \qquad (7.7)$$

mit einer willkürlichen reellen Konstanten C.

Satz 7.1:
Ist G ein einfach zusammenhängendes Gebiet und haben die Funktionen $M(x,y)$ und $N(x,y)$ dort stetig partiell differenzierbare Ableitungen, so ist eine notwendige und hinreichende Bedingung für die Exaktheit von (7.1), dass gilt:

$$\frac{\partial M}{\partial y}(x,y) = \frac{\partial N}{\partial x}(x,y). \qquad (7.8)$$

Zum Beweis siehe z. B. [MANGOLD; KNOPP 1967, Bd. 4, S. 430f.].

< **7.2** > Die Differentialgleichung

$$(2x^3 + 3y)\,dx + (3x + y - 1)\,dy = 0$$

ist in $\mathbf{R}^2$ eine exakte Differentialgleichung, denn als Polynom in x und y sind die Funktionen $M(x,y) = 2x^3 + 3y$ und $N(x,y) = 3x + y - 1$ in $\mathbf{R}^2$ stetig partiell differenzierbar nach x und y und es gilt $\frac{\partial M}{\partial y} = 3 = \frac{\partial N}{\partial x}$. ♦

Für eine exakte Differentialgleichung (7.1) lässt sich dann $F(x,y)$ wie folgt bestimmen:

Nach (7.6) gilt: $\frac{\partial F}{\partial x}(x,y) = M(x,y)$ und durch Integration nach x folgt daraus:

$$F(x,y) = \int M(x,y)\,dx = \int^{x} M(t,y)\,dt + g(y)\,.$$

Dabei ist zu beachten, dass hier die Integrationskonstante $g(y)$ im Allgemeinen eine Funktion von y ist.

Weiterhin gilt nach (7.6): $\frac{\partial F}{\partial y}(x,y) = N(x,y)$, d. h.

$$N(x,y) = \frac{\partial}{\partial y}\Big[\int^{x} M(t,y)\,dt + g(y)\Big] \qquad \text{oder}$$

$$\frac{\partial g}{\partial y}(y) = \frac{dg}{dy}(y) = N(x,y) - \frac{\partial}{\partial y}[\int^{x} M(t,y)\,dt] \quad \text{oder}$$

$$g(y) = \int \{N(x,y) - \frac{\partial}{\partial y}[\int^{x} M(t,y)\,dt]\}\,dy.$$

< **7.3** > Zur Lösung der Differentialgleichung in < 7.2 > sind die folgenden Rechenschritte auszuführen:

$$F(x,y) = \int (2x^3 + 3y)\,dx = \tfrac{1}{2}x^4 + 3xy + g(y)$$
$$N(x,y) = 3x + y - 1 = \frac{\partial F}{\partial y}(x,y) = 3x + g'(y) \quad \text{oder}$$
$$g'(x) = y - 1$$
$$g(y) = \tfrac{1}{2}y^2 - y + C_1, \quad C_1 \in \mathbf{R}$$ ♦

Die allgemeine Lösung der Gleichung $(2x \cdot 3 + 3y)\,dx + (3x + y - 1)\,dy = 0$ ist daher:

$$F(x,y) = \tfrac{1}{2}x^4 + 3xy + \tfrac{1}{2}y^2 - y + C_1 = C_2, \quad C_2 \in \mathbf{R} \quad \text{oder}$$
$$x^4 + 6xy + y^2 - 2y = C,$$

mit einer beliebigen reellen Konstanten C; $C = 2 \cdot (C_2 - C_1)$.

7.3 Der integrierende Faktor

Ist eine Differentialgleichung (7.1) in einem Gebiet G nicht exakt, so ist es mitunter einfach, sie auf die Form einer exakten Differentialgleichung zu bringen. Dies geschieht mit Hilfe des *integrierenden Faktors* $h(x,y)$, auch *EULERscher Multiplikator* genannt. Dies ist eine in G von Null verschiedene Funktion in x und y, die so beschaffen ist, dass die Differentialgleichung (7.1) nach Multiplikation mit $h(x,y)$ exakt wird.

Man geht also über zur gleichwertigen Differentialgleichung

$$h(x,y) \cdot M(x,y) \cdot dx + h(x,y) \cdot N(x,y) \cdot dy - y\,dx + x\,dy = 0. \tag{7.9}$$

< **7.4** > Die Differentialgleichung $y' = \frac{x}{y}$ oder $x\,dy - y\,dx = 0$ ist nicht exakt, da

$$\frac{\partial(-y)}{\partial y} = -1 \neq \frac{\partial x}{\partial x} = +1.$$

Multipliziert man aber die Differentialgleichung mit dem integrierenden Faktor $h(x,y)=\frac{1}{x^2}$, so stellt die linke Seite der neuen Gleichung das vollständige Differential $\frac{-y\,dx+x\,dy}{x^2}=d(\frac{y}{x})$ dar und die allgemeine Lösung dieser Differentialgleichung ist daher $\frac{y}{x}=C$ oder $y=Cx$ mit beliebigem $C\in\mathbf{R}$. ♦

Sind die Funktionen M und N in einem zusammenhängenden Gebiet $G\subseteq\mathbf{R}^2$ stetig partiell differenzierbar und fragen wir nach der Existenz eines in G stetig partiell differenzierbaren integrierenden Faktors $h(x,y)$, so muss nach Satz 7.1 dieser Multiplikator der partiellen Differentialgleichung 1. Ordnung

$$\frac{\partial hM}{\partial y}=\frac{\partial hN}{\partial x} \qquad \text{oder} \qquad M\frac{\partial h}{\partial y}-N\frac{\partial h}{\partial x}=h(\frac{\partial N}{\partial x}-\frac{\partial M}{\partial y}) \tag{7.10}$$

genügen. Die Theorie der partiellen Differentialgleichungen, vgl. z. B. [PETROWSKI 1954, S. 171ff], beweist nur, dass diese partielle Differentialgleichung (zumindest lokal) stets eine Lösung besitzt. Das Problem ist aber die Ermittlung einer Lösung von (7.10). Dabei genügt es, eine einzige partielle Lösung dieser partiellen Differentialgleichung zu kennen, um alle Lösungen der Ausgangsgleichung zu erhalten. Das Aufsuchen eines Multiplikators ist zumeist ein Spiel mit dem Zufall. Es ist der Erfahrung und der Geschicklichkeit des Einzelnen überlassen, festzustellen, ob die Multiplikatorenmethode Erfolg verspricht, und wenn ja, einen geeigneten Multiplikator zu finden. Es gibt aber eine Reihe von Fällen, in denen ein integrierender Faktor relativ einfach zu finden ist. Mit diesen Fällen wollen wir uns in den nachfolgenden Abschnitten beschäftigen.

7.4 Differentialgleichung mit getrennten Variablen

Eine *Differentialgleichung mit getrennten Variablen* lässt sich auf die Form

$$y'=f(x)\cdot g(y) \qquad \text{oder} \tag{7.11}$$

$$f_1(x)\cdot g_2(y)\,dx+f_2(x)\cdot g_1(y)\,dy=0 \tag{7.12}$$

bringen.

Mit Hilfe des integrierenden Faktors $h(x,y)=\frac{1}{f_2(x)\cdot g_2(y)}$, er genügt offensichtlich der Gleichung $\frac{\partial hM}{\partial y}=0=\frac{\partial hN}{\partial x}$, wird (7.12) transformiert in die exakte Differentialgleichung

$$\frac{f_1(x)}{f_2(x)}dx + \frac{g_1(y)}{g_2(y)}dy = 0, \tag{7.13}$$

in der die Variablen getrennt sind.

Integriert man (7.13) nach x, so erhält man die allgemeine Lösung dieser Differentialgleichung:

$$\int \frac{f_1(x)}{f_2(x)}dx + \int \frac{g_1(y)}{g_2(y)}dy = C, \tag{7.14}$$

mit beliebiger reeller Konstante C.

Mit $y = y(x)$ lässt sich $\frac{g_1(y)}{g_2(y)}dy$ schreiben als $\frac{g_1[y(x)]}{g_2[y(x)]} \cdot \frac{dy}{dx} \cdot dx$ und nach der Substitutionsmethode[1] der Integralrechnung gilt $\int \frac{g_1[y(x)]}{g_2[y(x)]} \cdot \frac{dy}{dx} \cdot dx = \int \frac{g_1(y)}{g_2(y)} \cdot dy$.

< 7.5 > Die Differentialgleichung mit getrennten Variablen

$$(3x^2y - xy)dx + (2x^3y^2 + x^3y^4)dy = 0$$

lässt sich durch Multiplikation mit dem integrierenden Faktor $h(x,y) = \frac{1}{yx^3}$ reduzieren zu der exakten Differentialgleichung

$$(\frac{3}{x} - \frac{1}{x^2})dx + (2y + y^3)dy = 0.$$

Durch Integration nach x ergibt sich dann die Lösung

$$3\ln|x| + \frac{1}{x} + y^2 + \frac{1}{4}y^4 = C, \quad C \in \mathbf{R}.$$ ♦

7.5 Linear homogene Differentialgleichungen 1. Ordnung

Eine *linear homogene Differentialgleichung 1. Ordnung* hat die Form

$$y' + f(x) \cdot y = 0 \quad x \in S \subseteq \mathbf{R}. \tag{7.14}$$

Dies ist eine Differentialgleichung mit getrennten Variablen, die sich nach Multiplikation mit dem integrierenden Faktor $h(x,y) = \frac{1}{y}$ reduziert zur exakten Differentialgleichung

$$\frac{dy}{y} + f(x)dx = 0.$$

[1] Vgl. [ROMMELFANGER 2004, Bd. 1, S. 301]

Die Integration nach x ergibt

$$\ln|y| = -\int f(x)\,dx \qquad \text{oder}$$

$$|y| = e^{-\int f(x)\,dx} = \exp[-\int^{x} f(t)\,dt + C_1], \quad C_1 \in \mathbf{R} \qquad \text{oder}$$

$$y = C \cdot \exp[-\int^{x} f(t)\,dt], \quad \text{mit willkürlichem } C \in \mathbf{R}. \tag{7.15}$$

< **7.6** > Die linear homogene Differentialgleichung $y' - \frac{1-x}{x} y = 0$ hat, da

$\int \frac{1-x}{x} dx = \int (\frac{1}{x} - 1)\,dx = \ln|x| - x + C_1, \quad C_1 \in \mathbf{R}$, die allgemeine Lösung

$$y = \exp(\int \frac{1-x}{x} dx) = e^{\ln|x| - x + C_1} \qquad \text{oder}$$

$$y = C \cdot x \cdot e^{-x}, \quad \text{mit beliebigem } C \in \mathbf{R}.$$

♦

< **7.7** > Es sei bekannt, dass die Elastizität einer Nachfrage $x = g(p)$ die Form $(a - bp)$ hat, wobei a und b reelle Konstanten sind, d. h.

$$\mathcal{E} x = \frac{p}{x} \cdot \frac{dx}{dp} = a - bp \qquad \text{oder}$$

$$\frac{dx}{dp} + (b - \frac{a}{p}) x = 0.$$

Diese linear homogene Differentialgleichung mit $f(p) = b - \frac{a}{p}$ hat nach (7.15) die allgemeine Lösung

$$x(p) = C \cdot \exp[-\int^{p} (b - \tfrac{a}{t})\,dt] = C \cdot \exp(-bp + a \ln p)$$

$$x(p) = C \cdot p^a \cdot e^{-bp}, \quad \text{mit willkürlichem } C \in \mathbf{R}.$$

♦

Da $\int a\,dx = ax + C_1, \quad C_1 \in \mathbf{R}$, hat die Differentialgleichung

$$y' + a\,y = 0, \quad x \in S \subseteq \mathbf{R} \tag{7.16}$$

die allgemeine Lösung

$$y = C \cdot e^{-ax}, \quad \text{mit willkürlichem } C \in \mathbf{R}. \tag{7.17}$$

Linear homogene Differentialgleichungen 1. Ordnung mit konstanten Koeffizienten sind der Spezialfall von (17.4) mit $f(x) = a =$ konstant.

Die Gestalt der Lösungskurven $y(x) = C \cdot e^{-ax} = C \cdot (e^{-a})^x$ hängt im Wesentlichen von dem Vorzeichen des Koeffizienten ab. Beachtet man, dass die irrationale Basis der natürlichen Logarithmen $e \approx 2{,}71828$ stets größer als Eins ist, so gilt

$$a > 0 \quad \Leftrightarrow \quad e^{-a} = \frac{1}{e^a} < 1,$$

$$a = 0 \quad \Leftrightarrow \quad e^{-a} = 1,$$

$$a < 0 \quad \Leftrightarrow \quad e^{-a} > 1.$$

Für eine positive Konstante C erhalten wir daher die folgenden drei Grundtypen für die Lösungskurve

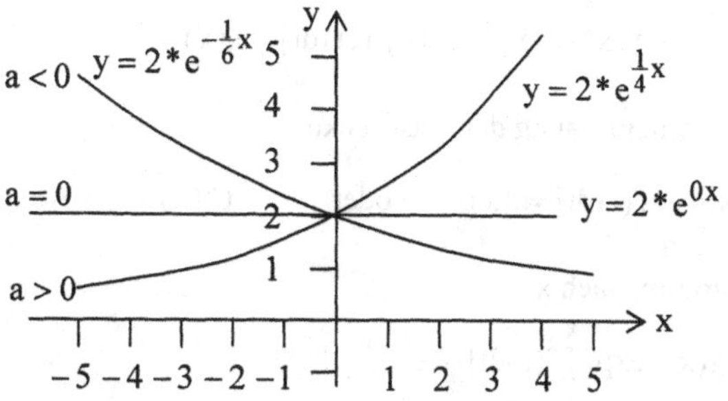

Abb. 7.2: $y = 2 \cdot e^{-\frac{1}{6}x}$, $y = 2e^{0x}$, $y = 2 \cdot e^{+\frac{1}{4}x}$

Für negatives C sind die Kurven an der x-Achse zu spiegeln.

7.6 Linear inhomogene Differentialgleichungen 1. Ordnung

Eine *linear inhomogene Differentialgleichung 1. Ordnung* hat die Form

$$y' + f(x) \cdot y = g(x), \quad x \in S \subseteq \mathbf{R}, \tag{7.18}$$

wobei die *Inhomogenität* $g(x)$ über S nicht identisch gleich Null ist.

Nach Satz 6.5 setzt sich die allgemeine Lösung von (7.18) additiv zusammen aus der allgemeinen Lösung der zugehörigen linear homogenen Differentialgleichung

$$y = C \cdot \exp[-\int^x f(t)\,dt], \quad C \in \mathbf{R} \tag{7.15}$$

und einer beliebigen partikulären Lösung der inhomogenen Differentialgleichung.

Um eine partikuläre Lösung von (7.18) zu bestimmen, wollen wir die *Methode der Variation der Konstanten* verwenden: Wir ersetzen in der allgemeinen Lösung der zugehörigen homogenen Differentialgleichung die Konstante C durch eine noch unbekannte Funktion $C(x)$ und setzen die so erhaltene Versuchslösung

$$y = C(x) \cdot \exp[-\int^x f(t)\,dt] \tag{7.19}$$

in die inhomogene Differentialgleichung (7.18) ein.

Aus $C'(x) \cdot \exp[-\int^x f(t)\,dt] + C(x) \cdot \exp[-\int^x f(t)\,dt] \cdot [-f(x)]$

$$+ f(x) \cdot C(x) \cdot \exp[-\int^x f(t)\,dt] = g(x)$$

folgt durch Zusammenfassung der Ausdrücke

$$C'(x) \cdot \exp[-\int^x f(t)\,dt] = g(x) \qquad \text{oder} \qquad C'(x) = g(x) \cdot \exp[\int^x f(t)\,dt]$$

und durch Integration nach x

$$C(x) = \int g(x) \cdot \exp[\int^x f(t)\,dt] \cdot dx\,. \tag{7.20}$$

Die allgemeine Lösung von (7.18) ist daher

$$y(x) = C \cdot \exp[-\int^x f(t)\,dt] + \int g(x) \cdot \exp[\int^x f(t)\,dt] \cdot dx \cdot \exp[-\int^x f(t)\,dt]$$

$$= (C + \int g(x) \cdot \exp[\int^x f(t)\,dt] \cdot dx) \cdot \exp[-\int^x f(t)\,dt]\,. \tag{7.21}$$

< **7.8** > Die linear inhomogene Differentialgleichung

$$y' - \frac{1-x}{x} \cdot y = 4x^2$$

hat, vgl. < 7.6 >, die allgemeine Lösung

$$y(x) = [C + \int 4x^2 \cdot e^{-\ln|x|+x} \cdot dx] \cdot x \cdot e^{-x}, \quad C \in \mathbf{R}$$

oder, da $\int 4x^2 \cdot \frac{1}{x} \cdot e^x dx = 4\int x \cdot e^x dx = 4x \cdot e^x - 4\int e^x dx = 4(x-1) \cdot e^x + C_1$

$$y(x) = C_2 \cdot x \cdot e^{-x} + 4(x^2 - x), \quad \text{mit beliebigem } C_2 = C + C_1 \in \mathbf{R}\,.$$ ♦

Linear inhomogene Differentialgleichungen 1. Ordnung mit konstanten Koeffizienten sind der Spezialfall von (7.18) mit $f(x) = a =$ konstant.

Die allgemeine Lösung (7.21) vereinfacht sich in diesem Fall zu

$$y(x) = [C + \int g(x) \cdot e^{ax} dx] \cdot e^{-ax}, \quad C \in \mathbf{R}. \tag{7.22}$$

Liegt darüber hinaus auch *konstante Inhomogenität* vor, d. h. gilt $g(x) = b = \text{konstant}$, so vereinfacht sich die vorstehende Lösung wegen

$$\int be^{ax} dx = \frac{b}{a} \int a \cdot e^{ax} dx = \frac{b}{a} \cdot e^{ax} + C_1, \quad C_1 \in \mathbf{R} \text{ zu}$$

$$y(x) = C_2 \cdot e^{-ax} + \frac{b}{a}, \qquad \text{mit beliebigem } C_2 = C + C_1 \in \mathbf{R}. \tag{7.29}$$

< 7.9 > Der Preis für Röstkaffee, der anfänglich 3 € je kg betrage, verändere sich im Laufe von t Wochen auf $p(t)$ € je kg.

Die Nachfrage betrage $x(t) = 8 - \frac{1}{6} p(t) + \frac{1}{2} \frac{dp}{dt}(t)$ und das Angebot belaufe sich auf $x(t) = \frac{1}{4} p(t) + 3 + \frac{15}{6} \cdot \frac{dp}{dt}(t)$.

Unterstellt man, dass die Nachfrage stets gleich dem Angebot ist, dann muss die Preisfunktion $p(t)$ der linear inhomogenen Differentialgleichung 1. Ordnung

$$8 - \frac{1}{6} p(t) + \frac{1}{2} p'(t) = \frac{1}{4} p(t) + 3 + \frac{15}{6} p'(t), \quad t \in \mathbf{R}_+ \qquad \text{oder}$$

$$p'(t) + \frac{5}{24} p(t) = \frac{5}{2}, \quad t \in \mathbf{R}_+$$

genügen.

Nach (7.23) ist mit $a = \frac{5}{12}$ und $b = \frac{5}{2}$ die allgemeine Lösung dieser Differentialgleichung

$$p(t) = C \cdot e^{-\frac{25}{4} t} + 12, \quad t \in \mathbf{R}_+, \quad C \in \mathbf{R}.$$

Da nach obiger Voraussetzung $p(0) = 3$ ist, bestimmt sich die Konstante C aus $3 = p(0) = C + 12$ als $C = -9$.

Die gesuchte Preisfunktion ist daher

$$p(t) = -9 \cdot e^{-\frac{5}{24} t} + 12, \quad t \in \mathbf{R}_+.$$

Im Laufe der Zeit steigt also der Preis von $p(0) = 3$ monoton gegen $\lim\limits_{t \to +\infty} p(t) = 12$.

So beträgt der Preis nach 3 Wochen $p(3) = -9 \cdot e^{-\frac{5}{8}} + 12 = 7{,}18$ € je kg und nach 12 Wochen $p(12) = -9 \cdot e^{-\frac{5}{2}} + 12 = 11{,}86$ € je kg. ♦

7.7 BERNOULLIsche Differentialgleichungen

Differentialgleichungen der Gestalt

$$y' + f(x) \cdot y = g(x) \cdot y^n, \quad x \in S \subseteq \mathbf{R}, \tag{7.24}$$

wobei die Größe n eine von Null und Eins verschiedene reelle Konstante darstellt, werden als *BERNOULLIsche Differentialgleichungen* bezeichnet.

Dividiert man die Gleichung (7.24) durch y^n, so erhält man

$$y^{-n} \cdot y' + f(x) \cdot y^{1-n} = g(x), \quad x \in S \subseteq \mathbf{R}. \tag{7.25}$$

Führt man nun die neue Variable

$$z = y^{1-n} \tag{7.26}$$

ein, dann lässt sich wegen

$$z' = \frac{dz}{dx} = (1-n) \cdot y^{-n} \frac{dy}{dx} = (1-n) \cdot y^{-n} \cdot y'$$

die Gleichung (7.25) schreiben als

$$z' + (1-n) \cdot f(x) \cdot z = (1-n) \cdot g(x), \quad x \in S \subseteq \mathbf{R}. \tag{7.27}$$

Durch die Substitution (7.26) können wir also die BERNOULLIsche Differentialgleichung (7.24) zurückführen auf eine linear inhomogene Differentialgleichung 1. Ordnung für die neue Variable z.

< 7.10 > Um die Lösung der BERNOULLIschen Differentialgleichung

$$y' - y = x y^5, \quad x \in \mathbf{R}$$

zu ermitteln, dividieren wir die Gleichung zunächst durch y^5:

$$y^{-5} \cdot y' - y^{-4} = x, \quad x \in \mathbf{R}.$$

Die Substitution mit $z = y^4$ und $z' = \frac{dz}{dx} = -4y^{-5} \cdot \frac{dy}{dx} = -4y^{-5} \cdot y'$ reduziert diese Gleichung zu

$$-\frac{1}{4} z' - z = x \qquad \text{oder} \qquad z' + 4z = -4x, \quad x \in \mathbf{R}.$$

Die Lösung dieser linear inhomogenen Differentialgleichung ist nach (7.22)

$$z(x) = [C + \int(-4x)\cdot e^{4x}dx]\cdot e^{-4x}, \quad x \in \mathbf{R} \qquad \text{oder mit}$$

$$\int(-4x)\cdot e^{4x}dx = (-4x)\cdot\frac{1}{4}e^{4x} - \int(-4)\cdot\frac{1}{4}e^{4x}dx$$

$$= -x\cdot e^{4x} + \frac{1}{4}e^{4x} + C_1, \quad C_1 \in \mathbf{R}$$

$$z(x) = C_2 \cdot e^{-4x} - x + \frac{1}{4}, \quad \text{mit } C_2 = C + C_1 \in \mathbf{R}, x \in \mathbf{R}$$

♦

< **7.11** > Die Diskussion eines Ansatzes von R. M. SOLOW [1960], der von E. S. PHELPS [1962] zu einem vollständigen Wachstumsmodell ausgebaut wurde, führt zu folgender BERNOULLIscher Differentialgleichung für die Produktionsfunktion $Q = Q(t)$.

$$\frac{dQ}{dt} - c_1 \cdot Q = c_2 \cdot Q^{c_3} \cdot e^{c_4 t} \tag{7.28}$$

mit den Konstanten c_1, c_2, c_3 und c_4.

Dividiert man diese Gleichung durch Q^{c_3}

$$Q^{-c_3} \cdot \frac{dQ}{dt} - c_1 \cdot Q^{1-c_3} = c_2 \cdot e^{c_4 t}$$

und führt man die neue Variable

$$z = Q^{1-c_3}$$

$$\frac{dz}{dt} = (1-c_3)\cdot Q^{-c_3} \cdot \frac{dQ}{dt}$$

ein, so reduziert sich die obige Differentialgleichung zu

$$\frac{dz}{dt} - (1-c_3)\cdot c_1 \cdot z = (1-c_3)\cdot c_2 \cdot e^{c_4 t}.$$

Die allgemeine Lösung dieser linear inhomogenen Differentialgleichung mit konstanten Koeffizienten errechnet sich nach (7.22) als

$$z(t) = [C + \int(1-c_3)\cdot c_2 \cdot e^{c_4 t} \cdot e^{-(1-c_3)\cdot c_1 t}\, dt]\cdot e^{(1-c_3)\cdot c_1 t}$$

$$= [C + (1-c_3)\cdot c_2 \cdot \int e^{[c_4 - (1-c_3)\cdot c_1]t}\, dt]\cdot e^{(1-c_3)\cdot c_1 t}$$

$$= \left[C + \frac{(1-c_3)\cdot c_2}{c_4 - (1-c_3)\cdot c_1}\cdot e^{[c_4 - (1-c_3)\cdot c_1]\cdot t}\right]\cdot e^{(1-c_3)\cdot c_1 t}$$

$$= C\cdot e^{(1-c_3)c_1 t} + \frac{(1-c_3)\cdot c_2}{c_4 - (1-c_3)\cdot c_1}\cdot e^{c_4 t}.$$

Um zur allgemeinen Lösung von (7.28) zu gelangen, müssen wir die Substitution $z = Q^{1-c_3}$ wieder rückgängig machen. Wir erhalten dann

$$Q(t) = \left[C \cdot e^{(1-c_3)c_1 t} + \frac{(1-c_3)\cdot c_2}{c_4-(1-c_3)\cdot c_1} \cdot e^{c_4 t} \right]^{\frac{1}{1-c_3}}.$$

Gilt zusätzlich die Anfangsbedingung $Q(0) = Q_0$, so berechnet sich die Integrationskonstante C aus

$$Q_0 = Q(0) = \left[C + \frac{(1-c_3)\cdot c_2}{c_4-(1-c_3)\cdot c_1} \right]^{\frac{1}{1-c_3}} \qquad \text{als}$$

$$C = {Q_0}^{1-c_3} - \frac{(1-c_3)\cdot c_2}{c_4-(1-c_3)\cdot c_1}.$$

Die eindeutige partikuläre Lösung von (7.28), die der Anfangsbedingung $Q(0) = Q_0$ genügt, ist also

$$Q(t) = \left[\left(Q^{1-c_3} - \frac{(1-c_3)\cdot c_2}{c_4-(1-c_3)\cdot c_1}\right) \cdot e^{(1-c_3)c_1 t} + \frac{(1-c_3)\cdot c_2}{c_4-(1-c_3)\cdot c_1} \cdot e^{c_4 t} \right]^{\frac{1}{1-c_3}}. \quad \blacklozenge$$

7.8 Weitere ökonomische Anwendungen von Differentialgleichungen 1. Ordnung

7.8.1 Die Schuldenlast

In seinem Aufsatz "The Burden of the Debt and the National Income" [1944, S. 798-827] untersucht E. D. DOMAR die Auswirkungen von Defiziten im Staatshaushalt auf die Staatsverschuldung. Dabei nimmt er an, dass in jeder Periode die defizitären Ausgaben der Regierung einen konstanten Anteil α des Volkseinkommens ausmachen. Die staatliche Verschuldung wächst dann mit den defizitären Ausgaben, und ihr Zuwachs steht zum Volkseinkommen im gleichen konstanten Verhältnis α, $\alpha > 0$. Bezeichnen wir das Volkseinkommen zum Zeitpunkt t mit $Y(t)$ und die Staatsverschuldung mit $D(t)$, so gilt bei stetiger Bewegung:

$$\frac{dD}{dt}(t) = \alpha \cdot Y(t). \tag{7.29}$$

Die Ausgangswerte zum Zeitpunkt $t = 0$ seien

$$Y(0) = Y_0 \quad \text{und} \quad D(0) = D_0.$$

Um Aussagen über die Entwicklung der Staatsverschuldung geben zu können, wollen wir die folgenden Annahmen über das Verhalten des Volkseinkommens im Zeitverlauf treffen. Dabei wollen wir drei Fälle unterscheiden:

A. Das Volkseinkommen bleibt konstant: $Y(t) = a =$ konstant.

Die Differentialgleichung (7.29) hat in diesem Fall die Form

$$\frac{dD}{dt}(t) = \alpha \cdot a \qquad (7.29\text{ a})$$

Die einzige Lösung, die auch der Anfangsbedingung $D(0) = D_0$ genügt, ist

$$D(t) = D_0 + \alpha \cdot a \cdot t\,.$$

Das Verhältnis der Staatsverschuldung zum Volkseinkommen

$$\frac{D(t)}{Y(t)} = \frac{D_0}{a} + \alpha \cdot t$$

wächst also linear mit der Steigung α über alle Grenzen.

B. Das Volkseinkommen wächst linear: $Y(t) = a + b \cdot t$.

Die Lösung der dann vorliegenden Differentialgleichung

$$\frac{dD}{dt}(t) = \alpha(a + b \cdot t) \qquad (7.29\text{ b})$$

hat unter Beachtung der Anfangsbedingung $D(0) = D_0$ die Form

$$D(t) = D_0 + \alpha(a \cdot t + \tfrac{1}{2} b \cdot t^2)\,.$$

Das Verhältnis der Staatsverschuldung zum Volkseinkommen

$$\frac{D(t)}{Y(t)} = \frac{D_0 + \alpha \cdot a \cdot t + \frac{1}{2} a \cdot b \cdot t^2}{a + b \cdot t} = \frac{1}{2}\alpha \cdot t + \frac{1}{2}\frac{\alpha \cdot a}{b} + \frac{D_0 - \frac{\alpha \cdot a}{2b}}{b \cdot t + a}$$

wächst mit der Steigung $\frac{\alpha}{2}$ über alle Grenzen.

C. Das Volkseinkommen wächst in einem konstanten Verhältnis r:

$$\frac{dY}{dt}(t) = r \cdot Y(t), \quad r > 0\,.$$

Die Lösung dieser linear homogenen Differentialgleichung ist bei Beachtung der Anfangsbedingung $Y(0) = Y_0$ gleich

$$Y(t) = Y_0 \cdot e^{rt}\,.$$

Die Differentialgleichung (7.29) hat dann die Gestalt

$$\frac{dD}{dt}(t) = \alpha \cdot Y_0 \cdot e^{rt} \qquad (7.29\text{ c})$$

und somit die allgemeine Lösung

$$D(t) = \frac{\alpha}{r} \cdot Y_0 \cdot e^{rt} + C, \quad C \in \mathbf{R}\,.$$

Wegen der Anfangsbedingung $D(0) = D_0$ muss $C = D_0 - \frac{\alpha}{r} \cdot Y_0$ gesetzt werden, und die Staatsverschuldung wird durch die Funktion

$$D(t) = D_0 + \frac{\alpha}{r} \cdot Y_0 \cdot (e^{rt} - 1)$$

beschrieben.

Das Verhältnis der Staatsverschuldung zum Volkseinkommen

$$\frac{D(t)}{Y(t)} = \frac{D_0 + \frac{\alpha}{r} \cdot Y_0 \cdot (e^{rt} - 1)}{Y_0 \cdot e^{rt}} = \frac{D_0}{Y_0 \cdot e^{rt}} + \frac{\alpha}{r} \cdot (1 - \frac{1}{e^{rt}})$$

strebt mit wachsendem t gegen den Wert $\frac{\alpha}{r}$.

Vorstehende Überlegungen zeigen, dass bei fortlaufend unausgeglichenem Staatshaushalt höchstens im Falle eines exponentiell anwachsenden Volkseinkommens die Staatsverschuldung ein lenkbares Verhältnis des Volkseinkommens bleibt.

7.8.2 Das Preisfestsetzungsmodell von EVANS

Von G. C. EVANS [1930, S. 48ff] stammt das folgende Modell eines Elementarmarktes:

Die Nachfrage $D(t)$ und das Angebot $S(t)$ hängen beide vom Marktpreis $P(t)$ ab und beide Funktionen seien linear.

$$D(t) = \alpha + a \cdot P(t), \quad a < 0 \tag{7.30}$$

$$S(t) = \beta + b \cdot P(t), \quad b > 0 \tag{7.31}$$

Weiterhin ändere sich der Preis proportional zu dem Nachfrageüberschuss

$$\frac{dP}{dt}(t) = \gamma \cdot [D(t) - S(t)], \tag{7.32}$$

wobei der Proportionalitätsfaktor γ als positiv angenommen wird, so dass ein positiver Nachfrageüberschuss eine Preiserhöhung und ein negativer Nachfrageüberschuss eine Preissenkung bewirkt.

Setzen wir die Gleichungen (7.30) und (7.31) in (7.32) ein, so erhalten wir die linear inhomogene Differentialgleichung mit konstanten Koeffizienten

$$\frac{dP}{dt} = \gamma \cdot [(\alpha - \beta) + (a - b) \cdot P(t)] \qquad \text{oder}$$

$$P'(t) - \gamma \cdot (a - b) \cdot P(t) = \gamma \cdot (\alpha - \beta) . \tag{7.33}$$

Als konstante Lösung dieser Differentialgleichung erhalten wir den (stationären) Gleichgewichtspreis

$$\overline{P} = \frac{\alpha-\beta}{a-b}.$$

Die allgemeine Lösung der zugehörigen linear homogenen Differentialgleichung ist nach (7.15)

$$P(t) = C \cdot e^{+\gamma\cdot(a-b)t}, \quad C \in \mathbf{R}.$$

Die allgemeine Lösung von (7.33) ist demnach

$$P(t) = C \cdot e^{\gamma\cdot(a-b)t} + \frac{\alpha-\beta}{a-b}, \quad C \in \mathbf{R}.$$

Berücksichtigt man noch die Anfangsbedingung $P(0) = P_0$, so muss $C = (P_0 - \overline{P})$ gewählt werden und es gilt:

$$P(t) = \overline{P} + (P_0 - \overline{P}) \cdot e^{\gamma\cdot(a-b)t}.$$

Da $a - b < 0$ und daher auch $\gamma \cdot (a - b) < 0$, strebt der Marktpreis mit wachsendem t gegen den Gleichgewichtspreis $\overline{P} = \frac{\alpha-\beta}{a-b}$.

7.9 Aufgaben

7.1 Bestimmen Sie die allgemeinen Lösungen der Differentialgleichungen:

a. $(3x^2 + 6xy^2)\,dx + (6x^2y + 4y^2)\,dy = 0$

b. $(\cos y + y\cos x)\,dx + (\sin x - x\sin y)\,dy = 0$

c. $x\,dx + y\,dy + \dfrac{x\,dy + y\,dx}{x^2 + y^2} = 0$

7.2 Bestimmen Sie die allgemeinen Lösungen der Differentialgleichungen:

a. $(1 + x^3)\,dy - x^2\,y\,dx = 0$

b. $x^2(y+1)\,dx + y^2(x-1)\,dy = 0$

c. $4x\,dy - y\,dx = x^2dy$

d. $(2x^3 + 3y)\,dx + (3x + y - 1)\,dy = 0$

7.3 Die Gesamtkosten eines Outputs x betragen y Geldeinheiten (GE). Es sei bekannt, dass die Grenzkosten $\frac{dy}{dx}$ stets gleich den Durchschnittskosten $\frac{y}{x}$

sind. Zeigen Sie, dass y ein festes Vielfaches von x ist, d. h. dass die Durchschnittskosten konstant sind.

7.4 Bestimmen Sie für die nachstehenden Differentialgleichungen die allgemeine Lösung und die partikuläre Lösung, die der Anfangsbedingung $y(1) = 5$ genügt:

a. $x \cdot \frac{dy}{dx} = y + x^3 + 3x^2 - 2x, \quad x > 0$

b. $x^3 \cdot \frac{dy}{dx} + (2 - 3x^2)y = x^3, \quad x > 0$

7.5 Bestimmen sie die allgemeinen Lösungen der Differentialgleichungen:

a. $y' + 2xy + xy^4 = 0$

b. $3y' + y = (1 - 2x) \cdot y^4$

7.6 Bestimmen Sie die Lösung $y(t)$ des Problems

$y \cdot y' + (1 + y^2) \cdot \sin t = 0, \quad y(0) = 1.$

In welcher Teilmenge $D \subseteq \mathbf{R}$ ist $y(t)$ definiert?

7.7 Für die jährliche Staatsverschuldung $s(t)$ in Abhängigkeit der Zeit $t > 0$ gelte die Beziehung

$t^a \cdot s'(t) = b \cdot s(t)$ mit $a \in \mathbf{R}, b > 0$.

a. Man gebe s als explizite Funktion von t an.

b. Mit $s(1) = 10; a = 0{,}5; b = 0{,}1$ bestimme man die Staatsverschuldung für $t = 25$. Bis zu welchem Zeitpunkt verdoppelt sich die Staatsverschuldung gegenüber $s(1)$?

8. Lineare Differentialgleichungen 2. Ordnung (mit konstanten Koeffizienten)

Eine *lineare Differentialgleichung 2. Ordnung mit konstanten Koeffizienten* hat nach Definition 6.4 die Form

$$f_2 \cdot y''(x) + f_1 \cdot y'(x) + f_0 \cdot y(x) = g(x), \quad e \in S \subseteq \mathbf{R}, \tag{8.1}$$

wobei die Größen f_2, f_1, f_0 reelle Konstanten mit $f_2 \neq 0$ sind und $g(x)$ eine Funktion der unabhängigen Variablen x ist.

Dividieren wir die Gleichung (8.1) durch f_2 und definieren wir dann

$$a_1 = \frac{f_1}{f_2} = \text{konstant}, \quad a_0 = \frac{f_0}{f_2} = \text{konstant} \quad \text{und} \quad G(x) = \frac{g(x)}{f_2},$$

so erhalten wir die Normalform

$$y''(x) + a_1 \cdot y'(x) + a_0 \cdot y(x) = G(x), \quad x \in S \subseteq \mathbf{R}. \tag{8.2}$$

Zur Bestimmung einer allgemeinen Lösung dieser linearen Differentialgleichung 2. Ordnung wollen wir denselben Weg einschlagen, den wir bei der Lösung linearer *Differenzengleichungen* 2. Ordnung gegangen sind, vgl. Kapitel 3. Ein wesentlicher Unterschied dabei ist, dass wir aufgrund der Kenntnisse bei linearen Differentialgleichungen 1. Ordnung nun als Versuchslösung $y(x) = e^{\lambda x}$ wählen.

8.1 Linear homogene Differentialgleichungen 2. Ordnung

Eine *linear homogene Differentialgleichung 2. Ordnung mit konstanten Koeffizienten* kann geschrieben werden in der Form

$$y''(x) + a_1 \cdot y'(x) + a_0 \cdot y'(x) + a_0 \cdot y(x) = 0, \quad x \in S \subseteq \mathbf{R}. \tag{8.3}$$

Aufgrund der Sätze 6.3 und 6.4 ist für zwei beliebige Lösungen $y_1(x)$ und $y_2(x)$ auch die Funktion

$$y(x) = C_1 \cdot y_1(x) + C_2 \cdot y_2(x) \tag{8.4}$$

mit beliebigen Konstanten C_1 und C_2 eine Lösung der linear homogenen Differentialgleichung (8.3).

Nach dem Existenz- und Eindeutigkeitssatz für lineare Differentialgleichungen (Satz 6.2) ist (8.4) die allgemeine Lösung von (8.3), wenn das linear inhomogene algebraische Gleichungssystem

$$C_1 \cdot y_1(x_0) + C_2 \cdot y_2(x_0) = d_0$$

$$C_1 \cdot y_1'(x_0) + C_2 \cdot y_2'(x_0) = d_1$$

in den Variablen C_1 und C_2 für jedes Wertesystem $(x_0, d_1, d_2) \in (S \times \mathbf{R} \times \mathbf{R})$ eine eindeutige Lösung besitzt. Dies ist nach Hilfssatz 3.1 auf S. 39 genau dann der Fall, wenn die WRONSKIdeterminante

$$\begin{vmatrix} y_1(x) & y_2(x) \\ y_1'(x) & y_2'(x) \end{vmatrix} \tag{8.5}$$

für alle $x \in S$ von Null verschieden ist.

Definition 8.1:
Zwei Lösungen $y_1(x)$ und $y_2(x)$ von (8.3), deren WRONSKIdeterminante für alle $x \in S$ ungleich Null ist, werden als ein *Fundamentalsystem* von (8.3) bezeichnet.

Für jedes Fundamentalsystem $y_1(x)$ und $y_2(x)$ von (8.3) ist dann

$$y(x) = C_1 \cdot y_1(x) + C_2 \cdot y_2(x), \text{ mit beliebigen Konstanten } C_1, C_2 \tag{8.4}$$

die allgemeine Lösung der linear homogenen Differentialgleichung (8.3).

Um eine Lösung der Differentialgleichung (8.3) zu finden, setzen wir die Versuchslösung

$$y(x) = e^{\lambda x}, \quad x \in S \tag{8.5}$$

in die Gleichung (8.3) ein. Dabei ist λ eine Konstante, die mittels der Koeffizienten der Differentialgleichung (8.2) bestimmt werden soll. Man erhält dann die algebraische Gleichung

$$\lambda^2 \cdot e^{\lambda x} + a_1 \cdot \lambda \cdot e^{\lambda x} + a_0 \cdot e^{\lambda x} = 0, \quad x \in S.$$

Da $e^{\lambda x}$ stets von Null verschieden ist, ist diese Gleichung erfüllt, wenn

$$\lambda^2 + a_1 \cdot \lambda + a_0 = 0. \tag{8.6}$$

Diese als *charakteristische Gleichung* der Differentialgleichung (8.3) bezeichnete algebraische Gleichung hat die beiden Lösungen

$$\lambda_1 = -\frac{a_1}{2} + \sqrt{\frac{{a_1}^2}{4} - a_0} \qquad \text{und} \qquad \lambda_2 = -\frac{a_1}{2} - \sqrt{\frac{{a_1}^2}{4} - a_0}\,. \tag{8.7}$$

Diese sind reell und voneinander verschieden, reell und gleich oder konjugiert komplex, und zwar in Abhängigkeit davon, ob die Diskriminante $\frac{{a_1}^2}{4} - a_0$ größer, gleich oder kleiner Null ist.

Da die Gestalt der allgemeinen Lösung von (8.3) von der Natur der Lösung ihrer charakteristischen Gleichung abhängt, wollen wir die drei Fälle getrennt untersuchen:

A. Reelle und voneinander verschiedene Wurzeln

In diesem Fall bilden die Lösungen $y_1(x) = e^{\lambda_1 x}$ und $y_2(x) = e^{\lambda_2 x}$ ein Fundamentalsystem von (8.2), denn die WRONSKIdeterminate

$$\begin{vmatrix} y_1(x) & y_2(x) \\ y_1'(x) & y_2'(x) \end{vmatrix} = \begin{vmatrix} e^{\lambda_1 x} & e^{\lambda_2 x} \\ \lambda_1 \cdot e^{\lambda_1 x} & \lambda_2 \cdot e^{\lambda_2 x} \end{vmatrix} = (\lambda_2 - \lambda_1) \cdot e^{\lambda_1 x} \cdot e^{\lambda_2 x}$$

ist dann stets von Null verschieden.

Die allgemeine Lösung von (8.2) ist dann

$$y(x) = C_1 \cdot e^{\lambda_1 x} + C_2 \cdot e^{\lambda_2 x}, \tag{8.8}$$

mit beliebigen Konstanten C_1 und C_2.

< **8.1** > Die linear inhomogene Differentialgleichung

$$y''(x) + 2y'(x) - 3y(x) = 0, \quad x \in \mathbf{R}$$

hat die charakteristische Gleichung $\lambda^2 + 2\lambda - 3 = 0$ mit den Wurzeln $\lambda_1 = -1 + 2 = 1$ und $\lambda_2 = -1 - 2 = -3$.

Die allgemeine Lösung dieser Differentialgleichung ist daher

$$y(x) = C_1 \cdot e^x + C_2 \cdot x^{-3x}, \quad C_1, C_2 \in \mathbf{R}.$$ ♦

< **8.2** > Die linear homogene Differentialgleichung

$$y''(x) - 5y'(x) = 0, \quad x \in \mathbf{R}$$

hat die charakteristische Gleichung $\lambda^2 - 5\lambda = 0$ mit den Wurzeln $\lambda_1 = 0$ und $\lambda_2 = 5$.

Die allgemeine Lösung dieser Differentialgleichung ist daher

$$y(x) = C_1 \cdot e^{0x} + C_2 \cdot e^{5x} = C_1 + C_2 \cdot e^{5x}, \quad C_1, C_2 \in \mathbf{R}.$$ ♦

B. Reelle und gleiche Wurzeln

In diesem Fall bilden die Lösungen $y_1(x) = y_2(x) = e^{\lambda x}$ kein Fundamentalsystem, da die zugehörige WRONSKIdeterminante identisch gleich Null ist.

Behalten wir $y_1(x) = e^{\lambda x}$ als eine Lösung bei und wählen wir als zweite Lösung die Funktion

$$y_2(x) = x \cdot e^{\lambda x}, \tag{8.9}$$

dann bilden diese beiden Funktionen ein Fundamentalsystem, denn es gilt:

I. $y_2(x) = x \cdot e^{\lambda x}$ ist eine Lösung von (8.3). Diese sieht man, wenn man $y_2(x)$ direkt in die Gleichung (8.3) einsetzt.

$$(x \cdot e^{\lambda x})'' + a_1 \cdot (x \cdot e^{\lambda x})' + a_0 \cdot x \cdot e^{\lambda x}$$

$$= \lambda \cdot e^{\lambda x} + \lambda \cdot e^{\lambda x} + x \cdot \lambda^2 \cdot e^{\lambda x} + a_1 \cdot (e^{\lambda x} + x \cdot \lambda \cdot e^{\lambda x}) + a_0 \cdot x^{e \lambda x}$$

$$= x \cdot e^{\lambda x} \cdot \underbrace{(\lambda^2 + a_1 \cdot \lambda + a_0)}_{\substack{=0,\text{ da } \lambda \text{ Lösung der} \\ \text{charakteristischen} \\ \text{Gleichung}}} + e^{\lambda x} \cdot \underbrace{(2\lambda + a_1)}_{\substack{=0,\text{ da im Fall B} \\ \text{stets gilt } \lambda = -\frac{a_1}{2}}} = 0.$$

II. Die WRONSKIdeterminate

$$\begin{vmatrix} y_1(x) & y_2(x) \\ y_1'(x) & y_2'(x) \end{vmatrix} = \begin{vmatrix} e^{\lambda x} & x \cdot e^{\lambda x} \\ \lambda \cdot e^{\lambda x} & e^{\lambda x} + x \cdot e^{\lambda x} \end{vmatrix}$$

$$= e^{2\lambda x} \cdot [(1 + x \cdot \lambda) - x \cdot \lambda] = e^{2\lambda x}$$

ist stets von Null verschieden.

Die allgemeine Lösung von (8.3) ist daher

$$y(x) = (C_1 + C_2 \cdot x) \cdot e^{\lambda x} \tag{8.10}$$

mit beliebigen Konstanten C_1 und C_2.

< **8.3** > Die linear homogene Differentialgleichung

$$y''(x) - 4y'(x) + 4y(x) = 0, \quad x \in \mathbf{R}$$

hat die charakteristische Gleichung $\lambda^2 - 4\lambda + 4 = 0$ mit den Wurzel $\lambda_1 = \lambda_2 = 2$.

Die allgemeine Lösung dieser Differentialgleichung ist daher

$$y(x) = (C_1 + C_2 \cdot x) \cdot e^{2x}, \quad C_1, C_2 \in \mathbf{R}.$$ ♦

C. Komplexe Wurzeln

Bezeichnen wir die konjugiert komplexen Wurzeln mit $\lambda_1 = a + ib$ und $\lambda_2 = a - ib$, $a, b \in \mathbf{R}, b \neq 0$, so zeigt die WRONSKIdeterminante

$$\begin{vmatrix} y_1(x) & y_2(x) \\ y_1'(x) & y_2'(x) \end{vmatrix} = \begin{vmatrix} e^{(a+ib)x} & e^{(a-ib)x} \\ (a+ib)\cdot e^{(a+ib)x} & (a-ib)\cdot e^{(a-ib)x} \end{vmatrix}$$

$$= -2ib \cdot e^{2ax} \neq 0,$$

dass die Lösungen $y_1(x) = e^{(a+ib)x}$ und $y_2(x) = e^{(a-ib)x}$ ein Fundamentalsystem von (8.3) bilden.

Da $e^{(a \pm ib)x} = e^{ax} \cdot e^{\pm ibx}$ und $e^{\pm ix} = \cos x \pm i \sin x$, vgl. z B. [COURANT, 1971, S. 380], ist die allgemeine Lösung von (8.3)

$$y(x) = C_1 \cdot e^{ax} \cdot (\cos bx + i \sin bx) + C_2 \cdot e^{ax} \cdot (\cos bx - i \sin bx)$$

mit beliebigen Konstanten C_1 und C_2.

Das Auftreten komplexer Lösungsfunktionen kann nach Satz 3.2, vgl. S. 47, vermieden werden, wenn man die Konstanten C_1 und C_2 stets so wählt, dass sie konjugiert komplex sind. Durch Anwendung trigonometrischer Formeln lässt sich dann die Gesamtheit der reellen Lösungen der Differentialgleichung (8.3) schreiben als

$$y(x) = A \cdot e^{ax} \cdot \cos(bx + B), \tag{8.11}$$

wobei A und B beliebige reelle Konstanten sind.

Schreibt man die konjugiert komplexen Konstanten C_1 und C_2 in algebraischer Schreibweise, z. B. $C_{1,2} = \frac{A}{2} \pm i \cdot \frac{B}{2}$, so erhält man die allgemeine Lösung von (8.3) in der Form

$$y(x) = A \cdot e^{ax} \cdot \cos bx + B \cdot e^{ax} \cdot \sin bx. \tag{8.12}$$

< **8.4** > Die linear homogene Differentialgleichung

$$y''(x) + 2y'(x) + 2y(x) = 0$$

hat die charakteristische Gleichung $\lambda^2 + 2\lambda + 2 = 0$ mit den konjugiert komplexen Wurzeln $\lambda_1 = -1 + i$ und $\lambda_2 = -1 - i$.

Die allgemeine Lösung der Differentialgleichung ist daher

$$y(x) = A \cdot e^{-x} \cdot \cos(x + B), \qquad A, B \in \mathbf{R} \text{ oder}$$

oder $y(x) = C \cdot e^{-x} \cdot \cos x + D \cdot e^{-x} \cdot \sin x, \quad C, D \in \mathbf{R}$. ♦

Vorstehende Überlegungen können wir zusammenfassen zu

Satz 8.1:
Bezeichnen wir mit λ_1 und λ_2 die Wurzeln der charakteristischen Gleichung

$$\lambda^2 + a_1 \cdot \lambda + a_0 = 0, \tag{8.6}$$

dann ist die allgemeine Lösung der linear homogenen Differentialgleichung 2. Ordnung

$$y''(x) + a_1 \cdot y'(x) + a_0 \cdot y(x) = 0, \quad x \in S \subseteq \mathbf{R} \tag{8.3}$$

wie folgt gegeben:

A. für reelle und voneinander verschiedene Wurzeln $\lambda_1 \neq \lambda_2$ durch

$$y(x) = C_1 \cdot e^{\lambda_1 x} + C_2 \cdot e^{\lambda_2 x} \tag{8.8}$$

B. für reelle und gleiche Wurzeln $\lambda_1 = \lambda_2$ durch

$$y(x) = (C_1 + C_2 x) \cdot e^{\lambda_1 x} \tag{8.10}$$

C. für konjugiert komplexe Wurzeln $\lambda_{1,2} = a \pm ib$ durch

$$y(x) = A \cdot e^{ax} \cdot \cos(bx + B) \qquad \text{oder} \tag{8.11}$$

$$y(x) = C \cdot e^{ax} \cdot \cos bx + D \cdot e^{ax} \cdot \sin bx \tag{8.12}$$

mit beliebigen reellen Konstanten C_1 und C_2, A und B bzw. C und D.

8.2 Linear inhomogene Differentialgleichungen 2. Ordnung

Zur Bestimmung der allgemeinen Lösung der *linear inhomogenen Differentialgleichung 2. Ordnung*

$$y''(x) + a_1 \cdot y'(x) + a_0 \cdot y(x) = G(x), \quad x \in S \subseteq \mathbf{R} \tag{8.2}$$

ist es nach Satz 6.5 ausreichend, neben der allgemeinen Lösung der zugehörigen homogenen Differentialgleichung irgendeine partikuläre Lösung von (8.2) zu kennen. Zur Ermittlung einer speziellen Lösung der inhomogenen Differentialgleichung können die *Methode der unbestimmten Koeffizienten* und die *Methode der Variation der Konstanten* benutzt werden.

Wir wollen aber auf die Darstellung der letzten Methode, bei der man in der allgemeinen Lösung der zugehörigen linearen homogenen Differentialgleichung die Konstanten durch noch zu bestimmende Funktionen ersetzt, verzichten. Als Grund für diesen Verzicht ist anzuführen, dass die Methode der Variation der Konstanten viel umständlicher ist als die Methode der unbestimmten Koeffizienten. Je nachdem, wie die Inhomogenität aussieht, müssen auch kompliziertere Integrale berechnet werden, vgl. dazu [WEIZEL, WEYLAND 1974, S. 91].

Die Methode der unbestimmten Koeffizienten ist in den meisten Anwendungsfällen hervorragend geeignet. Zumeist besteht die Inhomogenität aus einer Linearkombination von Summen und Produkten der Funktionen x^n, e^{ax}, $\sin bx$, $\cos cx$, mit $a, b, c \in \mathbf{R}$, $n \in \mathbf{N} \setminus \{0\}$.

Man geht dabei von Versuchslösungen aus, die noch unbestimmte Konstanten erhalten. Diese Versuchslösungen setzt man in die Differentialgleichung ein und versucht, die Konstanten so zu bestimmen, dass die Gleichung erfüllt ist. Geeignete Versuchslösungen sind z. B.:

G(x)	**Versuchslösung**
e^{ax}	$A \cdot e^{ax}$
$\sin bx$ oder $\cos bx$	$A \cdot \sin bx + B \cdot \cos bx$
x^n	$A_0 + A_1 x + A_2 x^2 + \cdots + A_n x^n$
$x^n \cdot e^{ax}$	$(A_0 + A_1 x + \cdots + A_n x^n) \cdot e^{ax}$
$e^{ax} \cdot \sin bx$ oder $e^{ax} \cdot \cos bx$	$(A \cdot \sin bx + B \cdot \cos bx) \cdot e^{ax}$

Enthält die Versuchslösung $\bar{y}(x)$ eine Funktion, die eine Lösung der zugehörigen linear homogenen Differentialgleichung ist, so muss der Lösungsansatz $\bar{y}(x)$ mit x multipliziert werden und die so erhaltene neue Versuchslösung verwendet werden. Enthält diese neue Funktion ebenfalls ein Glied, das der homogenen Gleichung genügt, dann muss nochmals mit x multipliziert werden.

< **8.5** > Zur Bestimmung einer partikulären Lösung von

$$y''(x) + 2y'(x) + 2y(x) = 5 \cdot \cos 2x$$

setzen wir die Versuchslösung

$$\bar{y}(x) = A \cdot \sin 2x + B \cdot \cos 2x$$

in die Differentialgleichung ein:

$$-4A \cdot \sin 2x - 4B \cdot \cos 2x + 2(2A \cdot \cos 2x - 2B \cdot \sin 2x)$$
$$+ 2(A \cdot \sin 2x + B \cdot \cos 2x)$$
$$= (-4A - 4B + 2A) \cdot \sin 2x + (-4B + 4A + 2B) \cdot \cos 2x = 5 \cdot \cos 2x .$$

Der Koeffizientenvergleich bzgl. $\sin 2x$ und $\cos 2x$ ergibt

$$-2A-4B=0 \qquad \text{und} \qquad -2B+4A=5$$

und somit $A=1$ und $B=-\frac{1}{2}$.

Eine partikuläre Lösung dieser Differentialgleichung ist daher

$$\bar{y}(x)=\sin 2x-\tfrac{1}{2}\cos 2x,$$

und ihre allgemeine Lösung ist dann nach < 8.4 > auf S. 157 gleich

$$y(x)=A\cdot e^{-x}\cos(x+B)+\sin 2x-\tfrac{1}{2}\cos 2x; \quad A,B\in\mathbf{R}.$$ ♦

< **8.6** > Zur Bestimmung einer Lösung der Differentialgleichung

$$y''(x)-4y'(x)+4y(x)=6\cdot e^{2x}$$

kommen die Funktionen $y(x)=A\cdot e^{2x}$ und $y(x)=A\cdot x\cdot e^{2x}$ nicht als Versuchslösungen in Betracht, da sie nach < 8.3 > auf S. 156 Bestandteil der Lösung der zugehörigen homogenen Differentialgleichung sind. Als Lösungsansatz wählen wir deshalb

$$\bar{y}(x)=A\cdot x^2\cdot e^{2x}.$$

Aus $(A\cdot x^2\cdot e^{2x})''-4(A\cdot x^2\cdot e^{2x})'+4(A\cdot x^2\cdot e^{2x})$

$$=A\cdot e^{2x}[(2+8x+4x^2)-4(2x+2x^2)+4x^2]$$

$$=A\cdot e^{2x}\cdot 2\overset{!}{=}6\cdot e^{2x}$$

folgt $A=3$.

Eine partikuläre Lösung dieser Differentialgleichung ist daher

$$\bar{y}(x)=3x^2\cdot e^{2x},$$

und ihre allgemeine Lösung ist

$$y(x)=(C_1+C_2x+3x^2)\cdot e^{2x}, \quad C_1,C_2\in\mathbf{R}.$$ ♦

Ist die Inhomogenität $G(x)$ die Summe mehrerer Funktionen obiger Art, so empfiehlt es sich, jede Funktion getrennt zu berücksichtigen. Dies ist zulässig aufgrund des durch direktes Einsetzen zu beweisenden Superpositionssatzes.

Satz 8.2:
Ist $y_1(x)$ eine Lösung der Differentialgleichung

$$y''(x)+a_1\,y'(x)+a_0\,y(x)=G_1(x)$$

und $y_2(x)$ eine Lösung der Differentialgleichung

$$y''(x)+a_1\,y'(x)+a_0\,y(x)=G_2(x),$$

dann ist $y(x)=y_1(x)+y_2(x)$ eine Lösung der Differentialgleichung

$$y''(x)+a_1\,y'(x)+a_0\,y(x)=G_1(x)+G_2(x).$$

< **8.7** > Um die allgemeine Lösung der Differentialgleichung

$$y''(x)+4y'(x)-5y(x)=2x+5x^2+36x\cdot e^x \tag{8.13}$$

zu bestimmen, kann man wie folgt vorgehen:

a. Bestimmung der allgemeinen Lösung der zugehörigen linear homogenen Differentialgleichung

$$y''(x)+4y'(x)+5y(x)=0. \tag{8.13 a}$$

Die charakteristische Gleichung $\lambda^2+4\lambda-5=(\lambda-1)\cdot(\lambda+5)=0$ hat die beiden reellen Wurzeln $\lambda_1=1$ und $\lambda_2=-5$.

Die allgemeine Lösung von (8.13 a) ist daher

$$y(x)=C_1\cdot e^x+C_2\cdot e^{-5x},\quad C_1,C_2\in\mathbf{R}.$$

b. Bestimmung einer partikulären Lösung der Differentialgleichung

$$y''(x)+4y'(x)-5y(x)=2x+5x^2. \tag{8.13 b}$$

Setzen wir nun die Versuchslösung $y_1(x)=A+Bx+Cx^2$ ein:

$$2C+4B+8Cx-A-5Bx-5Cx^2\overset{!}{=}2x+5x^2.$$

Der Koeffizientenvergleich

bzgl. x^2: $\quad -5C=5 \Leftrightarrow C=-1$

bzgl. x^1: $\quad 8C-5B=2 \Leftrightarrow B=-2$

bzgl. x^0: $\quad 2C+4B-5A=0 \Leftrightarrow A=-2$

liefert die partikuläre Lösung

$$y_1(x)=-2-2x-x^2.$$

c. Bestimmung einer partikulären Lösung der Differentialgleichung

$$y''(x) + 4y'(x) - 5y(x) = 36x \cdot e^x . \tag{8.13 c}$$

Der Lösungsansatz $y_2(x) = (A + Bx) \cdot e^x$ ist nicht geeignet, da die Funktion $y(x) = A \cdot e^x$ eine Lösung von (8.13 a) ist. Wir multiplizieren deshalb $y_2(x)$ mit x und erhalten mit $y_2(x) = x(A + Bx) \cdot e^x = (Ax + Bx^2) \cdot e^x$ eine geeignete Versuchslösung, die wir dann in (8.13 c) einsetzen:

$$(2B + 2A + 4Bx + Ax + Bx) \cdot e^x + 4(A + 2Bx + Ax + Bx^2) \cdot e^x$$
$$- 5(Ax + bx^2) \cdot e^x$$
$$= (2B + 6A + 12Bx) \cdot e^x = 36x \cdot e^x .$$

Der Koeffizientenvergleich

bzgl. x^1: $12B = 36 \Leftrightarrow B = 3$

bzgl. x^0: $2B + 6A = 0 \Leftrightarrow A = -1$

liefert die partikuläre Lösung

$$y_2(x) = (-x + 3x^2) \cdot e^x .$$

Die allgemeine Lösung der Differentialgleichung (8.13) ist daher

$$y(x) = (C_1 - x + 3x^2) \cdot e^x + C_2 \cdot e^{-5x} - 2 - 2x - x^2 .$$ ♦

8.3 Qualitative Analyse der Lösungen

Untersuchen wir das Verhalten der Lösungsfunktion

$$y_I(x) = y_H(x) + \overline{y}(x)$$

der linear inhomogenen Differenzengleichung (8.2) für $x \to +\infty$, so strebt $y_I(x)$ genau dann stets gegen die partikuläre Lösung $\overline{y}(x)$, wenn die allgemeine Lösung $y_H(x)$ der zugehörigen linear homogenen Differentialgleichung (8.3) gegen Null konvergiert.

Wegen der Gestalt der allgemeinen Lösungen

$$y_H(x) = C_1 \cdot e^{\lambda_1 x} + C_2 \cdot e^{\lambda_2 x} \quad \text{für} \quad \lambda_1 \neq \lambda_2 \tag{8.8}$$

$$y_H(x) = (C_1 + C_2 x) \cdot e^{\lambda x} \quad \text{für} \quad \lambda = \lambda_1 = \lambda_2 \tag{8.10}$$

$$y_H(x) = A \cdot e^{ax} \cos(bx + B) \quad \text{für} \quad \lambda_{1,2} = a \pm ib \tag{8.11}$$

ist dies genau dann der Fall, wenn alle reellen Wurzeln der charakteristischen Gleichung

$$\lambda^2 + a_1 \cdot \lambda + a_0 = 0 \tag{8.4}$$

negativ sind und alle komplexen Wurzeln von (8.4) *negative Realwerte* haben, vgl. Abb. 6.2 auf S. 132.

Für die quadratische Gleichung (8.4) mit den Wurzeln $\lambda_{1,2} = -\frac{a_1}{2} \pm \sqrt{\frac{a_1^2}{4} - a_0}$ sind diese Bedingungen genau dann erfüllt, wenn

$$a_1 > 0 \qquad \text{und} \qquad a_0 > 0. \tag{8.14}$$

Während die Forderung $a_1 > 0$ unmittelbar einleuchtet, erkennt man die Bedeutung von $a_0 > 0$ aus der Äquivalenz

$$-\frac{a_1}{2} + \sqrt{\frac{a_1^2}{4} - a_0} < 0 \quad \Leftrightarrow \quad \frac{a_1^2}{4} - a_0 < \frac{a_1^2}{4} \quad \Leftrightarrow \quad 0 < a_0.$$

Hat die Differentialgleichung (8.4) komplexe Nullstellen, so ist die Bedingung $a_0 > 0$ trivialerweise erfüllt, denn dann gilt sogar $a_0 > \frac{a_1^2}{4} \geq 0$.

< **8.8** > Die Differentialgleichung

$$y''(x) + 2x >'(x) + 2y(x) = 5\cos 2x$$

hat eine stabile Lösung, da $a_1 = 2 > 0$ und $a_0 = 2 > 0$.

Dies zeigt auch die Berechnung der allgemeinen Lösung in < 8.5 >.

Die allgemeine Lösung $y_I(x) = A \cdot e^{-x} \cos(x + B) + \sin 2x - \frac{1}{2}\cos 2x$ strebt für $x \to \pm\infty$ gegen die partikuläre Lösung $\overline{y}(x) = \sin 2x - \frac{1}{2}\cos 2x$. ♦

< **8.9** > Die Differentialgleichung

$$y''(x) + 3y'(x) + 2y(x) = 0$$

hat eine stabile Lösung, da $a_1 = 3 > 0$ und $a_0 = 2 > 0$.

Dies zeigt auch die Berechnung der allgemeinen Lösung: Die charakteristische Gleichung $\lambda^2 + 3\lambda + 2 = (\lambda + 2) \cdot (\lambda + 1) = 0$ hat die beiden negativen Wurzeln $\lambda_1 = -2$ und $\lambda_2 = -1$.

Für $x \to \pm\infty$ konvergiert die allgemeine Lösung $y_H(x) = C_1 \cdot e^{-2x} + C_2 \cdot e^{-x}$ gegen Null für beliebige Konstanten C_1 und C_2. ♦

8.4 Einige ökonomische Anwendungen von Differentialgleichungen 2. Ordnung

8.4.1 Das Multiplikatormodell von LITTLER

Von H. G. LITTLER [1944, S. 422ff] stammt der nachfolgende Ansatz für das Volkseinkommen:

L1 Die Verwendung für das Volkseinkommen Y wird definiert als Summe aus Konsum C und Nettoinvestitionen I.

$$Y(t) = C(t) + I(t) \tag{8.15}$$

L2 Zwischen dem Sparen S und den Investitionen I gelte *ex ante* die Beziehung

$$S(t) = I(t) + d[a_0 - C'(t)], \tag{8.16}$$

wobei $a_0 = C'(0)$ und d eine positive Konstante ist.

L3 Die Investitionen sind eine lineare Funktion der Zeit

$$\frac{dI}{dt} = b = \text{konstant}. \tag{8.17}$$

L4 Das Sparen hängt linear vom Volkseinkommen ab

$$\frac{dS}{dY} = S = \text{konstant}. \tag{8.18}$$

Für die *marginale Sparquote* s gilt im Allgemeinen $0 < s < 1$.

Um aus den vorstehenden Annahmen die Modellgleichung zu erhalten, differenzieren wir die Gleichung (8.15) zweimal und die Gleichung (8.16) einmal nach der Zeit und fassen dann beide Gleichungen zusammen, indem wir $C''(t)$ eliminieren:

$$Y''(t) - I''(t) = \frac{1}{d}\,[I'(t) - S'(t)].$$

Beachtet man noch, dass gemäß (8.17) und (8.18) gilt

$$I'(t) = b, \quad I''(t) = 0, \quad S'(t) = \frac{dS}{dY}[Y(t)] \cdot \frac{dY}{dt}(t) = s \cdot Y'(t),$$

so muss das Volkseinkommen der folgenden Differentialgleichung genügen:

$$Y''(t) + \frac{s}{d}\,Y'(t) = \frac{b}{d}, \quad t \geq 0. \tag{8.19}$$

Die charakteristische Gleichung $\lambda^2 + \frac{s}{d} = 0$ hat die beiden verschiedenen reellen Wurzeln $\lambda_1 = 0$ und $\lambda_2 = -\frac{s}{d}$.

Die zugehörige linear homogene Differentialgleichung $Y''+\frac{s}{d}\cdot Y'=0$ hat daher die allgemeine Lösung

$$Y(t)=C_1+C_2\cdot e^{-\frac{s}{d}t},\quad t\geq 0,\quad C_1,C_2\in\mathbf{R}. \tag{8.20}$$

Um eine partikuläre Lösung von (8.19) zu erhalten, setzen wir die Versuchslösung $\overline{Y}(t)=At$ in die Gleichung ein und sehen, dass $A=\frac{b}{s}$ gewählt werden muss.

Die allgemeine Lösung von (8.19) ist daher

$$Y(t)=C_1+C_2\cdot e^{-\frac{s}{d}t}+\frac{b}{s}\cdot t,\quad t\geq 0,\quad C_1,C_2\in\mathbf{R}. \tag{8.21}$$

Soll diese Lösung noch den Anfangsbedingungen

$$Y_0=Y(0)\qquad\text{und}\qquad W_0=Y'(0) \tag{8.22}$$

genügen, so müssen die Konstanten C_1 und C_2 so gewählt werden, dass gilt

$$\begin{aligned} Y_0 &= C_1+C_2\\ W_0 &= \quad\; C_2\cdot(-\tfrac{s}{d})+\tfrac{b}{s}. \end{aligned}$$

Die einzige Lösung dieses algebraischen Gleichungssystems ist

$$C_2=\frac{d}{s}\cdot(\frac{b}{s}-W_0)\qquad\text{und}\qquad C_1=Y_0-\frac{d}{s}\cdot(\frac{b}{s}-W_0).$$

Die Lösung von (8.19), die auch den Anfangsbedingungen (8.22) genügt, ist daher

$$Y(t)=Y_0-\frac{d}{s}\cdot(\frac{b}{s}-W_0)+\frac{d}{s}\cdot(\frac{b}{s}-W_0)\cdot e^{-\frac{s}{d}t}+\frac{b}{s}\cdot t. \tag{8.23}$$

Da im ökonomisch sinnvollen Bereich die Konstanten d und s positiv sind, strebt $e^{-\frac{s}{d}t}$ für $t\to+\infty$ gegen Null, und das Volkseinkommen verhält sich für genügend großes t wie

$$Y(t)=Y_0-\frac{d}{s}\cdot(\frac{b}{s}-W_0)+\frac{b}{s}\cdot t.$$

8.4.2 Multiplikator-Akzelerator-Modell von PHILLIPS

Eines der bekanntesten Multiplikator-Akzelerator-Modelle mit stetigen verteilten Lags wurde von A. W. PHILLIPS [1954] konstruiert. Er ging von den folgenden Annahmen aus:

P1 Die Produzenten reagieren bei der Festlegung ihres Angebots nicht unmittelbar auf die Nachfrage D, sondern mit einem stetigen (exponentiellen) Lag

$$\frac{dY}{dt} = -\lambda \cdot (Y - D). \tag{8.24}$$

Dabei stellt der *Reaktionskoeffzient* $\lambda > 0$ ein Maß für die Geschwindigkeit dar, mit der das Angebot der Nachfrage angepasst wird.

P2 Die Gesamtnachfrage D setzt sich aus dem geplanten Konsum C, autonomen Ausgaben (Investitionen und Konsum) A und induzierten Investitionen I zusammen:

$$D = C + A + I. \tag{8.25}$$

P3 Der geplante Konsum ist ein konstanter Bruchteil des Volkseinkommens

$$C = c \cdot Y = (1 - s) \cdot Y, \tag{8.26}$$

wobei c, $0 < c < 1$, die *marginale Konsumquote* und $s = 1 - c$ die *marginale Sparquote* bedeuten.

P4 Die induzierten Investitionen I stellen eine Reaktion auf Änderungen des Sozialprodukts Y dar, die nur verzögert mit einem stetigen (exponentiellen) Lag wirksam sind. Mit dem *Investitionskoeffizient* $b > 0$ und dem *Reaktionskoeffizient* $k > 0$ lassen sich die induzierten Investitionen darstellen als

$$\frac{dI}{dt} = -k \cdot \left(I - b \cdot \frac{dY}{dt}\right). \tag{8.27}$$

Setzt man (8.25) in (8.24) ein, so ergibt sich unter Berücksichtigung von (8.26)

$$\frac{dY}{dt} = -\lambda \cdot [Y - (1-s) \cdot Y - A - I] \quad \text{oder}$$

$$I = \frac{1}{\lambda} \cdot \frac{dY}{dt} - A + s \cdot Y. \tag{8.28}$$

Differenziert man (8.28) einmal nach t und setzt dieses Ergebnis in (8.27) ein, so erhält man

$$\frac{1}{\lambda} \cdot Y'' + s \cdot Y' = -k \cdot (I - b \cdot Y')$$

oder unter Berücksichtigung von (8.28) und nach Umordnen

$$Y'' + (\lambda s + k - k \cdot \lambda \cdot b) \cdot Y' + k \cdot \lambda \cdot s \cdot Y = k \cdot \lambda \cdot A. \tag{8.29}$$

Eine partikuläre Lösung dieser inhomogenen Differentialgleichung ist

$$Y(t) = \overline{Y} = \frac{k \cdot \lambda \cdot A}{k \cdot \lambda \cdot s} = \frac{A}{s}.$$

Nach den Ausführungen auf S. 163 ist die Differentialgleichung (8.29) genau dann stabil und jede Lösung konvergiert für $t \to \infty$ gegen $\overline{Y} = \frac{A}{s}$, wenn

$$(\lambda \cdot s + k - k \cdot \lambda \cdot b) > 0 \quad \text{und} \quad k \cdot \lambda \cdot s > 0.$$

8.5 Aufgaben

8.1 Bestimmen Sie die allgemeine Lösung der Differentialgleichung

a. $8y''(x) + 2'y(x) - y(x) = 0, \quad x \in \mathbf{R}$

b. $y''(x) - 4y'(x) + 5y(x) = 0, \quad x \in \mathbf{R}$

8.2 Bestimmen Sie die allgemeine Lösung der linearen Differentialgleichungen:

a. $y''(x) - 7y'(x) + 12y(x) = 5 \cdot e^{3x} + 24x, \quad x \in \mathbf{R}$

b. $y''(x) - 6y'(x) + 9y(x) = 4 \cdot e^{3x} + 10 \sin x, \quad x \in \mathbf{R}$

c. $y''(x) - 4y'(x) + 13y(x) = 29 \cos 2x, \quad x \in \mathbf{R}$

8.3 Bestimmen Sie die partikuläre Lösung der Differentialgleichung
$y'' + 4y = \sin 2x$,
die den Anfangsbedingungen $y(0) = 1$ und $y'(0) = 2$ genügt.

8.4 Gegeben sei das folgende Gleichungssystem zur Beschreibung des Investitionsverhaltens

$I = K'$ Definitionsgleichung

$I' = p^2 (K_{gew} - K)$ Verhaltensgleichung

Legende: K Kapitalstock; K_{gew} gewünschter Kapitalstock
I Investition; p Parameter

Ermitteln Sie den Entwicklungspfad des Kapitalstocks K und beschreiben Sie verbal die Entwicklung.

9. Lineare Differentialgleichungen n-ter Ordnung

Die Theorie der linearen Differentialgleichungen n-ter Ordnung

$$f_n\, y^{(n)}(x) + f_{n-1} y^{(n-1)}(x) + \cdots + f_1\, y'(x) + f_0\, y(x) = g(x), \qquad x \in S \subseteq \mathbf{R} \tag{6.2}$$

mit konstanten reellen Koeffizienten $f_n \neq 0$, $f_{n-1}, \ldots, f_1, f_0$, ist eine unmittelbare Verallgemeinerung der für den Spezialfall $n = 2$ im vorangehenden Kapitel 8 entwickelten Theorie.

Wir geben daher lediglich einen Überblick über die allgemeinen Ergebnisse und verzichten auf ausführliche Erläuterungen und Beweise, die formal in analoger Weise zum ausführlich behandelten Spezialfall zu führen sind.

Dividieren wir die Gleichung (6.2) durch den Koeffizienten f_n und definieren den neuen Koeffizienten als

$$a_i = \frac{f_i}{f_n} = \text{konstant},\ i = n-1, n-1, \ldots, 0; \quad G(x) = \frac{g(x)}{f_n},$$

so erhalten wir die "Normalform" einer *linearen Differentialgleichung n-ter Ordnung mit konstanten Koeffizienten*

$$y^{(n)}(x) + a_{n-1} \cdot y^{(n-1)}(x) + \cdots + a_1 \cdot y'(x) + a_0 \cdot y(x) = G(x), \qquad x \in S \subseteq \mathbf{R}. \tag{9.1}$$

9.1 Linear homogene Differentialgleichungen n-ter Ordnung

Die *linear homogene Differentialgleichung n-ter Ordnung mit konstanten Koeffizienten*

$$y^n(x) + a_{n-1} \cdot y^{(n-1)}(x) + \cdots + a_1 \cdot y'(x) + a_0 \cdot y(x) = 0, \quad x \in S \subseteq \mathbf{R} \tag{9.2}$$

hat die *charakteristische Gleichung*

$$\lambda^n + a_{n-1} \cdot \lambda^{n-1} + \cdots + a_1 \cdot \lambda + a_0 = 0. \tag{9.3}$$

Dies ist eine algebraische Gleichung n-ten Grades mit **genau**[1] n Wurzeln, die wir mit $\lambda_1, \lambda_2, \ldots, \lambda_n$ bezeichnen wollen. Dies können reelle oder komplexe Zahlen sein, wobei jede beliebige Wurzel auch mehrfach auftreten darf, komplexe Wurzeln aber nur in konjugiert komplexen Paaren.

Eine Menge von Lösungen $y_1(x), y_2(x), \ldots, y_n(x)$ der linear homogenen Differentialgleichung (9.2) mit der Eigenschaft, dass die WRONSKI-Determinante

$$\begin{vmatrix} y_1(x) & y_2(x) & \cdots & y_n(x) \\ y_1'(x) & y_2'(x) & \cdots & y_n'(x) \\ \vdots & \vdots & & \vdots \\ y_1^{(n-1)}(x) & y_2^{(n-1)}(x) & & y_n^{(n-1)}(x) \end{vmatrix} \qquad (9.4)$$

für alle $x \in S$ von Null verschieden ist, bezeichnen wir als ein *Fundamentalsystem* von (9.2).

Ein derartiges Fundamentalsystem lässt sich wie folgt ermitteln:

A. Man schreibt für jede reelle Wurzel λ der charakteristischen Gleichung, die noch nicht vorgekommen ist, die Lösung:

$$C \cdot e^{\lambda x}, \qquad (9.5)$$

welche die beliebige Konstante C enthält.

B. Wiederholt sich eine reelle Wurzel λ h-mal, $h \in \mathbf{N}$, $h \leq n$, so schreibt man die Lösung

$$(C_1 + C_2 x + \ldots + C_h x^{h-1}) \cdot e^{\lambda x}, \qquad (9.6)$$

welche die h beliebigen reellen Konstanten $C_1, C_2, \ldots, C_h$ enthält.

C. Für jedes Paar konjugiert komplexer Wurzeln $\lambda_{1,2} = a \pm i b$, die noch nicht vorgekommen sind, schreibt man die Lösung

$$A \cdot e^{ax} \cdot \cos(bx + B) \qquad \text{oder} \qquad (9.7)$$

$$C \cdot e^{ax} \cdot \cos bx + D \cdot e^{ax} \cdot \sin bx, \qquad (9.8)$$

welche die beiden beliebigen reellen Konstanten A und B bzw. C und D enthält.

D. Wiederholt sich ein Paar konjugiert komplexer Wurzeln mit dem Realteil a und dem Imaginärteil $\pm b$ s-mal, $s \in \mathbf{N}$, $s \leq 2n$, so schreibt man die Lösung

[1] Vgl. z. B. [ZURMÜHL 1961, S. 31ff].

$$e^{ax}[A_1 \cdot \cos(bx+B_1) + A_2 \cdot x \cdot \cos(bx+B_2) + \ldots + A_s \cdot x^{s-1} \cdot \cos(bx+B_s)] \tag{9.9}$$

oder

$$(C_1 + C_2 \cdot x + \ldots + C_s \cdot x^{s-1}) \cdot e^{ax} \cdot \cos bx + (D_1 + D_2 \cdot x + \ldots + D_s \cdot x^{s-1}) \cdot e^{ax} \cdot \sin bx, \tag{9.10}$$

welche die 2s willkürlichen reellen Konstanten $A_1, \ldots, A_s$, $B_1, \ldots, B_s$ bzw $C_1, \ldots,$ C_s und $D_1, \ldots, D_s$ enthält.

Die Summe der so bestimmten Lösungen enthält n beliebige reelle Konstanten und stellt die allgemeine Lösung der linear homogenen Differentialgleichung (9.2) dar.

< **9.1** > Zur Bestimmung der allgemeinen Lösung der linear homogenen Differentialgleichung 4. Ordnung

$$y''''(x) - y''(x) + 2y'(x) + 2y(x) = 0 \tag{9.11}$$

berechnen wir die Wurzeln der charakteristischen Gleichung

$$\lambda^4 - \lambda^2 + 2\lambda + 2 = 0.$$

Errät man die Nullstelle $\lambda_1 = -1$, so benötigt man noch die Wurzeln von

$$(\lambda^4 - \lambda^2 + 2\lambda + 2) : (\lambda + 1) = \lambda^3 - \lambda^2 + 2 = 0.$$

Erkennt man, dass auch hier $\lambda_2 = -1$ eine Wurzel ist, so folgt aus

$$(\lambda^3 - \lambda^2 + 2) : (\lambda + 1) = \lambda^2 - 2\lambda + 2,$$

dass die restlichen Wurzeln der charakteristischen Gleichung $\lambda_{3,4} = 1 \pm i$ sind.

Die allgemeine Lösung von (9.11) ist daher

$$y(x) = (C_1 + C_2 \cdot x) \cdot e^{-x} + A \cdot e^{x} \cdot \cos(x+B) \qquad \text{oder}$$

$$y(x) = (C_1 + C_2 \cdot x) \cdot e^{-x} + C_3 \cdot e^{x} \cdot \cos x + D \cdot e^{-x} \cdot \sin x$$

mit beliebigen reellen Konstanten C_1, C_2 und A, B bzw. C_3, D. ♦

9.2 Linear inhomogene Differentialgleichungen n-ter Ordnung

Zur Bestimmung der allgemeinen Lösung der linear inhomogenen Differentialgleichung (9.1) benötigt man nach Satz 6.5 neben der allgemeinen Lösung der zugehörigen linear homogenen Differentialgleichung nur noch eine beliebige partikuläre Lösung von (9.1).

Eine geeignete Methode zu Bestimmung einer speziellen Lösung von (9.1) ist auch im allgemeinen Fall die *Methode der unbestimmten Koeffizienten.*

< **9.2** > Zur Bestimmung einer partikulären Lösung von

$$y''''(x) - y''(x) + 2y'(x) + 2y(x) = 5e^{-x} \tag{9.12}$$

eignet sich die Versuchslösung $\overline{y}(x) = A \cdot x^2 \cdot e^{-x}$.

Aus $A \cdot e^{-x}[(12 - 8x + x^2) - (2 - 4x + x^2) + 2(2x - x^2) + 2x^2]$

$$= A \cdot e^{-x} \cdot 10 \overset{!}{=} 5e^{-x}$$

folgt $A = \frac{1}{2}$ und somit die Lösung $\overline{y}(x) = \frac{1}{2}x^2 \cdot e^{-x}$.

Als eine partikuläre Lösung der Differentialgleichung

$$y''''(x) - y''(x) + 2y'(x) + 2y(x) = 4 \tag{9.12 b}$$

wählen wir die konstante Lösung $\widetilde{y} = \frac{4}{2} = 2$.

Nachdem *Superpositionssatz* ist

$$y(x) = \overline{y}(x) + \widetilde{y}(x) = \frac{1}{2}x^2 \cdot e^{-x} + 2$$

eine Lösung der Differentialgleichung

$$y''''(x) - y''(x) + 2y'(x) + 2y(x) = 4 + 5e^{-x}. \tag{9.12 c}$$

Die allgemeine Lösung von (9.12 c) ist dann unter Beachtung von < 9.1 > gleich

$$y(x) = (C_1 + C_2x + \frac{1}{2}x^2) \cdot e^{-x} + A \cdot e^x \cdot \cos(x + B) + 2.$$ ♦

Erlaubt die Gestalt der Inhomogenität kein "Erraten" einer partikulären Lösung, dann muss man die kompliziertere *Methode der Variation der Konstanten* anwenden, vgl. S. 23f und 53.

9.3 Stabilitätskriterien

Im Abschnitt 8.3 haben wir festgestellt, dass eine lineare Differentialgleichung 2. Ordnung genau dann *stabil* ist, wenn alle reellen Wurzeln ihrer charakteristischen Gleichung *negativ* sind und alle komplexen Wurzeln *negative Realteile* haben. Diese Stabilitätsaussage gilt selbstverständlich auch für lineare Differentialgleichungen höherer Ordnung.

Da die Berechnung der Wurzeln der charakteristischen Gleichung höherer als 2. Ordnung zumeist recht mühsam ist, einen guten Überblick über die verschiedenen Lösungsmethoden findet man in [ZURMÜHL 1961, S. 31-78], ist man an Methoden interessiert, die es gestatten, direkt aus den Koeffizienten der Differentialgleichung auf ihre Stabilität zu schließen. Am bekanntesten ist das Determinantenkriterium von HURWITZ bzw. ROUTH, vgl. hierzu auch S. 84.

Satz 9.1 (*Determinantenkriterium von HURWITZ*):
Aus den Koeffizienten a_i der algebraischen Gleichung

$$a_n \cdot x^n + a_{n-1} \cdot x^{n-1} + \ldots + a_1 \cdot x + a_0 = 0 \tag{9.13}$$

wird die n×n-Matrix

$$D_n = \begin{pmatrix} a_1 & a_0 & 0 & 0 & \cdots & 0 \\ a_3 & a_2 & a_1 & a_0 & \cdots & 0 \\ a_5 & a_4 & a_3 & a_2 & \cdots & 0 \\ \ldots & \ldots & \ldots & \ldots & \ldots & \ldots \\ 0 & 0 & 0 & 0 & \cdots & a_n \end{pmatrix} \tag{9.14}$$

gebildet, auf deren Hauptdiagonalen die Koeffizienten $a_1, a_2, \ldots, a_n$ stehen und in deren Zeilen die Koeffizientenindizes von rechts nach links aufsteigende Zahlen durchlaufen. Koeffizienten mit Indizes kleiner als Null und größer als n werden gleich Null gesetzt.

Die Gleichung (9.13) hat nun genau dann nur Wurzeln mit negativem Realteil, wenn alle Koeffizienten a_i und zugleich sämtliche Hauptabschnittsdeterminanten

$$D_1 = a_1, \quad D_2 = \begin{vmatrix} a_1 & a_0 \\ a_3 & a_2 \end{vmatrix}, \quad D_3 = \begin{vmatrix} a_1 & a_0 & 0 \\ a_3 & a_2 & a_1 \\ a_5 & a_4 & a_3 \end{vmatrix}, \ldots, D_n = a_n \cdot D_{n-1}$$

positiv sind.

< **9.3** > Die Differentialgleichung

$$y'''(x) + 4y''(x) + 5y'(x) + 2y(x) = 7 \qquad (9.15)$$

ist nach dem Determinantenkriterium von HURWITZ stabil, da alle Koeffizienten a_i und alle Hauptabschnittsdeterminanten

$$D_1 = 5, \quad D_2 = \begin{vmatrix} 5 & 2 \\ 1 & 4 \end{vmatrix} = 18, \quad D_3 = \begin{vmatrix} 5 & 2 & 0 \\ 1 & 4 & 5 \\ 0 & 0 & 1 \end{vmatrix} = 18$$

positiv sind.

Die charakteristische Gleichung der Differentialgleichung (9.15) hat im Übrigen die Wurzeln $\lambda_{1,2} = -1$ und $\lambda_3 = -2$, so dass die allgemeine Lösung von (9.15) gleich

$$y(x) = (C_1 + C_2 \cdot x) \cdot e^{-x} + C_3 \cdot e^{-2x} + \frac{7}{2} \text{ ist.}$$ ♦

Bedeutend weniger Rechenaufwand erfordert ein von den französischen Mathematikern LIÉNARD und CHIPART [1914] entwickeltes Stabilitätskriterium.

> **Satz 9.2** (*Stabilitätskriterium von LIÉNARD und CHIPART*):
> Die Gleichung
>
> $$a_n \cdot x^n + a_{n-1} \cdot x^{n-1} + \ldots + a_1 \cdot x + a_0 = 0, \quad (a_n > 0) \qquad (9.13\text{ a})$$
>
> hat genau dann nur Wurzeln mit negativem Realteil, wenn eine der vier folgenden alternativen Aussagen gilt:
>
> **LC1** $a_0 > 0,\ a_2 > 0,\ \cdots$; $D_1 > 0,\ D_3 > 0,\ \cdots$
>
> **LC2** $a_0 > 0,\ a_2 > 0,\ \cdots$; $D_2 > 0,\ D_4 > 0,\ \cdots$
>
> **LC3** $a_0 > 0,\ a_1 > 0,\ a_3 > 0,\ \ldots$; $D_1 > 0,\ D_3 > 0,\ \cdots$
>
> **LC4** $a_0 > 0,\ a_1 > 0,\ a_3 > 0,\ \ldots$; $D_2 > 0,\ D_4 > 0,\ \cdots$
>
> wobei D_i die Hauptabschnittsdeterminante der Matrix (9.14) ist.

< **9.4** > Die Differentialgleichung

$$2y'''(x) + 7y''(x) + 10y'(x) + 6 = 0, \quad x \in \mathbf{R} \qquad (9.16)$$

ist nach dem Stabilitätskriterium von LIÉNARD und CHIPART stabil, da z. B.

$$a_0 = 6 > 0, \quad a_2 = 7 > 0, \quad a_3 = 2 > 0, \quad D_2 = \begin{vmatrix} 10 & 6 \\ 2 & 7 \end{vmatrix} = 70 - 12 = 58 > 0.$$

Jede Lösung dieser linear homogenen Differentialgleichung konvergiert also mit wachsendem x gegen Null. ♦

9.4 Das Stabilisierungsmodell von PHILLIPS für eine geschlossene Volkswirtschaft

Das in Abschnitt 8.4.2 dargestellte Multiplikator-Akzelerator-Modell wurde von PHILIPPS [1954] dahingehend verallgemeinert, dass nun auf der Nachfrageseite zwischen der Nachfrage der privaten Haushalte und der Nachfrage der staatlichen Stellen unterschieden wird. PHILLIPS untersucht die Möglichkeiten des Staates, durch seine Nachfrage nach Gütern und Dienstleistungen, die zur normalen Nachfrage der Wirtschaft nach Konsum- und Investitionsgütern hinzukommt, die Entwicklung des Volkseinkommens zu stabilisieren.

Dabei wird unterstellt, dass ein gewünschtes Gleichgewichtsniveau für das Angebot, $Y = 0$, bis zum Zeitpunkt $t = 0$ aufrechterhalten wird, und dass die Nachfrage der Wirtschaft plötzlich um einen gegebenen Betrag fällt.

PHILLIPS unterscheidet 3 Möglichkeiten für eine staatliche Stabilisierungs-politik.

P1 Proportionale Stabilisierungspolitik:
Die staatliche Nachfrage ist proportional und von entgegengesetztem Vorzeichen zu der Abweichung zwischen wirklichem und gewünschtem Angebot, d. h.

$$G^*(t) = -f_p[Y(t) - 0] = -f_p Y(t), \quad t > 0$$

wobei $f_p > 0$ eine Proportionalitätskonstante ist. Ist z. B. $Y(t)$ negativ, so wird durch zusätzliche staatliche Nachfrage ein f_p-faches des Angebotdefizits ausgeglichen.

P2 Integrale Stabilisierungspolitik:
Die staatliche Nachfrage ist proportional und von entgegengesetztem Vorzeichen zu den kumulierten Abweichungen zwischen realisierten Angeboten und gewünschten Angeboten, von $t = 0$ bis zum gegenwärtigen Zeitpunkt, d. h.

$$G^*(t) = -f_i \int_0^t Y(\tau)\,d\tau,$$

wobei $f_i > 0$ eine Proportionalitätskonstante ist.

P3 Abgeleitete Stabilisierungspolitik:
Die staatliche Nachfrage ist proportional und von entgegengesetztem Vorzeichen zu der Ableitung des (wirklichen) Angebots, d. h.

$$G^*(t) = -f_d Y'(t),$$

wobei $f_d > 0$ eine Proportionalitätskonstante ist.

Dabei bedeutet G* die *geplante* staatliche Nachfrage. Die *tatsächliche* staatliche Nachfrage, die zu irgendeinem Zeitpunkt wirksam ist, wird mit G(t) bezeichnet. PHILLIPS [1954, S. 294] nimmt an, dass sie um einen stetigen exponentiellen Lag mit der Reaktionsgeschwindigkeit $\beta > 0$ hinter den Plänen herhinkt, d. h.

$$G' = \beta(G^* - G).$$

Das Mulitplikator-Akzelerator-Modell mit staatlicher Nachfrage zur Stabilisierung lautet nun:

$$\frac{dY}{dt} = -\lambda(Y - D) \qquad \textit{Angebot} \qquad (8.24)$$

$$D = C + A + G + I \qquad \textit{Nachfrage} \qquad (8.25)$$

$$C = (1-s)Y, \quad 0 < s < 1 \qquad (8.26)$$

$$\frac{dI}{dt} = -\kappa(I - b \cdot \frac{dY}{dt}), \quad b > 0, \quad \kappa > 0 \qquad (8.27)$$

$$G' = \beta(G^* - G) \qquad \text{oder} \qquad (\tfrac{d}{dt} + \beta)G = \beta G^*, \quad \beta > 0 \qquad (9.17)$$

$$G^* = -f_p Y - f_i \int_0^t Y(\tau)\,d\tau - f_d Y' \qquad (9.18)$$

Setzt man (8.25) in (8.24) ein, so erhält man bei Berücksichtigung von (8.26)

$$Y' = -\lambda[Y - (1-s)Y - A - G - I) \qquad \text{oder}$$

$$I = \frac{1}{\lambda}Y' - A - G + sY. \qquad (9.19)$$

Differenziert man (9.19) einmal nach t und setzt dieses Ergebnis in (8.27) ein, so erhält man

$$\frac{1}{\lambda}Y'' - G' + sY' = -\kappa(I - bY')$$

oder unter Berücksichtigung von (9.19) und (9.17) und nach Umordnen

$$Y'' + (\lambda s + \kappa - \kappa\lambda b)Y' + \kappa\lambda s Y = \kappa\lambda A + \lambda\beta G^* + (\lambda\kappa - \lambda\beta)G.$$

Wendet man nun den Operator $(\frac{d}{dt} + \beta)$ auf diese Gleichung an, so erhält man

$$Y''' + (\beta + \lambda s + \kappa - \kappa\lambda b)Y'' + (\beta\lambda s + \beta\kappa - \beta\kappa\lambda b - \kappa\lambda s)Y' + \beta\kappa\lambda s Y$$
$$= \beta\kappa\lambda A + \lambda\beta G^{*\prime} + \lambda\kappa\beta G^*.$$

Mit (9.18) lässt sich die linke Seite dieser Differentialgleichung schreiben als

$$\beta\kappa\lambda A - \lambda\beta(f_p Y' + f_i Y + f_d Y'') - \lambda\kappa\beta(f_p Y + f_i \int_0^t Y(\tau)\,d\tau + f_d Y').$$

Somit lautet die Modellgleichung

$$Y''' + a_2 Y'' + a_1 Y' + a_0 Y + \lambda\kappa\beta f_i \int_0^t Y(\tau)\,d\tau = \beta\kappa\lambda A$$

mit $a_2 = \beta + \lambda s + \kappa - k\lambda b + \lambda\beta f_d$

$a_1 = \beta\lambda(s + f_p) + \beta\kappa + \beta\kappa\lambda(f_d - b) - \kappa\lambda s$

$a_0 = \beta\kappa\lambda(f_p + s) + \lambda\beta f_i.$

Dies ist eine Differentialgleichung 3. Ordnung, wenn $f_i = 0$ ist, und eine Differentialgleichung 4. Ordnung, wenn $f_i \neq 0$ ist, und man die Modellgleichung durchdifferenziert.

9.5 Aufgaben

9.1 Man bestimme die allgemeine Lösung der folgenden linearen Differentialgleichungen

a. $y''''(x) + 4y'''(x) + 6y''(x) + 4y'(x) + y(x) = 8, \quad x \in \mathbf{R}$

b. $y''''(x) + 2y'''(x) + 5y''(x) + 8y'(x) + 4y(x) = \cos x + 40e^x, \quad x \in \mathbf{R}$

c. $y'''(x) - 6y''(x) + 11y'(x) - 6y(x) = 12x - 20, \quad x \in \mathbf{R}$

9.2 Bestimmen Sie die partikuläre Lösung der Differentialgleichung

$y''' + 3y'' + 2y' = x^2 + 4x + 8,$

die den Anfangsbedingungen

$y(0) = 0,\ y'(0) = -\frac{1}{4},\ y''(0) = \frac{11}{2}$ genügt.

10. Systeme linearer Differentialgleichungen mit konstanten Koeffizienten

Bei der Lösung mancher Probleme ist es nötig, ein Tupel $[y_1(x),\ldots, y_n(x)]$ zu ermitteln, das einem System von Differentialgleichungen genügt, welches die unabhängige Variable x, die gesuchten Funktionen $y_1(x), y_2(x), \ldots, y_n(x)$ und deren Ableitungen enthält. Für den speziellen Fall, dass das System nur aus linearen Differentialgleichungen besteht, nennt man es *lineares Differentialgleichungssystem.*

Von besonderer Bedeutung sind *Systeme von linearen Differentialgleichungen 1. Ordnung mit konstanten Koeffizienten.* Sie haben die "Normal-" oder "explizite Form"

$$\begin{array}{lcl} y'_1(x) &=& a_{11}y_1(x) + a_{12}y_2(x) + \ldots + a_{1n}y_n(x) + g_1(x) \\ y'_2(x) &=& a_{21}y_1(x) + a_{22}y_2(x) + \ldots + a_{2n}y_n(x) + g_2(x) \\ \ldots & \ldots & \ldots \quad \ldots \quad \ldots \quad \ldots \quad \ldots \quad \ldots \\ y'_n(x) &=& a_{n1}y_1(x) + a_{n2}y_2(x) + \ldots + a_{nn}y_n(x) + g_n(x), \\ & & \qquad\qquad\qquad\qquad x \in S \subseteq \mathbf{R}, \end{array} \tag{10.1}$$

wobei die Koeffizienten a_{ij} reelle Zahlen und die *Störfunktionen* g_i reellwertige stetige Funktionen in x darstellen.

Sind alle Störfunktionen g_i identisch gleich Null, d. h.

$$g_1(x) = 0,\ g_2(x) = 0, \ldots, g_n(x) = 0, \text{ für alle } x \in S,$$

so spricht man von einem *linear homogenen Differentialgleichungssystem.* Ist dagegen wenigstens ein g_i nicht identisch gleich Null, so bezeichnet man das lineare Differentialgleichungssystem (10.1) als *inhomogen.*

Mit den Abkürzungen

$$\mathbf{y}(x) = \begin{pmatrix} y_1(x) \\ y_2(x) \\ \vdots \\ y_n(x) \end{pmatrix}, \qquad \mathbf{y}'(x) = \begin{pmatrix} y'_1(x) \\ y'_2(x) \\ \vdots \\ y'_n(x) \end{pmatrix}, \qquad \mathbf{g}(x) = \begin{pmatrix} g_1(x) \\ g_2(x) \\ \vdots \\ g_n(x) \end{pmatrix}$$

und $\mathbf{A} = \begin{pmatrix} a_{11} & a_{12} & \cdots & a_{1n} \\ a_{21} & a_{22} & \cdots & a_{2n} \\ \vdots & \vdots & & \vdots \\ a_{n1} & a_{n2} & \cdots & a_{nn} \end{pmatrix}$

lässt sich das System (10.1) in Matrizenschreibweise darstellen als

$$\mathbf{y}'(x) = \mathbf{A} \cdot \mathbf{y}(x) + \mathbf{g}(x). \tag{10.2}$$

Die exponierte Stellung linearer Differentialgleichungssysteme 1. Ordnung verdeutlicht der folgende

> **Satz 10.1:**
> Jede lineare Differentialgleichung n-ter Ordnung ist einem System von n linearen Differentialgleichungen 1. Ordnung äquivalent.

Beweis (für konstante Koeffizienten):
Ist die lineare Differentialgleichung n-ter Ordnung

$$y^{(n)}(x) + a_{n-1} \cdot y^{(n-1)}(x) + \cdots + a_1 \cdot y'(x) + a_0 \cdot y(x) = G(x) \tag{9.1}$$

gegeben, so braucht man nur

$$\begin{array}{lllll} y_1 & = & y & & \\ y_2 & = & y'_1 & = & y' \\ y_3 & = & y'_2 & = & y'' \\ \ldots & \ldots & \ldots & \ldots & \ldots \\ y_n & = & y'_{n-1} & = & y^{(n-1)} \end{array}$$

zu setzen und erhält das zu (9.1) äquivalente Differentialsystem

$$\begin{array}{lll} y'_1 & = & y_2 \\ y'_2 & = & y_3 \\ \ldots & \ldots & \ldots \\ y'_{n-1} & = & y_n \\ y'_n & = & -a_0 y_1 - a_1 y_2 - a_2 y_3 - \cdots - a_{n-1} y_n + G(x). \end{array} \tag{10.3}$$

< **10.1** > Die lineare Differentialgleichung 4. Ordnung

$$y'''' - 5y'' - 6y' - 2y = 4 + 6e^{-x}$$

lässt sich schreiben als ein System bestehend aus 4 linearen Differentialgleichungen 1. Ordnung:

$$\begin{aligned}
y'_1 &= \quad y_2 \\
y'_2 &= \quad y_3 \\
y'_3 &= \quad y_4 \\
y'_4 &= 2y_1 + 6y_2 + 5y_3 \quad +4+6e^{-x}.
\end{aligned}$$

♦

Der Satz 10.1 lässt sich noch dahingehend verallgemeinern, dass jedes lineare Differentialgleichungssystem äquivalent zu einem System von linearen Differentialgleichungen 1. Ordnung ist.

< 10.2 > Das lineare Differentialgleichungssystem

$$\begin{aligned}
y''_1 + y_1 \quad - 2y_2 &= 5 \\
3y'_1 \quad + y'''_2 + 7y'_2 &= e^x
\end{aligned}$$

bestehend aus einer Differentialgleichung 2. Ordnung in y_1 und einer Differentialgleichung 3. Ordnung in y_2 lässt sich mit

$$\begin{aligned}
y_3 &= y'_1 \\
y_4 &= y'_2 \\
y_5 &= y'_4 = y''_2
\end{aligned}$$

schreiben als ein System, bestehend aus 5 linearen Differentialgleichungen 1. Ordnung

$$\begin{aligned}
y'_1 &= \quad y_3 \\
y'_2 &= \quad y_4 \\
y'_3 &= -y_1 + 2y_2 \quad +5 \\
y'_4 &= \quad y_5 \\
y'_5 &= \quad -3y_3 - 7y_4 \quad +e^x.
\end{aligned}$$

♦

10.1 Homogene Systeme linearer Differentialgleichungen 1. Ordnung

Versuchen wir zunächst die allgemeine Lösung des *homogenen Systems linearer Differentialgleichungen 1. Ordnung mit konstanten Koeffizienten*

$$\mathbf{y}'(x) = \mathbf{A} \cdot \mathbf{y}(x), \quad x \in S \subseteq \mathbf{R} \tag{10.4}$$

zu bestimmen mit $\mathbf{y}' = (y'_1, y'_2, \ldots, y'_n)$, $\mathbf{y} = (y_1, y_2, \ldots, y_n)$ und der nxn-Matrix $\mathbf{A} = (a_{ij})$ mit den konstanten Elementen $a_{ij} \in \mathbf{R}$.

Haben wir n Lösungen

$$\mathbf{y}_1 = \begin{pmatrix} y_{11} \\ y_{21} \\ \vdots \\ y_{n1} \end{pmatrix}, \quad \mathbf{y}_2 = \begin{pmatrix} y_{12} \\ y_{22} \\ \vdots \\ y_{n2} \end{pmatrix}, \ldots, \quad \mathbf{y}_n = \begin{pmatrix} y_{1n} \\ y_{2n} \\ \vdots \\ y_{nn} \end{pmatrix}$$

des Systems (10.4) gefunden, dann ist

$$\mathbf{y}(x) = C_1 \cdot \mathbf{y}_1(x) + C_2 \cdot \mathbf{y}_2(x) + \ldots + C_n \cdot \mathbf{y}_n(x), \tag{10.5}$$

mit beliebigen Konstanten $C_1, C_2, \ldots, C_n$, nur dann die *allgemeine Lösung* des homogenen Differentialgleichungssystems (10.4), wenn für jede Wahl der linken Seite und für jedes $x \in S$ das algebraische Gleichungssystem (10.5) in den unbekannten $C_1, C_2, \ldots, C_n$ eine Lösung besitzt. Dies ist nach Hilfssatz 3.1, vgl. S. 39, genau dann der Fall, wenn die WRONSKIdeterminante

$$|\mathbf{Y}(x)| = \begin{vmatrix} y_{11} & y_{12} & \cdots & y_{1n} \\ y_{21} & y_{22} & \cdots & y_{2n} \\ \vdots & \vdots & & \vdots \\ y_{n1} & y_{n2} & \cdots & y_{nn} \end{vmatrix} \tag{10.6}$$

für alle $x \in S$ von Null verschieden ist.

Definition 10.1:
Eine Menge von Lösungen $\mathbf{y}_1(x), \mathbf{y}_2(x), \ldots, \mathbf{y}_n(x)$ des homogenen Differentialgleichungssystems (10.4), deren WRONSKIdeterminante (10.6) von Null verschieden ist für alle $x \in S$, bezeichnet man als ein *Fundamentalsystem* von Lösungen.

Das Problem der Bestimmung der allgemeinen Lösung des homogenen Differentialgleichungssystems ist damit reduziert auf das Problem der Bestimmung von n Lösungen, die ein Fundamentalsystem bilden.

Um eine Lösung von (10.4) zu finden, wollen wir in Analogie zu linearen Differentialgleichungen den nachfolgenden Lösungsansatz versuchen.

$$\mathbf{y} = \begin{pmatrix} y_1 \\ y_2 \\ \vdots \\ y_n \end{pmatrix} = \begin{pmatrix} b_1 e^{\lambda x} \\ b_2 e^{\lambda x} \\ \vdots \\ b_n e^{\lambda x} \end{pmatrix} = \begin{pmatrix} b_1 \\ b_2 \\ \vdots \\ b_n \end{pmatrix} \cdot e^{\lambda x} = \mathbf{b} \cdot e^{\lambda x} \tag{10.7}$$

Der Parameter λ und der *Amplitudenvektor* $\mathbf{b}$ sind nun so zu bestimmen, dass $\mathbf{y}(x) = \mathbf{b} \cdot e^{\lambda x}$ dem Differentialgleichungssystem (10.4) genügt.

Bilden wir die 1. Ableitung von $\mathbf{y}(x) = \mathbf{b} \cdot e^{\lambda x}$ nach x

$$\mathbf{y}'(x) = \begin{pmatrix} b_1 \lambda e^{\lambda x} \\ b_2 \lambda e \lambda x \\ \vdots \\ b_n \lambda e^{\lambda x} \end{pmatrix} = \mathbf{b} \cdot \lambda \cdot e^{\lambda x}$$

und setzen wir dann $\mathbf{y}'$ und $\mathbf{y}$ in (10.4) ein:

$$\lambda \cdot \mathbf{b} \cdot e^{\lambda x} = \mathbf{A} \cdot \mathbf{b} \cdot e^{\lambda x},$$

so folgt nach Division durch den von Null verschiedenen skalaren Faktor $e^{\lambda x}$

$$\lambda \cdot \mathbf{b} = \mathbf{A} \cdot \mathbf{b}$$

oder unter Verwendung der Einheitsmatrix I

$$(\mathbf{A} - \lambda \cdot \mathbf{I}) \cdot \mathbf{b} = \mathbf{0}. \tag{10.8}$$

Das homogene Gleichungssystem (10.8) hat dann und nur dann eine nicht-triviale Lösung **b**, wenn gilt

$$|\mathbf{A} - \lambda \cdot \mathbf{I}| = 0. \tag{10.9}$$

Die Bestimmung einer Lösung des homogenen Differentialgleichungssystems (10.4) entspricht damit dem Eigenwertproblem der Koeffizientenmatrix **A**, vgl. dazu S. 101. Die charakteristische Gleichung (10.9) der Matrix **A** wird zur *charakteristischen Gleichung* des Differentialgleichungssystems. Ihre n Wurzeln, die Eigenwerte λ_i der Matrix **A**, sind genau jene Werte des Parameters λ, für die der Ansatz (10.7) zu einer Lösung von (10.4) führt. Die zugehörigen *Eigenvektoren* $\mathbf{b}_i$ entsprechen dann den Amplitudenvektoren.

Da ein Eigenvektor nur bis auf ein skalares Vielfaches bestimmt ist, können wir die Eigenvektoren $\mathbf{b}_i$ noch normieren, so dass zu jedem Vektor $\mathbf{b}_i$ noch ein beliebig wählbarer Faktor C_i hinzukommt.

Durch Summierung der Einzellösungen

$$\mathbf{y}_i(x) = C_i \cdot \mathbf{b}_i \cdot e^{\lambda_i x}, \quad i = 1, 2, \ldots, n \tag{10.10}$$

erhalten wir dann die Lösung von (10.4) in der Form

$$y(x) = C_1 \cdot \mathbf{b}_1 \cdot e^{\lambda_1 x} + C_2 \cdot \mathbf{b}_2 \cdot e^{\lambda_2 x} + \ldots + C_n \cdot \mathbf{b}_n \cdot e^{\lambda_n x}, \tag{10.11}$$

mit beliebig wählbaren Konstanten $C_1, C_2, \ldots, C_n$.

Dies ist aber nur dann die *allgemeine Lösung* von (10.4), wenn ihre WRONSKI-determinante

$$|\mathbf{Y}(x)| = \left|(\mathbf{b}_1 \cdot e^{\lambda_1 x}, \mathbf{b}_2 \cdot e^{\lambda_2 x}, \ldots, \mathbf{b} \cdot e^{\lambda_n x})\right|$$
$$= |(\mathbf{b}_1, \mathbf{b}_2, \ldots, \mathbf{b}_n)| \cdot e^{\lambda_1 x} \cdot e^{\lambda_2 x} \cdot \ldots \cdot e^{\lambda_n x}$$

für alle x von Null verschieden ist, d. h. wenn die Eigenvektoren $\mathbf{b}_i$ der Matrix **A** linear unabhängig sind.

Aus den Sätzen 5.3 - 5.5 auf S. 101 folgt, dass zumindest dann (10.12) die allgemeine Lösung von (10.4) darstellt, wenn die Koeffizientenmatrix **A** nur einfache Eigenwerte besitzt.

< **10.3** > Das Differentialgleichungssystem

$$\begin{aligned} y'_1 &= -y_1 + 2y_2 - 3y_3 \\ y'_2 &= 2y_1 + 2y_2 - 6y_3 \\ y'_3 &= -y_1 - 2y_2 - 6y_3 \end{aligned} \qquad (10.12)$$

hat die charakteristische Gleichung

$$|\mathbf{A} - \lambda \cdot \mathbf{I}| = \begin{vmatrix} -1-\lambda & 2 & -3 \\ 2 & 2-\lambda & -6 \\ -1 & -2 & 1-\lambda \end{vmatrix}$$
$$= \lambda^3 - 2\lambda^2 - 20\lambda - 24 = (\lambda+2)^2 \cdot (\lambda - 6) = 0\,.$$

Die Eigenwerte von **A** sind daher $\lambda_1 = \lambda_2 = -2$ und $\lambda_3 = 6$.

Die zu diesen Eigenwerten gehörenden Eigenvektoren lassen sich dann berechnen als Lösungen der entsprechenden homogenen Gleichungssysteme (10.8):

Für $\lambda_1 = \lambda_2 = -2$ hat (10.8) die Form:

$$\begin{pmatrix} 1 & 2 & -3 \\ 2 & 4 & -6 \\ -1 & -2 & 3 \end{pmatrix} \cdot \mathbf{b} = 0 \qquad \text{oder} \qquad \begin{pmatrix} 1 & 2 & -3 \\ 0 & 0 & 0 \\ 0 & 0 & 0 \end{pmatrix} \cdot \mathbf{b} = 0\,.$$

Die allgemeine Lösung dieses Gleichungssystems ist

$$\mathbf{b} = \begin{pmatrix} -2 \\ 1 \\ 0 \end{pmatrix} \cdot C_1 + \begin{pmatrix} 3 \\ 0 \\ 1 \end{pmatrix} \cdot C_2, \quad C_1, C_2 \in \mathbf{R}\,.$$

Zum zweifachen Eigenwert –2 gehören somit die beiden linear unabhängigen Eigenvektoren $\mathbf{b}_1' = (-2, 1, 0)$ und $\mathbf{b}_2' = (3, 0, 1)$.

Für $\lambda_3 = 6$ hat (10.8) die Form

$$\begin{pmatrix} -7 & 2 & -3 \\ 2 & -4 & -6 \\ -1 & -2 & -5 \end{pmatrix} \cdot \mathbf{b} = 0 \qquad \text{oder} \qquad \begin{pmatrix} 0 & 1 & 2 \\ 1 & 0 & 1 \\ 0 & 0 & 0 \end{pmatrix} \cdot \mathbf{b} = 0 .$$

Jeder Spaltenvektor $C_3 \cdot \begin{pmatrix} -1 \\ -2 \\ 1 \end{pmatrix}$ mit $C_3 \in \mathbf{R} \setminus \{0\}$ ist ein zum Eigenwert $\lambda_3 = 6$ gehörender linear unabhängiger Eigenvektor. Wählen wir $C_3 = 1$, so ist $\mathbf{b}_3 = (-1, -2, 1)'$.

Die allgemeine Lösung des Differentialgleichungssystems (10.12) ist daher

$$\mathbf{y}(x) = \begin{pmatrix} y_1(x) \\ y_2(x) \\ y_3(x) \end{pmatrix} = \left[C_1 \cdot \begin{pmatrix} -2 \\ 1 \\ 0 \end{pmatrix} + C_2 \cdot \begin{pmatrix} 3 \\ 0 \\ 1 \end{pmatrix} \right] \cdot e^{-2x} + C_3 \cdot \begin{pmatrix} -1 \\ -2 \\ 1 \end{pmatrix} \cdot e^{6x} ,$$

mit beliebigen reellen Konstanten C_1, C_2, C_3. ♦

< 10.4 > Das Differentialgleichungssystem

$$\begin{aligned} y'_1 &= -y_1 + y_2 + y_3 \\ y'_2 &= y_1 - y_2 + y_3 \\ y'_3 &= y_1 + y_2 + y_3 \end{aligned} \qquad (10.13)$$

hat die charakteristische Gleichung

$$|\mathbf{A} - \lambda \cdot \mathbf{I}| = \begin{vmatrix} -1-\lambda & 1 & 1 \\ 1 & -1-\lambda & 1 \\ 1 & 1 & 1-\lambda \end{vmatrix}$$

$$= -\lambda^3 - \lambda^2 + 4\lambda + 4 = (\lambda - 2) \cdot (\lambda + 2) \cdot (-\lambda - 1) = 0 ,$$

mit den drei verschiedenen reellen Wurzeln $\lambda_1 = -2,\ \lambda_2 = -1,\ \lambda_3 = 2$.

Aus dem (10.8) entsprechenden homogenen Gleichungssystem lassen sich die folgenden Eigenvektoren ermitteln:

$$\mathbf{b}_1 = (-1, +1, 0)', \quad \mathbf{b}_2 = (-1, -1, 1)' \quad \text{und} \quad \mathbf{b}_3 = (1, 1, 2)' .$$

Die allgemeine Lösung des Differentialgleichungssystems (10.13) ist daher

$$y(x) = \begin{pmatrix} y_1(x) \\ y_2(x) \\ y_3(x) \end{pmatrix} = C_1 \cdot \begin{pmatrix} -1 \\ 1 \\ 0 \end{pmatrix} \cdot e^{-2x} + C_2 \cdot \begin{pmatrix} -1 \\ -1 \\ 1 \end{pmatrix} \cdot e^{-x} + C_3 \cdot \begin{pmatrix} 1 \\ 1 \\ 2 \end{pmatrix} \cdot e^{2x} ,$$

mit beliebigen reellen Konstanten C_1, C_2, C_3.

Soll die Lösung zusätzlich den Anfangsbedingungen

$$y_1(0) = 1, \quad y_2(0) = 0, \quad y_3(0) = 0$$

genügen, so müssen die Konstanten C_1, C_2, C_3 so bestimmt werden, dass gilt

$$\begin{pmatrix} 1 \\ 0 \\ 0 \end{pmatrix} = C_1 \cdot \begin{pmatrix} -1 \\ 1 \\ 0 \end{pmatrix} + C_2 \cdot \begin{pmatrix} -1 \\ -1 \\ 1 \end{pmatrix} + C_3 \cdot \begin{pmatrix} 1 \\ 1 \\ 2 \end{pmatrix}.$$

Die eindeutige Lösung dieses algebraischen Gleichungssystems ist

$$(C_1, C_2, C_3) = (-\tfrac{1}{2}, -\tfrac{1}{3}, \tfrac{1}{6}).$$

Die partikuläre Lösung von (10.13), die den vorstehenden Anfangsbedingungen genügt, ist daher

$$\bar{y}(x) = \begin{pmatrix} \bar{y}_1(x) \\ \bar{y}_2(x) \\ \bar{y}_3(x) \end{pmatrix} = -\frac{1}{2} \cdot \begin{pmatrix} 1 \\ -1 \\ 0 \end{pmatrix} \cdot e^{-2x} - \frac{1}{3} \cdot \begin{pmatrix} 1 \\ 1 \\ -1 \end{pmatrix} \cdot e^{-x} + \frac{1}{6} \cdot \begin{pmatrix} 1 \\ 1 \\ 2 \end{pmatrix} \cdot e^{2x}. \qquad \blacklozenge$$

< **10.5** > Das Differentialgleichungssystem

$$\begin{aligned} y'_1 &= -3y_1 - y_2 \\ y'_2 &= y_1 - y_2 \end{aligned} \tag{10.14}$$

hat die charakteristische Gleichung

$$|\mathbf{A} - \lambda \cdot \mathbf{I}| = \begin{vmatrix} -3-\lambda & -1 \\ 1 & -1-\lambda \end{vmatrix} = \lambda^2 + 4\lambda + 4 = (\lambda - 2)^2 = 0,$$

mit den beiden gleichen reellen Wurzeln $\lambda_{1,2} = -2$.

Das homogene Gleichungssystem zur Bestimmung der zugehörigen Eigenwerte

$$\begin{pmatrix} -1 & -1 \\ 1 & 1 \end{pmatrix} \cdot \mathbf{b} = \mathbf{0}$$

hat nur die Lösung $\mathbf{b}' = (1, -1) \cdot C, \quad C \in \mathbf{R}$.

Zum zweifachen Eigenwert $\lambda_{1,2} = -2$ gehört demnach nur **ein** linear unabhängiger Eigenvektor.

Wir sind daher nicht in der Lage, mit der oben dargestellten Lösungsmethode allein die allgemeine Lösung von (10.14) zu ermitteln, vgl. das analoge Problem in Kapitel 5 auf den Seiten 101ff.

In diesem Werk soll nicht weiter auf die Frage eingegangen werden, wie man vorgehen muss, wenn die Koeffizientenmatrix **A** bei mehrfachen Eigenwerten nicht mehr die volle Anzahl linear unabhängiger Eigenvektoren aufweist. Wir verweisen auf [ZURMÜHL 1964, S. 431-435] oder [GOLDBERG; SCHWARTZ 1972, S. 82-117] und auf das Eliminationsverfahren in Abschnitt 10.3. ♦

10.2 Inhomogene Systeme linearer Differentialgleichungen 1. Ordnung

Bei der Bestimmung der allgemeinen Lösung eines *inhomogenen Systems linearer Differentialgleichungen 1. Ordnung mit konstanten Koeffizienten*

$$\mathbf{y}'(x) = \mathbf{A} \cdot \mathbf{y}(x) + \mathbf{g}(x), \quad x \in S \subseteq \mathbf{R}$$

können wir unsere Untersuchung auf die Ermittlung einer partikulären Lösung von (10.2) beschränken, denn es gilt der einfach zu beweisende

> **Satz 10.2:**
> Ist $\mathbf{y} = \overline{\mathbf{y}}(x)$ eine beliebig partikuläre Lösung des inhomogenen Systems (10.2) und $\mathbf{y} = \mathbf{y}_H(x)$ die allgemeine Lösung des zugehörigen homogenen Systems (10.4), so ist
>
> $$\mathbf{y} = \mathbf{y}_I(x) = \mathbf{y}_H(x) + \overline{\mathbf{y}}(x)$$
>
> die allgemeine Lösung des inhomogenen Systems (10.2).

Vgl. dazu die analogen Aussagen in Satz 5.7 auf S. 110 und in Satz 6.5 auf S. 134.

Zur Bestimmung einer partikulären Lösung von (10.2) eignet sich am besten die *Methode der unbestimmten Koeffizienten,* vgl. S. 158. Nur wenn die Gestalt der Inhomogenität das "Erraten" einer partikulären Lösung nicht erlaubt, muss die kompliziertere *Methode der Variation der Konstanten* angewendet werden.

< **10.6** > Zur Bestimmung einer partikulären Lösung des Differentialgleichungssystems

$$\begin{aligned} y'_1 &= -y_1 + 2y_2 - 3y_3 \qquad -1 \\ y'_2 &= \;\; 2y_1 + 2y_2 - 6y_3 \\ y'_3 &= \;\; y'_3 - 2y_2 \qquad y_3 + 4x + 3 \end{aligned} \tag{10.15}$$

wählen wir den Lösungsansatz

$$\mathbf{y}(x) = \begin{pmatrix} \overline{y}_1 \\ \overline{y}_2 \\ \overline{y}_3 \end{pmatrix} = \begin{pmatrix} A_1 + B_1 x \\ A_2 + B_2 x \\ A_3 + B_3 x \end{pmatrix},$$

den wir in (10.15) einsetzen:

$$\begin{aligned} B_1 &= (-A_1 + 2A_2 - 3A_3) + (-B_1 + 2B_2 - 3B_3)\,x \quad -1 \\ B_2 &= (2A_1 + 2A_2 - 6A_3) + (2B_1 + 2B_2 - 6B_3)\,x \\ B_3 &= (-A_1 - A_2 + A_3) + (-B_1 - 2B_2 + B_3)\,x \;+4x \;+3. \end{aligned}$$

Der Koeffizientenvergleich

bzgl. x^1: $$\begin{aligned} -B_1 + 2B_2 - 3B_3 &= 0 \\ 2B_1 + 2B_2 - 6B_3 &= 0 \\ -B_1 - 2B_2 + B_3 &= -4 \end{aligned}$$

bzgl. x^0: $$\begin{aligned} -A_1 + 2A_2 - 3A_3 &= B_1 + 1 \\ 2A_1 + 2A_2 - 6A_3 &= B_2 \\ -A_1 - 2A_2 + A_3 &= B_3 - 3 \end{aligned}$$

ergibt: $B_1 = 1$, $B_2 = 2$, $B_3 = 1$ und $A_1 = 0$, $A_2 = 1$, $A_3 = 0$.

Die partikuläre Lösung lautet somit

$$\overline{y}(x) = \begin{pmatrix} x \\ 1 + 2x \\ x \end{pmatrix},$$

und die allgemeine Lösung von (10.15) ist unter Beachtung der Ergebnisse von < 10.3 >

$$y_I(x) = \left[C_1 \cdot \begin{pmatrix} -2 \\ 1 \\ 0 \end{pmatrix} + C_2 \cdot \begin{pmatrix} 3 \\ 0 \\ 1 \end{pmatrix} \right] \cdot e^{-2x} + C_3 \cdot \begin{pmatrix} -1 \\ -1 \\ 0 \end{pmatrix} \cdot e^{6x} + \begin{pmatrix} 1 \\ 2 \\ 1 \end{pmatrix} \cdot x + \begin{pmatrix} 0 \\ 1 \\ 0 \end{pmatrix}. \qquad \blacklozenge$$

10.3 Eliminationsverfahren zur Lösung linearer Differentialgleichungssysteme

Während wir in Abschnitt 10.1 den Satz 10.1 benutzt haben, um eine lineare Differentialgleichung n-ter Ordnung in ein System linearer Differentialgleichungen 1. Ordnung zu transformieren, wollen wir jetzt den umgekehrten Weg gehen und ein System linearer Differentialgleichungen in eine lineare Differentialgleichung höherer Ordnung überführen. Dabei muss das lineare System nicht notwendigerweise aus Differentialgleichungen 1. Ordnung bestehen, denn wie in Abschnitt 10.1 gezeigt wurde, kann jedes lineare Differentialgleichungssystem in ein System linearer Differentialgleichungen 1. Ordnung transformiert werden. Die

Ordnung der Differentialgleichung, die man so erhält, kann nicht höher sein als die Summe der Ordnungen des gegebenen Systems.

< **10.7** > Um das Differentialgleichungssystem

$$\begin{aligned} y'_1 &= -3y_1 - y_2 \\ y'_2 &= \quad y_1 - y_2 \end{aligned} \tag{10.16}$$

zu lösen, verknüpfen wir die beiden Gleichungen, indem wir eine der Funktionen, z. B. y_1, eliminieren. Dazu differenzieren wir die 2. Gleichung noch einmal nach x

$$y''_2 = y'_1 - y'_2$$

und ersetzen dann in der 1. Gleichung y'_1 und y_1:

$$(y''_2 + y'_2) = -3(y'_2 + y_2) - y_2 .$$

Wir erhalten so die linear homogene Differentialgleichung 2. Ordnung für die Funktion y_2:

$$y''_2 + 4y'_2 + 4y_2 = 0,$$

deren charakteristische Gleichung $\lambda^2 + 4\lambda + 4 = 0$ die zweifache reelle Wurzel $\lambda_{1,2} = -2$ hat.

Die allgemeine Lösung dieser Differentialgleichung ist nach Satz 8.1

$$y_2 = (C_1 + C_2 x) \cdot e^{-2x} .$$

Da
$$\begin{aligned} y_1 &= y'_2 + y_2 \\ &= (-2C_1 - 2C_2\,x + C_2) \cdot e^{-2x} + (C_1 + C_2\,x) \cdot e^{-2x} \\ &= (-C_1 + C_2 - C_2\,x) \cdot e^{-2x} , \end{aligned}$$

ist die allgemeine Lösung des Systems (10.16)

$$y(x) = \begin{pmatrix} y_1(x) \\ y_2(x) \end{pmatrix} = \left[\begin{pmatrix} -C_1 + C_2 \\ C_1 \end{pmatrix} + C_2 \cdot \begin{pmatrix} -1 \\ 1 \end{pmatrix} \cdot x \right] \cdot e^{-2x} .$$ ♦

< **10.8** > Um eine Lösung des Differentialgleichungssystems

$$\begin{aligned} y'' + \quad y' + z'' - z &= e^{x} \\ y' + -2y - z' + z &= e^{-x} \end{aligned} \tag{10.17}$$

zu bestimmen, verknüpfen wir beide Gleichungen, indem wir die Funktion z(x) eliminieren.

Dazu lösen wir die 2. Gleichung nach z' auf

$$z' = y' + 2y + z - e^{-x}, \tag{10.18}$$

differenzieren diese Gleichung nochmals nach x,

$$z'' = y'' + 2y' + z' + e^{-x}$$

und ersetzen dann z' durch den Ausdruck in (10.18)

$$z'' = y'' + 2y' + y' + 2y + z.$$

Dieses z'' setzen wir in die 1. Gleichung von (10.17) ein:

$$y'' + y' + y'' + 2y' + y' + 2y = e^x.$$

Zu lösen bleibt somit die Differentialgleichung

$$y'' + 2y' + y = \tfrac{1}{2}e^x, \tag{10.19}$$

deren charakteristische Gleichung $\lambda^2 + 2\lambda + 1 = (\lambda + 1)^2 = 0$ die beiden gleichen reellen Wurzeln $\lambda_{1,2} = -1$ hat.

Die allgemeine Lösung der zugehörigen linear homogenen Differentialgleichung ist daher

$$y_H(x) = (A + Bx) \cdot e^{-x}, \quad A, B \in \mathbf{R}.$$

Zur Bestimmung einer partikulären Lösung von (10.19) setzen wir die Versuchslösung $\overline{y}(x) = D \cdot e^x$ in die Gleichung (10.19) ein.

Aus $D \cdot e^x (1 + 2 + 1) \overset{!}{=} \tfrac{1}{2}e^x$ folgt, dass

$$\overline{y}(x) = \tfrac{1}{8}e^x$$

eine partikuläre Lösung von (10.19) ist.

Die allgemeine Lösung von (10.19) ist somit

$$y(x) = (A + Bx) \cdot e^{-x} + \tfrac{1}{8}e^x.$$

Setzen wir diese Lösung $y(x)$ und ihre 1. Ableitung

$$y'(x) = (-A + B - Bx) \cdot e^{-x} + \tfrac{1}{8}e^x$$

in die 2. Gleichung des Systems (10.17) ein, so erhalten wir die lineare Differentialgleichung 1. Ordnung für $z(x)$

$$z' - z = e^{-x}(-1 + A + B + Bx) + \tfrac{3}{8}e^x. \tag{10.20}$$

Die allgemeine Lösung der zugehörigen homogenen Gleichung ist

$$z_H(x) = C \cdot e^x, \quad C \in \mathbf{R}.$$

Zur Bestimmung einer partikulären Lösung von (10.20) machen wir den Lösungsansatz $\overline{z}(x) = (E + Fx)\cdot e^{-x} + (G + Hx)\cdot e^{x}$.

$$\text{Aus}\quad e^{-x}\cdot(-E + F - Fx - E - Fx) + (G + H + Hx - G - Hx)\cdot e^{x}$$
$$= e^{-x}(-1 + A + B + Bx) + \tfrac{3}{8}e^{x}$$

folgt durch Koeffizientenvergleich

$$G = \text{beliebig},\; H = \tfrac{3}{8},\; E = \tfrac{1}{4}(2 - 2A - 3B),\; F = -\tfrac{1}{2}B.$$

Die allgemeine Lösung von (10.20) ist daher

$$z(x) = \tfrac{1}{4}(2 - 2A - 3B - 2Bx)\cdot e^{-x}\cdot(G + \tfrac{3}{8}x)\cdot e^{x}.$$

Die allgemeine Lösung des Systems (10.17) ist daher

$$y(x) = \tfrac{1}{8}e^{x} + (A + Bx)\cdot e^{-x}$$
$$z(x) = (G + \tfrac{3}{8}x)\cdot e^{x} + \tfrac{1}{4}(2 - 2A - 3B - 2Bx)\cdot e^{-x},\quad A, B, G \in \mathbf{R}. \qquad \blacklozenge$$

10.4 Qualitative Analyse der Lösungen

Die Untersuchungen in den Abschnitten 10.1 und 10.2 lassen erkennen, dass das Konvergenzverhalten der Lösung eines Systems von linearen Differentialgleichungen 1. Ordnung

$$\mathbf{y}'(x) = \mathbf{A}\cdot\mathbf{y}(x) + \mathbf{g}(x) \tag{10.2}$$

für x wachsend ins Positive über alle Grenzen im Wesentlichen von den Wurzeln der charakteristischen Gleichung $|\mathbf{A} - \lambda\mathbf{I}| = 0$ abhängt.

Weisen alle Eigenwerte von **A** nur negative Realteile auf, dann konvergiert unabhängig von den Anfangsbedingungen der Lösungsanteil des zugehörigen homogenen Systems gegen den Nullvektor. Die Lösung von (10.2)

$$\mathbf{y}_I(x) = \mathbf{y}_H(x) + \overline{\mathbf{y}}(x)$$

verhält sich für hinreichend großes x wie der *Gleichgewichtspfad* $\overline{\mathbf{y}}(x)$.

Da bei der Bestimmung der Eigenwerte der Koeffzientenmatrix **A** schon die Darstellung der charakteristischen Gleichung in Polynom-Form für größeres n mühevoll ist, ist es wünschenswert, Stabilitätskriterien zu kennen, die direkt auf die Elemente der Matrix **A** angewendet werden können.

Satz 10.3:
Eine quadratische Matrix $\mathbf{A} = (a_{ij})$ besitzt genau dann nur Eigenwerte mit negativem Realteil, wenn **A** *negativ definit* ist.

Beweis: siehe z. B. [GANTMACHER 1964, S. 74]

Satz 10.4:
Eine symmetrische Matrix **A** ist genau dann negativ definit, wenn alle Hauptminoren von |**A**| im Vorzeichen alternieren, wobei das Vorzeichen einer Hauptabschnittsdeterminante h-ter Ordnung gleich $(-1)^h$ ist:

$$a_{11} < 0, \begin{vmatrix} a_{11} & a_{12} \\ 2_{21} & a_{22} \end{vmatrix} > 0, \begin{vmatrix} a_{11} & a_{12} & a_{13} \\ a_{21} & a_{22} & a_{23} \\ a_{31} & a_{32} & a_{33} \end{vmatrix} < 0, \ldots, (-1)^h \begin{vmatrix} a_{11} & \cdots & a_{1n} \\ \vdots & & \\ a_{n1} & \cdots & a_{nn} \end{vmatrix} > 0$$

Beweis: siehe z. B. [BECKMANN; KÜNZI 1973, S. 96-99]

Satz 10.5:
Eine quadratische Matrix **A** ist genau dann negativ definit, wenn die symmetrische Matrix $\mathbf{B} = \frac{1}{2}(\mathbf{A} + \mathbf{A}')$ negativ definit ist.

Beweis: siehe z. B. (BECKMANN; KÜNZI 1973, S. 95]

Satz 10.6:
Eine notwendige aber nicht hinreichende Bedingung dafür, dass alle Eigenwert der n×n-Matrix $\mathbf{A} = (a_{ij})$ nur Eigenwerte mit negativem Realteil hat, ist

$$\sum_{i=1}^{n} a_{ii} < 0.$$

Beweisskizze:

In einem Polynom n-ten Grades in λ ist der Koeffizient von λ^{n-1} gerade das (−1)-fache der Summe der Nullstellen dieses Polynoms. In der charakteristischen Gleichung $|\mathbf{A} - \lambda\mathbf{I}| = 0$ ist der Koeffizient von λ^{n-1} gerade $-\sum_{i=1}^{n} a_{ii}$.

< **10.9** > Das Differentialgleichungssystem (10.13) aus < 10.4 > auf S. 183 hat die Koeffizientenmatrix

$$A = \begin{pmatrix} -1 & 1 & 1 \\ 1 & -1 & 1 \\ 1 & 1 & 1 \end{pmatrix}.$$

Da $\sum\limits_{i=1}^{n} a_{ii} = -1-1+1 = -1 < 0$, könnte das System (10.13) nach Satz 10.6 eine stabile Lösung haben.

Da aber $|\mathbf{A}| = \begin{vmatrix} -1 & 1 & 1 \\ 1 & -1 & 1 \\ 1 & 1 & 1 \end{vmatrix} = 4 > 0$, hat das System (10.13) nach Satz 10.3 **keine** stabile Lösung in Übereinstimmung mit den früheren Ergebnissen, vgl. S. 183. ♦

< 10.10 > Für das Differentialgleichungssystem (10.17) aus < 10.8 > mit der Koeffizientenmatrix

$$\mathbf{A} = \begin{pmatrix} -7 & +1 \\ -2 & -5 \end{pmatrix}$$

ist sowohl die Stabilitätsbedingung nach Satz 10.3

$$\sum_{i=1}^{2} a_{ii} = -7-5 = -12 < 0$$

als auch die Stabilitätsbedingungen nach Satz 10.6 erfüllt

$$-7 < 0, \quad \begin{vmatrix} -7 & 1 \\ -2 & -5 \end{vmatrix} = 35 + 2 = 37 > 0.$$ ♦

10.5 Ökonomische Anwendungen von Systemen linearer Differentialgleichungen 1. Ordnung

10.5.1 Das dynamische Input-Output-Modell von LEONTIEF

Im Gegensatz zu späteren Autoren, so z. B. [DORFMANN; SAMUELSON; SOLOW 1958] und [SCHUMANN 1968], formulierte der "Vater" der Input-Output-Theorie WASSILY W. LEONTIEF [1953, Kapitel 3] sein dynamisches Input-Output-Modell mit stetiger Zeitabhängigkeit.

Betrachten wir auch hier das offene Modell, bei dem die Endnachfragen $C_i(t)$ exogen gegeben sind, dann lassen sich die im Modell von SCHUMANN in Abschnitt 5.5.2 formulierten Annahmen ohne Beschränkung auf den stetigen Fall übertragen:

Für $t \in \mathbf{R}, \quad t \geq 0$ und $i, j = 1,2,\ldots,n$ gilt daher:

$$X_i(t) = \sum_{j=1}^{n} X_{ij}(t) + \sum_{j=1}^{n} I_{ij}(t) + C_i(t) \qquad (5.38)$$

$$X_{ij}(t) = a_{ij} \cdot X_j(t) \qquad (5.39)$$

$$C_i(t) = C_i(0) \cdot e^{mt}, \qquad \text{da } (1+\tfrac{m}{n})^n \underset{n\to\infty}{\to} e^m \qquad (10.21)$$

$$K_{ij}(t) = b_{ij} \cdot X_j(t), \qquad \text{und somit} \qquad (10.22)$$

$$I_{ij}(t) = \frac{dK_{ij}}{dt}(t) = b_{ij} \cdot \frac{dX_j}{dt}(t) = b_{ij} \cdot X'_j(t). \qquad (10.23)$$

Setzt man die Gleichungen (5.39), (10.21) und (10.23) in die Bilanzgleichung (5.38) ein, so erhält man nach Umordnen

$$\sum_{j=1}^{n} b_{ij} \cdot X'_j(t) = \sum_{j=1}^{n} (\delta_{ij} - a_{ij}) \cdot X_j(t) - e^{mt} \cdot C_i(0),\ t \in \mathbf{R}, t \geq 0, \qquad (10.24')$$

$$\text{wobei } \delta_{ij} = \begin{cases} 1 & \text{für } i = j \\ 0 & \text{für } i \neq j \end{cases}, \qquad i = 1, 2, \ldots, n.$$

Mit den n×n-Matrizen $\mathbf{A} = (a_{ij})$, $\mathbf{B} = (b_{ij})$ und $\mathbf{I} = (\delta_{ij})$

und den Vektoren $\mathbf{X}(t) = \begin{pmatrix} X_1(t) \\ X_2(t) \\ \vdots \\ X_n(t) \end{pmatrix}$, $\mathbf{X}'(t) = \begin{pmatrix} X'_1(t) \\ X'_2(t) \\ \vdots \\ X_n'(t) \end{pmatrix}$, $\mathbf{C}(0) = \begin{pmatrix} C_1(0) \\ C_2(0) \\ \vdots \\ C_n(0) \end{pmatrix}$

lassen sich diese n simultanen Differentialgleichungen 1. Ordnung in Matrizenschreibweise darstellen als

$$\mathbf{B} \cdot \mathbf{X}'(t) = (\mathbf{I} - \mathbf{A}) \cdot \mathbf{X}(t) - e^{mt} \cdot \mathbf{C}(0), \quad t \in \mathbf{R}, t \geq 0. \qquad (10.24)$$

A. Zur Bestimmung einer partikulären Lösung von (10.24) setzen wir die Versuchslösung

$\overline{\mathbf{X}}(t) = e^{mt} \cdot \mathbf{D}$ mit einem Spalten-n-Tupel $\mathbf{D} \in \mathbf{R}^n$

$\overline{\mathbf{X}}'(t) = me^{mt} \cdot \mathbf{D}$

in das Differentialgleichungssystem ein und erhalten nach Division durch e^{mt}

$$m\mathbf{B}\mathbf{D} = (\mathbf{I} - \mathbf{A}) \cdot \mathbf{D} - \mathbf{C}(0)$$

oder $\mathbf{D} = [(\mathbf{I} - \mathbf{A}) - m\mathbf{B}]^{-1} \cdot \mathbf{C}(0)$.

Eine partikuläre Lösung von (10.24) ist somit

$$\overline{\mathbf{X}}(t) = e^{mt} \cdot [(\mathbf{I} - \mathbf{A}) - m\mathbf{B}]^{-1} \cdot \mathbf{C}(0). \qquad (10.25)$$

B. Um die allgemeine Lösung des zugehörigen homogenen Systems zu bestimmen, sind zunächst die Nullstellen der charakteristischen Gleichung

$$|\mathbf{B}\lambda - (\mathbf{I} - \mathbf{A})| = 0$$

zu berechnen.

Um die numerische Rechnung übersichtlich zu gestalten, soll die Betrachtung beschränkt werden auf ein Zwei-Sektoren-Modell mit

$$\mathbf{A} = \begin{pmatrix} 0{,}3 & 0{,}4 \\ 0{,}5 & 0{,}1 \end{pmatrix}, \qquad \mathbf{B} = \begin{pmatrix} 1 & 2 \\ 3 & 0 \end{pmatrix}, \qquad \mathbf{C}(0) = \begin{pmatrix} 100 \\ 150 \end{pmatrix}, \qquad m = 0{,}1 .$$

Die Wurzeln der Gleichung

$$\begin{vmatrix} \lambda - 0{,}7 & 2\lambda + 0{,}4 \\ 3\lambda + 0{,}5 & -0{,}9 \end{vmatrix} = -6\lambda^2 - 3{,}1\lambda + 0{,}43 = 0$$

sind $\lambda_1 \approx 0{,}625$ und $\lambda_2 \approx 0{,}119$.

Die zugehörigen Eigenvektoren berechnen sich aus den Gleichungssystemen

$$[\mathbf{B}\lambda_i - (\mathbf{I} - \mathbf{A})] \cdot \mathbf{b}_i = \mathbf{0}, \quad i = 1,2$$

als $\mathbf{b}_1 = c_1 \cdot \begin{pmatrix} 1 \\ -1{,}56 \end{pmatrix}$ und $\mathbf{b}_2 = c_2 \cdot \begin{pmatrix} 1 \\ 0{,}91 \end{pmatrix}$, $c_1, c_2 \in \mathbf{R}$.

Die allgemeine Lösung des inhomogenen Systems ist daher

$$\mathbf{x}_H(t) = c_1 \cdot \begin{pmatrix} 1 \\ -1{,}56 \end{pmatrix} \cdot e^{-0{,}625t} + c_2 \cdot \begin{pmatrix} 1 \\ 0{,}91 \end{pmatrix} \cdot e^{0{,}119t} .$$

Eine partikuläre Lösung des inhomogenen Systems ist

$$\overline{\mathbf{X}}(t) = e^{0{,}1t} \cdot \begin{pmatrix} 3000 \\ 2833 \end{pmatrix},$$

so dass die allgemeine Lösung des inhomogenen Systems lautet:

$$\mathbf{X}(t) = c_1 \cdot \begin{pmatrix} 1 \\ -1{,}56 \end{pmatrix} \cdot e^{-0{,}625t} + c_2 \cdot \begin{pmatrix} 1 \\ 0{,}91 \end{pmatrix} \cdot e^{0{,}119t} + e^{0{,}1t} \cdot \begin{pmatrix} 3000 \\ 2833 \end{pmatrix}.$$

Da nicht beide Eigenwerte negativ sind, ist das Differentialgleichungssystem instabil.

10.5.2 Das Zwei-Sektoren-Wachstumsmodell von SHINKAI

Während in den Wachstumsmodellen von HARROD [1948], DOMAR [1957] und SOLOW [1960] die gesamte Wirtschaft zu einem Sektor zusammengefasst wird, unterscheidet SHINKAI [1960] zwischen zwei Industriezweigen, dem Kapitalgütersektor (Sektor 1) und dem Konsumgütersektor (Sektor 2).

SHINKAI geht von den folgenden Annahmen aus:

S1 Es gibt nur zwei Arten von Gütern, nämlich Kapitalgüter und Konsumgüter. Kapitalgüter werden nicht von den Konsumenten nachgefragt, und Konsumgüter werden nicht in der Produktion verwandt.

S2 Für die Produktion jedes Gutes werden Kapitalgüter und Arbeit benötigt.

S3 In jeder Industrie gibt es nur eine Produktionstechnik, d. h. alle technischen Koeffizienten sind konstant.

S4 Kapital und Arbeit sind frei übertragbar von einem Sektor zum anderen. Die Arbeit ist homogen, und die Lohnrate ist für alle Arbeiter die gleiche.

S5 Die Arbeiter konsumieren ihr gesamtes Einkommen, während die Kapitalisten nur sparen und ihr gesamtes Einkommen wieder investieren.

S6 Das Angebot an Arbeit wachse mit einer gegebenen konstanten Wachstumsrate.

S7 Das Problem der Abschreibung wird ignoriert, so dass der Output der Kapitalgüterindustrie mit der Nettoinvestition übereinstimmt.

Bei der Darstellung des Modells benutzen wir folgende Symbole:

X_i = Output des Sektors i

N_i = die in Sektor i gebrauchte Arbeit

a_i = Kapital-Arbeits-Verhältnis des Sektors i

b_i = Arbeits-Input-Koeffizient des Sektors i

W = Reale Lohnrate

N = Gesamt-Arbeitsangebot

K = Gesamt-Kapitalstock

n = Wachstumsrate von N

Die Bedingungen für ein Gleichgewicht (kein Kapazitätsüberschuss, keine überschüssige Nachfrage nach Konsumgütern und Vollbeschäftigung) sind dann:

$$K = a_1 \cdot N_1 + a_2 \cdot N_2 \tag{10.26}$$

$$X_2 = W \cdot (N_1 + N_2) \tag{10.27}$$

$$N = N_1 + N_2 \tag{10.28}$$

Bei gegebenem Kapitalstock K und gegebenem Arbeitsangebot N können für $a_1 \neq a_2$ aus dem System der Gleichungen (10.26) bis (10.28) die Variablen W, N_1 und N_2 bestimmt werden. Dabei ist zu beachten, dass $X_2 = b_2 \cdot N_2$.

Damit sind auch die Outputs X_i, $X_i = b_i \cdot N_i$, $i = 1, 2$, bestimmt.

Nach Annahme S7 gilt weiterhin

$$K' = X_1. \tag{10.29}$$

Differenziert man nun (10.26) nach t

$$K' = a_1 \cdot N'_1 + a_2 \cdot N'_2$$

und beachtet, dass $X_1 = b_1 \cdot N_1$, so gilt

$$\frac{1}{b_1} \cdot N_1 = a_1 \cdot N'_1 + a_2 \cdot N'_2. \tag{10.30}$$

Differenziert man weiterhin (10.28) nach t und berücksichtigt man, dass nach S6 die Annahme $N' = n \cdot N$ gilt, so folgt

$$n(N_1 + N_2) = N'_1 + N'_2.$$

Zu lösen ist also das homogene Differentialgleichungssystem

$$\begin{aligned} a_1 \cdot N'_1 + a_2 \cdot N'_2 &= \frac{1}{b_1} \cdot N_1 \\ N'_1 + \quad N'_2 &= n \cdot N_1 + n \cdot N_2. \end{aligned} \tag{10.32}$$

Die charakteristische Gleichung dieses Systems ist

$$\begin{vmatrix} a_1 \lambda - \frac{1}{b_1} & a_2 \lambda \\ \lambda - n & \lambda - n \end{vmatrix} = \lambda^2 \cdot (a_1 - a_2) - \lambda \cdot (a_1 \cdot n - a_2 n + \frac{1}{b_1}) + \frac{1}{b_1} \cdot n = 0$$

mit den Eigenwerten $\lambda_1 = n$ und $\lambda_2 = \frac{1}{b_1 \cdot (a_1 - a_2)}$.

Die zugehörigen Eigenvektoren sind

$$\mathbf{b}_1 = \begin{pmatrix} 1 \\ \frac{1 - a_1 \cdot b_1 \cdot n}{a_1 \cdot b_1 \cdot n} \end{pmatrix} \quad \text{und} \quad \mathbf{b}_2 = \begin{pmatrix} 1 \\ -1 \end{pmatrix},$$

so dass die allgemeine Lösung von (10.32) lautet

$$\begin{pmatrix} N_1(t) \\ N_2(t) \end{pmatrix} = c_1 \cdot \begin{pmatrix} 1 \\ \frac{1-a_1 \cdot b_1 \cdot n}{a_1 \cdot b_1 \cdot n} \end{pmatrix} \cdot e^{nt} + c_2 \cdot \begin{pmatrix} 1 \\ -1 \end{pmatrix} \cdot \exp\left[\frac{t}{b_1(a_1-a_2)}\right].$$

Sind der Anfangskapitalbestand K_0 und das Anfangsarbeitsangebot N_0 gegeben, dann gilt nach (10.26) und (10.28)

$$N_1(0) = \frac{K_0 - a_2 \cdot N_0}{a_1 - a_2} \qquad \text{und} \qquad N_2(0) = -\frac{K_0 - a_1 \cdot N_0}{a_1 - a_2}.$$

Die Konstanten müssen dann gleich

$$c_1 = \frac{a_2 \cdot b_1 \cdot n \cdot N_0}{1-b_1 \cdot n \cdot (a_1 - a_2)} \qquad \text{bzw.} \qquad c_2 = \frac{K_0}{a_1 - a_2} - \frac{a_2 \cdot N_0}{[1-b_1 \cdot n \cdot (a_1 - a_2)] \cdot (a_1 - a_2)}$$

gesetzt werden.

Eine Untersuchung der Frage, wie bei gegebenen Koeffizienten a_i, b_i und n die Anfangsbedingungen K_0 und N_0 aussehen müssen, damit ein gleichgewichtiges Wachstum herrscht, findet man bei [SHINKAI 1960, S. 110f].

10.6 Aufgaben

10.1 Bestimmen Sie die allgemeine und, soweit Anfangsbedingungen angegeben, auch die partikuläre Lösung zu den folgenden Gleichungssystemen:

a. $y'_1 = -5y_1 + 2y_2 + e^x$

$y'_2 = y_1 - 6y_2 + e^{2x}$

b. $y'_1 = -y_2 + y_3$

$y'_2 = y_3$

$y'_3 = -y_1 + y_3$

c. $y'_1 = y_1 - y_2 + 3x^2$

$y'_2 = 4y_1 - 2y_2 + 2 + 8x \qquad y_1(0) = 0, \quad y_2(0) = 5$

d. $y'_1 + y'_2 + y_1 + 4y_2 = 0$

$y'_1 - 3y_1 + 3y_2 = 0 \qquad y_1(0) = 5, \quad y_2(0) = -6$

10.2 Bestimmen sie die allgemeine Lösung der folgenden Gleichungssysteme mittels des Eliminationsverfahrens:

a. $y'_1 = y_2$

$y'_2 = y_1 + e^{-x}$

b. $y'_1 = -y_1 + y_2 + y_3$

$y'_2 = y_1 - y_2 + y_3$

$y'_3 = y_1 + y_2 - y_3$

10.3 Man bestimme die allgemeine Lösung des Differentialgleichungssystems

$$y'_1 = y_1 + y_2 + 3x$$
$$y'_2 = 4y_1 + y_2 + 7$$

und die partikuläre Lösung, die den Anfangsbedingungen $y_1(0) = -1$ und $y_2(0) = 3$ genügt.

C. Wahrscheinlichkeitstheorie

Leider wird auch heutzutage noch in vielen Statistiklehrbüchern für Wirtschaftswissenschaftler auf eine exakte Darstellung der mathematischen Grundlagen verzichtet. Dies gipfelt dann in der völlig unbefriedigenden Definition einer Zufallsvariablen als "eine Variable, die Werte zufällig annimmt". Nur wenn der Begriff Zufallsvariable mathematisch als eine Abbildung definiert wird, können Studierende Begriffe wie "kumulierte Verteilungsfunktion" oder "Dichtefunktion" wirklich verstehen. In Kapitel 11 werden Basisbegriffe wie Zufallsvorgang, Ereignis, σ-Algebra, BOOLEsche Mengenalgebra und BORELsche σ-Algebra fundiert eingeführt.

In Kapitel 12 wird dann der Wahrscheinlichkeitsbegriff axiomatisch definiert und die Frage untersucht, wie bei einem speziellen Zufallsvorgang die Wahrscheinlichkeitsverteilung für ein gegebenes Ereignissystem numerisch zu bestimmen ist. Basierend auf den Begriffen "gemeinsame Wahrscheinlichkeit" und "bedingte Wahrscheinlichkeit" werden für die Anwendung wichtige Sätze bewiesen, u. a. der Multiplikationssatz, der Satz von der totalen Wahrscheinlichkeit und der Satz von BAYES.

Im Mittelpunkt des Kapitels 13 stehen die zentralen Begriffe "Zufallsvariable" und "kumulierte Verteilungsfunktion". Letztere bietet die Möglichkeit, sowohl diskret verteilte als auch stetig verteilte Zufallsvariablen gemeinsam zu betrachten und formal darzustellen. Anschließend werden die wichtigsten diskreten Wahrscheinlichkeitsverteilungen und die bekanntesten Dichtefunktionen dargestellt. Bei den mehrdimensionalen Zufallsvariablen wird genauer auf die Binomial-, die Hypergeometrische und die POISSON-Verteilung eingegangen. Den Abschluss des Kapitels 13 bildet eine Zusammenstellung wichtigster Verteilungsparameter und deren Eigenschaften.

11. Zufallsvorgänge, Ereignisse, Algebren

Als *Zufallsvorgang, stochastischen Vorgang* oder *Zufallsexperiment* bezeichnet man Vorgänge,

A. die wirklich oder wenigstens gedanklich bei unverändertem Bedingungskomplex wiederholbar sind und

B. deren Ergebnis nicht eindeutig vorhergesagt werden kann.

< **11.1** > Zufallsvorgänge des täglichen Lebens sind zum Beispiel:

a. das Werfen eines 1 €-Stückes,

b. die Außentemperatur in °C am 13.6.2006 um 12.30 Uhr, gemessen mit dem Thermometer der Wetterstation am Flughafen Frankfurt/Main,

c. die Anzahl der polizeilich registrierten Verkehrsunfälle im Stadtgebiet Frankfurt/Main an einem bestimmten Tag,

d. die bei der Überprüfung einer bestimmten Sendung von 100 Glühbirnen festgestellte Anzahl defekter Glühbirnen. ♦

Die Tatsache, dass sich das Ergebnis eines Zufallsvorganges nicht eindeutig vorhersagen lässt, gibt einen Hinweis darauf, dass der Bedingungskomplex nicht sämtliche Bedingungen umfasst, die ein bestimmtes Ergebnis determinieren. So sind neben der physikalischen Beschaffenheit des 1 €-Stücks und der evtl. vereinbarten Wurfrichtung die Anfangsgeschwindigkeit, der Anfangsdrehimpuls, die Windstärke und die Windrichtung weitere Bedingungen, die das Wurfergebnis beeinflussen, bei Wiederholung aber nicht konstant bleiben.

Würde man alle Ursachen kennen, die ein Resultat eines Vorganges herbeiführen, dann wäre dieses Ergebnis vorhersagbar. Dies ist aber in der Regel nicht möglich, da es meist Bedingungen gibt, die sich der Erkenntnis überhaupt entziehen oder deren quantitative Erfassung mangels Messgenauigkeit nicht gelingt bzw. zu aufwendig ist.

Eine Menge, die **mindestens** alle logisch möglichen Ausgänge eines Zufallsvorganges als Elemente enthält, bezeichnet man als zugehörige *Ergebnismenge, Ergebnisraum* oder *Stichprobenraum* und kürzt sie zumeist mit Ω ab. Die Elemente der Ergebnismenge nennt man auch *Realisierungen* oder *Stichproben*.

Stichprobenräume dürfen ohne weiteres umfangreicher gewählt werden, als dies unbedingt notwendig ist; ein Stichprobenraum muss aber mindestens so groß sein, dass alle möglichen Ergebnisse als Elemente enthalten sind.

Wie das vorstehende Beispiel < 11.1c > zeigt, ist es oft nicht möglich, eine minimale Ergebnismenge anzugeben.

Man unterscheidet diskrete und stetige Ergebnismengen. Gehören zu einer Ergebnismenge nur endlich viele oder abzählbar unendlich viele Realisierungen, so heißt sie *diskrete Ergebnismenge*, vgl. hierzu die Beispiele < 11.2a > und < 11.2b >. Dagegen nennt man eine Ergebnismenge *stetig* oder *kontinuierlich*, wenn sie überabzählbar viele Realisierungen als Elemente enthält, vgl. dazu Beispiel < 11.2c >.

< 11.2 >

a. Werfen eines 1 €-Stückes, $\Omega = \{\text{"Zahl"}, \text{"Adler"}\}$

b. Ein 1 €-Stück wird solange geworfen, bis (erstmalig) "Zahl" erscheint. Bezeichnet man mit ω_i das Ergebnis, dass "Zahl" zum ersten Mal bei der i-ten Ausspielung auftritt, so ist $\Omega = \{\omega_i \mid i \in \mathbf{N}\}$.

c. Die Brenndauer einer Glühbirne eines bestimmten Fertigungsloses ist ein Zufallsvorgang. Unterstellt man unendlich genaue Messbarkeit, so kann jede nicht-negative reelle Zahl ω als Ergebnis erscheinen. Die Ergebnismenge ist gleich $\Omega = \{\omega \mid \omega \in \mathbf{R}_+, \omega \leq \omega^*\}$, wenn ω^* die technisch bedingte Maximalbrenndauer angibt. ♦

Betrachten wir das Zufallsexperiment "Einmaliges Werfen eines Würfels". Im Allgemeinen interessiert man sich nicht nur für das Eintreten von Ereignissen wie "es wird eine 6 gewürfelt" oder "es wird eine 2 gewürfelt", sondern auch für Ereignisse wie "es wird eine Zahl größer als 2 gewürfelt" oder "es wird eine gerade Zahl gewürfelt". All diese Ereignisse lassen sich unverwechselbar beschreiben durch Teilmengen des Ergebnisraumes $\Omega = \{1,2,3,4,5,6\}$ der Form $\{\omega \in \Omega \mid \text{Ereignis gilt bei Realisierung } \omega \text{ als eingetreten}\}$, d. h. man identifiziert kurzerhand das Ereignis mit der entsprechenden Teilmenge von Ω. Ereignisse werden, wie es für Mengen allgemein üblich ist, mit lateinischen Großbuchstaben abgekürzt.

< 11.3 > Beim einmaligen Werfen mit einem Würfel können u. a. die folgenden Ereignisse auftreten:

$E_1 = \{6\}$: "es wird eine 6 gewürfelt"

$E_2 = \{2\}$: "es wird eine 2 gewürfelt"

$E_3 = \{3,4,5,6\}$: "es wird eine Zahl größer als 2 gewürfelt"

$E_4 = \{2,4,6\}$: "es wird eine gerade Zahl gewürfelt"

$E_5 = \{4,6\} = \{3,4,5,6\} \cap \{2,4,6\} = E_3 \cap E_4$: "es wird eine Zahl gewürfelt, die größer als 2 und gerade ist". Das Ereignis E_5 tritt ein, wenn die Ereignisse E_3 **und** E_4 eintreten.

$E_6 = \{1,2\} = \overline{E}_3 = \Omega \setminus \{3,4,5,6\}$: "es wird eine Zahl gewürfelt, die nicht größer als 2 ist". E_6 ist das *komplementäre Ereignis* zu E_3. Es tritt genau dann ein, wenn E_3 nicht eintritt.

$E_7 = \{1,3,5\} \cup \{2,4,6\} = \{1,2,3,4,56\} = \Omega$: "es wird eine Zahl gewürfelt, die ungerade oder gerade ist"

$E_8 = \{1,3,5\} \cap \{2,4,6\} = \varnothing$: "es wird eine Zahl gewürfelt, die ungerade und gerade ist"

Für einige dieser Ereignisse existieren spezielle Bezeichnungen:

A. Ereignisse, die durch einelementige Teilmengen von Ω charakterisiert werden, bezeichnet man als *Elementarereignisse*; vgl. hierzu E_1 und E_2.

B. Das Ereignis, das bei jedem Ausgang des Zufallsexperiments eintritt, heißt *sicheres Ereignis*; vgl. E_7.

C. Ein Ereignis, das bei keinem Ausgang eines Zufallsvorgangs eintritt, heißt *unmögliches Ereignis*; vgl. E_8.

D. Zwei Ereignisse, die einen leeren Durchschnitt haben, *schließen sich aus* oder *sind unvereinbar*. ♦

Die bei einem Zufallsvorgang interessierenden Ereignisse, also bestimmte Teilmengen von Ω, fasst man zu einer Menge $\mathcal{F}$, dem so genannten *Ereignisraum*, zusammen. Dabei legen die Ereignisse E_5 bis E_8 in Beispiel < 11.3 > die Forderung nahe, dass ein Ereignisraum mit zwei Ereignissen auch deren Vereinigung und deren Durchschnitt und mit jedem Ereignis auch das Komplement bzgl. Ω und schließlich auch Ω selbst und die leere Menge Ø enthält.

Ein Ereignisraum, der diese Eigenschaften auf jeden Fall aufweist, ist die *Potenzmenge* $\mathcal{P}(\Omega)$, die Menge aller Teilmengen von Ω.

< 11.4 > Beim einmaligen Werfen eines 1 €-Geldstücks ist die Potenzmenge gleich {Ø, {"Zahl"}, {"Adler"}, {"Zahl", "Adler"}}. ♦

Ist der Ergebnisraum Ω endlich, so wählt man zumeist als Ereignisraum das größtmögliche Mengensystem, die Potenzmenge $\mathcal{P}(\Omega)$ von Ω. Für abzählbar unendlich und erst recht für den überabzählbaren Stichprobenraum Ω ist aber $\mathcal{P}(\Omega)$ meist zu umfangreich, so dass man echte Untermengen der Potenzmenge $\mathcal{P}(\Omega)$ als Ereignisräume auswählt. Bei stetigen Ergebnisräumen ist es darüber hinaus unmöglich, allen Teilmengen Wahrscheinlichkeitswerte zuzuordnen, die gewissen Konsistenzanforderungen genügen, so dass eine Beschränkung des Ereignisraumes aus maßtheoretischen Gründen notwendig wird.

Allgemein wollen wir daher unter einem *Ereignisraum* zu Ω eine Teilmenge $\mathcal{F}$ der Potenzmenge $\mathcal{P}(\Omega)$ verstehen, die

E1 Ω und $\emptyset$ enthält,

E2 mit $A \in \mathcal{F}$ auch $\overline{A}$ enthält und

E3 mit $A, B \in \mathcal{F}$ auch $A \cup B$ und $A \cap B$ enthält.

Ein solches System von Teilmengen von Ω nennt man eine *BOOLEsche Mengenalgebra* auf Ω. Dabei ist folgende Definition ausreichend:

Definition 11.1:
Ein System $\mathcal{F} \subseteq \mathcal{P}(\Omega)$ von Teilmengen von Ω heißt *BOOLEsche Mengenalgebra* auf Ω, wenn gilt:

B1 $\Omega \in \mathcal{F}$

B2 $A \in \mathcal{F} \quad \Rightarrow \quad \overline{A} \in \mathcal{F}$

B3 $A, B \in \mathcal{F} \quad \Rightarrow \quad A \cup B \in \mathcal{F}$

Die übrigen Eigenschaften lassen sich aus diesen Bedingungen folgern:

Aus B1 und B2 folgt: $\emptyset = \overline{\Omega} \in \mathcal{F}$

Aus B2 und B3 folgt: **I.** $A, B \in \mathcal{F} \Rightarrow A \cap B = (\overline{\overline{A} \cup \overline{B}}) \in \mathcal{F}$

II. $A, B \in \mathcal{F} \Rightarrow A \setminus B = A \cap \overline{B} \in \mathcal{F}$

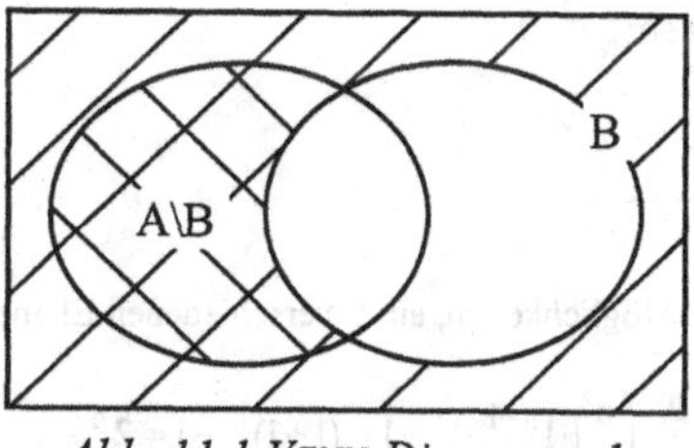

Abb. 11.1 VENN-Diagramm 1

Betrachten wir zunächst einige einfache Typen BOOLEscher Algebren:

< 11.5 >

a. Die kleinste BOOLEsche Mengenalgebra auf Ω ist $\{\emptyset, \Omega\}$.

b. Die nächstgrößeren Mengenalgebren auf Ω sind vom Typ $\{\emptyset, A, \overline{A}, \Omega\}$ mit $A \subset \Omega$ und $A \neq \emptyset$.

c. Sei $\Omega = A_1 \cup A_2 \cup \ldots \cup A_n = \bigcup\limits_{i=1}^{n} A_i$ eine *Zerlegung* von Ω, d. h. alle A_i sind nicht-leer und paarweise disjunkt. Um eine BOOLEsche Mengenalgebra zu konstruieren, in der die Mengen $A_1, A_2, \ldots, A_n$ vorkommen, bildet man für jede Indexmenge $M \subseteq N = \{1, 2, \ldots, n\}$ die Vereinigungsmenge $\bigcup\limits_{i \in M} A_i$.

Die sich so ergebenden $2^n - 1$ Mengen[1] bilden zusammen mit der leeren Menge eine BOOLEsche Mengenalgebra $\mathcal{F}_0$, und zwar ist dies die kleinste, in der $A_1, A_2, \ldots, A_n$ vorkommen. Denn es gilt für beliebige Indexmengen $M, M_1, M_2 \subseteq N$:

i. $\overline{\bigcup\limits_{i \in M} A_i} = \bigcup\limits_{i \in N \setminus M} A_i \in \mathcal{F}_0$

ii. $\bigcup\limits_{i \in M_1} A_i \cup \bigcup\limits_{i \in M_2} A_i = \bigcup\limits_{i \in M_1 \cup M_2} A_i \in \mathcal{F}_0$

d. Betrachten wir das folgende Würfelspiel, bei dem 2 Spieler B und C um Geld spielen, nach folgenden Gewinnregeln:

"B zahlt an C 3 €, wenn eine 1 oder eine 2 gewürfelt wird, C zahlt an B 2 €, wenn eine 3, 4 oder 5 gewürfelt wird. Das Spiel endet unentschieden, wenn eine 6 gewürfelt wird."

Der Stichprobenraum ist dann gleich $\Omega = \{1, 2, 3, 4, 5, 6\}$ und ein möglicher Ereignisraum wäre die Potenzmenge $\mathcal{P}(\Omega)$, die $2^6 = 64$ Elemente besitzt.

Dieser Ereignisraum ist aber zu groß, wenn wir uns nur für die folgenden drei Ereignisse interessieren:

---

[1] Es gibt $\binom{n}{i}$ verschiedene Möglichkeiten, aus n verschiedenen Elementen i auszuwählen.

$$\sum_{i=1}^{n} \binom{n}{i} = \sum_{i=0}^{n} \binom{n}{i} - 1 = \sum_{i=0}^{n} \binom{n}{i} \cdot 1^{n-1} \cdot 1^{i} - 1 = (1+1)^n - 1 = 2^n - 1$$

$A_1 = \{1, 2\}$: "B zahlt C 3 €"

$A_2 = \{3, 4, 5\}$: "C zahlt B 2 €"

$A_3 = \{6\}$: "Spiel endet unentschieden".

Das Mengensystem $\{A_1, A_2, A_3\}$ ist keine BOOLEsche Mengenalgebra und deshalb als Ereignisraum nicht brauchbar.

Da $\Omega = A_1 \cup A_2 \cup A_3$ eine Zerlegung von Ω ist, reicht es aus, dieses Mengensystem zu ergänzen um die Menge Ø und die Mengen $\bigcup_{i \in M} A_i$ mit $M \subseteq \{1, 2, 3\}$. Man erhält so die kleinste BOOLEsche Algebra $\mathcal{F}_0$, die A_1, A_2 und A_3 enthält. Es gilt

$$\mathcal{F}_0 = \{\emptyset, \{1, 2\}, \{3, 4, 5\}, \{6\}, \{1, 2, 3, 4, 5\}, \{1, 2, 6\}, \{3, 4, 5, 6\}, \Omega\}$$

e. Wir interessieren uns bei einer gegebenen Ergebnismenge Ω nur für die Ereignisse E_1 und E_2, wie sie im nachfolgenden VENN-Diagramm dargestellt sind.

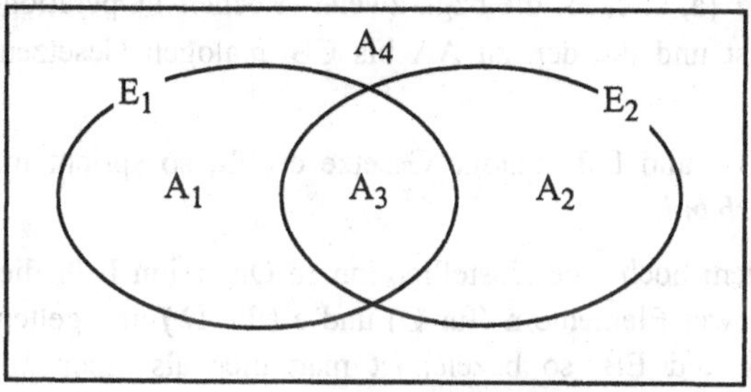

Abb. 11.2: VENN-Diagramm 2

Dann ist $\Omega = A_1 \cup A_2 \cup A_3 \cup A_4$ mit $A_1 = E_1 \setminus E_2$, $A_2 = E_2 \setminus E_1$, $A_3 = E_1 \cap E_2$ und $A_4 = \Omega \setminus (E_1 \cup E_2)$ eine Zerlegung von Ω.

Die kleinste BOOLEsche Algebra $\mathcal{F}$, die E_1 und E_2 enthält, weist dann $2^4 = 16$ Elemente auf, neben der leeren Menge die $2^4 - 1 = 15$ Vereinigungsmengen $\bigcup_{i \in M} A_i$ für alle nicht-leeren Indexmengen $M \subseteq \{1, 2, 3, 4\}$. ♦

Der Name BOOLEsche Mengenalgebra drückt aus, dass es sich um ein Mengensystem handelt, in dem die drei Operationen Durchschnitt $\cap$, Vereinigung $\cup$ und Komplementbildung $\overline{}$ mit den folgenden Eigenschaften erklärt sind:

AA.	$A \cap B = B \cap A$	*Kommutativität*
AB.	$A \cup B = B \cup A$	
BA.	$(A \cap B) \cap C = A \cap (B \cap C)$	*Assoziativität*
BB.	$(A \cup B) \cup C = A \cup (B \cup C)$	
CA.	$A \cap (A \cup B) = A$	*Adjunktivität*
CB.	$A \cup (A \cap B) = A$	
DA.	$A \cap (B \cup C) = (A \cap B) \cup (A \cap C)$	*Distributivität*
DB.	$A \cup (B \cap C) = (A \cup B) \cap (A \cup C)$	
EA	$A \cap \overline{A} = \emptyset$	*Komplementarität*
EB.	$A \cup \overline{A} = \Omega$	

Die vorstehenden Eigenschaften findet man nicht nur bei Mengensystemen, sondern z. B. auch bei Schaltnetzen und Aussagensystemen. Allgemein bezeichnet man eine Menge {a, b, c,...}, die bzgl. zweier (Rechen-) Operationen $\sqcap$ und $\sqcup$ abgeschlossen ist und die den zu AA bis CB analogen Gesetzen genügen, als *Verband.*

Sind auch zu DA und DB analoge Gesetze erfüllt, so spricht man von einem *distributiven Verband.*

Existiert außerdem noch eine einstellige innere Operation I für die Komplementärbildung und zwei Elemente n (für $\emptyset$) und e (für Ω) und gelten die analogen Gesetze zu EA und EB, so bezeichnet man dies als einen *komplementären distributiven Verband* oder eine *BOOLEsche Algebra.*

Die Bedeutung der Gesetze einer BOOLEschen Algebra für die Mengenalgebra besteht darin, dass man alle allgemeinen Aussagen über Teilmengen einer Menge Ω aus ihnen ableiten kann, ohne auf die Definition der Operationen $\cap, \cup, \overline{A}$ oder $\subseteq$ zurückgreifen zu müssen.

< 11.6 >

a. Um das *Idempotenzgesetz* $A \cap A = A$ zu beweisen, kann man folgendermaßen verfahren:

$$A \cap A \overset{CB}{=} A \cap (A \cup (A \cap A)) \overset{CA}{=} A.$$

b. Die Aussage $A \cup \emptyset = A$ folgt aus $A \cup \emptyset \overset{EA}{=} A \cup (A \cap \overline{A}) \overset{CB}{=} A.$

c. Aus den Umformungen

$$A \cap \emptyset \overset{\text{Teil b.}}{=} (A \cup \emptyset) \cap \emptyset \underset{AB}{\overset{AA}{=}} \emptyset \cap (\emptyset \cup A) \overset{CA}{=} \emptyset.$$

folgt die allgemeine Aussage $A \cap \emptyset = \emptyset$.

d. Auf analoge Weise lassen sich auch die folgenden allgemeinen Aussagen beweisen:

$$A \cup \Omega = \Omega,\ A \cap \Omega = A,\ A \cap B = A \Leftrightarrow A \cup B = B,\ \overline{\emptyset} = \Omega,\ \overline{\Omega} = \emptyset,$$

$$\overline{\overline{A}} = A,$$

$$\left.\begin{aligned} \overline{A \cup B} &= \overline{A} \cap \overline{B} \\ \overline{A \cap B} &= \overline{A} \cup \overline{B} \end{aligned}\right\} \quad \textit{DE MORGANsche Gesetze}$$

♦

Im Hinblick auf die im nächsten Abschnitt folgende Definition einer Wahrscheinlichkeit auf dem Ereignisraum wird die Forderung B3 an die Ereignismenge dahingehend verschärft, dass $\mathcal{F}$ gegen abzählbar unendliche Vereinigungen abgeschlossen ist, d. h. es soll anstelle von B3 gelten:

B4 $A_i \in \mathcal{F},\ i = 1, 2, \ldots \Rightarrow \bigcup_i A_i \in \mathcal{F}$

> **Definition 11.2:**
> Ein System $\mathcal{F} \subseteq \mathcal{P}(\Omega)$ von Teilmengen von Ω heißt *σ-(Mengen-)Algebra* oder *σ-(Mengen-)Ring auf* Ω, wenn gilt:
>
> **B1** $\Omega \in \mathcal{F}$
>
> **B2** $A \in \mathcal{F} \Rightarrow \overline{A} \in \mathcal{F}$
>
> **B4** $A_i \in \mathcal{F},\ i = 1, 2, \ldots \Rightarrow \bigcup_i A_i \in \mathcal{F}.$

Da mit der Bedingung B4 auch die schwächere Bedingung B3 erfüllt ist, ist eine σ-Algebra stets eine BOOLEsche Mengenalgebra. Dass die Umkehrung dieses Satzes nicht allgemein gültig ist, erkennt man an dem folgenden Gegenbeispiel, dem System $\mathcal{F}$ aller derjenigen Teilmengen einer unendlichen Menge Ω, die endlich sind oder ein endliches Komplement haben.

< 11.7 > Betrachten wir die endlichen Mengen $M_i \subseteq \Omega = [0, 2]$, so ist $\bigcup_i M_i$ im Allgemeinen keine endliche Menge mehr. Auf jeden Fall sind die Komplemente $\overline{M_i}$ keine endlichen Mengen.

♦

Es gilt aber: Jede *endliche* BOOLEsche Mengenalgebra ist eine σ-Algebra.

Jede σ-Algebra ist auch abgeschlossen gegenüber abzählbarer Durchschnittsbildung, denn für Mengen $A_i \in \mathcal{F}$, $i = 1, 2, \ldots$, gilt

$$\bigcap_{i=1}^{\infty} \overline{A_i} = \overline{\bigcup_{i=1}^{\infty} A_i} \in \mathcal{F}.$$ *Verallgemeinerte DE MORGANsche Gesetze*

> **Satz 11.1:**
> Der Durchschnitt $\bigcap_{j \in J} \mathcal{F}_j$ beliebig vieler σ-Algebren auf Ω ist wieder eine σ-Algebra auf Ω. Die Indexmenge J kann dabei überabzählbar sein.

Die Gültigkeit dieses Satzes folgt unmittelbar aus der Überlegung, dass für alle Elemente $A_i \in \bigcap_{j \in J} \mathcal{F}_j$ sowohl die Komplemente $\overline{A_i}$ als auch die Vereinigungsmenge $\bigcup_i A_i$ in allen zur Durchschnittsbildung herangezogenen Mengensystemen $\mathcal{F}_j$ liegen.

< **11.8** > Es sei $\Omega = \{1, 2, 3, 4, 5, 6\}$ und
$\mathcal{F}_1 = \{\emptyset, \{1, 2\}, \{3, 4, 5\}, \{6\}, \{1, 2, 3, 4, 5\}, \{1, 2, 6\}, \{3, 4, 5, 6\}, \Omega\}$
die σ-Algebra aus Beispiel < 11.5d >.

Eine weitere σ-Algebra auf Ω ist
$\mathcal{F}_2 = \{\emptyset, \{1, 2\}, \{3, 4\}, \{5, 6\}, \{1, 2, 3, 4\}, \{1, 2, 5, 6\}, \{3, 4, 5, 6\}, \Omega\}$.
Auch der Durchschnitt $\mathcal{F}_1 \cap \mathcal{F}_2 = \{\emptyset, \{1,2\}, \{3, 4, 5, 6\}, \Omega\}$ ist offensichtlich eine σ-Algebra. ♦

> **Satz 11.2:**
> In jeder Klasse A von Teilmengen von Ω gibt es eine kleinste σ-Algebra $\mathcal{F}(A)$ auf Ω, die A umfasst, d. h. $\mathcal{F}(A) \supseteq A$. Man nennt dann $\mathcal{F}(A)$ die von A *erzeugte σ-Algebra* auf Ω.

Beweis: $\mathcal{F}(A)$ ist einfach der Durchschnitt aller σ-Algebren auf Ω, die A umfassen:

$$\mathcal{F}(A) = \bigcap \{\mathcal{F} \mid \mathcal{F} \text{ ist } \sigma\text{-Algebra auf } \Omega \text{ und } \mathcal{F} \supseteq A\}$$

Die Menge der hier zum Durchschnitt zu bringenden $\mathcal{F}$ ist nicht leer, da $\mathcal{P}(A)$ immer dazugehört.

Speziell ist für $A = \emptyset$ die kleinste σ-Algebra gleich $\mathcal{F}(\emptyset) = \{\emptyset; \Omega\}$.

< 11.9 > Von großer Bedeutung sind die von endlichen oder unendlichen Intervallen erzeugten σ-Algebren auf $\Omega = \mathbf{R}$. Dabei erzeugen die Mengensysteme

$$A_1 = \{[a, b] \mid a, b \in \mathbf{R}\}, \qquad A_5 = \{[a, +\infty[\mid a \in \mathbf{R}\}$$

$$A_2 = \{]a, b[\mid a, b \in \mathbf{R}\}, \qquad A_6 = \{]a, +\infty[\mid a \in \mathbf{R}\}$$

$$A_3 = \{]a, b] \mid a, b \in \mathbf{R}\}, \qquad A_7 = \{]-\infty, b] \mid b \in \mathbf{R}\}$$

$$A_4 = \{[a, b[\mid a, b \in \mathbf{R}\}, \qquad A_8 = \{]-\infty, b[\mid b \in \mathbf{R}\}$$

jeweils die gleiche σ-Algebra $\mathcal{B}$ auf **R**, d. h.

$$\mathcal{B} = \mathcal{F}(A_1) = \mathcal{F}(A_2) = \ldots = \mathcal{F}(A_8)$$

Man nennt $\mathcal{B}$ die *natürliche σ-Algebra* oder die *BORELsche σ-Algebra* auf **R**. Die Elemente von $\mathcal{B}$ heißen *BORELsche Mengen* in **R**. ♦

11.1 Aufgaben

11.1 Für den Stichprobenraum $\Omega = \{1, 2, 3, 4, 5, 6\}$ bestimme man den kleinsten BOOLEschen Mengenring, der von den Ereignissen $E_1 = \{2,3,4\}$ und $E_2 = \{4,5,6\}$ erzeugt wird.

11.2 Sei $\Omega = [0,10]$. Geben Sie die kleinste σ-Algebra an, die das Mengensystem $\mathcal{A} = \{[0,10], [2,3],]3,10]\}$ umfasst.

12. Wahrscheinlichkeiten

12.1 Definition und Bestimmung von Wahrscheinlichkeiten

In der Wahrscheinlichkeitstheorie wird der Begriff *Wahrscheinlichkeit* axiomatisch definiert. Es werden also einige grundlegende Eigenschaften dieses Begriffes angegeben und als Axiome formuliert, aus denen die weiteren Eigenschaften der Wahrscheinlichkeiten abgeleitet werden können. Das zu formulierende Axiomensystem, das den Begriff der Wahrscheinlichkeit eines zufälligen Ereignisses präzisiert, ist die mathematische Fassung der Gesetzmäßigkeiten, die für die relativen Häufigkeiten der zufälligen Ereignisse beobachtet werden konnten. Diese Gesetzmäßigkeiten treten im Ergebnis von langen Versuchsreihen auf, die bei unverändertem Bedingungskomplex ausgeführt werden. So kann man beobachten, dass bei einer großen Anzahl von Versuchen die relative Häufigkeit um einen festen Wert schwankt; dieser Wert wird "Wahrscheinlichkeit" des untersuchten zufälligen Ereignisses genannt, vgl. dazu auch die Ausführungen auf den Seiten 212-214.

Definition 12.1:
$\mathcal{F}$ sei eine σ-Algebra auf einem Stichprobenraum Ω.
Eine auf $\mathcal{F}$ definierte reellwertige Funktion $P : \mathcal{F} \to \mathbf{R}$ heißt eine *Wahrscheinlichkeit* auf $\mathcal{F}$, wenn gilt

W1 $A \in \mathcal{F} \Rightarrow P(a) \geq 0$

W2 $P(\Omega) = 1$

W3 $A_1, A_2, \ldots \in \mathcal{F}$ und $A_i \cap A_j = \emptyset$ für alle $i \neq j$

$$\Rightarrow P(\bigcup_{i=1}^{\infty} A_i) = \sum_{i=1}^{\infty} P(A_i).$$

Die Eigenschaft (W3) nennt man die σ-*Additivität* von P.

Definition 12.2:
Ein Tripel $(\Omega, \mathcal{F}, P)$, bestehend aus einer Ergebnismenge Ω, einer σ-Algebra $\mathcal{F}$ auf Ω und einer Wahrscheinlichkeit P auf $\mathcal{F}$, bezeichnet man als *Wahrscheinlichkeitsraum*.

Schwächt man die Eigenschaft W3 ab zu

W3' $A, B \in \mathcal{F}$ und $A \cap B = \emptyset \quad \Rightarrow \quad P(A \cup B) = P(A) + P(B)$,

so wird das System W1, W2, W3' *KOLMOGOROFFsches Axiomensystem* genannt.

Aus den Wahrscheinlichkeitsaxiomen W1 - W3 lassen sich leicht die folgenden Aussagen ableiten: .

Satz 12.1:

Sei $(\Omega, \mathcal{F}, P)$ ein Wahrscheinlichkeitsraum und sei $A, B \in \mathcal{F}$. Dann gilt:

A. $P(\emptyset) = 0$ (12.1)

B. $P(A \cup B) = P(A) + P(B)$ für $A \cap B = \emptyset$ *endlich additiv* (12.2)

C. $P(A \cup B) = P(A) + P(B) - P(A \cap B)$ (12.3)

D. $P(\overline{A}) = 1 - P(A)$ (12.4)

E. $A \subseteq B \Rightarrow P(A) \leq P(B)$ (12.5)

F. $P(A) \leq 1$ (12.6)

Beweis:

zu A.: $1 = P(\Omega) = P(\Omega \cup \emptyset \cup \emptyset \cup \ldots) \overset{W3}{=} P(\Omega) + P(\emptyset) + P(\emptyset) + \ldots$

$= 1 + P(\emptyset) + P(\emptyset) + \ldots$

$\Rightarrow P(\emptyset) = 0$

zu B.: $P(A \cup B) = P(A \cup B \cup \emptyset \cup \emptyset \cup \ldots)$

$\overset{W3}{=} P(A) + P(B) + P(\emptyset) + P(\emptyset) + \ldots$

$\overset{(12.1)}{=} P(A) + P(B)$

zu C.: Sind A und B nicht disjunkt, so ist $A \cap B \neq \emptyset$ und es gilt

$A \cup B = (A \backslash B) \cup (A \cap B) \cup (B \backslash A)$,

$A = (A \backslash B) \cup (A \cap B)$ und

$B = (B \backslash A) \cup (A \cap B)$

Die Mengen der Abb. 12.1 sind stets paarweise disjunkt und es gilt daher nach Folgerung B

$$P(A \cup B) \overset{(12.2)}{=} P(A \backslash B) + P(A \cap B) + P(B \backslash A)$$

$$P(A) \overset{(12.2)}{=} P(A \backslash B) + P(A \cap B)$$

$$P(B) \overset{(12.2)}{=} P(B \backslash A) + P(A \cap B) \Leftrightarrow P(BA) = P(B) - P(A \cap B)$$

und somit $P(A \cup B) = P(A) + P(B) - P(\cap B)$.

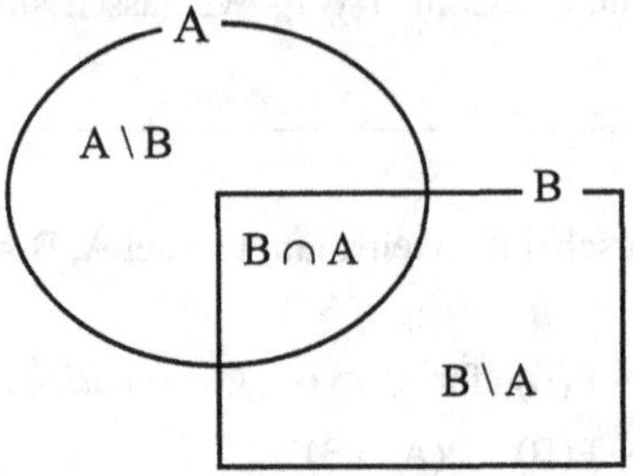

Abb. 12.1: VENN- Diagramm 3

zu D.: $1 = P(\Omega) = P(A \cup \overline{A}) \overset{(12.2)}{=} P(A) + P(\overline{A}) \Rightarrow P(\overline{A}) = 1 - P(A)$.

zu E.: $B = (B \setminus A) \cup A, (B \setminus A) \cap A = \emptyset \overset{(12.2)}{\Rightarrow} P(B) = P(B \setminus A + P(A) \geq P(A)$

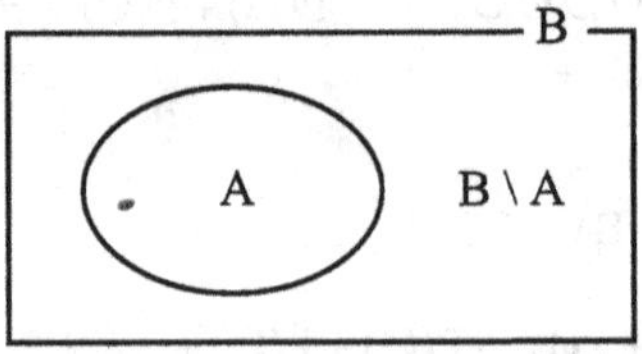

Abb. 12.2: VENN-Diagramm 4

zu F.: Insbesondere folgt aus E mit $B = \Omega$, dass für alle $A \in \mathcal{F}$ gilt:
$P(A) \leq P(\Omega) = 1$.

Die axiomatische Definition der Wahrscheinlichkeit gibt keinerlei Hinweise darauf, wie bei einem speziellen Zufallsvorgang die Wahrscheinlichkeitsverteilung für das Ereignissystem numerisch zu bestimmen ist. Vielmehr können die Wahrscheinlichkeiten bei demselben Ereignissystem in unterschiedlicher Weise festgelegt sein, es müssen nur jeweils die Axiome der Wahrscheinlichkeitsrechnung eingehalten werden.

12.1.1 Statistische Wahrscheinlichkeit

Zu Beginn des Abschnitts 12.1 wurde schon auf die so genannte *statistische Wahrscheinlichkeitsauffassung* eingegangen, die auf RICHARD VON MISES zurückgeht und auch als *Häufigkeitsinterpretation der Wahrscheinlichkeit* bezeichnet wird. Sie besteht darin, die Wahrscheinlichkeit P(A) eines Ereignisses A als "Grenzwert" seiner relativen Häufigkeit $h_n(A)$ bei n-maliger Wiederholung für $n \to \infty$ aufzufassen, d. h.

$$P(A) = \lim_{n \to \infty} h_n(A). \qquad (12.7)$$

< 12.1 > Ein Automat produziere 10.000 Schrauben pro Tag. Um die Wahrscheinlichkeit zu ermitteln, beim zufälligen Herausgreifen aus der Menge der produzierten Schrauben eine fehlerhafte zu erhalten, werden 2000 zufällig herausgegriffene Schrauben einer Qualitätskontrolle unterzogen. Es werden 18 fehlerhafte Schrauben festgestellt. Die "Wahrscheinlichkeit", eine fehlerhafte Schraube beim zufälligen Herausgreifen zu erhalten, ist daher gleich $\frac{18}{2.000} = 0{,}009 = 0{,}9\ \%$. ♦

Kritisiert wird an dieser Wahrscheinlichkeitsauffassung, dass dieser Grenzwertbegriff nicht erklärt ist und dass die Wahrscheinlichkeit eines Ereignisses nie empirisch feststellbar ist, da ein Zufallsexperiment nicht unendlich oft wiederholt werden kann.

12.1.2 LAPLACEsche Wahrscheinlichkeit

Die historisch älteste Wahrscheinlichkeitsauffassung wird nach dem französischen Mathematiker PIERRE SIMON LAPLACE benannt. Sie setzt eine endliche Ergebnismenge voraus und basiert auf der Vorstellung, dass alle Elementarereignisse bei bestimmten Zufallsvorgängen *gleich wahrscheinlich* sind. Die Gleichwahrscheinlichkeit wird dabei begründet durch die symmetrische physikalisch-technische Ausstattung beim Zufallsvorgang.

< 12.2 >

a. Ist ein Würfel aus einem homogenen Material hergestellt und korrekt symmetrisch, dann ist davon auszugehen, dass jede der sechs Seiten die gleiche Chance hat, beim Würfeln oben zu liegen. Man spricht dann von einem *idealen Würfel*.

b. Von 30 gleich großen und gleich schweren Kugeln in einer Urne hat nach gründlichem Durchmischen jede Kugel die gleiche Chance, gezogen zu werden. ♦

Bezeichnet man mit $n(\Omega)$ die Anzahl der Elementarereignisse einer Ergebnismenge, dann hat nach der LAPLACE'schen Wahrscheinlichkeitsauffassung jedes Elementarereignis die Wahrscheinlichkeit $\frac{1}{n(\Omega)}$.

Ein Ereignis A, das in $n(A)$ Elementarereignisse zerlegt werden kann, hat dann die Wahrscheinlichkeit

$$P(A) = \frac{n(A)}{n(\Omega)}.$$

Die Wahrscheinlichkeit ist also gleich dem Quotienten aus der Anzahl der für A "günstigen" Elementarereignisse und der Gesamtzahl der (gleichwahrscheinlichen) Elementarereignisse.

Der *LAPLACE'sche Stichprobenraum* besteht also aus einer endlichen Stichprobenmenge Ω mit $n(\Omega) \in \mathbf{N}$ Elementen, dem Ereignisraum $\mathcal{P}(\Omega)$ und der Wahrscheinlichkeitsfunktion

$$P(A) = \frac{n(A)}{n(\Omega)} \quad \text{für alle } A \in \mathcal{P}(\Omega). \tag{12.8}$$

< 12.3 >

a. Die Wahrscheinlichkeit, mit einem idealen Würfel eine gerade Zahl zu würfeln, ist dann gleich

$$P(2,4,6) = \frac{n(\{2,4,6\})}{n(\{1,2,3,4,5,6\})} = \frac{3}{6} = \frac{1}{2}.$$

b. Die Wahrscheinlichkeit, aus einer Urne mit 30 spezifisch gleichen Kugeln, von denen 10 rot gefärbt sind, eine rote Kugel zu ziehen, ist dann gleich

$$P(„rot“) = \frac{10}{30} = \frac{1}{3}.$$ ♦

Gegen die LAPLACE'sche Wahrscheinlichkeitsauffassung spricht, dass es bei vielen Zufallsvorgängen nicht möglich ist, gleich wahrscheinliche Elementarereignisse zu unterstellen, und dass sie bei unendlichen Ergebnismengen nicht verwendbar ist.

12.1.3 Subjektive Wahrscheinlichkeit

Bei der *subjektivistischen Wahrscheinlichkeitsauffassung* wird die Wahrscheinlichkeit aufgefasst als der quantitative Ausdruck des *Überzeugungsgrades eines Subjektes*. Diese Konzeption ist dann von Bedeutung, wenn es bei bestimmten Zufallsvorgängen nicht möglich ist, die Wahrscheinlichkeit mittels empirisch gewonnener relativen Häufigkeiten näherungsweise zu bestimmen oder gleich wahrscheinliche Elementarereignisse anzugeben. Meist stützt man sich dann in konkreten Fällen auf die Erfahrung eines Sachverständigen, der dann subjektive Wahrscheinlichkeiten angibt.

< 12.4 >

a. Eine Konzertagentur möchte am 1. Sonntag im Juni, Juli oder August 2006 im Münchener Olympia-Stadion ein Open-Air-Jazz-Festival durchführen. Um unter diesen drei Terminen den geeignetsten auszuwählen, befragt sie einen Meteorologen des Deutschen Wetterdienstes in Offenbach, an welchem der drei Sonntage am wenigsten mit Regen zu rechnen ist.

b. Peter und Paul knobeln. Jeder muss bei jedem Spiel raten, mit welcher Wahrscheinlichkeit der Gegenspieler die bei diesem Spiel möglichen Strategien "Stein", "Schere" oder "Papier" auswählt. ♦

12.2 Bedingte Wahrscheinlichkeiten

< 12.5 > Es sei Ω die Menge aller im WS 2004/05 im Fachbereich Wirtschaftswissenschaften der Universität Frankfurt am Main immatrikulierten Studierenden. Die Menge Ω lässt sich zerlegen in die paarweise disjunkten Mengen

$\Omega = W \cup M$, deren Elemente sich unterscheiden im Merkmal Geschlecht mit den Ausprägungen "weiblich" (W) und "männlich" (M) und

$\Omega = K \cup V \cup H$, deren Elemente sich im Merkmal Studienrichtung unterscheiden, wobei die Diplomabschlüsse "Diplom-Kaufmann/Diplom-Kauffrau" (K), "Diplom-Volkswirt(in)" (V) und "Diplom-Handelslehrer(in)" (H) erworben werden können.

In der nachfolgenden Tabelle 12.1 sind die Anzahlen der Studierenden in Abhängigkeit der obigen Merkmalsausprägung angegeben.

	Studienrichtung mit Abschluss "Diplom-			
Geschlecht	Kaufmann/frau	Volkswirt(in)	Handelslehrer(in)	
Weiblich	$n(W \cap K) = 1.465$	$n(W \cap V) = 417$	$n(W \cap H) = 204$	$n(W) = 2.086$
Männlich	$n(M \cap K) = 2.282$	$n(M \cap V) = 581$	$n(M \cap H) = 136$	$n(M) = 2.999$
	$n(K) = 3.747$	$n(V) = 998$	$n(H) = 340$	$n(\Omega) = 5.085$

Tab. 12.1: Anzahl der im WS 2004/05 immatrikulierten Studenten des FB Wirtschaftswissenschaften der Goethe-Universität Frankfurt am Main, aufgegliedert nach den Merkmalen Geschlecht und Studienrichtung

Die Wahrscheinlichkeit, aus einem Karteikasten mit den Namen der in diesem Fachbereich immatrikulierten Studierenden die Karte einer Studentin der Volkswirtschaftslehre zu ziehen, ist dann nach der LAPLACE'schen Wahrscheinlichkeitsauffassung gleich

$$P(W \cap V) = \frac{n(W \cap V)}{n(\Omega)} = \frac{417}{5.085} = 0{,}082.$$

Interessiert man sich aber für die Wahrscheinlichkeit, aus einem Karteikasten, der nur die Karten der immatrikulierten Studentinnen enthält, die Karte einer VWL-Studentin zu ziehen, so ergibt sich hier die Wahrscheinlichkeit

$$\frac{n(W \cap V)}{n(W)} = \frac{\frac{n(W \cap V)}{n(\Omega)}}{\frac{n(W)}{n(\Omega)}} = \frac{P(W \cap V)}{P(W)} = P(V|W),$$

die man als bedingte Wahrscheinlichkeit von V unter der Bedingung W bezeichnet und mit P(V|W) symbolisiert.

$$P(V|W) = \frac{417}{2.086} = 0{,}200.$$ ♦

Definition 12.3:
Es seien $(\Omega, \mathcal{F}, P)$ ein Wahrscheinlichkeitsraum und A und B Ereignisse aus $\mathcal{F}$ mit $P(A) > 0$.
Man nennt dann

$$P(B|A) = \frac{P(B \cap A)}{P(A)} \tag{12.9}$$

die *bedingte Wahrscheinlichkeit von* B *unter der Hypothese* A.

P(B|A) gibt also die Wahrscheinlichkeit an, dass B eintritt, wenn man weiß, dass A eingetreten ist.

< 12.6 > Betrachten wir das Zufallsexperiment „Werfen mit einem Würfel“. Mit A bezeichnen wir das Ereignis, dass eine gerade Zahl gewürfelt wird, und mit B das Ereignis, dass eine Zahl größer als 3 gewürfelt wird. Bei Annahme eines idealen Würfels ist dann die Wahrscheinlichkeit, eine Zahl größer als 3 zu würfeln unter der Hypothese, dass eine gerade Zahl gewürfelt wird, gleich

$$P(B \mid A) = \frac{P(B \cap A)}{P(A)} = \frac{P(\{4,6\})}{P(\{2,4,6\})} = \frac{2}{3}.$$ ♦

Die Gleichung (12.9) lässt sich umschreiben zu

$$P(B \cap A) = P(B|A) \cdot P(A) \ . \tag{12.10}$$

Die Gleichung (12.10) und die dazu analoge Gleichung

$$P(B \cap A) = P(A|B) \cdot P(B) \tag{12.11}$$

bezeichnet man als *allgemeinen Multiplikationssatz der Wahrscheinlichkeiten für zwei Ereignisse.*

< **12.7** > In einem Karton liegen 10 Glühbirnen, darunter sind 3 defekt. Wie groß ist die Wahrscheinlichkeit, dass man nur brauchbare Glühbirnen erhält, wenn man zwei Glühbirnen zufällig herausgreift?

Lösung:

a. Mittels Kombinatorik: Das Verhältnis von günstigen zu möglichen Fällen ist

$$P = \frac{\binom{7}{2} \cdot \binom{3}{0}}{\binom{10}{2}} = \frac{7 \cdot 6}{10 \cdot 9} = \frac{7}{15} .$$

b. Durch Anwendung des Multiplikationssatzes:

Die Wahrscheinlichkeit des Ereignisses A = "brauchbare Glühbirnen beim 1. Herausnehmen" ist $P(A) = \frac{7}{10}$.

Ist dieses Ereignis eingetreten, so sind noch 9 Glühbirnen, darunter 6 brauchbare, in dem Karton. Dann hat das Ereignis B = "brauchbare Glühbirnen beim zweiten Griff" unter der Bedingung, dass A eingetreten ist, die Wahrscheinlichkeit $P(B \mid A) = \frac{6}{9} = \frac{2}{3}$.

Die gesuchte Wahrscheinlichkeit ist daher gleich

$$P = P(A \cap B) = P(A) \cdot P(B \mid A) = \frac{7}{10} \cdot \frac{2}{3} = \frac{7}{15} .$$ ♦

Der Multiplikationssatz lässt sich auf die Verknüpfung von mehr als zwei Ereignissen erweitern:

Satz 12.2 (***Multiplikationssatz***)

Es seien $(\Omega, \mathcal{F}, P)$ ein Wahrscheinlichkeitsraum und $A_1, A_2, \ldots, A_m$ Ereignisse aus $\mathcal{F}$. Dann gilt:

$$P(A_1 \cap A_2 \cap \ldots \cap A_m) \tag{12.12}$$
$$= P(A_1) \cdot P(A_2 \mid A_1) \cdot P(A_3 \mid A_1 \cap A_2) \cdot \ldots \cdot P(A_m \mid A_1 \cap A_2 \cap \ldots \cap A_{m-1}) .$$

Dabei wird vereinbart, dass die rechte Seite gleich Null gesetzt wird, wenn eine der Wahrscheinlichkeiten $P(\bigcap_{i=1}^{r} A_i)$ für $r = 1,2,\ldots,m-1$ verschwindet.

Beweis:

A. Ist eine der Wahrscheinlichkeiten $P(\bigcap_{i=1}^{r} A_i) = 0$,

so ist auch $P(A_1 \cap A_2 \cap \ldots \cap A_m) = 0$, da $\bigcap_{i=1}^{m} A_i \subseteq \bigcap_{i=1}^{r} A_i$.

B. Sei nun $P(\bigcap_{i=1}^{r} A_i) > 0$ für alle $r \in \{1,2,\ldots,m-1\}$, dann gilt:

$$P(A_1)\cdot P(A_2 \mid A_1)\cdot P(A_3 \mid A_1 \cap A_2)\cdot\ldots\cdot P(A_n \mid A_1 \cap A_2 \cap \ldots \cap A_{m-1})$$

$$= P(A_1)\cdot\frac{P(A_1 \cap A_2)}{P(A_1)}\cdot\frac{P(A_1 \cap A_2 \cap A_3)}{P(A_1 \cap A_2)}\cdot\frac{P(A_1 \cap A_2 \cap A_3 \cap \ldots \cap A_m)}{P(A_1 \cap A_2 \cap \ldots \cap A_{m-1})}$$

$$= P(A_1 \cap A_2 \cap \ldots \cap A_m).$$

Mathematisch korrekt müsste die Behauptung durch vollständige Induktion bewiesen werden.

< 12.8 > Das Beispiel < 12.7 > wird so erweitert, dass eine weitere Glühbirne entnommen wird. Wie groß ist die Wahrscheinlichkeit, dass alle 3 Glühbirnen intakt sind?

Lösung:

a. Mittels Kombinatorik: Das Verhältnis von günstigen zu möglichen Fällen ist

$$P = \frac{\binom{7}{3}\cdot\binom{3}{0}}{\binom{10}{3}} = \frac{7\cdot6\cdot5}{10\cdot9\cdot8} = \frac{7}{24}.$$

b. Durch Anwendung des Multiplikationssatzes: Nach der Entnahme von zwei intakten Glühbirnen sind unter den im Karton verbleibenden 8 Birnen noch 5 brauchbare. Dann hat das Ereignis C = "brauchbare Glühbirnen beim dritten Griff" unter der Bedingung, dass die Ereignisse A und B gemäß Beispiel < 12.7 > eingetreten sind, die Wahrscheinlichkeit $P(C \mid A \cap B) = \frac{5}{8}$.

Die gesuchte Wahrscheinlichkeit ist daher gleich

$$P = P(A \cap B \cap C) = P(A) \cdot P(B \mid A) \cdot P(C \mid A \cap B) = \frac{7}{10} \cdot \frac{2}{3} \cdot \frac{5}{8} = \frac{7}{14}. \qquad \blacklozenge$$

Für viele Anwendungsfälle von Nutzen ist der nachfolgende Satz von der totalen Wahrscheinlichkeit.

Satz 12.3 (*Satz von der totalen Wahrscheinlichkeit*)
Es seien $(\Omega, \mathcal{F}, P)$ ein Wahrscheinlichkeitsraum und $A_1, A_2, \ldots \in \mathcal{F}$ eine Folge von paarweise disjunkten Ereignissen mit $\bigcup_{j=1}^{\infty} A_j = \Omega$.

Für jedes Ereignis $B \in \mathcal{F}$ gilt dann

$$P(B) = \sum_{j=1}^{\infty} P(B \mid A_j) \cdot P(A_j). \tag{12.13}$$

Beweis:
Jedes Ereignis $B \in \mathcal{F}$ lässt sich darstellen als

$$B = B \cap \Omega = B \cap \bigcup_{j=1}^{\infty} A_j = \bigcup_{j=1}^{\infty} (B \cap A_j).$$

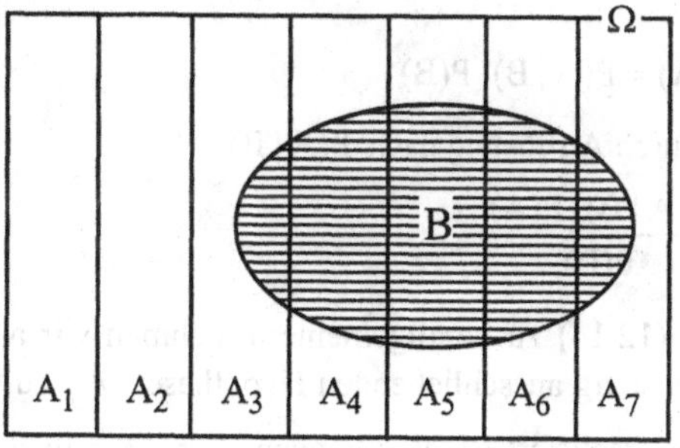

Abb. 12.3: VENN-Diagamm 5

Da mit $A_i \cap A_j = \emptyset$ für $i \neq j$ auch gilt

$$(B \cap A_i) \cap (B \cap A_j) = \emptyset \text{ für } i \neq j,$$

folgt mit Axiom (W3)

$$P(B) = P[\bigcup_{j=1}^{\infty} (B \cap A_j)] \overset{(W3)}{=} \sum_{j=1}^{\infty} P(B \cap A_j) = \sum_{j=1}^{\infty} P(B \mid A_j) P(A_j).$$

< **12.9** > Melanie hat 3 Urnen vor sich stehen, die jeweils rote und weiße Kugeln enthalten, und zwar sind

in der Urne A_1 10 rote und 20 weiße Kugeln,

in der Urne A_2 15 rote und 15 weiße Kugeln und

in der Urne A_3 15 rote und 10 weiße Kugeln.

Durch das Würfeln mit einem idealen Würfel bestimmt nun Melanie, aus welcher Urne sie eine Kugel zufällig entnimmt, und zwar entnimmt sie bei der Augenzahl "1" aus der Urne A_1, bei den Augenzahlen "2" und "3" aus der Urne A_2 und sonst aus der Urne A_3 eine Kugel. Wie groß ist die Wahrscheinlichkeit, dass sie eine rote Kugel zieht?

Lösung:
Ist B das Ereignis, "eine rote Kugel ziehen", dann ist

$$P(B) = P(B \mid A_1) \cdot P(A_1) + P(B \mid A_2) \cdot P(A_2) + P(B \mid A_3) \cdot P(A_3)$$

$$= \frac{10}{30} \cdot \frac{1}{6} + \frac{15}{30} \cdot \frac{2}{6} + \frac{15}{25} \cdot \frac{3}{6} = \frac{5+15+27}{90} = \frac{47}{90} \quad .$$ ♦

Aus dem allgemeinen Multiplikationssatz der Wahrscheinlichkeitsrechnung für zwei Ereignisse folgt dann durch Gleichsetzen der Gleichungen (12.10) und (12.11)

$$P(B \mid A) \cdot P(A) = P(A \mid B) \cdot P(B)$$

und anschließend durch Auflösung nach $P(A \mid B)$:

$$P(A \mid B) = \frac{P(A \mid B) \cdot P(A)}{P(B)} . \qquad (12.14)$$

Um die Gleichung (12.14) zu verallgemeinern, nehmen wir an, dass wir es mit mehreren sich gegenseitig ausschließenden Hypothesen A_j zu tun haben und wir nicht wissen, welche realisiert ist. Wir kennen aber die *a priori-Wahrscheinlichkeiten* $P(A_j)$ und die bedingten Wahrscheinlichkeiten $P(B \mid A_j)$.

Bilden die A_j ein erschöpfendes System von Ω, d. h. $\Omega = \bigcup_{j=1}^{\infty} A_j$, dann kann P(B) mittels des Satzes von der totalen Wahrscheinlichkeit errechnet werden und damit auch die *a posteriori-Wahrscheinlichkeiten* $P(A_j \mid B)$.

Satz 12.4 (*Satz von* BAYES)
Es seien $(\Omega, \mathcal{F}, P)$ ein Wahrscheinlichkeitsraum und $A_1, A_2, \ldots \in \mathcal{F}$ eine Folge paarweise disjunkter Ereignisse mit $\bigcup_{j=1}^{\infty} A_j = \Omega$.
Weiter sei $B \in \mathcal{F}$ ein Ereignis mit $P(B) > 0$, dann gilt

$$P(A_k \mid B) = \frac{P(B \mid A_k) \cdot P(A_k)}{\sum_{j=1}^{\infty} P(B \mid A_j) \cdot P(A_j)} \qquad \textit{BAYESsche Formel.} \qquad (12.15)$$

< 12.10 > In einer Schraubenfabrik stehen zwei Automaten, die denselben Schraubentyp herstellen. Der Automat A_1 bestreitet 10 % der Produktion und erzeugt 1 % Ausschuss; der neuere Automat A_2 liefert 90 % der Produktion, davon sind aber 5 % Ausschuss. Eine zufällig der Tagesproduktion entnommene Schraube erweist sich als defekt. Wie groß ist die Wahrscheinlichkeit, dass sie vom Automat A_1 produziert wurde?

Lösung:
Bezeichnen wir mit B das Ereignis "Ausschuss", dann folgt mit der BAYESschen Formel

$$P(A_1 \mid B) = \frac{P(B \mid A_1) \cdot P(A_1)}{P(B \mid A_1) \cdot P(A_1) + P(B \mid A_2) \cdot P(A_2)}$$

$$= \frac{0{,}01 \cdot 0{,}10}{0{,}01 \cdot 0{,}10 + 0{,}05 \cdot 0{,}90} = \frac{10}{10 + 450} = 2{,}2\ \%.$$

Durch die Beobachtung, dass die Schraube defekt ist, sank die a priori-Wahrscheinlichkeit von 10 %, dass die Schraube von dem Automaten A_1 produziert wurde, auf die a posteriori-Wahrscheinlichkeit 2,2 %. Der Anteil des Automaten an der Gesamtproduktion ist zwar 10%, sein Anteil an der Ausschussproduktion beträgt dagegen nur 2,2 %. ♦

< 12.11 > Betrachten wir das Würfeln mit einem idealen Würfel und berechnen wir die Wahrscheinlichkeiten des Ereignisses $B = \{2, 4\}$ unter der Bedingung $A_1 = \{2, 4, 6\}$, $A_2 = \{1, 2, 3, 5\}$ bzw. $A_3 = \{4, 5, 6\}$. Dann gilt:

$$P(B \mid A_1) = \frac{P(\{2,4\})}{P(\{2,4,6\})} = \frac{2}{3} > P(B) = \frac{2}{6} = \frac{1}{3}$$

$$P(B \mid A_2) = \frac{P(\{2\})}{P(\{1,2,3,5\})} = \frac{1}{4} < P(B) = \frac{1}{3}$$

$$P(B \mid A_3) = \frac{P(\{4\})}{P(\{4,5,6\})} = \frac{1}{3} = P(B) = \frac{1}{3}.$$

Im letzten Fall ist die Eintrittswahrscheinlichkeit für B unabhängig von der Voraussetzung, dass die Hypothese A_3 eingetreten ist, denn es gilt

$$P(B \mid A_3) = P(B) \text{ und somit}$$

$$P(B \cap A_3) = P(B \mid A_3) \cdot P(A_3) = P(B) \cdot P(A_3).$$ ♦

Definition 1.4: **(*Stochastische Unabhängigkeit*)**
Es sei $(\Omega, \mathcal{F}, P)$ ein Wahrscheinlichkeitsraum.

Zwei Ereignisse A und B aus $\mathcal{F}$ heißen *stochastisch unabhängig*, wenn gilt:

$$P(A \cap B) = P(A) \cdot P(B). \quad (12.16)$$

Äquivalent zu der Gleichung (12.16) sind die Gleichungen

$$P(A \mid B) = P(A) \text{ und} \quad (12.17)$$

$$P(B \mid A) = P(B). \quad (12.18)$$

Die stochastische Unabhängigkeit ist auf jeden Fall dann gegeben, wenn *echte* Unabhängigkeit zwischen zwei Ereignissen vorliegt.

< **12.12** > Die Wahrscheinlichkeit, beim zweimaligen Würfeln mit einem idealen Würfel bei beiden Würfen eine "6" zu würfeln, ist, da beide Würfe unabhängig voneinander sind, gleich $\frac{1}{6} \cdot \frac{1}{6} = \frac{1}{36}$. ♦

12.3 Aufgaben

12.1 Aus dem Intervall [0, 2] wurde ganz zufällig ein Punkt herausgegriffen. Geben Sie für dieses Zufallsexperiment einen geeigneten Wahrscheinlichkeitsraum an.

12.2 Ein Trickwürfel zeigt die Augenzahl 1 bis 6 mit unterschiedlichen Wahrscheinlichkeiten an.

Mittels einer langen Versuchsreihe wurden die Wahrscheinlichkeiten einiger Ereignisse festgestellt:

$$P(\{1,2,3\}) = \frac{2}{3}; \quad P(\{3,4,5\}) = \frac{5}{12}; \quad P(\{1,6\}) = \frac{1}{6}; \quad P(\{6\}) = \frac{1}{12}.$$

Berechnen Sie die Wahrscheinlichkeiten der übrigen Elementarereignisse.

12.3 An einem Schießstand kann man 5 Gewehre ausleihen, bei denen die Wahrscheinlichkeit für das Treffen einer Zielscheibe 0,5; 0,6; 0,7; 0,8; 0,9 beträgt.

Bestimmen Sie die Wahrscheinlichkeit, dass ein einziger Schuss ein Treffer ist, wenn der Schütze willkürlich eines der Gewehre wählt.

12.4 Jochen, Kai und Michael haben sich das Rasenmähen auf dem elterlichen Grundstück im Verhältnis 1 : 2 : 2 aufgeteilt. Während Jochen jedes Mal drei Blumen abmäht, schont Kai die Blumen an 8 von 10 Mähtagen und Michael an 5 von 10 Mähtagen. Eines Tages bemerkt ihr Vater nach der Rückkehr von der Dienstreise, dass eine seiner schönsten Blumen abgemäht wurde:

a. Mit welcher Wahrscheinlichkeit könnte das Unglück auf Jochen zurückzuführen sein?

b. Wie groß wäre diese Wahrscheinlichkeit, wenn der Vater nicht wüsste, in welchem Verhältnis sich seine Söhne das Rasenmähen aufgeteilt haben?

12.5 Die Maschine M besteht aus 3 Einzelaggregaten A_1, A_2, A_3, die unabhängig voneinander mit den Wahrscheinlichkeiten 0,3; 0,2; 0,1 ausfallen. Die Maschine M kann nur genutzt werden, wenn alle Einzelaggregate in Funktion sind. Wie hoch ist die Wahrscheinlichkeit, dass die Maschine M ausfällt?

12.6 Der Fußballgott Gerd Molinero erzielt mit der Wahrscheinlichkeit von 0,5 bei jedem Schuss auf das gegnerische Tor einen Treffer für seine Mannschaft. Es wird nun angenommen, dass die Ergebnisse der einzelnen Schüsse unabhängig voneinander sind. Wie oft muss Molinero mindestens auf das gegnerische Tor schießen, um mit der Wahrscheinlichkeit von 0,99 (wenigstens) einen Treffer zu erzielen?

12.7 Die drei Maschinen Ha, Ri, Bo produzieren 50 %, 30 % bzw. 20 % der Gesamtproduktion an Gummibären der Firma Haribo.
Die Fehlerquote der Maschinen beträgt 3 %, 4 % bzw. 5 %.

a. Wie groß ist die Wahrscheinlichkeit für das Ereignis X "ein zufällig ausgewähltes Gummibärchen ist fehlerhaft"?

b. Wie groß ist die Wahrscheinlichkeit für das Ereignis "ein zufällig ausgewähltes fehlerhaftes Gummibärchen stammt von Maschine Ha"?

12.8 Statistiken weisen aus, dass 5 % der Männer, aber nur 0,25 % der Frauen in Deutschland farbenblind sind. Wenn B. Becker farbenblind ist, wie groß ist die Wahrscheinlichkeit, dass es Boris Becker (eine männlich Person) und nicht Barbara Becker (eine weibliche Person) ist?
Dabei soll vereinfachend davon ausgegangen werden, dass es genauso viele Männer wie Frauen in Deutschland gibt.

12.9 Der Bauer Kiebenkerl hat neben anderen Nutztieren 3 Hühner, welche die Namen Lissi, Moni und Susi tragen. Lissi ist seine Lieblingshenne, da sie im Jahresdurchschnitt 40 % des gesamten Eierertrages liefert, während Moni und Susi je 30 % beitragen. Da die Eier für den Verkauf ein Mindestgewicht aufweisen müssen, gibt es einen gewissen Ausschuss (K). Dieser beträgt bei Lissi und Moni 3 % und bei Susi 5%. Wie groß ist die Wahrscheinlichkeit, dass ein zufällig ausgewähltes Ei

a. zu klein ist?

b. von Moni stammt, wenn bekannt ist, dass es zu klein ist?

13. Zufallsvariablen und ihre Verteilungen

13.1 Zufallsvariable, Wahrscheinlichkeitsverteilung

Das Ergebnis einer einzelnen Durchführung eines Zufallsexperimentes kann man zumeist durch eine oder mehrere reelle Zahlen kennzeichnen.

< 13.1 >

a. Interessiert man sich für das Gewicht einer Person, die zufällig aus einer Gruppe von Personen ausgewählt wird, so wird man das Gewicht mit einer Waage messen und durch eine reelle Zahl kennzeichnen, die das Gewicht in kg angibt.

b. Das Ergebnis eines Münzwurfes, z. B. eines deutschen 2 €-Stückes, kann man durch reelle Zahlen ausdrücken, indem man das Ergebnis "Zahl" mit der reellen Zahl "0" und das Ergebnis "Adler" mit der reellen Zahl "1" charakterisiert. ♦

Betrachten wir ein Zufallsexperiment, das durch den Wahrscheinlichkeitsraum $(\Omega, \mathcal{F}, P)$ charakterisiert wird. Jedes Ergebnis $\omega \in \Omega$ soll nun eindeutig eine reelle Zahl x zugeordnet werden. Es muss somit eine Abbildung $X : \Omega \to \mathbf{R}$ existieren. Dabei muss die Abbildung offensichtlich so gewählt werden, dass auch die Wahrscheinlichkeiten der Ereignisse mit übertragen werden. Als geeigneter Ereignisraum auf **R** wählt man normalerweise die BOREL-σ-Algebra $\mathcal{B}$.

Definition 13.1:
Gegeben sei ein Wahrscheinlichkeitsraum $(\Omega, \mathcal{F}, P)$.
Eine Abbildung

$$X : \Omega \to \mathbf{R} \tag{13.1}$$

bezeichnet man als *Zufallsvariable* über $(\Omega, \mathcal{F}, P)$, wenn sie *$\mathcal{F}$-$\mathcal{B}$-messbar* ist. Dies ist dann gegeben, wenn für alle BORELmengen $B \in \mathcal{B}$ die Urbildmenge $X^{-1}(B) \in \mathcal{F}$ ist.

Die Bildwahrscheinlichkeit von P bzgl. X

$$P_X(B) = P[X^{-1}(B)] \quad \text{für alle } B \in \mathcal{B} \tag{13.2}$$

nennt man *Wahrscheinlichkeitsverteilung der Zufallsvariablen X.*
$(\mathbf{R}, \mathcal{B}, P_X)$ ist dann ein *Wahrscheinlichkeitsraum.*

Speziell ist für $B =]-\infty, b]$

$$P_X(]-\infty, b]) = F_X(b) \tag{13.3}$$

der Wert der zu P_X gehörenden Verteilungsfunktion an der Stelle b, die wir mit F_X abkürzen und die wir *(kumulierte) Verteilungsfunktion der Zufallsvariablen* X nennen.

Bemerkung:
Bei vielen Zufallsexperimenten betrachtet man gleich einen Wahrscheinlichkeitsraum $(\mathbf{R}, \mathcal{B}, P_X)$. Die Zufallsvariable ist dann die identische Abbildung von **R** auf sich selbst.

Die Notwendigkeit der Forderung, dass X eine $\mathcal{F}$-$\mathcal{B}$-messbare Abbildung ist, sieht man an dem folgenden Beispiel.

< **13.2** > Gegeben ist der Wahrscheinlichkeitsraum $(\Omega, \mathcal{F}, P)$ mit

$$\Omega = \{a, b, c\}, \mathcal{F} = \{\emptyset, \Omega, \{a, b\}, \{c\}\}, P(\{a, b\}) = \tfrac{4}{9}, P(\{c\}) = \tfrac{5}{9} \text{ und}$$

$$\Omega' = \{1, 2\} \subset \mathbf{R}, \mathcal{F}' = \{\emptyset, \Omega', \{1\}, \{2\}\}.$$

a. Die Abbildung g: $a \to 2$
$b \to 1$
$c \to 2$ ist nicht $\mathcal{F}$-$\mathcal{F}'$-messbar,

denn weder das Urbild von 2, $g^{-1}(\{2\}) = \{a, c\}$, noch das Urbild von 1, $g^{-1}(\{1\}) = \{b\}$, sind Ereignisse in $\mathcal{F}$.

b. Die Abbildung X: $a \to 1$
$b \to 1$
$c \to 1$

ist $\mathcal{F}$ - $\mathcal{F}'$-messbar, denn $X^{-1}(\{1\}) = \{a, b\}$ und $X^{-1} = (\{2\}) = (c)$.

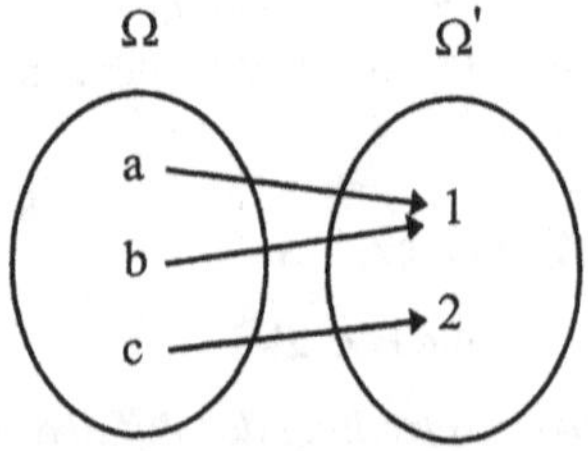

Abb. 13.1: Abbildung X

Damit ist auch eine Wahrscheinlichkeit P_X definiert mit

$$P_X(\{1\}) = \frac{4}{9} \text{ und } P_X(\{2\}) = \frac{5}{9}$$

und $(\Omega', \mathcal{F}', P_X)$ ist ein Wahrscheinlichkeitsraum. ♦

< 13.3 > In einer Urne befinden sich 5 Kugeln, die mit den Zahlen 1 bis 5 nummeriert sind. Es werden zufällig 3 Kugeln gezogen.

a. Die möglichen Ausgänge dieses Zufallsexperimentes und die Summe der Zahlen auf den gezogenen Kugeln sind dann:

$\omega_1 = \{1, 2, 3\} \longrightarrow 6$

$\omega_2 = \{1, 2, 4\} \longrightarrow 7$

$\omega_3 = \{1, 2, 5\} \longrightarrow 8$

$\omega_4 = \{1, 3, 4\} \longrightarrow 8$

$\omega_5 = \{1, 3, 5\} \longrightarrow 9$

$\omega_6 = \{1, 4, 5\} \longrightarrow 10$

$\omega_7 = \{2, 3, 4\} \longrightarrow 9$

$\omega_8 = \{2, 3, 5\} \longrightarrow 10$

$\omega_9 = \{2, 4, 5\} \longrightarrow 11$

$\omega_{10} = \{3, 4, 5\} \longrightarrow 12$

Die Zufallsvariable X kann alle Werte der Bildmenge des Stichprobenraumes $\Omega = \{\omega_i \mid 1 \le i \le 10\}$, d. h. der Mengen $X(\Omega) = \{6, 7, 8, 9, 10, 11, 12\}$ annehmen.

b. Die Urbildmengen $X^{-1}(\{x_j\})$ sind dann

x_j	6	7	8	9	10	11	12
$X^{-1}(\{x_j\})$	$\{\omega_1\}$	$\{\omega_2\}$	$\{\omega_3, \omega_4\}$	$\{\omega_5, \omega_7\}$	$\{\omega_6, \omega_8\}$	$\{\omega_9\}$	$\{\omega_{10}\}$

Daraus erhalten wir die Wahrscheinlichkeitsverteilung von X

x_j	6	7	8	9	10	11	12
$P_X(\{X = x_j\})$	0,1	0,1	0,2	0,2	0,2	0,1	0,1

und die Verteilungsfunktion von X

$$F_X(x) = \begin{cases} 0 & \text{für} \quad x < 6 \\ 0{,}1 & \text{für} \quad 6 \le x < 7 \\ 0{,}2 & \text{für} \quad 7 \le x < 8 \\ 0{,}4 & \text{für} \quad 8 \le x < 9 \\ 0{,}6 & \text{für} \quad 9 \le x < 10 \\ 0{,}8 & \text{für} \quad 10 \le x < 11 \\ 0{,}9 & \text{für} \quad 11 \le x < 12 \\ 1 & \text{für} \quad 12 \le x \end{cases}$$

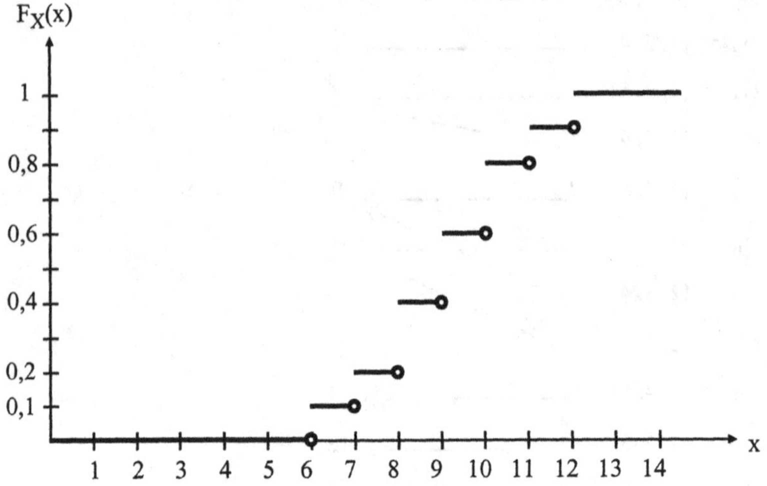

Abb. 13.2: Kumulierte Verteilungsfunktion $F_X(x)$ ♦

In Satz 13.1 werden einige allgemeine Eigenschaften von Verteilungsfunktionen zusammengestellt:

Satz 13.1:
Es sei F_X die Verteilungsfunktion einer Zufallsvariablen X. Dann gilt:

V1 F_X ist eine nicht-fallende Funktion, d. h. $x < \overline{x} \Rightarrow F_X(x) \le F_X(\overline{x})$

V2 F_X ist rechtsseitig stetig, d. h. für jede Folge $\{x_k\}$ mit $x_k \in\,]x, x+\delta[$, $\delta > 0$, die den Grenzwert $\lim_{k\to\infty} x_k = x$ besitzt, gilt

$$\lim_{k\to\infty} F_X(x_k) = F_X(x), \text{ bzw. } \lim_{x\to\overline{x}^+} F_X(x) = F_X(\overline{x})$$

V3	$F_X(-\infty) = \lim_{x \to -\infty} F_X(x) = 0$
V4	$F_X(+\infty) = \lim_{x \to +\infty} F_X(x) = 1$

Beweis:

zu V1: Für $x < \bar{x}$ ist $]-\infty, x] \subset]-\infty, \bar{x}]$

$$\overset{\text{Satz 12.1E}}{\Rightarrow} \quad P_X(]-\infty, x]) \le P_X(]-\infty, \bar{x}]) \Leftrightarrow F_X(x) \le F_X(\bar{x}).$$

zu V2: Für $x_1 \ge x_2 \ge x_3 \ge \ldots \ge x$ mit $\lim_{k \to \infty} x_k = x$

gilt $]-\infty, x_1] \supseteq]-\infty, x_2] \supseteq \ldots \supseteq]-\infty, x]$ und somit

$$\bigcap_{k=1}^{\infty}]-\infty, x_k] =]-\infty, x].$$

Dann ist auch $\lim_{k \to \infty} P_X([-\infty, x_k]) = P_X(]-\infty, x])$.

zu V3: $F_X(-\infty) = P_X(x < -\infty) = P(X^{-1}(]-\infty, -\infty[)) = P(\emptyset) = 0$

zu V4: $F_X(+\infty) = P_X(x < +\infty) = P(X^{-1}(]-\infty, +\infty[)) = P(\Omega) = 1.$

Die Umkehrung des Satzes 13.1 gilt ebenfalls:

> **Satz 13.2:**
> Gibt es eine Funktion, die den Eigenschaften V1 bis V4 genügt, dann ist sie die Verteilungsfunktion einer Zufallsvariablen.

Weiterhin stellt sich die Frage: Kann aus der Verteilungsfunktion F_X die Wahrscheinlichkeitsverteilung P_X bestimmt werden?

Die folgenden Sätze zeigen, dass mit F_X die Wahrscheinlichkeiten beliebiger Intervalle berechnet werden können:

> **Satz 13.3:**
> Sei F_X die Verteilungsfunktion einer Zufallsvariablen X und $a, b \in \mathbf{R}$ mit $a \le b$.
> Dann gilt
> $$P_X(]a, b]) = F_X(b) - F_X(a). \qquad (13.4)$$

Beweis:

Da sich $]-\infty,b]$ zerlegen lässt in die disjunkten Mengen $]-\infty,a]$ und $]a,b]$ gilt nach Satz 12.1 B

$$P_X]-\infty,b] = P_X(]-\infty,a]) + P_x(]a,b])$$

und somit ist

$$P_X]a,b] = P_X(]-\infty,b]) - P_X(]-\infty,a]) = F_X(b) - F_X(a).$$

Satz 13.4:

Es sei F_X die Verteilungsfunktion einer Zufallsvariablen X und $a \in \mathbf{R}$.

Dann gilt

$$P_X(\{a\}) = F_X(a) - F_X(a-0), \text{ mit } F_X(a-0) = \lim_{x \to a^-} F_X(x). \qquad (13.5)$$

Definition 13.2:

Die Wahrscheinlichkeit $P_X(\{a\})$ bezeichnet man als *Sprunghöhe* der Verteilungsfunktion an der Stelle a. Ist für ein $x \in \mathbf{R}$ die Sprunghöhe $P_X(x) > 0$, so nennt man x eine *Sprungstelle* von F_X.

Beweis:

Für eine Folge $x_1 < x_2 < \ldots < a$ x mit $\lim\limits_{h \to \infty} x_h = a$ gilt:

$$]x_1, a] \supset]x_2, a] \supset \ldots \text{ mit } \bigcap_{h=1}^{\infty}]x_h, a] = \{a\}.$$

Weiterhin gilt

$$P_X(\{a\}) = P_X(\{a\}) = \lim_{h \to \infty} (]x_h, a]) \overset{\text{Satz 13.2}}{=} \lim_{h \to \infty} (F_X(a) - F_X(x_h))$$

$$= F_X(a) - \lim_{h \to \infty} F_X(x_h) = F_X(a) - F_X(a-0).$$

< 13.4 >

a. Es sei $F_X(x) = \begin{cases} 1 - e^{-x} & \text{für } x \geq 0 \\ 0 & \text{sonst} \end{cases}.$

F_X besitzt keine Sprungstellen, d. h. für alle $x \in R$ gilt $(\{x\}) = 0$.

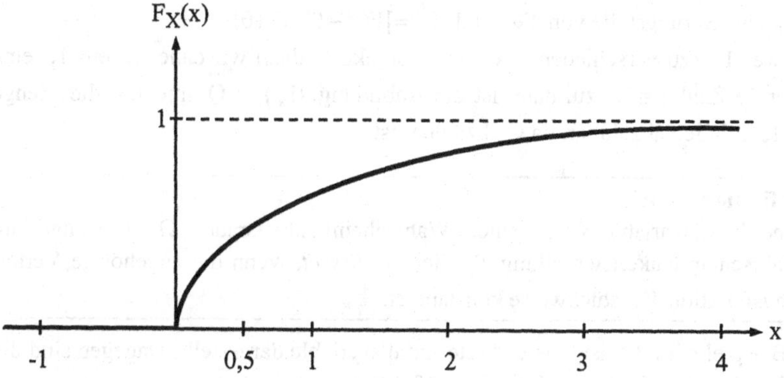

Abb. 13.3: Kumulierte Verteilungsfunktion $F_X(x)$

b. Gegeben ist $$G_X(x) = \begin{cases} 0 & \text{für } x < 0 \\ \frac{1}{4}x & \text{für } 0 \leq x < 2 \\ 1 & \text{für } 2 \leq x \end{cases}.$$

G_X hat in $x = 2$ eine Sprungstelle mit der Sprunghöhe $P_X(\{2\}) = \frac{1}{2}(\{2\})$.

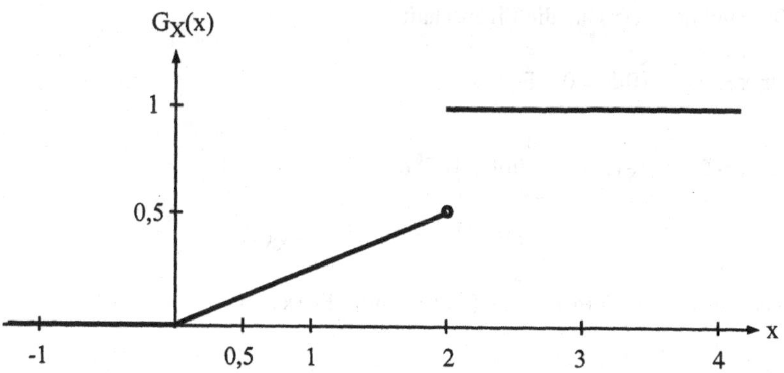

Abb. 13.4: Kumulierte Verteilungsfunktion $G_X(x)$ ♦

Satz 13.5
Eine Verteilungsfunktion hat höchstens abzählbar viele Sprungstellen.

Beweis:

Sei x eine Sprungstelle von F_X und $I_x =]F(x-0), F(+0)[$.

Je zwei I_x (zu verschiedenen x) sind disjunkt. Ordnen wir daher jedem I_x eine rationale Zahl $r \in I_x$ zu, dann ist die Abbildung $\{I_x\} \to Q$ injektiv, die Menge der I_x folglich abzählbar, da Q abzählbar ist.

Definition 13.3:
Eine Zufallsvariable X über einem Wahrscheinlichkeitsraum $(\Omega, \mathcal{F}, P)$ und ihre Wahrscheinlichkeitsverteilung P_X heißen *diskret*, wenn die zugehörige Verteilungsfunktion F_X stückweise konstant ist.

Im Beispiel < 13.3 > ist eine diskrete Zufallsvariable dargestellt. Dagegen sind die beiden Zufallsvariablen im Beispiel < 13.4 > nicht diskret.

< 13.5 > Bilden wir für die beiden Verteilungsfunktionen in Beispiel < 13.4 > die 1. Ableitung nach x, so gilt

a. $$f_X(x) = \frac{dF_X}{dx}(x) = \begin{cases} e^{-x} & \text{für } x > 0 \\ 0 & \text{für } x < 0 \end{cases}.$$

An der nicht definierten Stelle $x = 0$ wird f_X willkürlich definiert, z. B. $f_X(0) = 0$.

Die Funktion $f_X(x)$ hat die Eigenschaft

$$\text{für } x \le 0\text{x:} \quad \int_{-\infty}^{x} 0\,dt = 0 = F_X(x)$$

$$\text{für } x > 0: \quad \int_{-\infty}^{x} f_X(t)dt = \int_{-\infty}^{0} 0\,dt + \int_{0}^{x} e^{-t}\,dt$$

$$= 0 + [-e^{-t}]_0^x = e^{-x} + 1 = F_X(x).$$

Insbesondere ist $F(+\infty) = \int_{-\infty}^{+\infty} f_X(t)dt = \lim_{x \to +\infty} F_X(x) = 1$.

b. $$f_X(x) = \frac{dF_X}{dx}(x) = \begin{cases} 0 & \text{für } x < 0 \\ \frac{1}{4} & \text{für } 0 < x < 2 \\ 0 & \text{für } 2 < x \end{cases}.$$

An den nicht definierten Stellen $x = 0$ und $x = 2$ wird f_X willkürlich definiert, z. B. $f_X(0) = 0$, $f_X(2) = \frac{1}{4}$. ♦

Definition 13.4:
Ist F_X die Verteilungsfunktion einer Zufallsvariablen X, so heißt der Integrand f_X von

$$F_X(x) = \int_{-\infty}^{x} f_X(t)\,dt \tag{13.5}$$

Dichtefunktion der Zufallsvariablen X.

Aus der Definition der Dichtefunktion folgt, dass stets gilt:

i. $$\int_{-\infty}^{+\infty} f_X(x)\,dx = F_X(+\infty) = 1 \tag{13.6}$$

ii. für alle Punkte x, in denen f_X stetig ist: $\frac{dF_X}{dx}(x) = f_X(x)$.

Definition 13.5:
Eine Zufallsvariable X, deren Wahrscheinlichkeitsverteilung P_X und deren Verteilungsfunktion F_X heißen *totalstetig*, wenn es eine Funktion $f_X : \mathbf{R} \to \mathbf{R}$ mit den folgenden Eigenschaften gibt:

S1 f_X ist uneigentlich integrierbar, d. h. es existiert das Integral

$\int_a^b f_X(x)\,dx$ für alle $a, b \in \mathbf{R} \cup \{-\infty, +\infty\}$

S2 $f_X(x) \geq 0$ für alle $x \in \mathbf{R}$

S3 $F_X(x) = \int_{-\infty}^{x} f_X(t)\,dt$ für alle $x \in \mathbf{R}$.

Dabei ist es für eine totalstetige Zufallsvariable X stets möglich, die Funktion f_X so zu normieren, dass

$$F_X(+\infty) = \int_{-\infty}^{+\infty} f_X(x)\,dx = 1,$$

denn ist $\int_{-\infty}^{+\infty} f_X(x)\,dx = A \neq 1$, so wähle man als Dichtefunktion

$$f_X = \frac{1}{A} \cdot f_X.$$

Wichtige stetige Verteilungen sind:

Die **Gleichverteilung** mit der Dichtefunktion

$$f(x)=\begin{cases}\frac{1}{b-a} & \text{für } a\le x\le b\\ 0 & \text{sonst}\end{cases} \tag{13.7}$$

und der Verteilungsfunktion

$$F(x)=\begin{cases}0 & \text{für } x<a\\ \frac{x-a}{b-a} & \text{für } a\le x\le b\\ 1 & \text{für } b<x\end{cases} \tag{13.8}$$

Die **Exponentialverteilung** mit der Dichtefunktion

$$f(x)=\begin{cases}\lambda\cdot e^{-\lambda x} & \text{für } 0\le x,\quad \lambda>0\\ 0 & \text{sonst}\end{cases} \tag{13.9}$$

und der Verteilungsfunktion

$$F(x)=\begin{cases}0 & \text{für } x<0\\ 1-e^{-\lambda x} & \text{für } 0\le x\end{cases} \tag{13.10}$$

Die **Normalverteilung** $N(\mu, \sigma)$ mit der Dichtefunktion

$$f(x)=\frac{1}{\sqrt{2\pi}\sigma}e^{-\frac{(x-\mu)^2}{2\sigma^2}}, x\in\mathbf{R}, \mu\in\mathbf{R}, \sigma>0, \tag{13.11}$$

die eine GAUßsche Glockenkurve darstellt.

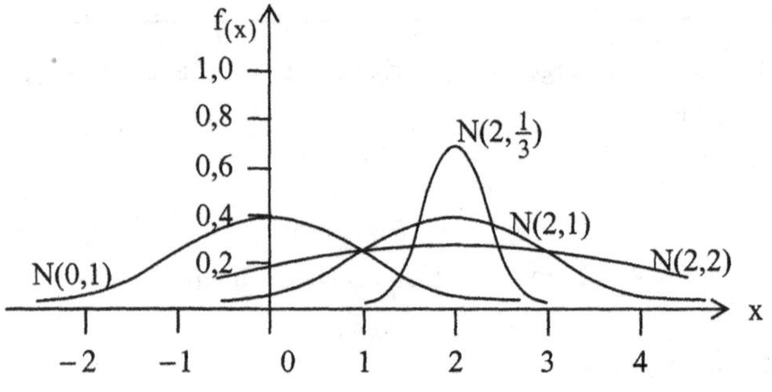

Abb. 13.5: GAUßsche Glockenkurve

> **Satz 13.6:**
> Ist eine Zufallsvariable X gemäß $N(\mu,\sigma)$ verteilt, so ist die *standardisierte Zufallsvariable* $Y = \frac{X-\mu}{\sigma}$ gemäß $N(0,1)$ verteilt.

Daher kann die Verteilungsfunktion F einer $N(\mu,\sigma)$-verteilten Zufallsvariablen X durch die Verteilungsfunktion Φ der Standardnormalverteilung $N(0,1)$ ausgedrückt werden:

$$F(X) = P(X \le x) = P\left(\frac{X-\mu}{\sigma} \le \frac{x-\mu}{\sigma}\right) = P\left(Y \le \frac{x-\mu}{\sigma}\right) = \Phi\left(\frac{x-\mu}{\sigma}\right).$$

Aus diesem Grund benötigt man nur eine Wertetafel der Standardnormalverteilung, wobei man sich auf die nichtnegativen x-Werte beschränken kann, da die Dichtefunktion der Standardnormalverteilung spiegelsymmetrisch zu 0 ist. Es gilt dann:

$$\Phi(-x) = P(Y \le -x) = P(Y \ge x) = 1 - P(Y \le x) = 1 - \Phi(x). \qquad (13.12)$$

13.2 Mehrdimensionale Zufallsvariablen

> **Definition 13.6:**
> Fasst man mehrere Zufallsvariablen $X_j : \Omega_j \to \mathbf{R}$ zusammen zum Vektor $\mathbf{X} = (X_1, X_2, \ldots, X_m)$, so bezeichnet man $\mathbf{X}$ als *m-dimensionale Zufallsvariable.*
> Die Bilder von $\mathbf{X}$ sind Elemente von $\mathbf{R}^m$.

Die Ereignisse zu **X** hängen im Allgemeinen von den Werten aller m Zufallsvariablen ab. Ist dann beispielsweise für jedes X_j ein Ereignis B_j von Interesse, $j = 1,2,\ldots,m$, so ist der Durchschnitt dieser n Ereignisse ein Ereignis zu **X**, für das wir die Schreibweise $X_1 \in B_1, X_2 \in B_2, \ldots, X_m \in B_m$ benutzen.

Aus gegebenen eindimensionalen Zufallsvariablen X_j, $j = 1,2,\ldots,m$, lassen sich auf viele Weisen neue mehrdimensionale Zufallsvariablen bilden, z. B.

$$X_1 \cdot X_2 \cdot X_3, \; X_1 \cdot X_1, \; \sum_{j=1}^{m} X_j.$$

Definition 13.7:
Die Zufallsvariablen $X_1, X_2, \ldots, X_m$ heißen *(stochastisch) unabhängig*, wenn die Wahrscheinlichkeit des Durchschnitts von Ereignissen $X_j \in B_j$ stets gleich dem Produkt der einzelnen Wahrscheinlichkeiten ist:

$$P(X_1 \in B_1, X_2 \in B_2, \ldots, X_m \in B_m) \qquad (13.13)$$
$$= P(X_1 \in B_1) \cdot P(X_2 \in B_2) \cdot \ldots \cdot P(X_m \in B_m).$$

Definition 13.8:
Ist $\mathbf{X} = (X_1, X_2, \ldots, X_m)$ eine m-dimensionale Zufallsvariable, so heißt die Funktion F, die jedem Tupel $(X_1, X_2, \ldots, X_m)$ die Wahrscheinlichkeit

$$F(x_1, \ldots, x_m) = P(X_1 \le x_1, \ldots, X_m \le x_m) \qquad (13.14)$$

zuordnet, die *Verteilungsfunktion von* $(X_1, X_2, \ldots, X_m)$ oder die *gemeinsame Verteilungsfunktion* der Zufallsvariablen $X_1, X_2, \ldots, X_m$.

Definition 13.9:
Eine m-dimensionale Zufallsvariable $(X_1, X_2, \ldots, X_m)$ heißt

A. *diskret*, wenn sie nur endlich oder abzählbar unendlich viele m-Tupel $(x_1, x_2, \ldots, x_m)$ als Wert annehmen kann. Die Funktion P, die jedem m-Tupel $(x_1, x_2, \ldots, x_m)$ die Wahrscheinlichkeit

$$P(x_1, \ldots, x_m) = P(X_1 = x_1, \ldots, X_m = x_m) \qquad (13.15)$$

zuordnet, nennt man *Wahrscheinlichkeitsfunktion von* $(X_1, X_2, \ldots, X_m)$ oder *gemeinsame Wahrscheinlichkeitsfunktion der Zufallsvariablen* $X_1, X_2, \ldots, X_m$.

B. *stetig*, wenn es eine Funktion $f(x_1, x_2, \ldots, x_m)$ gibt, so dass die Verteilungsfunktion F die Gestalt

$$F(x_1, \ldots, x_m) = \int_{-\infty}^{x_1} \ldots \int_{-\infty}^{x_m} f(t_1, \ldots, t_m)\, dt_m \ldots dt_1 \qquad (13.16)$$

besitzt.

$f(x_1, x_2, \ldots, x_m)$ heißt dann *Dichtefunktion von* $(X_1, X_2, \ldots, X_m)$ oder *gemeinsame Dichte der Zufallsvariablen* $X_1, X_2, \ldots, X_m$.

Wichtige diskrete mehrdimensionale Verteilungen sind:

Die **Binomialverteilung** mit der Wahrscheinlichkeitsfunktion

$$B(k,n,p) = \begin{cases} \binom{n}{k} p^k (1-p)^{n-k} & \text{für } k \in \{0,1,\ldots,n\} \\ 0 & \text{für } k \notin \{0,1,\ldots,n\} \end{cases} \tag{13.17}$$

Die **Hypergeometrische Verteilung** mit der Wahrscheinlichkeitsfunktion

$$H(k,n,M,N) = \begin{cases} \dfrac{\binom{M}{k}\binom{N-M}{n-k}}{\binom{N}{n}} & \text{für } k = \text{Max}\{0, n-(N-M), \\ & \qquad \text{Min}(n,M)\} \\ 0 & \text{sonst} \end{cases} \tag{13.18}$$

Die **POISSON-Verteilung** mit der Wahrscheinlichkeitsfunktion

$$P(k,\lambda) = \begin{cases} \dfrac{\lambda^k}{k!} e^{-\lambda} & \text{für } k = 0,1,2,.. \\ 0 & \text{sonst} \end{cases} \tag{13.19}$$

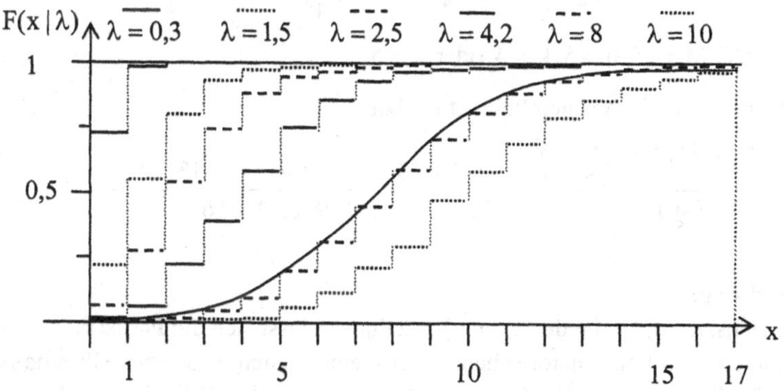

Abb. 13.6: Kumulierte Verteilungsfunktionen von POISSON-Verteilungen

Grundlage all dieser Verteilungen ist die Zufallsvariable

$$X_j = \begin{cases} 1 & \text{falls das Ereignis A eintritt} \\ 0 & \text{falls das Ereignis A nicht eintritt.} \end{cases}$$

Führen wir das entsprechende Zufallsexperiment n-mal durch und interessieren wir uns für die Anzahl k der Durchführungen, bei denen A eintritt, so lässt sich diese (gemeinsame) Zufallsvariable schreiben als $X = \sum_{J=1}^{n} X_j$.

Die Herleitung der ersten beiden Wahrscheinlichkeitsverteilungen lässt sich anschaulich anhand kombinatorischer Experimente verstehen, die in [ROMMELFANGER 2004, Bd. 1, S. 73-74] beschrieben sind.

< **13.6** > In einer Urne befinden sich 15 rote und 5 schwarze Kugeln. Wie groß ist die Wahrscheinlichkeit, bei einer Stichprobe vom Umfang 5 wenigstens 4 rote Kugeln zu ziehen, wenn die Stichprobenziehung

a. mit Zurücklegen,

b. ohne Zurücklegen erfolgt?

Lösung:

a. $p = \frac{15}{20} = \frac{3}{4}$, n = 5, k = 4 oder k = 5

Die gesuchte Wahrscheinlichkeit ist dann

$$p = \binom{5}{5} \cdot (\tfrac{3}{4})^5 \cdot (\tfrac{1}{4})^0 + \binom{5}{4} \cdot (\tfrac{3}{4})^4 \cdot (\tfrac{1}{4}) = \frac{3^4}{4^5} \cdot (3+5) = \frac{2 \cdot 3^4}{4^4} \approx 0{,}6328.$$

b. N = 20, M = 15, n = 5, k = 4 oder k = 5

Die gesuchte Wahrscheinlichkeit ist dann

$$p = \frac{\binom{15}{5} \cdot \binom{5}{0}}{\binom{20}{5}} + \frac{\binom{15}{4} \cdot \binom{5}{1}}{\binom{20}{5}} = \frac{15 \cdot 14 \cdot 13 \cdot 12 \cdot 11 \cdot 1 + 15 \cdot 14 \cdot 13 \cdot 12 \cdot 5 \cdot 5}{20 \cdot 19 \cdot 18 \cdot 17 \cdot 16} \approx 0{,}6339. \blacklozenge$$

Bemerkung:

Im Gegensatz zu den beiden ersten Verteilungen lässt sich die POISSON-Verteilung nicht aus einem kombinatorischen Experiment ableiten, sondern stellt eine Näherung für die Binomialverteilung B(k, n, p) dar, für den Fall, dass p klein und n groß ist. Man verwendet die POISSON-Verteilung also für die Verteilung seltener Ereignisse. In diesen Fällen kann man eine Binomialverteilung B(k, n, p) durch die POISSON-Verteilung $P(k, n \cdot p)$ approximieren, d. h. mit Verteilungsparameter $\lambda = n \cdot p$. Diese Approximation ist vertretbar für $n \geq 50,\ p \leq 0{,}1,\ n \cdot p \leq 10$.

Definition 13.10:

A. Aus der gemeinsamen Verteilungsfunktion F(x, y) einer zweidimensionalen Zufallsvariablen (X, Y) lassen sich die beiden eindimensionalen Verteilungsfunktionen

$F_1(x) = F(x, +\infty)$ von X und $F_2(y) = F(y, +\infty)$ von Y

ableiten, welche als *Randverteilungsfunktionen* bezeichnet werden.

B. Aus der zweidimensionalen Wahrscheinlichkeitsfunktion $p(x_i, y_j)$ einer Zufallsvariablen (X, Y) lassen sich die beiden eindimensionalen Wahrscheinlichkeitsfunktionen

$p_1(x_i) = \sum_j p(x_i, y_j)$ von X und $p_2(y_j) = \sum_i p(x_i, y_j)$ von Y

ermitteln, welche *Randwahrscheinlichkeiten* genannt werden.

C. Aus der zweidimensionalen Dichte f(x, y) einer Zufallsvariablen (X, Y) lassen sich die beiden eindimensionalen Dichten

$f_1(x) = \int_{-\infty}^{+\infty} f(x, y)\,dy$ von X und $f_2(y) = \int_{-\infty}^{+\infty} f(x, y)\,dx$ von Y

berechnen, die als *Randdichten* bezeichnet werden.

D. Analog sind die *bedingten Wahrscheinlichkeitsfunktionen*

$$p_1(x_i \mid y_j) = \frac{p(x_i, y_j)}{p_2(y_j)} \quad \text{und} \quad p_2(y_j \mid x_i) = \frac{p(x_i, y_j)}{p_1(x_i)}$$

bzw. die *bedingten Dichten*

$$f_1(x \mid y) = \frac{f(x, y)}{f_2(y)} \quad \text{und} \quad f_2(x \mid y) = \frac{f(x, y)}{f_1(x)}$$

definiert.

Mit diesen Randfunktionen lässt sich die Unabhängigkeit von Zufallsvariablen $X_1, X_2, \ldots, X_m$ neu formulieren.

Satz 13.7:
Die Zufallsvariablen $X_1, X_2, \ldots, X_m$ sind genau dann (stochastisch) unabhängig, wenn die *gemeinsame Verteilungs-*, Wahrscheinlichkeits- oder Dichte*funktion gleich dem Produkt der Randverteilungs-*, Randwahrscheinlichkeits- oder Randdichte*funktionen* der einzelnen Zufallsvariablen ist, d. h. wenn gilt:

$$F(x_1,\ldots,x_m) = F_1(x_1)\ldots F_m(x_m) \quad \text{für alle } x_1,\ldots,x_m$$

$$p(x_1,\ldots,x_m) = p_1(x_1)\ldots p_m(x_m) \quad \text{für alle } x_1,\ldots,x_m$$

$$f(x_1,\ldots,x_m) = f_1(x_1)\ldots f_m(x_m) \quad \text{für alle } x_1,\ldots,x_m .$$

13.3 Verteilungsparameter

Zur näherungsweisen oder sogar vollständigen Beschreibung von Verteilungsfunktionen reicht es im Allgemeinen aus, einige wenige Verteilungsparameter zu kennen. Die wichtigsten werden nachfolgend definiert und wesentliche Eigenschaften zusammengestellt. Auf den Beweis dieser klassischen Sätze der Wahrscheinlichkeitsrechnung wird hier verzichtet und auf die umfangreiche Literatur verwiesen, vgl. z. B. [FISZ 1973], [RUTSCH 1974]

Definition 13.11:
Für eine stetige Zufallsvariable X bezeichnet man einen Wert x_α mit $F(x_\alpha) = \alpha$ als α-*Fraktil* von X.

Definition 13.12:
Der *Erwartungswert* E(X) einer Zufallsvariablen X ist definiert als

$$\mu = E(X) = \begin{cases} \sum\limits_j x_j p(x_j) & \text{falls X diskret} \\ \int\limits_{-\infty}^{+\infty} x f(x) dx & \text{falls X stetig} \end{cases} \tag{13.20}$$

Definition 13.13:
Die *Varianz* Var(X) einer Zufallsvariablen X ist definiert als

$$\sigma^2 = \text{Var}(X) = \begin{cases} \sum\limits_j [x_j - E(X)]^2 p(x_j) & \text{falls X diskret} \\ \int\limits_{-\infty}^{+\infty} [x - E(X)]^2 f(x) dx & \text{falls X stetig.} \end{cases} \tag{13.21}$$

Der Ausdruck $\sigma = \sqrt{\mathrm{Var}(X)}$ heißt *Standardabweichung* von X.

Nach Regel (13.21) lässt sich Var(X) auch schreiben als

$$\mathrm{Var}(X) = E([x - E(X)]^2) \,.$$

Satz 13.8:

A. Ist die Wahrscheinlichkeits- bzw. die Dichtefunktion einer Zufallsvariablen X spiegelsymmetrisch zu einem Punkt x = a, so gilt E(X) = a.

B. Für eine reellwertige Funktion $g = \mathbf{R} \to \mathbf{R}$ und eine Zufallsvariable X ist auch $Y = g(X)$ eine Zufallsvariable und es gilt

$$E(Y) = E[g(X)] = \begin{cases} \sum\limits_j g(x_j) \cdot p(x_j) & \text{falls X diskret} \\ \int\limits_{-\infty}^{+\infty} g(x) \cdot f(x)dx & \text{falls X stetig.} \end{cases} \tag{13.22}$$

Speziell gilt für $g(X) = a + bX$

$$E(a + bX) = a + bE(X), \quad \text{für alle } a, b \in \mathbf{R}. \tag{13.23}$$

C. Für die Summe von m Zufallsvariablen $X_1, \ldots, X_m$ gilt

$$E\left(\sum_{i=1}^{m} X_i\right) = \sum_{i=1}^{m} E(X_i) \,. \tag{13.24}$$

D. Für unabhängige Zufallsvariablen X und Y gilt:

$$E(X \cdot Y) = E(X) \cdot E(Y) \,. \tag{13.25}$$

E. Gilt für jedes Elementarereignis ω eines Zufallsexperimentes und für zwei Zufallsvariablen X und Y die Ungleichung $X(\omega) \le Y(\omega)$, so folgt

$E(X) \le E(Y)$.

F. Ist g eine konvexe oder eine konkave Funktion, so gilt für jede Zufallsvariable X

$E[g(X)] \ge g[E(X)]$	falls g konvex	*JENSENsche*	(13.26)
$E[g(X)] \le g[E(X)]$	falls g konkav.	*Ungleichungen*	(13.27)

Satz 13.9:

A. Es gilt der *Verschiebungssatz*

$$\mathrm{Var}(X) = E(X^2) - [E(X)]^2 . \tag{13.28}$$

B. Für eine lineare Transformation $a + bX$ gilt:

$$\mathrm{Var}(a + bX) = b^2 \mathrm{Var}(X) . \tag{13.29}$$

C. Sind die Zufallsvariablen $X_1, \ldots, X_m$ linear unabhängig, so gilt:

$$\mathrm{Var}\left(\sum_{i=1}^{m} X_i\right) = \sum_{i=1}^{m} \mathrm{Var}(X_i) . \tag{13.30}$$

Satz 13.10:

A. Ist X eine Zufallsvariable mit $E(X) = \mu$ und $\mathrm{Var}(X) = \sigma^2$, so besitzt die standardisierte Zufallsvariable $Y = \frac{X-\mu}{\sigma}$ den Erwartungswert 0 und die Varianz 1.

B. Sind $X_1, \ldots, X_m$ unabhängige Zufallsvariablen, die alle den gleichen Erwartungswert μ und die gleiche Varianz σ^2 aufweisen, so besitzt die Zufallsvariable $\overline{X} = \frac{1}{n} \sum_{i=1}^{m} X_i$ den Erwartungswert μ und die Varianz $\frac{1}{m}\sigma^2$.

C. Es gilt die TSCHEBYSCHEFF*sche Ungleichung*

$$P(|X - E(X)| \geq c) \leq \frac{\mathrm{Var}(X)}{c^2} \quad \text{für alle } c > 0 . \tag{13.31}$$

Definition 13.14:

Für zwei Zufallsvariablen X und Y bezeichnet man

$$\mathrm{Cov}(X, Y) = E[(X - E(X)) \cdot (Y - E(Y))] \tag{13.32}$$

als *Kovarianz*.

Sind $\mathrm{Var}(X) \neq 0$ und $\mathrm{Var}(Y) \neq 0$, so lässt sich der *Korrelationskoeffizient*

$$\rho(X, Y) = \frac{\mathrm{Cov}(X, Y)}{\sqrt{\mathrm{Var}(X) \cdot \mathrm{Var}(Y)}} \tag{13.33}$$

bilden.

Satz 13.11:
Für die Varianz der Summe zweier Zufallsvariablen gilt

$$\mathrm{Var}(X+Y) = \mathrm{Var}(X) + \mathrm{Var}(Y) + 2\,\mathrm{Cov}(X,Y)\,. \quad (13.34)$$

Definition 13.15:
Die nachfolgenden Klassen von Kennzahlen heißen:

$E(X^k),\ k = 1,2,\ldots$ *k-te Momente um Null*

$E([X - E(X)]^k),\ k = 1,2,\ldots$ *k-te zentrale Momente.*

13.4 Aufgaben

13.1 Auf einem "einarmigen Banditen" (slot machine) laufen drei unabhängige Walzen, die mit gleicher Wahrscheinlichkeit die Zahlen 1, 2 oder 3 anzeigen.

a. Wie viele verschiedene Ergebnisse gibt es? Geben Sie den Stichprobenraum an.

b. Die Zufallsvariable X ordne den Stichprobenelementen die Summe der Augenzahlen (bei Walzenstillstand) zu. Wie lautet die Bildmenge $X(\Omega)$, die Wahrscheinlichkeitsverteilung $P_X(x_j)$ und die Verteilungsfunktion $F_X(x)$?

13.2 In einer Urne befinden sich 6 Kugeln, die mit den Zahlen 1 bis 6 nummeriert sind. Es werden zufällig 3 Kugeln (ohne Zurücklegen) gezogen.

a. Schreiben Sie alle möglichen Ergebnisse dieses Zufallsexperiments auf und ordnen Sie jedem Ergebnis die Summe der Zahlen auf den gezogenen Kugeln zu.

b. Definieren Sie eine geeignete Zufallsvariable X, wenn die Summe der Zahlen auf den gezogenen Kugeln bei diesem Zufallsexperiment von Interesse ist. Welche Werte kann X annehmen?

c. Geben Sie eine Wahrscheinlichkeitsverteilung und die Verteilungsfunktion dieser Zufallsvariablen an.

d. Definieren Sie als weitere Zufallsvariable Y das Maximum der Zahlen auf den gezogenen Kugeln und geben Sie eine Wahrscheinlichkeitsverteilung von Y an.

e. Wie groß ist $P(Y \geq 4)$?

13.3 Gegeben sei die Funktion f: **R**→**R** mit

$$f(x) = \begin{cases} a(3+x) & \text{für } -3 \le x \le 0 \\ a(3-x) & \text{für } 0 < x \le 3 \\ 0 & \text{sonst} \end{cases}.$$

a. Bestimmen Sie a so, dass f(x) die Dichtefunktion einer Zufallsvariablen X wird.

b. Wie sieht die Verteilungsfunktion aus?

c. Wie groß ist die Wahrscheinlichkeit, dass die Zufallsvariable X einen Wert aus dem Intervall $[\frac{1}{2}, 1]$ annimmt?

13.4 Gegeben sei die Dichtefunktion $f(x) = 1 - ax$.
Man bestimme die untere Grenze von x für eine vorgegebene obere Grenze von $x = \frac{1}{a}$.

13.5 Eine Maschine produziert Werkstücke, und zwar sind erfahrungsgemäß 4 % ihrer Produktion Ausschuss. Die Produktion verschiedener Stücke sei bezüglich der Frage „Ausschuss oder nicht" als unabhängig anzusehen. Wie groß ist die Wahrscheinlichkeit, dass von 100 in einer Stunde produzierten Stücken

a. genau 4 **b.** mindestens 7 **c.** höchstens 8 Ausschuss sind?

13.6 **a.** Wie muss der Parameter $a \in \mathbf{R}$ gewählt werden, damit

$$f(x) = \begin{cases} a & \text{für } 3 < x < 5 \\ 0 & \text{sonst} \end{cases}$$

eine Dichtefunktion ist?

b. Bestimmen Sie für die Dichtefunktion f

i. den Erwartungswert

ii. die Varianz

iii. die Standardabweichung

c. Wie groß ist die Wahrscheinlichkeit $P\{2X < 9 \mid X > 4\}$, wenn X der Dichtefunktion f genügt?

D. Stochastische Prozesse

Bei vielen Systemen oder Variablen, die sich mit der Zeit verändern, lässt sich nicht mit Sicherheit sagen, welchen Zustand das System bzw. welchen Wert die Variable für die darauf folgenden Zustände annehmen wird. Es liegt also kein deterministisches System vor. In vielen dieser Fälle kann man aber eine Wahrscheinlichkeitsverteilung für die darauf folgenden Zustände angeben. Man spricht dann von *stochastischen Systemen*.
Alltägliche Beispiele für stochastische Systeme sind:

- die Entwicklung der Aktienkurse (Tagesdaten oder Inter-Tagesdaten),
- die Schadensfälle pro Tag bei einer Kfz-Versicherung,
- die Entwicklung eines Lagerbestandes (Tagesdaten oder Inter-Tagesdaten),
- der Stromverbrauch (Tagesdaten oder Inter-Tagesdaten),
- das Bruttosozialprodukt eines Landes (Jahres-, Vierteljahres- oder Monatsdaten),
- der Gesamtumsatz eines Unternehmens (Jahres-, Monats-, Wochen- oder Tagesdaten),
- die genetische Evolution,
- die Entwicklung einer Warteschlange bei der Essensausgabe, vor einer Warenhauskasse, am Eingang zu einem Sportstadion,
- die BROWNsche Bewegung, d. h. der Irrfahrt von Molekülen in homogener ruhender Flüssigkeit.

Ein Weg, solche zeitlich geordneten, zufälligen Vorgänge mathematisch zu beschreiben, bietet die *Theorie stochastischer Prozesse*. Hier steht die spezielle Struktur der Zufallsfunktionen im Vordergrund des Interesses. Ein stochastischer Prozess wird aufgefasst als eine Familie von Zufallsvariablen. Wir setzen also die Betrachtungen aus Kapitel 13 fort, in dem wir den Wahrscheinlichkeitsraum um eine Zeitkomponente erweitern.

Eine andere Formalisierung bietet die *Zeitreihenanalyse*, die sich als Teilgebiet der Statistik versteht und versucht, spezielle Modelle an zeitlich geordnete Daten anzupassen.

In Kapitel 14 werden stochastische Modelle allgemein definiert und klassifiziert. Als Klassifikationsmerkmale sind der Zustandsraum, die Zeitachse und die stochastische Verbundenheit der Zufallsvariablen von Bedeutung. Für die Praxis von Bedeutung sind vor allem stochastische Prozesse, deren Zufallsvariablen einer Normal- oder einer POISSON-Verteilung genügen.

Für die Anwendung besonders wichtig sind stochastische Prozesse mit der MARKOVschen Eigenschaft, die besagt, dass der Zustand in einem Zeitpunkt t+1 nur abhängt von dem Zustand im vorangehenden Zeitpunkt t und nicht von dem speziellen Verlauf bis zum Zeitpunkt t. In Kapitel 15 werden MARKOV-Ketten untersucht, die durch diskrete Zeitpfade charakterisiert sind und bei denen der Prozess übersichtlich durch Übergangswahrscheinlichkeiten beschrieben werden kann. Dabei wird eine Vielzahl von Zustandstypen unterschieden. Als spezielle MARKOV-Prozesse werden Geburts- und/oder Todesprozesse genauer untersucht. Eine wichtige Anwendung für diese Prozesse sind Warteschlangenprozesse.

Als eine wichtige Klasse von MARKOV-Prozessen mit stetigen Pfaden werden im Kapitel 16 WIENER-Prozesse behandelt, die eine mathematische Modellierung von BROWNschen Bewegungen erlaubt. Es wird dann aufgezeigt, wie Aktienkurse als BROWNsche Bewegung mit Drift modelliert werden können. Die bekannteste Anwendung für die Beschreibung von Aktienkursen durch eine geometrische BROWNsche Bewegung ist die Optionsbewertungsformel von BLACK und SCHOLES, die abschließend dargestellt wird.

14. Grundlegende Definitionen und Aussagen über stochastische Prozesse

Definition 14.1:
Gegeben sei
- ein Wahrscheinlichkeitsraum $(\Omega, \mathcal{F}, P)$,
- ein Wertebereich Z mit einer σ-Algebra $\mathcal{Z}$,
- eine Indexmenge T.

Ein stochastischer Prozess $X = \{X_t, t \in T\}$ ist dann eine Familie von Zufallsvariablen, d. h. eine Abbildung

$$X: \Omega \times T \to Z \qquad (\omega, t) \mapsto X_t(\omega), \tag{14.1}$$

so dass für alle $t \in T$ die eingeschränkte Abbildung

$$X_t: \Omega \to Z \qquad \omega \mapsto X_t(\omega)$$

$\mathcal{F}$-$\mathcal{Z}$-messbar ist.

Vereinfachend beschreibt man einen stochastischen Prozess als das Quadrupel

$$X = \{\Omega, \mathcal{F}, P, X_t, t \in T\}.$$

Oft verzichtet man darüber hinaus auf den Wahrscheinlichkeitsraum und beschreibt den stochastischen Prozess durch $X = \{X_t, t \in T\}$, d. h. lediglich durch die Familie der Zufallsvariablen X_t.

Definition 14.2:
Für jedes (feste) $\omega \in \Omega$ heißt die Funktion

$$X(\omega): T \to Z \qquad t \mapsto X_t(t) \tag{14.2}$$

Pfad, *Trajektorie* oder *Realisierung* des stochastischen Prozesses X.

Bemerkung:
Da über Ω eine Wahrscheinlichkeitsverteilung existiert, kann man auch eine Wahrscheinlichkeitsverteilung über eine endliche Menge von Trajektorien $\{X_1(\omega), X_2(\omega), \ldots, X_n(\omega)\}$ bilden.

Stochastische Prozesse lassen sich klassifizieren nach dem Zustandsraum, der Zeitachse oder nach der stochastischen Verbundenheit der Zustandvariablen.

14.1 Klassifikation stochastischer Prozesse

A. Klassifikation nach dem Zustandsraum

Die Realisierung der Zustandsvariablen X_t wird mit x_t symbolisiert und als Zustand des Systems zum Zeitpunkt t bezeichnet, wenn der stochastische Prozess ein System und dessen Änderung in der Zeit beschreiben soll.

Zumeist werden als Zustandsräume die Zahlenräume **R**, **Z**, $\mathbf{R}^k$ mit $k \in \mathbf{N}$ verwendet.

Bei Verwendung von **Z** spricht man von Prozessen mit *diskretem Zustandsraum* oder von *Punktprozessen.*

Ist der Zustandsraum ein $\mathbf{R}^k$, so bezeichnet man ihn als *k-dimensionalen, wertestetigen* Vektorprozess.

B. Klassifikation nach der Zeitachse

Ist die Indexmenge T eine Teilmenge von $\mathbf{N}_0 = \mathbf{N} \cup \{0\}$, so spricht man von einem *zeitdiskreten* Prozess.

Gilt aber $T \subseteq [0, +\infty]$, so spricht man von Prozessen *mit kontinuierlicher Zeitachse* oder von *zeitstetigen* Prozessen.

C. Klassifikation nach der stochastischen Verbundenheit der Zufallsvariablen

Bei endlich vielen Zufallsvariablen können die Abhängigkeiten aus der gemeinsamen Verteilung der Variablen abgelesen werden. Bei unendlich vielen Zufallsvariablen können lediglich Aussagen über die gemeinsamen Verteilungen von je endlich vielen dieser Variablen herangezogen werden. Es reicht daher aus, wenn zu jeder beliebigen Zahl $n \in N$ und zu einer beliebigen Zeitfolge $t_1 < t_2 < \ldots < t_n$ die gemeinsame n-dimensionale Verteilungsfunktion

$$P_{X_{t_1}, X_{t_2}, \ldots, X_{t_n}}(x_1, x_2, \ldots, x_n) = P(X_{t_1} < x_1, X_{t_2} < x_2, \ldots, X_{t_n} < x_n)$$

$$(x_1, x_2, \ldots, x_n) \in \mathbf{R}$$

der Zufallsvariablen $X_{t_1}, X_{t_2}, \ldots, X_{t_n}$ angegeben werden kann.

C1 Prozesse mit unabhängigen Zuwächsen

Stochastische Prozesse mit unabhängigen Zuwächsen sind dadurch charakterisiert, dass für eine Zeitfolge $t_0 = 0 < t_1 < t_2 < \ldots < t_n < \ldots$ die Zuwächse (*Inkremente*)

$$Z_0 = X_0;\ Z_j = X_{t_j} - X_{t_{j-1}}, j = 1,2,\ldots$$

eine Folge $\{Z_j\}_{j=0,1,2,\ldots}$ unabhängiger Zufallsvariablen bilden.

Damit äquivalent ist die Aussage, dass die Folge $\{X_{t_j}\}_{j=0,1,2,\ldots}$ ebenfalls eine Folge unabhängiger Zufallsvariablen bildet, denn es gilt:

$$\begin{aligned} X_0 &= Z_0 \\ X_1 &= Z_0 + Z_1 \\ X_2 &= Z_0 + Z_1 + Z_2 \\ &\ldots \\ X_n &= Z_0 + Z_1 + Z_2 + \ldots + Z_{n-1} \\ &\ldots \end{aligned}$$

Speziell spricht man von einem stochastischen Prozess mit *stationären unabhängigen Zuwächsen (homogenen Zuwächsen)*, wenn die Verteilung des Zuwachses $Z_j = X_{t_j} - X_{t_{j-1}}$ nur von der Differenz $t_j - t_{j-1}$ abhängt und nicht vom Zeitpunkt t_{j-1}.

C2 Stationäre stochastische Prozesse

Definition 14.3:
Ein stochastischer Prozess $X = \{X_t, t \in T\}$ heißt *stationär*, wenn die Verteilungen der Zufallsvariablen X_t und auch alle endlich dimensionalen Verteilungen des Prozesses zeitlich konstant sind.

Dann haben für alle natürlichen Zahlen n, für alle $h > 0$ und für alle endlichen Parameterwerte $t_1 < t_2 < \ldots < t_n$ die n-dimensionalen Zufallsvektoren
$(X_{t_1}, X_{t_2}, \ldots, X_{t_n})$ und $(X_{t_1+h}, X_{t_2+h}, \ldots, X_{t_n+h})$
dieselbe Verteilung (*Invarianz gegenüber einer Zeitverschiebung* h).

Inhaltlich bedeutet die Stationarität eines stochastischen Prozesses, dass es für die Entwicklung des Systems gleichgültig ist, zu welchem Zeitpunkt die Beobachtung beginnt.

C3 MARKOV-Prozesse

Definition 14.4:
Einen stochastischer Prozess $X = \{X_t, t \in T\}$ bezeichnet man als *MARKOV-Prozess* wenn für alle Parameterwerte $t_1 < t_2 < \ldots < t_{n+1}$, alle natürlichen Zahlen n, alle Realisationen $a_1, a_2, \ldots, a_n \in Z$ und alle $b \in \mathbf{R}$ gilt: (14.3)

$$P(X_{t_{n+1}} < b \mid X_{t_1} = a_1, X_{t_2} = a_2, \ldots, X_{t_n} = a_n) = P(X_{t_{n+1}} < b \mid X_{t_n} = a_n).$$

Die zukünftige Entwicklung des Prozesses hängt damit nur von dem Wert a_n im Zeitpunkt t_n ab und nicht von dem speziellen Verlauf bis zum Zeitpunkt t_n.

C4 Martingal

Definition 14.5:
Ein stochastischer Prozess $X = \{X_t, t \in T\}$ heißt *Martingal*, wenn für alle natürlichen Zahlen n und alle Parameterwerte $t_1 < t_2 < \ldots < t_n < \ldots$ gilt: (14.4)

$$E(X_{t_{n+1}} \mid X_{t_1} = a_1, X_{t_2} = a_2, \ldots, X_{t_n} = a_n) = a_n \quad \text{für alle } a_1, a_2, \ldots, a_n \in Z.$$

Ein Martingal ist somit der Erwartungswert der Zufallsvariablen X_t zu einem Zeitpunkt t_{n+1} gleich dem Wert a_n, den X_t zuvor im Zeitpunkt t_n angenommen hat, unabhängig vom Verlauf des Prozesses bis zum Zeitpunkt t_n.

Inhaltlich bedeutet dies, dass der erwartete Zuwachs stets gleich Null ist, unabhängig davon, welchen Wert der Prozess im letzten Beobachtungszeitpunkt t_n realisiert hat. Dies ist z. B. bei fairen Glücksspielen der Fall, wobei X_t den Betrag bezeichnet, über den ein Spieler zum Zeitpunkt t verfügt.

Für den speziellen Fall, dass sowohl der Zustandsraum Z als auch die Indexmenge T diskret sind, werden stochastische Prozesse auch als *stochastische Ketten* bezeichnet. Weisen darüber hinaus die stochastischen Ketten die MARKOVsche Eigenschaft auf, so spricht man von *MARKOV-Ketten.*

< **14.1** > Beispiele für stochastische Prozesse sind:

a. Betrachten wir das **Würfelspiel** in Beispiel < 12.5d >, das durch die nachfolgende Zufallsvariable beschrieben wird.

$$X_t : \{1,2,\ldots,6\} \to Z = \{-1,0,+1\}$$
$$\begin{aligned} 1 &\mapsto 1 \\ 2 &\mapsto 1 \\ 3 &\mapsto -1 \\ 4 &\mapsto -1 \\ 5 &\mapsto -1 \\ 6 &\mapsto 0 \end{aligned} \qquad \text{mit } t = 1,2,\ldots$$

Sei $S_t = X_1 + X_2 + \ldots + X_t$ der Gewinn von Spieler C, so stellt $\{S_t; t \in \mathbf{N}_0\}$ eine stochastische Kette dar. Sie weist die MARKOVsche Eigenschaft auf, ist aber gleichzeitig auch ein Martingal, da wegen

$$P(\{1,2\}) \cdot 3 = \tfrac{1}{3} \cdot 3 = 6 = P(\{3,4,5\}) \cdot 2 = \tfrac{1}{2} \cdot 2 \quad \text{gilt}$$
$$E(X_{t+1} | X_1 = a_1, X_2 = a_2, \ldots, X_t = a_t) = a_t .$$

Weiterhin ist S_t ein stationärer stochastischer Prozess, der unabhängige Zuwächse

$$S_t = X_t - X_{t-1},\ t = 1,2,\ldots,$$

aufweist, die aber nicht homogen sind.

b. Betrachten wir das folgende **Lagerhaltungsproblem**, bei dem die Lagerkapazität S Einheiten beträgt und das Auffüllen des Lagers dann erfolgt, wenn ein kritischer Bestandswert s unterschritten wird.

Ohne zusätzliche Information kann man unterstellen, dass die Nachfrage Y_t einen stationären stochastischen Prozess bildet.

Der Lagerbestand X_t ist dann definiert als

$$X_t = \begin{cases} S - Y_t & \text{für} \quad x_{t-1} < s \\ x_{t-1} - Y_t & \text{für} \quad x_{t-1} \geq s \end{cases},\ t = 1,2,\ldots \tag{14.5}$$

Der stochastische Prozess $X = \{X_t, t \in T\}$ bildet eine MARKOV-Kette, da die Realisation x_t nur vom vorangehenden Zustand x_{t-1} und der Nachfrage Y_t abhängt. Wegen der vorgesehenen Lagerauffüllung ist $X = \{X_t, t \in T\}$ weder stationär noch gibt es unabhängige Zuwächse. Auf keinen Fall ist X ein Martingal, da bis auf die Lagerauffüllung mit positivem Erwartungswert der Erwartungswert von X_t im Allgemeinen negativ ist.

c. BROWNsche Bewegung. Der Botaniker ROBERT BROWN entdeckte 1827 das Phänomen, dass durch das Zusammenstoßen mit Molekülen kleine Teilchen in einer Flüssigkeit sehr unregelmäßige Bewegungen ausführen. Genauere Beobachtungen unter dem Mikroskop zeigten, dass die x-Koordinate X_t eines Teilchens in irregulärer Weise von der Zeit t abhängt. ALBERT EINSTEIN hat erstmals 1908 ein stochastisches Modell für dieses Phänomen vorgeschlagen, das dann 1923 von NORBERT WIENER exakt ausgearbeitet wurde.

Dabei geht man davon aus, dass ein Teilchen innerhalb eines Zeitraumes [s, t] sehr viele unregelmäßige Stöße erhält, die zusammen eine Zustandsänderung von X_s nach X_t bewirken. Nach dem zentralen Grenzwertsatz kann die Verteilung der Zufallsvariablen $X_t - X_s$ als normal verteilt angesehen werden.

Weiterhin kann man annehmen, dass die Verteilungen der Zufallsvariablen $X_{t+h} - X_{s+h}$ und $X_t - X_s$ für beliebiges $h > 0$ miteinander übereinstimmen, und dass für zwei aufeinander folgende Zeiträume $[t_1, t_2]$ und $[t_2, t_3]$ die Zufallsvariablen $X_{t_2} - X_{t_1}$ und $X_{t_3} - X_{t_2}$ unabhängig voneinander sind.

Schon EINSTEIN hatte festgestellt, dass die Varianzen der Zustandsänderungen $X_t - X_s$ proportional zur Zeitdifferenz $t - s$ sind.

Die BROWNsche Bewegung ist also ein nicht-stationärer stochastischer Prozess mit stationären unabhängigen Zuwächsen $X_{t_k} - X_{t_{k-1}}$, $k = 1, 2, \ldots, n$, die für alle Zeitpunkte $t_1, t_2, \ldots, t_n \in \mathbf{R}_0$ unabhängige normalverteilte Zufallsvariablen sind mit dem Erwartungswert Null und der Varianz $v \cdot (t_k - t_{k-1})$, $v \in \mathbf{R}_+$ konstant. ♦

Aussagen über den Zusammenhang zwischen den vorstehend dargestellten Typen an Unabhängigkeit zwischen den Zufallsvariablen X_t trifft der nachfolgende Satz und die weiteren Bemerkungen mit Beispielen.

Satz 14.1:
Ein stochastischer Prozess $X = \{X_t, t \in T\}$ mit unabhängigen Zuwächsen, der mit der Wahrscheinlichkeit 1 im Punkt a_0 startet, ist ein MARKOV-Prozess.

Beweis:
Für eine beliebige Zeitfolge $t_0 < t_1 < \ldots < t_n$, $n \in \mathbf{N}$, gilt dann mit der Wahrscheinlichkeit 1

$$\begin{aligned} X_{t_n} &= X_{t_0} + (X_{t_1} - X_{t_0}) + (X_{t_2} - X_{t_1}) + \ldots + (X_{t_n} - X_{t_{n-1}}) \\ &= a_0 + \sum_{k=1}^{n} (X_{t_k} - X_{t_{k-1}}) . \end{aligned}$$

Die einzelnen Summanden $(X_{t_k} - X_{t_{k-1}})$ sind nach Voraussetzung unabhängige Zufallsvariablen, und damit sind die Zufallsvariablen $X_{t_1}, X_{t_2}, \ldots, X_{t_n}$ Partialsummen unabhängiger Zufallsvariablen. Die bedingte Verteilung von X_{t_n} hängt daher nur von dem Wert ab, den die Partialsumme $X_{t_{n-1}}$ angenommen hat. Somit liegt die MARKOVsche Eigenschaft vor.

Dagegen muss ein MARKOV-Prozess keine unabhängigen Zuwächse haben, wie das nachfolgende Gegenbeispiel zeigt.

< 14.2 > Sei $X = \{X_k, k \in \mathbf{N}\}$ eine MARKOV-Kette mit den Zuständen $Z = \{0,1\}$ und der Übergangsmatrix $\mathbf{P} = \begin{pmatrix} \frac{1}{3} & \frac{2}{3} \\ \frac{3}{4} & \frac{1}{4} \end{pmatrix}$.

Für $P(X_1 = 1) = 1$ gilt dann

$$P(X_2 = 1 \text{ und } X_3 = 1) = P(X_3 = 1 \mid X_2 = 1) \cdot P(X_2 = 1) = \tfrac{1}{4} \cdot \tfrac{1}{4} = \tfrac{1}{16}.$$

Hätte aber $X = \{X_k, k \in \mathbf{N}\}$ unabhängige Zuwächse, dann wäre

$$\begin{aligned} &P(X_2 = 1 \text{ und } X_3 = 1) = P(X_2 = 1 \text{ und } X_3 - X_2 = 0) \\ &= P(X_2 - X_1 = 0 \text{ und } X_3 - X_2 = 0) = P(X_2 - X_1 = 0) \cdot P(X_3 - X_2 = 0) \\ &= P(X_2 = 1) \cdot P(X_2 = X_3) = \tfrac{1}{4} \cdot [P(X_2 = X_3 = 0) + P(X_2 = X_3 = 1)] \\ &= \tfrac{1}{4} \cdot [P(X_3 = 0 \mid X_2 = 0) \cdot P(X_2 = 0) + P(X_3 = 1 \mid X_2 = 1) \cdot P(X_2 = 1)] \\ &= \tfrac{1}{4} \cdot [\tfrac{1}{3} \cdot \tfrac{2}{3} + \tfrac{1}{4} \cdot \tfrac{1}{4}] = \tfrac{1}{4} \cdot [\tfrac{2}{9} + \tfrac{1}{16}] = \tfrac{41}{576} \approx 0{,}0712 \neq \tfrac{1}{16} = 0{,}0625. \end{aligned}$$

Da MARKOV-Prozesse durch bedingte Verteilungen der Zufallsvariablen X_t definiert sind, Martingale dagegegen durch bedingte Erwartungswerte, könnte man vermuten, dass das MARKOV-Konzept spezieller als das Martingalkonzept ist. Wie HELLER et al. [1978, S. 134f] durch ein Beispiel belegen, müssen MARKOV-Prozesse keine Martingale sein. Auch stochastische Prozesse mit unabhängigen Zuwächsen und sogar mit stationären unabhängigen Zuwächsen müssen die Martingaleigenschaft nicht aufweisen.

Weiterhin zeigen HELLER, LINDENBERG, NUSKE, SCHRIEVER [1978, S. 134f bzw. S. 20f] anhand von Beispielen, dass MARKOV-Prozesse stationär sein können, aber nicht müssen, und dass umgekehrt stationäre stochastische Prozesse mit und ohne MARKOVsche Eigenschaft existieren.

Wie bei der BROWNschen Bewegung ist bei vielen anderen stochastischen Prozessen zu erwarten, dass die Zufallsvariablen X_t normalverteilt sind.

Definition 14.6:
Ein stochastischer Prozess $X = \{X_t, t \in T\}$ heißt *GAUß-Prozess*, wenn alle endlich dimensionalen Verteilungen Normalverteilungen sind.

Wird die Verteilung einer Zufallsvariablen X_t durch Angabe des Mittelwertes $\mu_t = E(X_t)$ und der Varianz $\sigma_t^2 = Var(X_t) = E(X_t - \mu_t)^2$ beschrieben mittels der kumulierten Verteilungsfunktion

$$P(X_t \leq x) = \int_{-\infty}^{x} \frac{1}{\sigma_t \cdot \sqrt{2\pi}} \cdot \exp(\frac{(v-\mu_t)^2}{2\sigma_t^2}) dv, \; x \in \mathbf{R}, \tag{14.6}$$

so lassen sich die endlichdimensionalen Verteilungen eines stochastischen Prozesses $X = \{X_t, t \in T\}$ vollständig beschreiben durch die Mittelwerte $\mu_t = E(X_t)$ und die Kovarianzen
$Cov(X_t, X_s) = E[(X_t - \mu_t) \cdot (X_s - \mu_s)] = E[X_t \cdot X_s] - \mu_t \cdot \mu_s$.

Eine andere wichtige Verteilung, die bei so genannten Signalprozessen zu beobachten ist, ist die POISSON-Verteilung. Es handelt sich hier um Prozesse, bei denen unabhängig voneinander eintretende Ereignisse beobachtet und gezählt werden, wie z. B. die Anzahl der Telefonanrufe an einer Servicestation in einer Stunde, die Anzahl der Pkw-Unfälle im Stadtgebiet Frankfurt am Main am Tag X, die Kunden an einer Tankstelle am Tag Y, Transaktionen an der Frankfurter Börse, vgl. hierzu auch die Seiten 274 - 277.

Definition 14.7:
Ein stochastischer Prozess $X = \{X_t, t \geq 0\}$ heißt *POISSON-Prozess* mit dem Parameter λ, wenn die Zufallsvariablen $X_t, t \geq 0$, einer POISSON-Verteilung mit dem Paramter $\lambda \cdot t$ genügen:

$$P(X_t = n) = \frac{(\lambda \cdot t)^n}{n!} \cdot e^{-\lambda \cdot t}, \; n \in \mathbf{N}_0\}. \tag{14.7}$$

Um eine Vorstellung über die Bedingungen zu erhalten, die vorliegen müssen, um den Prozess als POISSON-Prozesses modellieren zu können, betrachten wir eine empirische Untersuchung der beiden Physiker RUTHERFORD und GEIGER. Diese beobachteten die Anzahl der α-Teilchen, die von radioaktiven Substanzen in $n = 2.608$ Zeitabschnitten der Länge 7,5 Sekunden emittiert wurden.

Bezeichnen wir mit n_i die Anzahl der Zeitperioden, in der die Anzahl der emittierten α-Teilchen gleich i ist, so war die durchschnittliche Anzahl der emittierten α-Teilchen in einer Zeitperiode der Länge 7,5 Sekunden gleich

$$\lambda = \frac{1}{n} \cdot \sum_i n_i \cdot i = 3{,}87 .$$

Bezeichnen wir mit X_t die Anzahl der emittierten α-Teilchen in einem Zeitabschnitt [0, t], so genügt der hier betrachtete stochastische Prozess den folgenden Bedingungen:

P1 Der Prozess $\{X_t; 0 \le t \le \infty\}$ hat unabhängige Zuwächse. Genauer, die Anzahl der α-Teilchen, die während nicht überschneidender Zeitperioden emittiert wurden, sind unabhängig voneinander.

P2 Der Prozess $\{X_t; 0 \le t \le \infty\}$ hat homogene Zuwächse. Genauer, die Wahrscheinlichkeiten für die Emission einer bestimmten Anzahl von α-Teilchen in Perioden gleicher Länge sind gleich, d. h., die Wahrscheinlichkeit hängt nur von der Länge der Periode Δt ab.

P3 Wird mit $P_i(\Delta t) = P(X_{\Delta t} - X_0 = i)$ die Wahrscheinlichkeit bezeichnet, dass in einem Intervall der Länge Δt die Anzahl der emittierten α-Teilchen gleich i ist, so gilt

$$\lim_{\Delta t \to 0} \frac{P_1(\Delta t)}{\Delta t} = \lambda, \quad \lambda > 0, \tag{14.8}$$

$$\lim_{\Delta t \to 0} \frac{1 - P_0(\Delta t) - P_1(\Delta t)}{\Delta t} = 0. \tag{14.9}$$

Laut Bedingung (14.8) ist die Wahrscheinlichkeit dafür, dass in einem kleinen Intervall der Länge Δt nur ein α-Teilchen emittiert wird, gleich $\lambda \cdot \Delta t + o(\Delta t)$. Das LANDAU-Symbol $o(\Delta t)$ fasst alle Funktionen $f(\Delta t)$ zusammen, die eine wesentlich geringere Größenordnung haben als Δt.

Gemäß Bedingung (14.9) ist die Wahrscheinlichkeit dafür, dass wenigstens zwei α-Teilchen in einem kleinen Intervall der Länge Δt emittiert werden, gleich $o(\Delta t)$.

Inhaltlich bedeutet die Bedingung P3, dass die Signale (das Emittieren eines α-Teilchen) plötzlich und blitzschnell, aber nur einzeln in kleinen Zeitabschnitten auftreten.

Es gilt dann der folgende Satz:

Satz 14.2:
Ein stochastischer Prozess $\{X_t; 0 \leq t \leq \infty\}$, bei dem X_t die Anzahl der Signale im Zeitabschnitt $[0, t[$ bedeutet, und der den Bedingungen P1, P2 und P3 und der Gleichung $P(X_0 = 0) = 1$ genügt, ist ein *homogener* POISSON*-Prozess*.

Einen Beweis des Satzes 14.2 findet man z. B. in [FISZ 1973, S. 235] oder [HELLER et al. 1978, S. 137-139].

Die Realisationen eines homogenen POISSSON-Signalprozesses werden durch nicht-abnehmende Treppenfunktionen dargestellt. Dem Auftreten eines Signals im Zeitpunkt t entspricht ein Sprung der zufälligen Funktion um eine Einheit. Dabei ist die Anzahl der Sprünge in jedem endlichen Intervall $[0, t[$ endlich.

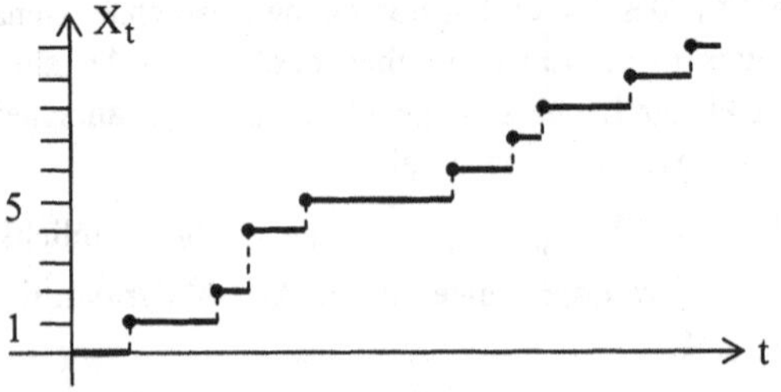

Abb. 14.1: Treppenfunktion eines POISSON*-Prozesses*

14.2 Existenzsatz von KOLMOGOROV

Während bei einigen stochastischen Prozessen eine explizite Angabe des Wahrscheinlichkeitsraumes $(\Omega, \mathcal{F}, P)$ möglich ist, vgl. z. B. < 14.1a >, ist dies in den meisten praktischen Anwendungen nicht der Fall.

Der nachfolgende Existenzsatz von KOLMOGOROV zeigt auf, dass es ausreicht, endlich dimensionale Verteilungen konsistent vorzugeben.

Satz 14.3 (Existenzsatz von KOLMOGOROV):
Sei $\{F_{t_1,\ldots,t_n}\}$ ein konsistentes System von endlich dimensionalen Verteilungsfunktionen, dann existiert ein Wahrscheinlichkeitsraumes $(\Omega, \mathcal{F}, P)$ und ein stochastischer Prozess $X = \{\Omega, \mathcal{F}, P, X_t, t \in T\}$ mit $F_{t_1,\ldots,t_n}$ als System von endlich dimensionalen Verteilungsfunktionen, d. h.

$$F_{t_1,\ldots,t_n}(x_1,\ldots,x_n) = P(X_{t_1} \leq x_1,\ldots,X_{t_n} \leq x_n). \tag{14.10}$$

Bemerkung:

A. Der stochastische Prozess X ist durch den Existenzsatz nicht eindeutig bestimmt. Es lässt sich immer ein Prozess $\hat{X}$ konstruieren, der zwar andere Pfade besitzt als X, aber die gleichen endlich dimensionalen Verteilungsfunktionen aufweist.

B. Zu einer gegebenen gemeinsamen Verteilungsfunktion $F_{t_1,\ldots,t_r}(x_1,\ldots,x_r)$ sichert der Satz 14.3 die Existenz eines Wahrscheinlichkeitsraumes $(\Omega, \mathcal{F}, P)$ mit

$$F_{t_1,\ldots,t_r}(x_1,\ldots,x_r) = P(X_{t_1} \le x_1,\ldots,X_{t_r} \le x_r). \qquad (14.11)$$

14.3 Aufgaben

14.1 Der polnische Mathematiker STEFAN BANACH (1892 – 1945) beschloss eines Tages, seinen täglichen Zigarettenkonsum zu kontrollieren. Er notierte jeweils die Uhrzeit, zu der er sich eine neue Zigarette anzündete und zählte die an dem jeweiligen Tag bis dahin gerauchten Zigaretten.

a. Für welche Zufallsvariable interessiert sich STEFAN BANACH?

b. Beschreiben Sie den Stichprobenraum.

c. Welche Gestalt haben T und Z?

14.2 Die unabhängigen Zufallsvariablen $X_1, X_2, \ldots$ beschreiben die Ergebnisse beim Werfen eines idealen Würfels.

$S_n = \sum_{t=1}^{n} X_t$ bezeichne die Partialsumme.

a. Wie sehen spezielle Pfade des stochastischen Prozesses $\{S_n \mid n \in \mathbf{N}\}$ aus?

b. Berechnen Sie die Wahrscheinlichkeit des Ereignisses
$\{\omega \in \Omega \mid S_n(\omega) \le 10 \text{ für alle } n \le 3\}$.

c. Berechnen Sie die Wahrscheinlichkeit
$P(S_n \le 20 \text{ für alle } n \le 6 \mid S_3 = 10)$.

d. Welche der auf den Seiten 247 bis 249 definierten Eigenschaften weist dieser stochastische Prozess auf?

15. MARKOVsche Prozesse

Für die Anwendung besonders wichtig sind stochastische Prozesse, die die MARKOVsche Eigenschaft aufweisen. Weiterhin ist bei den meisten realen Anwendungen der Zustandsraum endlich. Oft legen die vorliegenden Daten auch nahe, einen diskreten Zeitraum zu modellieren. Den Schwerpunkt der nachfolgenden Betrachtungen bilden daher MARKOV-Ketten.

15.1 MARKOV-Ketten und Übergangswahrscheinlichkeiten

Eine MARKOV-Kette ist der Spezialfall eines MARKOVschen stochastischen Prozesses mit diskretem Zustandsraum und diskretem Zeitraum. Man kann auch formulieren: Eine MARKOV-Kette ist eine stochastische Kette, welche die MARKOVsche Eigenschaft aufweist.

Die Indexmenge T wird durch die realen Zeitpunkte $t_0 < t_1 < t_2 < \ldots < t_n$ gegeben, in denen das System beobachtet wird. Die Zeitabstände müssen nicht äquidistant sein. Dennoch ist es gebräuchlich, die Zeitpunkte mit $0, 1, 2, \ldots$ zu bezeichnen, ohne dadurch zu implizieren, dass alle die gleiche Zeitdifferenz aufweisen. Eine stochastische Kette können wir daher symbolisieren als $\{X_t \mid t \in \mathbf{N}_0 = \mathbf{N} \cup \{0\}\}$.

< 15.1 >
Einfache Irrfahrt

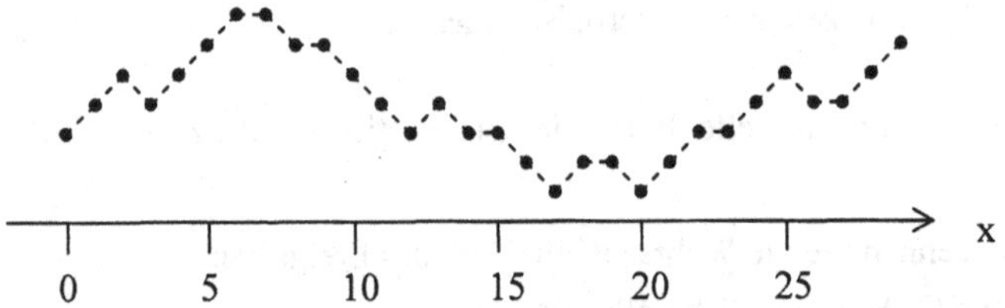

Abb. 15.1: Möglicher Pfad einer einfachen Irrfahrt

Diese stochastische Kette $\{X_t ; t \in \mathbf{N}_0\}$ hat die Gestalt $X_{t+1} = X_t + Z_t$. Dabei können die Zuwächse nur die Werte $-1, 0, +1$ annehmen mit den Wahrscheinlichkeiten

$$P(Z_t = -1 \mid X_t = i) = p_i\,,\; P(Z_t = 0 \mid X_t = i) = r_i\,,\; P(Z_t = +1 \mid X_t = i) = q_i\,,$$
$$p_i + r_i + q_i = 1\,.$$

Da die Wahrscheinlichkeitsfunktion von X_{t+1} nicht von dem bisherigen Pfad sondern nur vom gegenwärtigen Zustand abhängt, ist dies eine MARKOV-Kette.

Random Walk

Ein Random Walk ist eine Irrfahrt, bei der die Zuwächse $Z_t \in \mathbf{R}$ normalverteilt sind mit dem Mittelwert 0 und der Standardabweichung σ. Zumeist wird zusätzlich angenommen, dass $X_0 = 0$ ist.

Ist $X_t = x$, so berechnet sich die Wahrscheinlichkeit für $X_{t+1} \in A \subseteq \mathbf{R}$ als

$$P(X_{t+1} \in A \mid X_t = x) = \int_A \frac{1}{\sigma \cdot \sqrt{2\pi}} \cdot \exp\left[-\frac{(y-x)^2}{2 \cdot \sigma^2}\right] dy \qquad \blacklozenge$$

Definition 15.1:
Gegeben sei eine stochastische Kette $\{X_t \mid t \in \mathbf{N}_0\}$ mit dem diskreten Zustandsraum Z. Für $0 \le t \le s$ mit $s - t = n \in \mathbf{N}_0$ und $i, j \in Z$ werden die bedingten Wahrscheinlichkeiten

$$P(X_s = j \mid X_t = i) = p_{ij}(t,s) \qquad (15.1)$$

Übergangswahrscheinlichkeiten n-ter Ordnung genannt.

Für praktische Anwendungen relevant ist in erster Linie der Spezialfall $n = 1$. Die bedingte Wahrscheinlichkeit

$$p_{ij}(t) = P(X_{t+1} = j \mid X_t = i) \qquad (15.2)$$

heißt dann *Übergangswahrscheinlichkeit erster Ordnung* oder eine *einschrittige (einstufige) Übergangswahrscheinlichkeit* von i nach j zum Zeitpunkt t.

Übergangswahrscheinlichkeiten lassen sich übersichtlich in Form einer Übergangsmatrix darstellen, wie die nachfolgende *Übergangsmatrix n-ter Ordnung* belegt:

$$\mathbf{P}(t,s) = (p_{ij}(t,s))_{i,j \in Z} = \begin{pmatrix} p_{ij}(t,s) & p_{ij}(t,s) & \cdots \\ p_{ij}(t,s) & p_{ij}(t,s) & \cdots \\ \vdots & \vdots & \ddots \end{pmatrix}. \qquad (15.3)$$

Ist Z eine endliche Menge mit m Zuständen, so stellt die Übergangsmatrix eine $m \times m$ – Matrix dar, die gemäß der Definition 15.2 der Klasse der stochastischen Matrizen zuzuordnen ist.

Definition 15.2:
Eine Matrix $A = (a_{ij})_{i,j \in Z}$ mit den Eigenschaften

SM1 $a_{ij} \geq 0$ für alle $i, j \in Z$ (15.4)

SM2 $\sum_{j \in Z} a_{ij} = 1$ für alle $i \in Z$ (15.5)

wird als *stochastische Matrix* bezeichnet.

Zur Beschreibung einer stochastischen Kette benötigt man noch die folgenden Wahrscheinlichkeiten:

Definition 15.3:
Die Wahrscheinlichkeiten

$$p_i(t) = P(X_t = i) \quad, i \in Z, t \in T \tag{15.6}$$

werden als Zustandwahrscheinlichkeiten zum Zeitpunkt t bezeichnet.

Der Zeilenvektor

$$\mathbf{p}^T(t) = (p_1(t); p_2(t); \ldots) \tag{15.7}$$

beschreibt dann die Verteilung von X_t.

Ist $t_0 = 0$ der Zeitpunkt, an dem die stochastische Kette beginnt, so wird durch

$$\mathbf{p}^T(0) = (p_1(0); p_2(0); \ldots)$$

die *Anfangsverteilung* des Systems beschrieben.

Den Zustand des Systems zum Zeitpunkt s lässt sich dann beschreiben durch den Verteilungsvektor

$$\mathbf{p}^T(s) = \mathbf{p}^T(t) \cdot \mathbf{P}(t,s), \tag{15.8}$$

denn $p_j(s) = P(X_s = j) = \sum_{i \in Z} P(X_s = j, X_t = i)$

$$= \sum_{i \in Z} P(X_s = j \mid X_t = i) \cdot P(X_t = i) = \sum_{i \in Z} p_{ij}(t,s) \cdot p_i(t).$$

In der Praxis weisen stochastische Ketten zumeist zusätzliche Strukturen auf. Wichtige Eigenschaften sind dabei die Erfüllung der CHAPMAN-KOLMOGOROV-Gleichung und der MARKOVschen Eigenschaft.

Definition 15.4:
Die Übergangswahrscheinlichkeiten einer stochastischen Kette $\{X_t \mid t \in \mathbf{N}_0\}$ erfüllen die *CHAPMAN-KOLMOGOROV-Gleichung*, falls für $0 \le t < s < r$ und $i, j, k \in Z$ gilt

$$p_{ik}(t,r) = \sum_{j \in Z} p_{ij}(t,s) \cdot p_{jk}(s,r). \tag{15.9}$$

In Matrizenform lässt sich die CHAPMAN-KOLMOGOROV-Gleichung auch schreiben als

$$\mathbf{P}(t,r) = \mathbf{P}(t,s) \cdot \mathbf{P}(s,r). \tag{15.10}$$

Zu beachten ist, dass die Summation über alle Zustände der stochastischen Kette erfolgt, was in der nachfolgenden Abb. 15.2 angedeutet ist.

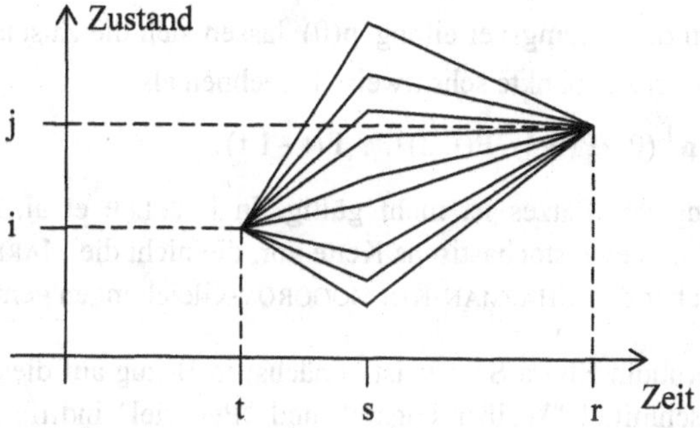

Abb. 15.2: Zur CHAPMAN-KOLMOGOROV-Gleichung

Offensichtlich lässt sich die MARKOVsche Eigenschaft

$$P(X_{t+1} < a_{t+1} \mid X_0 = a_0, X_1 = a_1, \ldots, X_t = a_t) = P(X_{t+1} < a_{t+1} \mid X_t = a_t)$$

mit Hilfe von einschrittigen Übergangsmatrizen auch formulieren als

$$\mathbf{p}^T(t+1) = \mathbf{p}(t)^T \cdot \mathbf{P}(t,t+1).$$

Schrittweise lassen sich dann die Zustandverteilungen berechnen als

$$\mathbf{p}^T(t+2) = \mathbf{p}^T(t+1) \cdot \mathbf{P}(t+1,t+2) = \mathbf{p}^T(t) \cdot \mathbf{P}(t,t+1) \cdot \mathbf{P}(t+1,t+2)$$

$$\ldots$$

$$\mathbf{p}^T(t+n) = \mathbf{p}^T(t+n-1) \cdot \mathbf{P}(t+n-1,t+n)$$
$$= \mathbf{p}^T(t) \cdot \mathbf{P}(t,t+1) \cdot \mathbf{P}(t+1,t+2) \cdot \ldots \cdot \mathbf{P}(t+n-1,t+n)$$

Mit $n=s-t$ und $m=r-s$ lassen sich für eine MARKOV-Kette die Übergangsmatrizen n-ter bzw. m-ter Ordnung darstellen als

$$\mathbf{P}(t,s)=\mathbf{P}(t,t+1)\cdot\mathbf{P}(t+1,t+2)\cdot\ldots\cdot\mathbf{P}(s-1,s) \text{ bzw.} \tag{15.11}$$

$$\mathbf{P}(s,r)=\mathbf{P}(s,s+1)\cdot\mathbf{P}(s+1,s+2)\cdot\ldots\cdot\mathbf{P}(r-1,r)\,. \tag{15.12}$$

Damit gilt:

$$\begin{aligned}&\mathbf{P}(t,r)\\ &=\mathbf{P}(t,s)=\mathbf{P}(t,t+1)\cdot\ldots\cdot\mathbf{P}(s-1,s)\cdot\mathbf{P}(s,s+1)\cdot\ldots\cdot\mathbf{P}(r-1,r)\\ &=\mathbf{P}(t,s)\cdot\mathbf{P}(s,r)\end{aligned}$$

und somit der folgende Satz.

Satz 15.1:
Eine MARKOV-Kette genügt den CHAPMAN-KOLMOGOROV-Gleichungen.

Ausgehend von der Anfangsverteilung $\mathbf{p}(0)$ lassen sich die Zustandsverteilungen der nachfolgenden Zeitpunkte schrittweise berechnen als

$$\mathbf{p}^T(t)=\mathbf{p}^T(0)\cdot\mathbf{P}(0,1)\cdot\mathbf{P}(1,2)\cdot\ldots\cdot\mathbf{P}(t-1,t)\,. \tag{15.13}$$

Die Umkehrung des Satzes ist nicht gültig. In [HELLER et al. 1978, S. 20-21] stellen die Autoren eine stochastische Kette vor, die nicht die MARKOVsche Eigenschaft besitzt, aber den CHAPMAN-KOLMOGOROV-Gleichungen genügt.

< 15.2 > Die Kundin Elvira Sauber ist zunächst in Bezug auf die beiden neu eingeführten Waschmittel "Weißer Gigant" und "Per Siel" indifferent, d. h. wählt beide mit der Wahrscheinlichkeit 0,5. Auch bei späteren Einkäufen wählt sie nur diese beiden Produkte, entscheidet sich nun aber gemäß der Übergangsmatrix

$$\mathbf{P}(t,t+1)=\begin{pmatrix}\frac{2}{5}\cdot\frac{t}{t+1} & 1-\frac{2}{5}\cdot\frac{t}{t+1}\\ \frac{3}{4}-\frac{3}{4}\cdot\frac{t}{t+1} & \frac{1}{4}+\frac{3}{4}\cdot\frac{t}{t+1}\end{pmatrix},t=0,1,2,\ldots$$

Ausgehend von $\mathbf{p}(0)'=(\frac{1}{2},\frac{1}{2})$ entwickelt sich dann die MARKOV-Kette als

$$\mathbf{p}^T(1)=(\tfrac{1}{2},\tfrac{1}{2})\cdot\begin{pmatrix}0 & 1\\ \frac{3}{4} & \frac{1}{4}\end{pmatrix}=(\tfrac{3}{8},\tfrac{5}{8})$$

$$\mathbf{p}^T(2)=(\tfrac{3}{8},\tfrac{5}{8})\cdot\begin{pmatrix}\frac{1}{5} & \frac{4}{5}\\ \frac{3}{8} & \frac{5}{8}\end{pmatrix}=(\tfrac{99}{320},\tfrac{221}{320})\approx(0{,}309;0{,}691)$$

$$\mathbf{p}^T(3) = (\frac{99}{320}, \frac{221}{320}) \cdot \begin{pmatrix} \frac{4}{15} & \frac{11}{15} \\ \frac{1}{4} & \frac{3}{4} \end{pmatrix} = (\frac{4.899}{19.200}, \frac{14.301}{19.200}) \approx (0{,}255\,;\,0{,}745)$$ ♦

Da es in der Praxis kaum möglich ist, zeitabhängige Übergangsmatrizen zu prognostizieren, entfällt zumeist die Abhängigkeit vom Zeitparameter.

Definition 15.5:
Eine MARKOV-Kette, deren Übergangswahrscheinlichkeiten $p_{ij}(t,s)$ *zeitunabhängig* sind, heißt *(zeit)homogen.*

Die zeitunabhängigen Übergangswahrscheinlichkeiten erster Ordnung werden dann vereinfacht mit p_{ij} symbolisiert und die Übergangsmatrix mit **P**.

Im homogenen Fall lässt sich dann die Entwicklung einer MARKOV-Kette beschreiben durch

$$\mathbf{p}^T(t) = \mathbf{p}^T(0) \cdot \mathbf{P} \cdot \mathbf{P} \cdot \ldots \cdot \mathbf{P} = \mathbf{P}^t \qquad (15.14)$$

und die CHAPMAN-KOLMOGOROV-Gleichung erhält die vereinfachte Form

$$\mathbf{P}^{n+m} = \mathbf{P}^n \cdot \mathbf{P}^m, \text{ für alle } n, m \in \mathbf{N}_0. \qquad (15.15)$$

< 15.3 > Betrachten wir noch einmal das Lagerhaltungsproblem aus < 14.1b >.
Der Zustandsraum ist gleich $Z = \{0,1,2,\ldots,S\}$.
Die Nachfrage Y_k in den einzelnen Perioden sei unabhängig und identisch verteilt mit $P(Y_t = k) = q_k$, für $k = 0,1,2,\ldots$
Die Bestellmengen ergeben sich dann als

$$a_t = \begin{cases} S - X_t & \text{für } X_t < s \\ 0 & \text{für } X_t \geq s \end{cases}, \quad t = 0,1,2,\ldots$$

und der Lagerbestand ist gleich

$$X_{t+1} = \max(0, X_t + a_t - Y_t).$$

Die Lagerbestandsentwicklung $\{X_t \mid t \in \mathbf{N}_0\}$ bildet dann eine homogene MARKOV-Kette mit den Übergangswahrscheinlichkeiten:

$$p_{ij} = \begin{cases} P(Y_{t+1} = i-j) & = q_{i-j} & \text{für } i \geq s, j > 0 \\ P(Y_{t+1} \geq i) & = \sum\limits_{y_{t+1} \geq i} q_{y_{t+1}} & \text{für } i \geq s, j = 0 \\ P(Y_{t+1} = S-j) & = q_{S-j} & \text{für } i < s, j > 0 \\ P(Y_{t+1} > S) & = \sum\limits_{y_{t+1} \geq S} q_{y_{t+1}} & \text{für } i < s, j = 0 \end{cases}, \quad t = 1,2,\ldots$$

Für den einfachen Fall, dass die Verteilungen $q_0 = 0{,}1$; $q_1 = 0{,}4$; $q_2 = 0{,}3$; $q_3 = 0{,}2$ und die Benchmarks $s = 1$; $S = 3$ gegeben sind, erhält man eine MARKOV-Kette mit dem Zustandsraum $Z = \{0,1,2,3\}$ und

der Übergangsmatrix $\mathbf{P} = \begin{pmatrix} 0{,}2 & 0{,}3 & 0{,}4 & 0{,}1 \\ 0{,}9 & 0{,}1 & 0 & 0 \\ 0{,}5 & 0{,}4 & 0{,}1 & 0 \\ 0{,}2 & 0{,}3 & 0{,}4 & 0{,}1 \end{pmatrix}$. ♦

< 15.4 > Ein Beispiel für eine homogene MARKOV-Kette ist das Beispiel < 4.26 > [ROMMELFANGER 2004, Bd. 2, S. 139], in dem das Urlaubsverhalten der Belegschaft der deutschen VW-Werke untersucht wird.

Hierbei wird fiktiv angenommen, dass im Jahre 2005 40 % der Belegschaft der deutschen VW-Werke die Werksferien im Inland (Personengruppe A), 50 % im europäischen Ausland (Personengruppe B) und 10 % im außereuropäischen Ausland (Personengruppe C) verbrachten.

Umfragen haben nun ergeben, dass im Jahr 2006 70 % der Personengruppe A wiederum die Werksferien im Inland verbringen wollen, 20 % im europäischen Ausland und 10 % im außereuropäischen Ausland. Von der Personengruppe B wollen 20 % im Inland, 60 % im europäischen Ausland und 20 % außerhalb Europas ihre Ferien verbringen. Für die Personengruppe C lauten die analogen Prozentzahlen 30 %, 40 %, 30 %.

Dieses Übergangsverhalten kann durch die *Matrix der Übergangswahrscheinlichkeiten* dargestellt werden.

von \ nach	A	B	C
A	0,70	0,20	0,10
B	0,20	0,60	0,20
C	0,30	0,40	0,30

= **P**

Durch Multiplikation des Zustandsvektors $\mathbf{z}_{2005}^{T} = (40;50;10)$ von rechts mit der Übergangsmatrix **P** erhält man den Zustandsvektor $\mathbf{z}_{2006}^{T}$, der die prozentuale Verteilung der Belegschaft auf die drei Ferienzielgruppen ausdrückt.

$$\mathbf{z}_{2006}^{T} = \mathbf{z}_{2005}^{T} \cdot \mathbf{P} = (40;50;10) \cdot \begin{pmatrix} 0{,}70 & 0{,}20 & 0{,}10 \\ 0{,}20 & 0{,}60 & 0{,}20 \\ 0{,}30 & 0{,}40 & 0{,}30 \end{pmatrix} = (41;42;17)$$

Gelten diese Übergangswahrscheinlichkeiten auch für die nächsten Jahre, so ergeben sich die folgenden Aufteilungen auf die drei Ferienzielgruppen:

$$\mathbf{z}_{2007}^{T} = \mathbf{z}_{2006}^{T} \cdot \mathbf{P} = (41;42;17) \cdot \begin{pmatrix} 0{,}70 & 0{,}20 & 0{,}10 \\ 0{,}20 & 0{,}60 & 0{,}20 \\ 0{,}30 & 0{,}40 & 0{,}30 \end{pmatrix} = (42{,}2;\ 40{,}2;\ 17{,}6)$$

$$= \mathbf{z}_{2005}^{T} \cdot \mathbf{P}^{2},$$

$$\mathbf{z}_{2008}^{T} = \mathbf{z}_{2007}^{T} \cdot \mathbf{P} = (42{,}86;\ 39{,}60;\ 17{,}54) = \mathbf{z}_{2005}^{T} \cdot \mathbf{P}^{3}$$

und allgemein

$$\mathbf{z}_{2005+m}^{T} = \mathbf{z}_{2005+m-1}^{T} \cdot \mathbf{P} = \mathbf{z}_{2005}^{T} \cdot \mathbf{P}^{m}.$$

Aus Marketing-Gesichtspunkten ist nun für Reisebüros in der Nähe deutscher VW-Werke von Interesse, ob sich der für die nächsten Jahre abzeichnende Trend fortsetzt oder umkehrt. Es wäre auch hilfreich zu wissen, ob sich bei Beibehaltung der Matrix **P** irgendwann eine konstante Verteilung einstellt. ♦

Übertragen wir den in Definition 14.3 definierten Begriff "stationärer stochastischer Prozess" auf MARKOV-Ketten, so gilt:

Definition 15.6:
Eine MARKOV-Kette $\{X_t \mid t \in N_0\}$ heißt *stationär*, wenn

$$P(X_t = i) = P(X_0 = i) = p_i \quad \text{für jedes } t \in \mathbf{N}_0 \text{ und jedes } i \in Z. \qquad (15.16)$$

Gilt insbesondere für einen Zustandsvektor $\mathbf{p}^{T} = (p_1, p_2, p_3, ...)$

$$\mathbf{p}^{T} \cdot \mathbf{P} = \mathbf{p}^{T}, \qquad (15.17)$$

so heißt **p** eine *bzgl. der Übergangsmatrix* **P** *stationäre Verteilung.*

Ist eine stationäre MARKOV-Kette mit der Übergangsmatrix **P** gegeben, so ist die Anfangsverteilung **p**(0) eine bzgl. **P** stationäre Verteilung und alle weiteren Verteilungen **p**(t) stimmen mit **p**(0) überein.

Zur Bestimmung einer bzgl. einer gegebenen Übergangsmatrix **P** stationären Verteilung $\pi^T = (\pi_1; \pi_2; \pi_3, \ldots)$ ist die Matrizengleichung (15.17) und die Bedingung $\sum_{k \in Z} \pi_k = 1$ zu beachten. Durch Transponieren der Gleichung (15.17) erhält man

$$(\boldsymbol{\pi}^T \cdot \mathbf{P})^T = \mathbf{P}^T \cdot \boldsymbol{\pi} = \boldsymbol{\pi} \quad \text{oder} \quad (\mathbf{P}^T - \mathbf{E}) \cdot \boldsymbol{\pi} = \mathbf{0},$$

$\boldsymbol{\pi}$ ist demnach Eigenvektor der Matrix $\mathbf{P}^T$ zum Eigenwert 1.

Wählen wir aber eine Anfangsverteilung, die bzgl. **P** nicht stationär ist, so erhalten wir eine andere MARKOV-Kette, deren Verteilungen **p**(t) zeitlich nicht mehr konstant sind und die daher nicht mehr stationär ist.

< 15.5 > Um eine bzgl. der Übergangsmatrix

$$\mathbf{P} = \begin{pmatrix} \frac{1}{4} & \frac{1}{2} & \frac{1}{4} \\ \frac{1}{2} & 0 & \frac{1}{2} \\ \frac{2}{3} & \frac{1}{3} & 0 \end{pmatrix}$$

stationäre Anfangsverteilung $\pi^T = (\pi_1; \pi_2; \pi_3)$ zu bestimmen, ist das nachfolgende lineare Gleichungssystem zu lösen.

π_1	π_2	π_3	RS
$-\frac{3}{4}$	$\frac{1}{2}$	$\frac{2}{3}$	0
$\frac{1}{2}$	-1	$\frac{1}{3}$	0
$\frac{1}{4}$	$\frac{1}{2}$	-1	0
1	1	1	1

Die eindeutige Lösung ist $\pi^T = (\pi_1; \pi_2; \pi_3) = (\frac{10}{23}; \frac{7}{23}; \frac{6}{23})$. ♦

Auch wenn die Verteilungen **p**(t) zeitlich nicht mehr konstant bleiben, so ist doch der Fall denkbar, dass sie langfristig gegen eine Grenzverteilung

$$\mathbf{p}^T(\infty) = \lim_{t \to \infty} \mathbf{p}^T(t) = \lim_{t \to \infty} \mathbf{p}^T(0) \cdot \mathbf{P}^t = \mathbf{p}^T(0) \cdot \mathbf{P}^\infty \qquad (15.18)$$

konvergieren. In der englischen Literatur wird die Grenzverteilung zutreffender als *long run distribution* oder *steady state distribution* bezeichnet.

Die nachfolgende Definition betrachtet den speziellen Fall, dass das Konvergenzverhalten vollständig durch die Übergangsmatrix **P** bestimmt wird.

> **Definition 15.7:**
> Eine MARKOV-Kette $\{X_t \mid t \in \mathbf{N}_0\}$ besitzt eine *ergodische* Verteilung, wenn die Verteilung der Zustandswahrscheinlichkeiten $\mathbf{p}^T(t) = (p_1(t); p_2(t); p_3(t);\ldots)$ gegen eine Verteilung $\mathbf{p}^T{}^* = (p_1{}^*, p_2{}^*, p_3{}^*,\ldots)$ konvergiert, unabhängig davon, wie die Anfangsverteilung $\mathbf{p}^T(0) = (p_1(0); p_2(0); p_3(0);\ldots)$ lautet.

Die Existenz einer Grenzverteilung hängt mit der Konvergenz der Potenzmatrizen $\mathbf{P}^n$ zusammen. Es gilt der nachfolgende Satz:

> **Satz 15.2:**
> Für die ergodische Verteilung einer MARKOV-Kette gilt
> $$p_j{}^* = \lim_{t\to\infty} p_{ij}^{(t)}, \quad \text{für alle } i \in Z, \qquad (15.19)$$
> wobei $p_{ij}^{(t)}$ der Elemente der Potenzmatrix $\mathbf{P}^t$ sind.

Die Zeilen der Grenzmatrix $\mathbf{P}^\infty$ stimmen überein mit $\mathbf{p}^T{}^*$.

Für einen endlichen Zustandsraum Z existiert $\mathbf{p}^T{}^*$ genau dann, wenn $\mathbf{P}^\infty$ existiert.

Zum Beweis des Satzes 15.2 beachte man, dass

$$\mathbf{p}^T{}^* = \lim_{t\to\infty} \mathbf{p}^T(t) = \lim_{t\to\infty} \mathbf{p}^T(0)\cdot\mathbf{P}^t = \mathbf{p}^T(0)\cdot\mathbf{P}^\infty \qquad (15.20)$$

und dass $\mathbf{p}^T(0) = (p_1(0); p_2(0); p_3(0);\ldots)$ eine beliebige Anfangsverteilung sein darf, also auch die Einheitstupel $(\delta_{1j};\delta_{2j};\delta_{3j};\ldots)$ mit $\delta_{ij} = \begin{cases} 1 \text{ für } i \neq j \\ 0 \text{ sonst} \end{cases}$.

< 15.6 > Auf dem Waschmittelmarkt in Phantasien konkurrieren 3 Anbieter mit den Waschmitteln Persal Plus (PP), Arial Perfekt (AP) und Profi Tandal (PT). In der nachfolgenden Tabelle sind die langfristig beobachteten monatlichen Übergangswahrscheinlichkeiten zwischen den Produkten dargestellt.

		zu		
		PP	AP	PT
	PP	0,3	0,4	0,3
von	AP	0,4	0,1	0,5
	PT	0,1	0,3	0,6

$= \mathbf{P}$

Die Tabelle ist so zu interpretieren, dass von den Käufern, die heute das Waschmittel PP kaufen, im nächsten Monat 30 % erneut PP kaufen werden; 40 % werden zu AP wechseln und 30 % zu PT; usw.

Unter der Annahme, dass dieses Übergangsverhalten auch in Zukunft richtig ist und die aktuellen Marktanteile 40 %, 50 %, 10 % betragen, stellt sich die Frage, ob die Marken PP, AP, PT sich auf lange Sicht auf eine Wahrscheinlichkeitsverteilung einpendeln oder nicht?

Lösung:
Im nächsten Monat ist die Verteilung dann

$$\boldsymbol{\pi}_1^T = \boldsymbol{\pi}_0^T \cdot \mathbf{P} = (0{,}4;\, 0{,}5;\, 0{,}3) \cdot \begin{pmatrix} 0{,}3 & 0{,}4 & 0{,}3 \\ 0{,}4 & 0{,}1 & 0{,}5 \\ 0{,}1 & 0{,}3 & 0{,}6 \end{pmatrix} = (0{,}33;\, 0{,}24;\, 0{,}43)$$

und im Monat darauf

$$\boldsymbol{\pi}_2^T = \boldsymbol{\pi}_1^T \cdot \mathbf{P} = (0{,}33;\, 0{,}24;\, 0{,}43) \cdot \begin{pmatrix} 0{,}3 & 0{,}4 & 0{,}3 \\ 0{,}4 & 0{,}1 & 0{,}5 \\ 0{,}1 & 0{,}3 & 0{,}6 \end{pmatrix} = (0{,}238;\, 0{,}285;\, 0{,}477).$$

Wenn sich diese Tendenz fortsetzt, könnte ein Einpendeln in den Gleichgewichtszustand erfolgen, der sich aus dem nachfolgenden Gleichungssystem berechnen lässt.

$$\boldsymbol{\pi}_\infty^T \cdot \mathbf{P} = \boldsymbol{\pi}_\infty^T \quad \text{bzw.} \quad \boldsymbol{\pi}_\infty^T \cdot (\mathbf{P}^T - \mathbf{E}) \cdot \boldsymbol{\pi}_\infty = \mathbf{0} \quad \text{mit} \quad \sum_{k=1}^{3} \pi_k = 1$$

Das Gleichungssystem

π_1	π_2	π_3	RS
−0,7	0,4	0,1	0
0,4	−0,9	0,3	0
0,3	0,5	−0,4	0
1	1	1	1

hat die eindeutige Lösung $\boldsymbol{\pi}^T = (\pi_1; \pi_2; \pi_3) =$ (22,58 %; 26,88 %; 50,54 %).
Bzgl. der Ergoden-Eigenschaft vgl. die Bemerkungen in Beispiel < 15.11 >. ♦

15.2 Klassifikation von Zuständen

Bei homogenen MARKOV-Ketten lassen sich unterschiedliche Typen von Zuständen unterscheiden, wobei besonders das asymptotische Verhalten bei $t \to +\infty$ und die Erreichbarkeit von Zuständen von Interesse sind.

Definition 15.8:
Der Zustand j heißt vom Zustand i *erreichbar* und man schreibt $i \to j$
genau dann, wenn ein $t \in \mathbf{N}_0$ existiert mit $p_{ij}^{(t)} > 0$.
Die Zustände i und j heißen *gegenseitig erreichbar* und man schreibt $i \leftrightarrow j$, wenn gilt $i \to j$ und $j \to i$.

Wie schon im Beispiel < 4.26 > [ROMMELFANGER 2004, Band 2, S. 139] zu sehen, kann man MARKOV-Ketten anschaulich durch Pfeildiagramme darstellen, die mathematisch gesehen orientierte Graphen sind.

Definition 15.9:
Ein *orientierter Graph* ist ein Paar $G = (M_G, K_G)$, wobei MG eine nichtleere Menge (*Punkte, Knoten*) und KG eine Teilmenge von $M_G \times M_G$ (*Pfeilmenge, Kanten*) sind.
Eine Folge $W_n = \{(e_j, e_{j+1})\}_{j=1,2,\ldots,n-1}$ von Elementen $e_j \in M_G$ heißt *Weg* mit dem Anfangspunkt e_1 und dem Endpunkt e_n.

Wenn ein Zustand j von einem Zustand i erreichbar ist, dann muss es einen Weg geben, der von i nach j führt.

Die Relation "$\to$" ist nach Definition reflexiv und wegen

$p_{ij}^{(t_1+t_2)} = \sum_{k \in Z} p_{ik}^{(t_1)} \cdot p_{kj}^{(t_2)}$ auch transitiv, aber nicht notwendig auch symmetrisch.

Dagegen ist nach Konstruktion "$\leftrightarrow$" reflexiv, transitiv und symmetrisch und stellt damit eine Äquivalenzrelation auf Z dar. Der Zustandsraum kann damit hinsichtlich "$\leftrightarrow$" in disjunkte Klassen zerlegt werden.

< 15.7 >

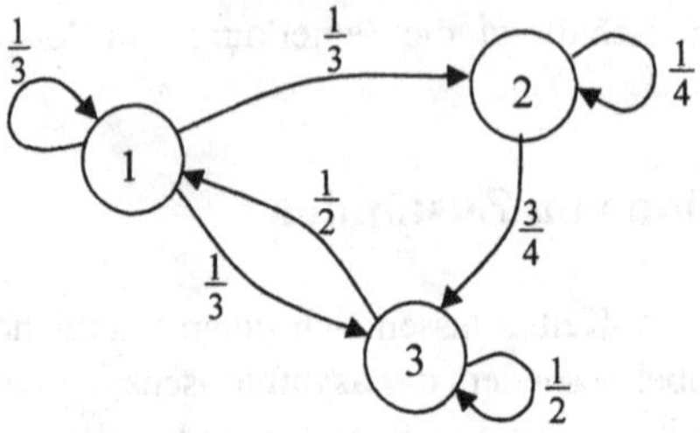

Abb. 15.3: Pfeildiagramm mit einer reduziblen Zustandmenge Z

$Z = \{1, 2, 3\} \cup \{4, 5, 6, 7\} \cup \{8, 9\}$ ♦

> **Definition 15.10:**
> Eine Menge von Zuständen heißt *irreduzibel*, wenn sie aus einer einzigen Äquivalenzklasse bzgl. der Relation "↔" besteht.
> Sonst nennt man sie *reduzibel.*

> **Definition 15.11:**
> Die Zufallsvariable
> $$T_{ij} = \inf\{k \in \mathbf{N} \mid X_k = j \text{ und } X_0 = i\} \tag{15.21}$$
> heißt *erste Übergangszeit* von i nach j, wenn $i \neq j$
> bzw. *Rückkehrzeit* (*Rekurrenzzeit*) des Zustandes i, wenn $i = j$ ist.

Die Verteilung von T_{ij} ist dann gegeben durch

$$f_{ij}^{(n)} = P(T_{ij} = n) = P(X_n = j, X_{n-1} \neq j, \ldots, X_1 \neq j \mid X_0 = i) \tag{15.22}$$

und die Wahrscheinlichkeit, von i mindestens einmal j zu erreichen ist gleich

$$f_{ij} = P(T_{ij} < +\infty) = \sum_{n=1}^{\infty} f_{ij}^{(n)}. \tag{15.23}$$

< 15.8 > $Z = \{1, 2, 3\}$

$f_{13}^{(1)} = p_{13} = \frac{1}{3}$

$f_{13}^{(2)} = p_{11} \cdot p_{13} + p_{12} \cdot p_{23} = \frac{1}{3} \cdot \frac{1}{3} + \frac{1}{3} \cdot \frac{3}{4} = \frac{13}{36}$

$f_{13}^{(3)} = p_{11} \cdot p_{11} \cdot p_{13} + p_{12} \cdot p_{22} \cdot p_{23} = \frac{1}{3} \cdot \frac{1}{3} \cdot \frac{1}{3} + \frac{1}{3} \cdot \frac{1}{4} \cdot \frac{3}{4} = \frac{43}{432}$

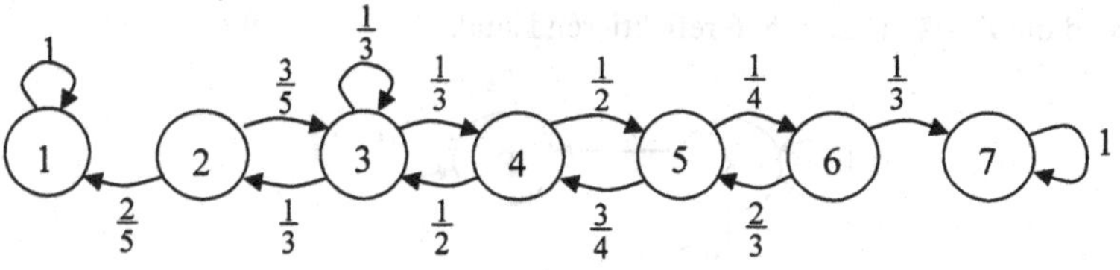

Abb. 15.4: Pfeildiagramm zu <15.8 > ♦

Definition 15.12:

Ein Zustand $i \in Z$ heißt genau dann *rekurrent*, wenn $f_{ii} = 1$.

Ist $f_{ii} < 1$, so wird ein Zustand i *transient* (*nicht-rekurrent*) genannt.

$$T_{ij} = \inf\{k \in \mathbf{N} \mid X_k = j \text{ und } X_0 = i\}.$$

Da für einen rekurrenten Zustand T_{ii} eine Zufallsvariable im eigentlichen Sinn ist, kann man die mittlere Rückkehrzeit $\mu_{ii} = E(T_{ii})$ berechnen.

Ist $\mu_{ii} = +\infty)$, so bezeichnet man den Zustand i als *null-rekurrent*;

ist $\mu_{ii} < +\infty)$, so nennt man den Zustand i *positiv-rekurrent*.

Die Zustände einer Äquivalenzklasse sind entweder alle rekurrent oder transient. Ein rekurrenter Zustand i wird also mit Sicherheit wieder angenommen. Ist er sogar positiv-rekurrent, so ist die mittlere Wartezeit bis zur erneuten Annahme von i endlich.

< 15.9 > Im Beispiel < 15.6 > sind die Klassen {1, 2, 3} und {8, 9} rekurrent und die Klasse {4, 5, 6, 7} transient. ♦

Definition 15.13:

Ein Zustand $i \in Z$ heißt

- *wesentlich,* wenn aus $i \to j$ folgt $j \to i$,
- *absorbierend,* wenn $p_{ii} = 1$,
- *reflektierend,* wenn $p_{ii} = 0$.

Bei wesentlichen Zuständen ist von allen Zuständen aus Z eine Rückkehr möglich. Absorbierende Zustände werden nicht mehr verlassen, wenn sie einmal erreicht wurden. Dagegen werden reflektierende Zustände sofort nach Erreichen wieder verlassen.

< 15.10 > In der nachfolgenden Abb. 15.4 sind die Zustände 1 und 7 absorbierend, während die Zustände 2, 4, 5, 6 reflektierend sind.

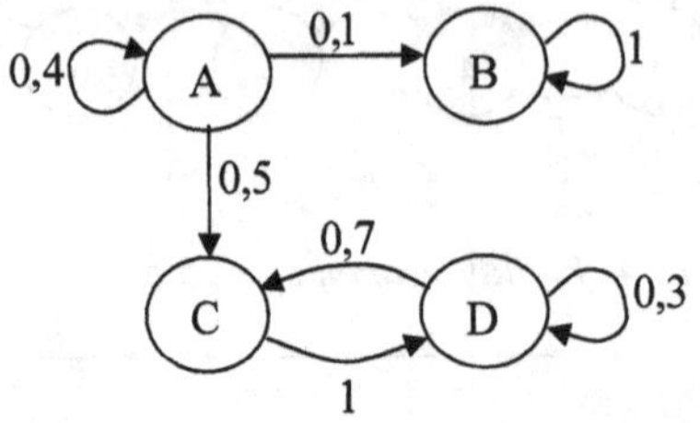

Abb. 15.5: Absorbierende und reflektierende Zustände ♦

< 15.11 > Einfache Irrfahrt mit absorbierendem Rand

In der deutschen Basketball-Liga werden die Play-offs nach dem Modus "Best of five" ausgetragen. Dieser Entscheidungsprozess lässt sich für die Mannschaft A beschreiben durch das nachfolgende Pfeildiagramm,

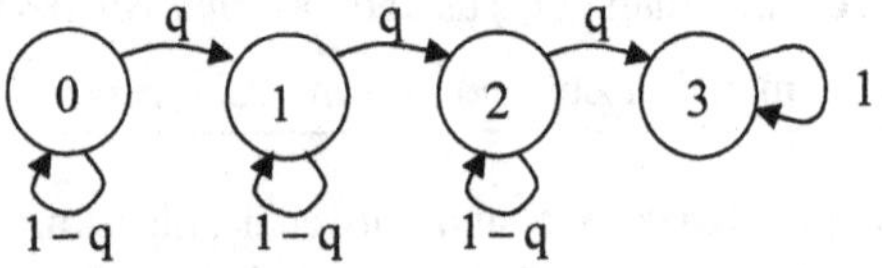

Abb. 15.6: "Best of Five"

das eine einfache Irrfahrt $\{X_t; t \in \{0,1,2,3,4,5\}\}$ darstellt mit den möglichen Zuständen $Z = \{0,1,2,3\}$ und der Wahrscheinlichkeitsfunktion

$$P(Z_t = -1 \mid X_t = i) = 0, \; P(Z_t = 0 \mid X_t = i) = 1 - q_i, \; P(Z_t = +1 \mid X_t = i) = q_i .$$

Dabei ist der Zustand 3 absorbierend.

Unter der Annahme, dass $q_i = q =$ konstant für alle t ist dann die Wahrscheinlichkeit für ein siegreiches Abschneiden der Mannschaft A gleich

$$q^3 \cdot [1 + 3(1-q) + 3(1-q)^2].$$

Hat die Mannschaft A in jedem Play-off-Spiel eine Siegwahrscheinlichkeit von $q = \frac{2}{3}$, so ist ihre Wahrscheinlichkeit für ein erfolgreiches Abschneiden in dieser Play-off-Serie gleich 0,691. ♦

Definition 15.14:
Ein Zustand $i \in Z$ besitzt die *Periode* $d(i) = GGT\{n \in \mathbf{N}_0 \mid p_{ii} > 0\}$.
Falls $d(i) \in \{1, \infty\}$, wird der Zustand *aperiodisch* genannt.
Eine Klasse von Zuständen heißt *periodisch mit der Periode* d, wenn alle Elemente dieser Klasse die Periode d besitzen.

< 15.12 > Im Beispiel < 15.6 > hat die Klasse {1, 2, 3} die Periode 3 und die Klasse {8, 9} die Periode 2. Dagegen ist die Klasse {4, 5, 6, 7} aperiodisch, da $p_{77} = \frac{1}{3} > 0$. ♦

Definition 15.15:
Ein Zustand $i \in Z$ heißt *ergodisch*, wenn i aperiodisch und positiv-rekurrent ist.

Satz 15.3:
Eine MARKOV-Kette $\{X_t \mid t \in \mathbf{N}_0\}$ ist dann und nur dann ergodisch, wenn genau eine aperiodisch und positiv-rekurrent Klasse existiert.
Weiterhin entspricht $\mathbf{p}^T{*} = (p_1{*}, p_2{*}, \ldots)$

mit $p_k{*} = \begin{cases} 0 & \text{wenn k transient} \\ \frac{1}{p_{kk}} & \text{wenn k positiv-rekurrent} \end{cases}$

der eindeutigen stationären Verteilung $\boldsymbol{\pi}^T$.

Einen Beweis dieses Satzes findet man z. B. in [HELLER et al. 1978].

< 15.13 > Die Übergangswahrscheinlichkeiten in < 15.6 > zeigen, dass die dort beschriebene MARKOV-Kette irreduzibel, aperiodisch und positiv-rekurrent ist. Die Kette ist damit ergodisch mit

$\mathbf{p}^T{*} = \boldsymbol{\pi}^T = (\pi_1; \pi_2; \pi_3) =$ (22,58 %; 26,88 %; 50,54 %).

Dagegen weist die Matrix $\mathbf{P} = \begin{pmatrix} \frac{1}{2} & \frac{1}{2} & 0 & 0 \\ \frac{3}{4} & \frac{1}{4} & 0 & 0 \\ 0 & 0 & 1 & 0 \\ \frac{1}{5} & 0 & \frac{4}{5} & 0 \end{pmatrix}$ die beiden aperiodischen und positiv-rekurrenten Klassen {1, 2} und {3} auf. Diese MARKOV-Kette ist daher nicht ergodisch. ♦

Auf Seite 266 haben wir gesehen, dass die bzgl. einer gegebenen Übergangsmatrix **P** stationäre Verteilung $\pi = (\pi_1; \pi_2; \pi_3, ...)^T$ der Eigenvektor der Matrix $\mathbf{P}^T$ zum Eigenwert 1 ist. Nachfolgend stellen wir einige Sätze zusammen, die einen Zusammenhang zwischen Eigenwerten stochastischer Matrizen **P** und den Eigenschaften der so beschriebenen MARKOV-Kette beinhalten. Die Beweise dieser Sätze findet man in [HELLER et al. 1978] bzw. in [GANTMACHER 1964].

Satz 15.4:
Eine MARKOV-Kette $\{X_t \mid t \in \mathbf{N}_0\}$ ist dann und nur dann irreduzibel, wenn der Eigenwert 1 ihrer Übergangsmatrix **P** eine einfache Nullstelle des charakteristischen Polynoms von **P** ist und wenn zum Eigenwert 1 von $\mathbf{P}^T$ ein positiver Eigenvektor existiert.[1]

Eine unmittelbare Folge aus Satz 15.4 ist der Satz 15.5:

Satz 15.5:
Ist der Eigenwert 1 der Übergangsmatrix **P** eine einfache Nullstelle des charakteristischen Polynoms von **P** und existiert zum Eigenwert 1 von $\mathbf{P}^T$ ein positiver Eigenvektor, so sind alle Zustände der zugehörigen MARKOV-Kette $\{X_t \mid t \in \mathbf{N}_0\}$ positiv rekurrent.

Satz 15.6:
Ist der Eigenwert 1 der Übergangsmatrix **P** eine einfache Nullstelle des charakteristischen Polynoms von **P**, existiert außer diesem Eigenwert kein weiterer Eigenwert von **P** mit dem Betrag 1 und gibt es zum Eigenwert 1 von $\mathbf{P}^T$ einen positiven Eigenvektor, so sind alle Zustände der zugehörigen MARKOV-Kette $\{X_t \mid t \in \mathbf{N}_0\}$ ergodisch.

15.3 Spezielle MARKOV-Prozesse

Nicht alle Signalprozesse lassen sich in Form homogener MARKOV-Prozesse mit unabhängigen Zuwächsen modellieren, wie dies beim POISSON-Prozess der Fall ist, vgl. S. 253ff. Oft sind die Parameter λ nicht konstant sondern zustandsabhängig.

---

[1] Man beachte, dass eine Matrix **P** und ihre transponierte Matrix dieselbe charakteristische Gleichung und damit die gleichen Eigenwerte haben. Die Eigenvektoren sind aber für nichtsymmetrische Matrizen im Allgemeinen verschieden.

15.3.1 Geburts- oder Todesprozesse

Definition 15.7:
Ein homogener MARKOV-Prozess $\{X_t; t \geq 0\}$ mit diskretem Zustandsraum $Z \in \mathbf{N}_0$ heißt *Geburtsprozess*, wenn gilt:

$$p_{ij}(\Delta t) = P(X_{t+\Delta t} = j \mid X_t = i) = \begin{cases} 0 & \text{für } 0 \leq j \leq i-1 \\ 1 - \lambda_i \cdot \Delta t + o(\Delta t) & \text{für } j = i \\ \lambda_i \cdot \Delta t + o(\Delta t) & \text{für } j = i+1 \\ o(\Delta t) & \text{für } j \geq i+2 \end{cases}. \quad (15.24)$$

Dabei wird $\lambda_i \geq 0$ als *Geburtsrate* oder allgemeiner als *Wachstumsrate* bezeichnet.

Der Pfad eines Geburtsprozesses ist wie beim POISSON-Prozess eine aufsteigende Treppenfunktion, vgl. Abb. 14.1. Geburtsprozesse lassen sich in vielen realen Situationen beobachten, z. B. die Anzahl der Geburten in einem Land, die Anzahl der Elektronen in einer kosmischen Strahlung, die Anzahl der Zellteilungen bei Amöben in einer Nährlösung.

Für die Ableitungen der Übergangswahrscheinlichkeitsfunktionen $P_{ij}(t)$ ergeben sich die Werte

$$\lambda_{ij} = \frac{dp_{ij}}{dt}(0) = \lim_{\Delta t \to 0} \frac{p_{ij}(\Delta t) - p_{ij}(0)}{\Delta t} = \begin{cases} 0 & \text{für } 0 < j \leq i-1 \\ -\lambda_i & \text{für } j = i \\ \lambda_i & \text{für } j = i+1 \\ 0 & \text{für } j \geq i+2 \end{cases}, \quad (15.25)$$

die als *Intensitäten* bezeichnet werden.

Die Intensitätsmatrix eines Geburtsprozesses hat dann die Gestalt:

$$\mathbf{\Lambda} = \begin{pmatrix} -\lambda_0 & \lambda_0 & 0 & 0 & 0 & \cdots \\ 0 & -\lambda_1 & \lambda_1 & 0 & 0 & \cdots \\ 0 & 0 & -\lambda_2 & \lambda_2 & 0 & \cdots \\ \vdots & \vdots & \ddots & \ddots & \ddots & \ddots \end{pmatrix}. \quad (15.26)$$

Satz 15.6:
Bei Berücksichtigung der Anfangsbedingungen $p_{00}(0) = 1$ und $p_{0n}(0) = 0,\ n > 0$ und für $\sum_{i=0}^{+\infty} \frac{1}{\lambda_i} = +\infty$ genügt die Zufallsvariable X_t eines Geburtsprozess $\{X_t; t \geq 0\}$ der Verteilung

$$P(X_t = n) = \sum_{I=0}^{n} A_n^{(i)} \cdot e^{-\lambda_i t}, \qquad (15.27)$$

falls $\lambda_i \neq \lambda_j$ für $i \neq j$.

Dabei ist

$$A_n^{(i)} = \frac{\lambda_0 \cdot \lambda_1 \cdot \ldots \cdot \lambda_{n-1}}{(\lambda_0 - \lambda_i) \cdot \ldots \cdot (\lambda_{i-1} - \lambda_i) \cdot (\lambda_{i+1} - \lambda_i) \cdot \ldots \cdot (\lambda_n - \lambda_i)}. \qquad (15.28)$$

Zum Beweis, vgl. [FAHRMEIR; RASSER; KNEIB 2005]. Die Bedingung $\sum_{i=0}^{+\infty} \frac{1}{\lambda_i} = +\infty$ sagt aus, dass der Geburtsprozess nicht zu schnell wachsen (nicht explodieren!) darf.

Neben Vorgängen, bei denen die Anzahl ansteigt, kennt man in der Realität auch Prozesse, bei denen der Bestand abnimmt, z. B. der Abverkauf von Waren bei einer Verkaufaktion oder die Anzahl der noch zur Verfügung stehenden Tickets bei einem Fußballspiel oder einem Konzert. Analog zu dem Begriff Geburtsprozess spricht man dann von Todesprozessen.

Definition 15.8:
Ein homogener MARKOV-Prozess $\{X_t; t \geq 0\}$ mit diskretem Zustandsraum $Z \in \mathbf{N}_0$ heißt *Todesprozess*, wenn gilt:

$$p_{ij}(\Delta t) = P(X_{t+\Delta t} = j \mid X_t = i) = \begin{cases} o(\Delta t) & \text{für } 0 \leq j \leq i-2 \\ \mu_i \cdot \Delta t + o(\Delta t) & \text{für } j = i-1 \\ 1 - \mu_i \cdot \Delta t + o(\Delta t) & \text{für } j = i \\ 0 & \text{für } j \geq i+1 \end{cases}. \qquad (15.29)$$

Dabei wird $\mu_i \geq 0$ als *Todesrate* oder allgemeiner als *Schrumpfungsrate* bezeichnet.

Häufiger als Geburts- oder Todesprozesse trifft man auf Situationen, in denen die Zustandsänderung in beide Richtungen erfolgen kann. So kann die Schlange vor der Essensausgabe in der Mensa anwachsen und schrumpfen.

Definition 15.9:
Ein homogener MARKOV-Prozess $\{X_t; t \geq 0\}$ mit diskretem Zustandsraum $Z \in \mathbf{N}_0$ heißt *Geburts- und Todesprozess*, wenn gilt: (15.30)

$$p_{ij}(\Delta t) = P(X_{t+\Delta t} = j \mid X_t = i) = \begin{cases} o(\Delta t) & \text{für } 0 \leq j \leq i-2 \\ \mu_i \cdot \Delta t + o(\Delta t) & \text{für } j = i-1 \\ 1-(\lambda_i + \mu_i) \cdot \Delta t + o(\Delta t) & \text{für } j = i \\ \lambda_i \cdot \Delta t + o(\Delta t) & \text{für } j = i+1 \\ o(\Delta t) & \text{für } j \geq i+2 \end{cases}.$$

Die Intensitätsmatrix des Geburts- und Todesprozess ist

$$\Lambda = \begin{pmatrix} -(\lambda_0 + \mu_0) & \lambda_0 & 0 & 0 & 0 & \cdots \\ \mu_1 & -(\lambda_1 + \mu_1) & \lambda_1 & 0 & 0 & \cdots \\ 0 & \mu_2 & -(\lambda_2 + \mu_2) & \lambda_2 & 0 & \cdots \\ \vdots & \vdots & \ddots & \ddots & \ddots & \ddots \end{pmatrix}. \qquad (15.31)$$

Die explizite Berechnung der Übergangsmatrizen aus Λ ist nur in speziellen Fällen möglich. Nach [LAHRES 1964] erhält man aber Lösungen für die nachfolgenden Spezialfälle:

Fall I: $\lambda_i = \lambda(t) \cdot i$ und $\mu_i = \mu(t) \cdot i$ mit stetigen Funktionen $\lambda(t)$ und $\mu(t)$.

Es gelten dann die Übergangswahrscheinlichkeiten:

$$p_0(t) = u(t) \qquad (15.32)$$

$$p_i(t) = (1-u(t)) \cdot (1-v(t)) \cdot [v(t)]^{i-1} \quad \text{für } i \geq 1 \qquad (15.33)$$

$$\text{mit } u(t) = 1 - \frac{e^{-r(t)}}{w(t)}; \; v(t) = 1 - \frac{1}{w(t)}$$

$$\text{wobei } r(t) = \int_0^t [\mu(\tau) - \lambda(\tau)]\, d\tau \quad \text{und} \quad w(t) = e^{-r(t)} \cdot [1 + \int_0^t e^{r(\tau)} \cdot \mu(\tau) d\tau].$$

Fall II: $\lambda_i = \lambda \cdot i$ und $\mu_i = \mu \cdot i$ mit konstanten Intensitäten λ und μ.

Die Hilfsgrößen aus Fall I vereinfachen sich dann zu

$$r(t) = (\mu - \lambda) \cdot t, \; w(t) = \frac{\lambda \cdot e^{(\mu-\lambda) \cdot t} - \mu}{\lambda - \mu},$$

$$u(t) = \frac{\mu \cdot e^{(\mu-\lambda) \cdot t} - \mu}{\lambda \cdot e^{(\mu-\lambda) \cdot t} - \mu}, \; v(t) = \frac{\lambda \cdot e^{(\mu-\lambda) \cdot t} - \lambda}{\lambda \cdot e^{(\mu-\lambda) \cdot t} - \mu}.$$

15.3.2 Warteschlangenprozesse

Warteschlangen gibt es nicht nur an englischen Busstationen und auf japanischen Bahnhöfen, sondern auch an den Ausgabeschaltern in Mensen, vor Kaufhauskassen, an der Einfahrt von Autowaschanlagen, bei der Anlieferung von Zuckerrüben vor den Zuckerfabriken usw. Abstrahierend können wir von Forderungen sprechen, die an einer Bedienungseinheit, Schalter genannt, eintreffen und entweder sofort bedient werden oder warten müssen. Sowohl die Zeit zwischen dem Eintreffen von zwei Forderungen als auch die Länge der Bearbeitungszeit sind zumeist zufällige Größen. Ein großer Teil dieser so genannten Warteschlangensysteme lassen sich elegant mittels MARKOV-Prozessen, insbesondere mit Geburts- und Todesprozessen modellieren.

Zur Modellierung des Ankunftsprozesses bezeichnen wir mit Z_n die Zeit, die zwischen der Ankunft der $(t-1)$-ten und der t-ten Forderung vergeht.

Diese Zwischenankunftszeiten $Z_1, Z_2, Z_3, \ldots$ seien unabhängig und identisch verteilt. Die Zeit bis zur Ankunft der n-ten Forderung ist mit $Z_0{}^* = 0$ dann gleich

$$Z_n{}^* = Z_1 + Z_2 + \ldots + Z_n \,. \tag{15.34}$$

Der *Ankunftsprozess* $\{N(t); t \geq 0\}$, der im Zeitpunkt $t = 0$ mit $N(t) = 0$ startet, beschreibt die Anzahl der Ankünfte bis zum Zeitpunkt $t \geq 0$.

Die Wahrscheinlichkeit für $N(t) = n$ lässt sich dann bestimmen als

$$P(N(t) = n) = P(Z_n{}^* \leq t \text{ und } Z_{n+1}{}^* > t)\,. \tag{15.35}$$

Aus empirischen Beobachtungen weiß man, dass bei vielen Warteschlangenprozessen die Ankünfte POISSON-verteilt sind. Dann gilt

$$P(N(t) = n) = \frac{(\lambda t)^n}{n!} \cdot e^{-\lambda t}\,. \tag{15.36}$$

Da $P(Z_n \geq t) = P(\{\text{keine Ankunft im Intervall }]Z_{n-1}{}^*, Z_{n-1}{}^* + t[\,\})$

$$= P(N(Z_{n-1}{}^* + t - Z_{n-1}{}^*)) = 0 = P(N(t) = 0) = e^{-\lambda t}$$

ist die Verteilungsfunktion F(t) der Zufallsvariablen Z_n für alle natürlichen Zahlen n negativ exponential verteilt mit dem Mittelwert $\frac{1}{\lambda}$.

Die Bearbeitung der Forderungen erfolgt an s Schaltern, $s \in \mathbf{N}$. Die Zeit zur Bearbeitung der n-ten Forderung werde mit S_n symbolisiert, $n \in \mathbf{N}$. Dabei wird zumeist unterstellt, dass die Bedienungszeiten S_n voneinander unabhängige Zufallsvariablen sind, die alle dieselbe Verteilung besitzen und auch unabhängig von den Zwischenankunftszeiten Z_n sind.

In vielen Warteschlangenmodellen wird angenommen, dass die gemeinsame Verteilungsfunktion der Bedienungszeiten negativ exponential verteilt ist:

$$B(t) = P(S < t) = 1 - e^{-\mu t} \text{ für } t > 0. \qquad (15.37)$$

Dies ist aber nicht gegeben, wenn die Bearbeitung einer Forderung eine bestimmte feste Zeit $\hat{t}$ nicht unterschreitet, wie dies z. B. bei der Bearbeitung von Werkstücken auf einer Fräsmaschine der Fall ist.

Es ist üblich, Warteschlangenprozesse durch die folgenden fünf Symbole

A / B / X / Y / Z

zu charakterisieren.

Dabei gibt A die Verteilung der Zwischenankunftszeiten, B die Verteilung der Bedienungszeiten, X die Anzahl der Schalter, Y die Systemkapazität und Z die Warteschlangendisziplin an.
Unter Warteschlangendisziplin versteht man die Vereinbarung über die Abarbeitung der Forderungen.

Übliche Vereinbarungen sind dabei:

FIFO (first in, first out), d. h. Bearbeitung in der Reihenfolge des Eintreffens.

LIFO (last in, first out), d. h. die zuletzt angekommene Forderung wird zuerst bearbeitet.

SIRO (service in random order), d. h. Bearbeitung nach einem Zufallsmechanismus.

PRI (priority), d. h. die eingehenden Forderungen werden in Vorrangklassen eingeteilt. Innerhalb der Klassen kommt dann FIFO zur Anwendung.

Das Warteschlangensystem **M / M / 1 / ∞ /FIFO** beschreibt dann ein System, bei dem die Zwischenankunftszeiten und die Bedienungszeiten negativ exponential verteilt sind, bei dem nur ein Schalter mit unbeschränkter Kapazität zur Verfügung steht, der die Forderungen gemäß FIFO abarbeitet.

Die Anzahl X_t der im System befindlichen Kunden entspricht dann einem Geburts- und Todesfallprozess mit $\lambda_i = \lambda$ und $\mu_i = \mu$.

In [HELLER et al. 1978, S. 184-187] findet man einen Beweis des nachfolgenden Satzes.

Satz 15.7
Für $\lambda < \mu$ besitzt der stochastische Prozess $\{X_t; t > 0\}$ eine stationäre Lösung der Form

$$p_j = \lim_{t\to\infty} p_j(t) = (1-r)\cdot r^j \quad \text{mit } r = \frac{\lambda}{\mu}. \tag{15.38}$$

Weiterhin ist

$X(\infty) = \lim_{t\to\infty} X(t)$ geometrisch verteilt mit dem

Erwartungswert $\frac{r}{1-r}$ und der Varianz $\frac{r}{(1-r)^2}$.

15.4 Aufgaben

15.1 In der deutschen Eishockeyliga (DEL) wird das Endspiel der Play-offs nach dem Modus "Best of Seven" ausgetragen. Die favorisierte Mannschaft A habe in jedem Spiel die gleiche Gewinnwahrscheinlichkeit p.

a. Beschreiben Sie diesen endlichen stochastischen Prozess mit der Zustandsvariablen Z_E = Anzahl der Siege von A in Form eines Pfeildiagramms.

b. Wie groß ist die Wahrscheinlichkeit für A, die Endspielserie erfolgreich zu beenden? Neben der allgemeinen Lösung ist zusätzlich das spezielle Ergebnis für $p = \frac{2}{3}$ zu berechnen.

15.2 Eine MARKOV-Kette mit dem Zustandsraum $Z = \{1,2,3,4\}$ wird durch das folgende Pfeildiagramm beschrieben.

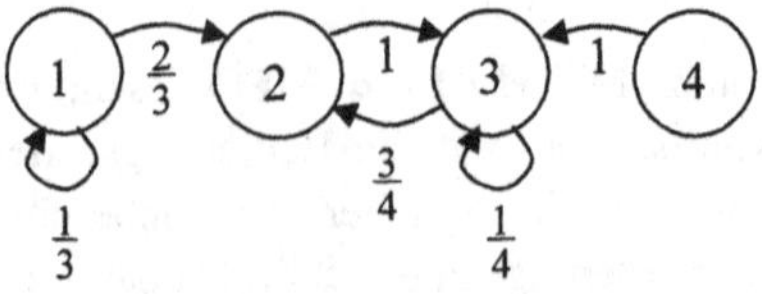

a. Welche Zustände sind untereinander erreichbar?

b. Bilden Sie die Äquivalenzklasse in Z hinsichtlich der Relation "$\leftrightarrow$".

c. Welche Zustände sind rekurrent, transient, reflektierend bzw. absorbierend?

15.3 Gegeben sind eine MARKOV-Kette mit dem Zustandsraum $\{0,1,2,3,4,5\}$ und der Übergangsmatrix

$$\mathbf{P} = \begin{pmatrix} \frac{1}{3} & 0 & \frac{1}{3} & 0 & 0 & \frac{1}{3} \\ \frac{1}{2} & \frac{1}{4} & \frac{1}{4} & 0 & 0 & 0 \\ 0 & 0 & 0 & 0 & 1 & 0 \\ \frac{1}{4} & \frac{1}{4} & \frac{1}{4} & 0 & 0 & \frac{1}{4} \\ 0 & 0 & 1 & 0 & 0 & 0 \\ 0 & 0 & 0 & 0 & 0 & 1 \end{pmatrix}$$

a. Beschreiben Sie das Übergangsverhalten durch ein geeignetes Pfeildiagramm.

b. Welche Zustände sind transient und welche rekurrent?

15.4 Der ANNA-Versand teilt seine Forderungen jeweils am Monatsende in die folgenden 4 Klassen ein:

I. schon beglichen bzw. Geldeingang innerhalb 14 Tagen

II. über 14 Tage bis 2 Monate überfällig

III. über 2 Monate bis 4 Monate überfällig

IV. über 4 Monate überfällig

Aus langjährigen Beobachtungen ist bekannt, dass der Forderungsbestand monatlich seinen Zustand ändert und zwar gemäß einer MARKOV-Kette mit

der Übergangsmatrix $\mathbf{P} = \begin{pmatrix} 0{,}95 & 0{,}05 & 0 & 0 \\ 0{,}5 & 0 & 0{,}5 & 0 \\ 0{,}2 & 0 & 0 & 0{,}8 \\ 0{,}1 & 0 & 0 & 0{,}9 \end{pmatrix}$.

Welcher Anteil der Forderungen wird langfristig,

a. innerhalb von 14 Tagen beglichen,

b. über 4 Monate überfällig sein?

15.5 Eine MARKOV-Kette wird durch das nachfolgende Pfeildiagramm beschrieben.

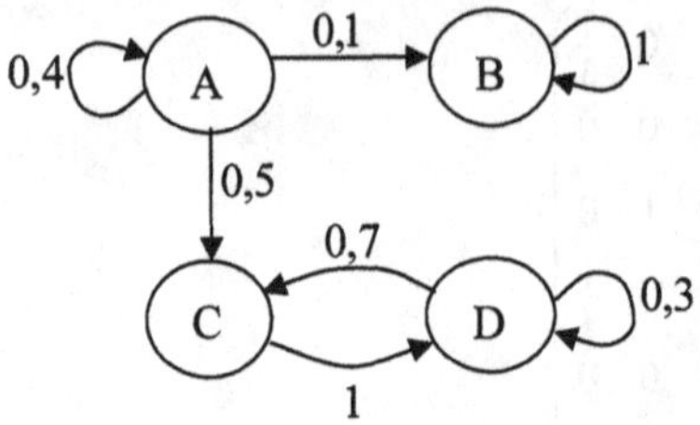

a. Berechnen Sie für den Ausgangszustand $\mathbf{p}^T(0) = (0{,}5; 0{,}1; 0{,}3; 0{,}1)$ die Wahrscheinlichkeitsverteilungen in den ersten drei Zeitperioden.

b. Gibt es eine vom Ausgangszustand unabhängige Prognose für den Gleichgewichtszustand?

c. Welche Zustände dieser MARKOV-Kette sind rekurrent, transient, absorbierend bzw. reflektierend?

15.6 Ist die MARKOV-Kette nit der Übergangsmatrix

$$\mathbf{P} = \begin{pmatrix} 1 & 0 & 0 \\ 0 & \frac{1}{4} & \frac{3}{4} \\ 0 & \frac{1}{2} & \frac{1}{2} \end{pmatrix} \text{ ergodisch?}$$

Um diese Frage zu beantworten, sind zunächst alle stationären Verteilungen zu berechnen.

16. WIENER-Prozesse

Auf Seite 251f wird als Beispiel für einen stochastischen Prozess die BROWNsche Bewegung genannt, die erstmals von dem amerikanischen Mathematiker NORBERT WIENER mathematisch exakt formuliert wurde und daher auch als WIENER-Prozess bezeichnet wird. Weiterhin wurde auf Seite 259 der Random Walk als eine Irrfahrt eingeführt, deren Zuwächse normalverteilt sind mit dem Mittelwert Null und der Standardabweichung σ.

Wie nachfolgend gezeigt wird, kann der WIENER-Prozess aufgefasst werden als Grenzfall eines zeitdiskreten Random Walk oder auch als Grenzwert einer zeitdiskreten symmetrischen Irrfahrt, bei der zu den Zeitpunkten $n \cdot \Delta t,\ n = 1,2,\dots$ Bewegungen der Größe $\pm\Delta x$ nach oben oder unten mit der Wahrscheinlichkeit 0,5 auftreten.

16.1 Definition und Eigenschaften des WIENER-Prozesses

Betrachten wir zunächst den stochastischen Prozess $\{X_t; t = n \cdot \Delta t,\ \ n = 1,2,\dots\}$, bei dem X_t die Lage des Teilchens für $t = n \cdot \Delta t$ angibt und für den Startzustand gilt $X_0 = 0$.

X_t lässt sich dann berechnen als Summe der Bewegungen in den bisherigen n Zeitpunkten

$$X = \sum_{k=1}^{n} Z_k\,, \tag{16.1}$$

wobei Z_k binomialverteilt ist mit $P(Z_k = +\Delta x) = 0{,}5\,; P(Z_k = -\Delta x) = 0{,}5$ und $E(Z_k) = 0\,; Var(Z_k) = (\Delta x)^2$.

Daraus folgt:

$$E(X_t) = 0\,; Var(X_t) = n \cdot (\Delta x)^2 = \frac{(\Delta x)^2}{\Delta t} \cdot t\,. \tag{16.2}$$

Führt man nun den Grenzübergang so durch, dass $\sigma^2 = \frac{(\Delta x)^2}{\Delta t},\ \ 0 < \sigma^2 < \infty$, konstant bleibt, so folgt aus dem Zentralen Grenzwertsatz, dass für $n \to \infty$ die Zufallsvariable X_t normalverteilt ist gemäß $N(0, \sigma^2 \cdot t)$.

Weiterhin gilt:

A. Die Zuwächse $X_t - X_s, X_v - X_u$ mit $s < t < u < v$ sind unabhängig voneinander, da sie sich aus getrennten Teilsummen (16.1) zusammensetzen.

B. Die Zuwächse $X_t - X_s$ sind stationär, d. h., sie hängen nur von der Zeitdifferenz ab.

Die Übertragung dieser Eigenschaften auf den Grenzprozess $n \to +\infty$ ist sehr schwer zu beweisen, man postuliert daher diese Eigenschaften und auch die Stetigkeit der Pfade aus "physikalischen Gründen".

Die Herleitung des WIENER-Prozesses aus einem Random Walk, bei dem die Zuwächse Z_n normal verteilt sind gemäß $N(0, \sigma^2 \cdot \Delta t), t = n \cdot \Delta t$ ergibt für X_t:

$$E(X_t) = 0; \operatorname{Var}(X_t) = n \cdot \sigma^2 \cdot \Delta t = \frac{t \cdot \sigma^2 \cdot \Delta t}{\Delta t} = t \cdot \sigma^2 \tag{16.3}$$

Beim Grenzübergang $n \to +\infty$ ergibt sich dann wiederum, dass X_t normalverteilt ist gemäß $N(0, \sigma^2 \cdot t)$.

Definition 16.1:
Ein stochastischer Prozess $W = \{W_t, t \in \mathbf{R}_0\}$ heißt WIENER-Prozess, wenn gilt:

W1 Die Zuwächse $W_{s+t} - W_s$ sind stationär und normalverteilt gemäß $N(0, \sigma^2 \cdot t)$ für alle $s, t \geq 0$.

W2 Für alle $0 \leq t_1 \leq t_2 \leq \ldots \leq t_n, n \geq 3$ sind alle Zuwächse $W_{t_2} - W_{t_1}, \ldots, W_{t_n} - W_{t_{n-1}}$ unabhängig.

W3 $W_0 = 0$.

W4 Die Pfade von W_t sind stetig.

Bemerkungen:

A. Gilt $\sigma^2 = 1$, so nennt man den WIENER-Prozess *normiert*.

B. Der WIENER-Prozess zählt zur Familie der MARKOV-Prozesse.

C. Der WIENER-Prozess ist ein spezieller GAUß-Prozess mit $E(W_t) = 0$.

D. Da für die bedingten Erwartungen gilt $E(W_t \mid W_s = b) = b,\ b \in \mathbf{R}$ ist $W = \{W_t, t \in \mathbf{R}_0\}$ ein Martingal.

Um auch stochastische Prozesse darstellen zu können, die tendenziell eher steigen ($\mu > 0$) oder fallen ($\mu < 0$), definiert man den verallgemeinerten WIENER-Prozess.

Definition 16.2:
ist $W = \{W_t, t \in \mathbf{R}_0\}$ ein (Standard-)WIENER-Prozess, so nennt man den stochastischen Prozess

$$X_t = \mu t + \sigma W_t \tag{16.4}$$

BROWNsche Bewegung mit Drift μ und Volatilität σ.

Im Zeitablauf Δt ändert sich dann die Zufallsvariable X_t um

$$\Delta X_t = \mu \cdot \Delta t + \sigma \cdot \Delta W_t, \tag{16.5}$$

wobei der erste Summand die erwartete Veränderung des Prozesses im Zeitablauf Δt beschreibt und der zweite Summand die Störvariable des Prozesses darstellt, die $N(0, \sqrt{\Delta t})$ verteilt ist.

Aus der diskreten Darstellung in Formel (16.5) erhält man durch den Grenzübergang $\Delta t \to 0$ die *stochastische Differentialgleichung vom WIENER-Typ*

$$dX_t = \mu \cdot dt + \sigma \cdot dW_t. \tag{16.6}$$

Sind die Parameter μ und σ nicht konstant sondern von t und X_t abhängig, gilt also die Beziehung

$$dX_t = \mu(t, X_t) \cdot dt + \sigma(t, X_t) \cdot dW_t, \tag{16.7}$$

so bezeichnet man den stochastischen Prozess $X = \{X_t; t \geq 0\}$ als *ITO-Prozess.*

Für die Anwendung sehr wichtig ist der so genannte *geometrische BROWNsche Prozess.* Man erhält ihn aus der BROWNschen Bewegung mit Drift durch die Transformation

$$S_t = \exp(X_t). \tag{16.8}$$

Wie schon im Experiment von BROWN kann der Zustandraum auch mehrdimensional sein. Wählen wir z. B. als Zustandsraum den $\mathbf{R}^2$, so gilt für die zweidimensionale Zufallsvariable

$$\begin{pmatrix} W_s \\ W_t \end{pmatrix} \sim N(0, \boldsymbol{\Sigma}) \text{ mit der Varianz-Kovarianzmatrix } \boldsymbol{\Sigma} = \begin{pmatrix} s & s \\ s & t \end{pmatrix} \cdot \sigma^2.$$

Dabei haben die Kovarianzen den Wert $\text{Cov}(W_s, W_t) = \sigma^2 \cdot \min(s, t)$ für beliebige s und t.

Für $s < t$ ergibt sich damit die bivariate Normalverteilungsdichte

$$f_{s,t}(x_1, x_2) = \frac{1}{2\pi \cdot \sigma^2 \sqrt{s(t-s)}} \cdot \exp\left(-\frac{1}{2 \cdot \sigma^2} [\frac{x_1^2}{s} + \frac{(x_2 - x_1)^2}{t-s}] \right). \qquad (16.9)$$

Auch einen mehrdimensionalen WIENER-Prozess kann man verallgemeinern zu einer *mehrdimensionalen BROWNschen Bewegung mit Drift:*

Definition 16.3:
Für jeden Vektor $\boldsymbol{\mu} \in \mathbf{R}^m$ und jede Matrix ist $\mathbf{A} \in \mathbf{R}^m \times \mathbf{R}^m$ wird durch

$$\mathbf{X}_t = \begin{pmatrix} X_{1,t} \\ \vdots \\ X_{m,t} \end{pmatrix} = \begin{pmatrix} \mu_1 \\ \vdots \\ \mu_m \end{pmatrix} \cdot t + \begin{pmatrix} a_{11} & \cdots & a_{1m} \\ \vdots & \ddots & \vdots \\ a_{m1} & \cdots & a_{mm} \end{pmatrix} \cdot \begin{pmatrix} W_{1,t} \\ \vdots \\ W_{m,t} \end{pmatrix} = \boldsymbol{\mu} t + \mathbf{A}\mathbf{W}_t \qquad (16.10)$$

eine BROWNsche Bewegung mit Drift $\boldsymbol{\mu}$ und Volatilität $\mathbf{A} \cdot \mathbf{A}^T$ definiert.

Dann ist der Zufallsvektor $\mathbf{X}_t$ normalverteilt gemäß $N(\boldsymbol{\mu} t, t \cdot \mathbf{A} \cdot \mathbf{A}^T)$. Dabei können einzelne Koordinaten $X_{i,t}$ miteinander korreliert sein.

16.2 Aktienkurs als BROWNsche Bewegung mit Drift

Da man annimmt, dass Aktienkursänderungen durch das Auftreten von zufällig verteilten Informationen ausgelöst werden, sind die Preise von Aktien unsichere, von zufälligen Einflüssen abhängige Größen. Bei der Modellierung von Aktienkurspfaden stellt sich die Frage, ob und wenn ja, durch welche Parameter der Zufallsprozess des Kurses beschrieben werden kann. Besteht beispielsweise über die Verteilung der Zufallsvariablen "Aktienkurs" eine gewisse Vorstellung, so kann man mit Hilfe von Verteilungsfunktionen Aussagen über das zukünftige Prozessverhalten treffen.

Durch das zu konstruierende Modell sollten insbesondere die folgenden Charakteristika von Aktienkursen erfüllt sein:

A. Der Aktienkurs ist unsicher.

B. Ein Preisniveau von Null wird mit Wahrscheinlichkeit 1 ausgeschlossen.

C. Aktienkursrealisationen sind stetig in der Zeit, womit Kursänderungen in kurzen Zeitabständen sehr klein sind.

D. Die Rendite aus dem Halten einer Aktie, definiert als das Verhältnis des Preises zum Ende eines Betrachtungszeitraums zum Preis zu Beginn der Periode, weist mit längeren Zeitabständen eine positive Tendenz auf.

E. Die Unsicherheitskomponente, die mit der Rendite aus dem Halten einer Aktie verknüpft ist, steigt mit der Zeit an; das bedeutet, dass bei gegebenem Aktienkurs die Varianz des morgigen Kurses geringer ist als die Varianz des Kurses für nächste Woche, nächsten Monat, etc. ...

Aktienkurse zum Zeitpunkt t werden im Folgenden mit S_t bezeichnet. In der Literatur wird allgemein angenommen, dass das zeitliche Verhalten von Aktienkursen S_t durch einen ITO-Prozess dargestellt wird.

$$dS_t = \mu(t, S_t) \cdot dt + \sigma(t, S_t) \cdot dW_t\,, \tag{16.10}$$

wobei μ die erwartete Rendite, σ die Standardabweichung und W_t einen WIENER-Prozess darstellt.

Um eine einfachere Form für die Funktionen $\mu(t, S_t)$ und $\sigma(t, S_t)$ zu erhalten, lässt sich argumentieren, dass die Rendite als prozentualer Zuwachs des eingesetzten Kapitals weder vom aktuellen Kurs noch von der Währungseinheit abhängt. Vielmehr ist anzunehmen, dass die mittlere Rendite proportional zur Länge des Anlagezeitraums ist:

$$\frac{E[dS_t]}{S_t} = \frac{E[S_{t+dt} - S_t]}{S_t} = \mu \cdot dt\,. \tag{16.11}$$

Dabei bezeichnet μ die erwartetet Aktienrendite.

Da $E[dW_t] = 0$, ist die Bedingung (16.11) bei bekanntem Ausgangskurs S_t erfüllt, wenn

$$\mu(t, S_t) = \mu \cdot S_t\,. \tag{16.12}$$

Da die absolute Größe der Kursschwankungen sich proportional ändert, wenn der Kurs in einer anderen Währungseinheit gemessen wird, kann man analog zu (16.12) setzen:

$$\sigma(t, S_t) = \sigma \cdot S_t\,. \tag{16.13}$$

Man kann also den Aktienkurs S_t modellieren als Lösung der stochastischen Differentialgleichung

$$dS_t = \mu \cdot S_t \cdot dt + \sigma \cdot S_t \cdot dW_t\,. \tag{16.14}$$

Da somit gilt

$$\frac{dS_t}{S_t} = \mu \cdot dt + \sigma \cdot dW_t, \tag{16.15}$$

impliziert die Kursstochastik, dass sich Aktienkursentwicklungen $\{S_t,\ t \geq 0\}$ durch eine geometrische BROWNsche Bewegung beschreiben lassen.

Dies lässt sich durch Anwendung des Lemmas von ITO in der nachfolgenden speziellen Form zeigen.

Satz 16.1 (*ITOs Lemma*):
Sei $\{X_t; t \geq 0\}$ mit $dX_t = \mu(t, X_t) \cdot dt + \sigma(t, X_t) \cdot dW_t$ ein ITO-Prozess, und $\{Y_t = g(X_t); t \geq 0\}$ ein stochastischer Prozess, wobei die Funktion $g(X_t)$ mindestens zweimal stetig nach t differenzierbar ist.

Es gilt dann

$$\begin{aligned} dY_t &= Y_{t+dt} - Y_t = dg(X_t) = g(X_{t+dt}) - g(X_t) \\ &= [\frac{\partial g}{\partial X}(X_t) \cdot \mu(t, X_t) + \frac{1}{2} \cdot \frac{\partial^2 g}{\partial X^2}(X_t) \cdot \sigma^2(t, X_t)] \cdot dt + \frac{\partial g}{\partial X}(X_t) \cdot \sigma(t, X_t) \cdot dW_t \end{aligned} \tag{16.16}$$

Beweisskizze:
Das Lemma von ITO basiert auf der Taylorreihenentwicklung und der Vernachlässigung von Termen, die für $t \to 0$ schneller als dt gegen Null gehen.

$$\begin{aligned} dY_t &= Y_{t+dt} - Y_t = g(X_{t+dt}) - g(X_t) = g(X_t + dX_t) - g(X_t) \\ &= \frac{\partial g}{\partial X}(X_t) \cdot dX_t + \frac{1}{2} \cdot \frac{\partial^2 g}{\partial X^2}(X_t) \cdot (dX_t)^2 + \ldots \end{aligned}$$

Da
$$\begin{aligned} (dX_t)^2 &= [\mu(t, X_t) \cdot dt + \sigma(t, X_t) \cdot dW_t]^2 \\ &= \mu^2(t, X_t) \cdot (dt)^2 + 2 \cdot \mu(t, X_t) \cdot \sigma(t, X_t) \cdot dt \cdot dW_t \\ &\quad + \sigma^2(t, X_t) \cdot (dW_t)^2 \end{aligned} \tag{16.17}$$

und wegen $E[(dW_t)^2] = dt$ gilt, dass dW_t von der Größenordnung $\sqrt{dt}$ ist, kann man die beiden ersten Terme von (16.17) vernachlässigen.

Wählt man nun speziell $Y_t = \ln S_t$ und verwendet zur Beschreibung von S_t die stochastische Differentialgleichung (16.14), so ergibt sich mit ITOs Lemma

$$dY_t = (\frac{1}{S_t}\cdot\mu\cdot S_t + \frac{1}{2}\cdot\frac{1}{S_t^2}\cdot\sigma^2\cdot S_t^2)dt + \frac{1}{S_t}\cdot\sigma\cdot S_t\cdot dW_t$$

$$= (\mu - \frac{1}{2}\sigma^2)dt + \sigma\cdot dW_t. \qquad (16.18)$$

Nach (16.18) ist der Logarithmus des Aktienkurses ein allgemeiner WIENER-Prozess mit Drift $\mu^* = \mu - \frac{1}{2}\cdot\sigma^2$ und der Varianz σ^2.

Da die Zufallsvariable Y_t gemäß $N(\mu^*\cdot t, \sigma^2\cdot t)$ normalverteilt ist, ist der Aktienkurs S_t log-normalverteilt mit den Parametern $\mu^*\cdot t$ und $\sigma^2\cdot t$.

Da $dY_t = d(\ln S_t) = \ln S_{t+dt} - \ln S_t = \ln\frac{S_{t+dt}}{S_t} = = (\mu - \frac{1}{2}\sigma^2)dt + \sigma\cdot dW_t$ gilt

$$S_{t+dt} = S_t\cdot\exp\left((\mu - \frac{1}{2}\sigma^2)dt + \sigma\cdot dW_t\right). \qquad (16.19)$$

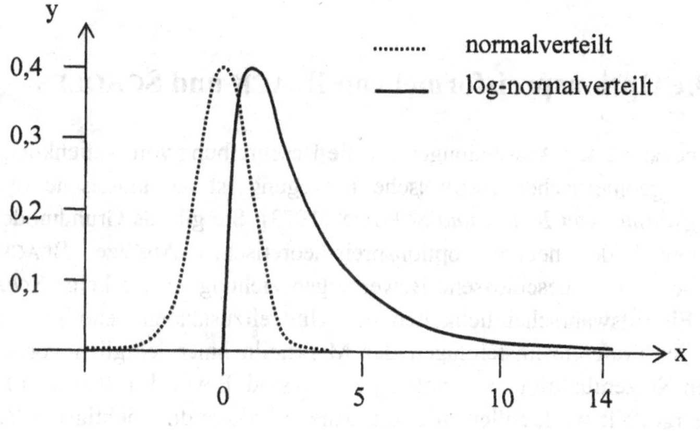

Abb. 16.1: Dichtefunktionen von Normalverteilung und Log-Normalverteilung

Betrachten wir nun Veränderungen über einen längeren Zeitraum [0, T], so kann man sich den Zeitraum unterteilt denken in L gleich große Intervalle der Länge Δt, wobei L ohne Einschränkung ganzzahlig sein soll. Beschreiben wir die Variablenänderung ΔW des WIENER-Prozesses W_t in einem Zeitintervall der Länge Δt mit

$$\Delta W = Z\cdot\sqrt{\Delta t},$$

wobei Z eine Zufallsvariable mit der Verteilung N(0,1) ist.

Die Variablenänderungen ΔW sind dann $N(0, \sqrt{\Delta t})$ verteilt.

Für die Veränderung von W_t über den gesamtem Zeitraum [0, T] ergibt sich dann:

$$W_T - W_0 = \sum_{j=1}^{L} Z_j \sqrt{\Delta t},$$

wobei die Variablen Z_j standardnormalverteilt sind.

Ersetzt man in (16.19) dt durch Δt und dW_t durch $\Delta W_t = Z_t \cdot \sqrt{\Delta t}$, so erhält man

$$S_{t+\Delta t} = S_t \cdot \exp\left((\mu - \frac{1}{2}\sigma^2)\Delta t + \sigma \cdot Z_t \sqrt{\Delta t} \right). \tag{16.20}$$

Damit kann man Kursänderungen im Zeitintervall berechnen, und durch sukzessives Weiterrechnen ergibt sich:

$$S_T = S_0 \cdot \exp\left((\mu - \frac{1}{2}\sigma^2)T + \sigma \cdot Z_t \sqrt{T} \right). \tag{16.21}$$

16.3 Die Optionspreisformel von BLACK und SCHOLES

Eine der bekanntesten Anwendungen für die Beschreibung von Aktienkurspfaden durch eine geometrischen BROWNsche Bewegung ist die klassische *Optionsbewertungsformel von BLACK und SCHOLES* [1973]. Sie gilt als Grundmodell und Ausgangspunkt der neueren optionspreistheoretischen Ansätze. BLACK und SCHOLES leiten eine geschlossene Bewertungsbeziehung ab, die keine Spezifikation der Eintrittswahrscheinlichkeiten von Umweltzuständen benötigt und hinsichtlich der Präferenzeinstellungen der Marktteilnehmer lediglich voraussetzt, dass deren Nutzenfunktionen monoton steigend sind. Bevor das BLACK-SCHOLES-Modell dargestellt wird, sollen in einem kurzen Exkurs die wichtigsten Begriffe der Optionstheorie dargestellt werden.

16.3.1 Optionen

Definition 16.4:

Eine *Option* ist ein Vertrag, der dem Käufer der Option (*Inhaber der Option*)

- während eines festgelegten Zeitraums (*Kontraktlaufzeit* T) das Recht (*Optionsrecht*), nicht aber die Verpflichtung einräumt,
- eine bestimmte Menge eines bestimmten Gutes (*Underlying, Basiswert, Basisobjekt*)

- zu einem im voraus festgesetzten Preis (*Basispreis, Basiskurs, Strikepreis* K)
- zu kaufen (*Call, Kaufoption*) oder zu verkaufen (*Put, Verkaufsoption*).

Für dieses Recht zahlt der Käufer dem Verkäufer der Option eine Prämie, den *Optionspreis* (*Optionswert*).

Die Optionsprämie ist der Preis, zu dem die Option am Markt gehandelt wird. Er bestimmt sich durch Angebot und Nachfrage. Die Einflussfaktoren auf den Preis einer Option sind vielfältig und vermutlich nicht vollständig erfassbar. So beeinflussen sicherlich Margins, Transaktionskosten und Steuern den möglichen Rückfluss aus einer Optionsposition und werden deswegen in die Kalkulation und damit das Angebot der Investoren eingehen. Weitere Marktunvollkommenheiten, Zutrittsbeschränkungen jeglicher Art sowie die Risikoeinstellung der Marktteilnehmer sind ebenso im Rahmen der Preisfindung an den Börsen nicht zu vernachlässigen.

Definition 16.5:
Ist die Ausübung der Option nur zu einem bestimmten Zeitpunkt möglich, so spricht man von einer *europäischen Option* (*European Style Option*). Kann die Option jederzeit bis zu einem festgelegten Zeitpunkt, dem *Verfalldatum*, ausgeübt werden, so handelt es sich um eine *amerikanische Option* (*American Style Option*).

Diese Bezeichnungen (europäische und amerikanische Optionen) sind durch die geschichtliche Entwicklung des Optionshandels bedingt und beziehen sich nicht auf den geographischen Ort des Optionsgeschäftes. An den Terminbörsen werden fast ausschließlich amerikanische Optionen gehandelt. So ist *die Option auf den Deutschen Aktienindex* die einzige Option europäischen Typs, die an der Deutschen Terminbörse gehandelt wird.

Der Verkäufer (*Stillhalter*) der Option ist verpflichtet, während der festgelegten Frist T auf Verlangen des Käufers den Basiswert zum vereinbarten Basispreis zu liefern oder abzunehmen. Nimmt der Inhaber der Option sein Optionsrecht in Anspruch (*Ausübung der Option*), tritt die oben genannte aufschiebende Bedingung ein und der Kaufvertrag muss erfüllt werden. Der Verkäufer der Option nimmt den Preis der Option ein und hat im Fall der Ausübung die Verpflichtung, das betreffende Gut zum festgelegten Strikepreis zu kaufen oder zu verkaufen. Somit liegt der maximale Verlust des Optionskäufers bei der Höhe seiner Prämie, während der des Optionsverkäufers prinzipiell unbegrenzt ist.

Ein Vorteil beim Halten der Option im Vergleich zum Besitz der Aktie liegt in einer Verzögerung der Zahlung. Bei einer Option muss zuerst nur die Optionsprämie entrichtet werden. Erst bei Bezug des Underlying wird der Strike fällig. Der Wert der Option nimmt zu, wenn der Kapitalmarktzins steigt oder die Restlaufzeit länger ist. Durch die spätere Zahlung kann das Geld inzwischen angelegt werden.

Bei den Optionsgeschäften lassen sich vier mögliche Grundpositionen unterscheiden:

A. der Kauf einer Kaufoption,

B der Verkauf einer Kaufoption sowie

C. der Kauf einer Verkaufsoption und

D. der Verkauf einer Verkaufsoption.

Für jede dieser Grundpositionen lässt sich der realisierte Gewinn und Verlust am Verfalltag T in Abhängigkeit vom aktuellen Marktpreis S darstellen.

Wird nun mit C der Optionspreis eines Calls, mit P der Optionspreis eines Puts, mit K der Basispreis, mit T die Restlaufzeit und mit S(T) der Kurs des Basiswertes am Fälligkeitstag bezeichnet, so ergibt sich das Gewinn- und Verlustprofil aus einer Long Call-Position zur Fälligkeit wie folgt:

Inhaber eines Calls

Der Käufer einer Kaufoption (*Long Call*) erwirbt durch Zahlung des Optionspreises das Recht, die Lieferung des dem Kontrakt zugrunde liegenden Wertes zu dem festgelegten Basispreis und innerhalb der vereinbarten Optionsfrist zu verlangen. Der Gewinn für den Besitzer einer Kaufoption hängt unmittelbar vom Kurswert des Underlying ab.

- Liegt der Kurs unter dem Strikepreis, ergibt sich ein begrenzter Verlust in Höhe des ursprünglich gezahlten Optionspreises C. Die Option wird nicht ausgeübt, da das Underlying günstiger über den Kassamarkt zu kaufen ist. Der Versicherungscharakter der Inhaberposition eines Optionsgeschäftes wird hier deutlich.
- Liegt der Kurs über dem Strikepreis, so wird die Option in jedem Fall ausgeübt. Das Underlying kann günstig über die Option bezogen und anschließend auf dem Kassamarkt verkauft werden. Da der Gewinn sich berechnet nach der Formel $G = S(T) - (K + C)$, muss der Kurs um mehr als die ursprünglich gezahlte Prämie über dem Strike liegen, um die Gewinnzone zu erreichen. Sonst führt die Ausübung des Call nur zu einer Minimierung des Verlustes. Die Gewinnschwelle (*Break even-Punkt*) ist gleich $K + C$.

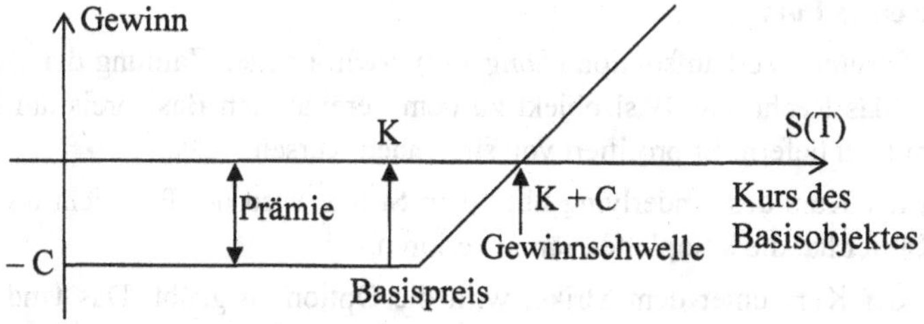

Abb. 16.2: Gewinn- und Verlustdiagramm einer Long Call-Position

Stillhalter eines Calls

Die Gegenposition zu einem Long Call nimmt der Verkäufer einer Kaufoption ein, er ist *Short Call.* Damit geht er die Verpflichtung ein, im Falle der Ausübung der Option den Basiswert zu dem vereinbarten Basispreis zu liefern. Als Entgelt für diese während der Optionsfrist bestehende Verpflichtung erhält er die Optionsprämie.

- Liegt der Kurs unterhalb des Strikepreises, wird die Option verfallen, es entsteht ein begrenzter Gewinn in Höhe der Prämie.
- Liegt der Kurs über dem Strike, wird die Option ausgeübt werden. Der Stillhalter muss das Papier auf dem Kassamarkt erwerben, bekommt aber nur den niedrigeren Strikepreis. Solange die Differenz kleiner als der ursprüngliche Optionspreis ist, bleibt ein Restgewinn. Anschließend beginnt die Verlustzone, wobei sich der Verlust gemäß der Formel $V = K - C - S(T)$ errechnet.

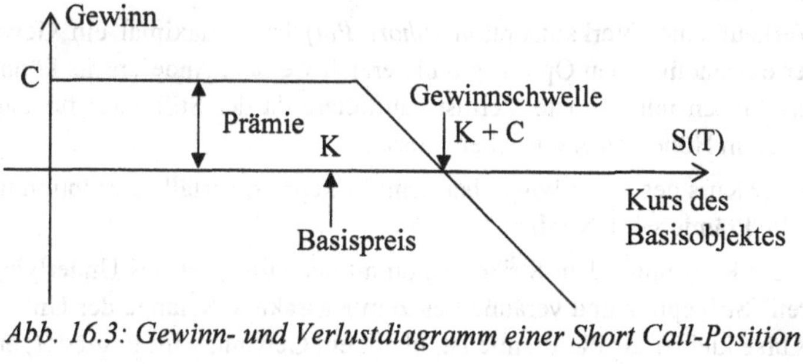

Abb. 16.3: Gewinn- und Verlustdiagramm einer Short Call-Position

Inhaber eines Puts

Der Käufer einer Verkaufsoption (*Long Put*) erwirbt gegen Zahlung der Optionsprämie P das Recht, das Basisobjekt zu dem vereinbarten Basispreis am Fälligkeitstermin zu liefern. Er profitiert von sinkenden Kursen.

- Liegt der Kurs des Underlying über dem Strike, wird der Put nicht ausgeübt, der Käufer hat die komplette Prämie verloren.
- Liegt der Kurs unter dem Strike, wird die Option ausgeübt. Das Underlying wird "billig" auf dem Kassamarkt gekauft und dann zum Strike an den Stillhalter weitergegeben. Es entsteht dann ein Gewinn, wenn der Kassapreis um mehr als die Prämie unter dem Strike liegt.

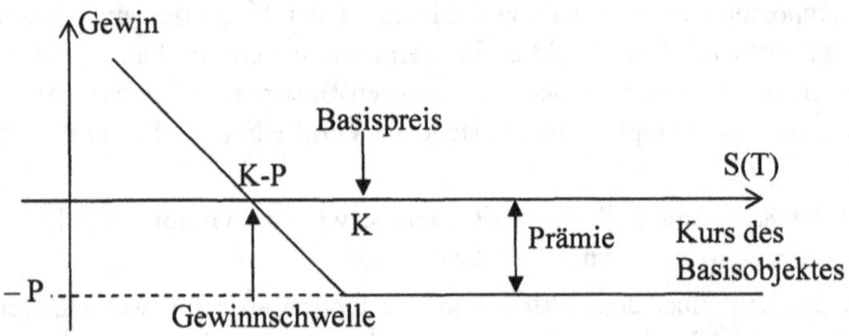

Abb. 16.4: Gewinn- und Verlustdiagramm einer Long Put-Position

Stillhalter eines Puts

Beim Verkauf einer Verkaufsoption (*Short Put*) kann maximal ein Gewinn in Höhe der eingenommenen Optionsprämie erzielt werden. Andererseits können bei fallenden Kursen unbegrenzte Verluste auftreten, da der Stillhalter für das Verkaufsniveau in Höhe von K einstehen muss.

- Liegt der Kurs des Underlying über dem Strikepreis, verfällt die Option und die gezahlte Prämie wird "verdient".
- Liegt der Kurs unter dem Strike, bekommt der Stillhalter das Underlying zum "teuren" Strikepreis und veräußert es zum Kassakurs. Solange der Unterschied der Kurse kleiner als die Prämie ist, bleibt ein Gewinn, wird er größer, entsteht ein entsprechender Verlust.

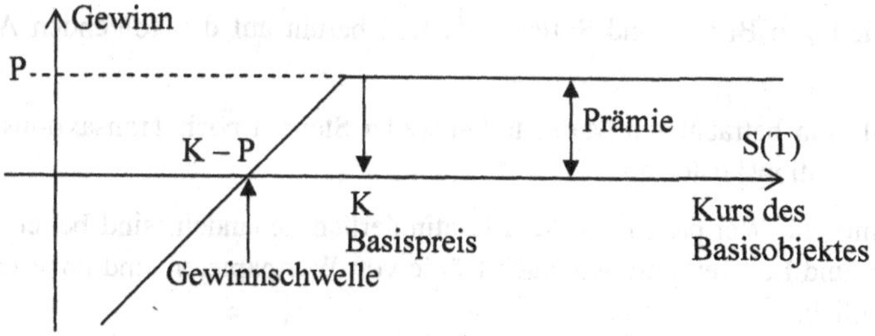

Abb. 16.5: Gewinn- und Verlustdiagramm einer Short Put-Position

Zur Analyse des Wertes einer Option zerlegen wir diesen in die zwei Komponenten *innerer Wert* und *Zeitwert*:

Definition 16.5:
Der innere Wert stellt den Wert bei vorteilhafter sofortiger Ausübung der Option dar.
Ist der innere Wert der Option positiv, so heißt die Option *in the money* (*im Geld*).
Ist der Basispreis (ungefähr) gleich dem Kassakurs, so ist die Option *at the money* (*am Geld*).
Gilt $S(t) < K$ für eine Kaufoption bzw. $S(t) > K$ bei einer Verkaufsoption, so ist die entsprechende Option *out of the money* (*aus dem Geld*).

Bei einer Kaufoption ergibt sich der innere Wert als positive Differenz zwischen Kassakurs und Basispreis bzw. als Null, wenn diese Differenz negativ ist und somit eine vorzeitige Ausübung des Calls nicht sinnvoll ist. Der innere Wert eines Puts ist umgekehrt das Maximum der Differenz aus Basispreis und Kassakurs bzw. Null. Formal gilt somit

$$\text{Innerer Wert eines Call} = \max(S(t) - K, 0)$$

$$\text{Innerer Wert eines Put} = \max(K - S(t), 0)\,.$$

In der Regel ist der Optionswert höher als der innere Wert, die zusätzliche Komponente wird als *Zeitwert* (*Aufgeld, Premium Over Parity*) bezeichnet. Im Zeitwert spiegeln sich die während der Restlaufzeit der Option noch möglichen, für den Investor positiven Kursentwicklungen wider. Da die Chancen für starke Kursschwankungen eines Basiswertes in einem längeren Zeitraum größer sind als in einem kürzeren, verringert sich der Zeitwert mit abnehmender Restlaufzeit und wird am Verfalldatum gleich Null sein.

16.3.2 Das BLACK-SCHOLES-Modell

Das Modell von BLACK und SCHOLES [1973] beruht auf den folgenden Annahmen:

BS1 Auf dem betrachteten Markt fallen weder Steuern noch Transaktions- oder Informationskosten an.

BS2 Sämtliche Wertpapiere werden kontinuierlich gehandelt, sind beliebig teilbar, und Leerverkäufe wie auch Käufe von Wertpapieren sind unbeschränkt möglich.

BS3 Alle Investoren haben den gleichen Marktzugang. Jeder Marktteilnehmer glaubt, dass die Preise der Wertpapiere unabhängig von seinen eigenen Dispositionen sind.

BS4 Es existiert ein bekannter und konstanter risikofreier Zinssatz, zu dem Kapital in beliebiger Höhe aufgenommen und angelegt werden kann.

BS5 Es werden ausschließlich Optionen Europäischen Typs betrachtet, d. h. die betrachteten Optionen können nur an einem bestimmten Verfallsdatum ausgeübt werden.

BS6 Die Aktienrenditen sind normalverteilt. Die Momentanvarianz pro Jahr ist konstant.

BS7 Es entfallen keinerlei Zahlungen auf die betrachteten Wertpapiere während der Optionslaufzeit, d. h. von Dividendenzahlungen wird abstrahiert.

BS8 Investoren handeln rational in dem Sinne, dass sie ein größeres Vermögen einem kleineren vorziehen.

Die Annahmen BS1 bis BS4 werden in der Literatur als Bedingungen für einen "reibungslosen" Markt bezeichnet, denn sie garantieren, dass eine ungehinderte Arbitrage stattfinden kann. Diese Bedingungen stellen Standardvoraussetzungen für Kapitalmarktbetrachtungen dar und sind in der Annahme eines vollkommenen Kapitalmarktes impliziert.

An den real gegebenen Kassa- und Terminmärkten sind jedoch Marktunvollkommenheiten vorhanden. Es ist beispielsweise offensichtlich, dass Steuern und Margins einen wichtigen Einfluss auf das Engagement eines potentiellen Investors haben. Ein rational handelnder Marktteilnehmer wird die für ihn relevanten Parameter bei der Entscheidung über den Aufbau einer Optionsposition berücksichtigen. In den Bewertungsmodellen gibt es nur vereinzelte Versuche, die Annahmen eines vollkommenen Kapitalmarktes abzuschwächen. Geht man von einer konstanten, gleichen Besteuerung von Zins- und Aktienkapitaleinkünften aus, so ergibt sich keine Veränderung in den jeweiligen Bewertungszusammenhängen.

Die Annahme BS5 beschränkt zunächst die Betrachtungsweise auf Optionen des Europäischen Typs. Die an den Börsenplätzen im Handel angebotenen Optionen sind jedoch zum überwiegenden Teil Amerikanische Optionen, können also jederzeit während des Handels bis zu einem bestimmten Fälligkeitstermin ausgeübt werden. Da Amerikanische Optionen auch vorzeitig ausgeübt werden können, haben sie nie einen niedrigeren Wert als eine Europäische Option des gleichen Typs. Wegen der großen Bedeutung Amerikanischer Optionen gibt es mittlerweile eine Vielzahl von Arbeiten, die den Wert einer vorzeitigen Ausübungsmöglichkeit zu berücksichtigen versuchen, vgl. [HULL 1997], [WEßELS 1992].

Die Vernachlässigung von Zahlungen auf die der Option zugrunde liegenden Wertpapiere durch die Annahme (A5) bedeutet insbesondere, dass im Falle von Aktienoptionen **keine** Dividenden Ausschüttungen auf die Aktie anfallen.
MERTON [1973] hat eine Bewertungsbeziehung für den Fall eines kontinuierlichen Dividendenstroms bei konstanter Dividendenrendite entwickelt. GESKE [1979] hat diesen Modellansatz um stochastische Dividenden erweitert und damit die Kovarianz zwischen Aktien- und Dividendenrendite berücksichtigt.

Lösungen für den Dividendenfall bei Amerikanischen wie auch Europäischen Optionen erhält man beispielsweise durch das Binomialmodell von COX, ROSS und RUBINSTEIN [1979]. Dabei werden sichere zukünftige Dividendenzahlungen unterstellt und die diskontinuierliche Bewegung des Aktienkurses zur expliziten Berücksichtigung des Dividendenabschlages ausgenutzt. Eine andere Vorgehensweise folgt aus dem Vorschlag von BLACK [1989], vom aktuellen Aktienkurs den Barwert der sicheren Dividenden abzuziehen, die während der Restlaufzeit der Option anfallen.

Da BLACK und SCHOLES in ihrem Ansatz von Aktienkursbewegungen gemäß eines geometrischen BROWNschen Prozesses ausgehen, werden Veränderungen des Aktienkurses durch die Gleichung

$$dS_t = \mu \cdot S_t \cdot dt + \sigma \cdot S_t \cdot dW_t \tag{16.14}$$

beschrieben.

Der Preis C einer Europäischen Kaufoption auf diese Aktie S zum Zeitpunkt t hängt ab von dem Zeitpunkt t, dem Aktienkurs S_t, dem Basispreis K, dem Fälligkeitszeitpunkt T, der Kursvolatilität σ und dem Zinsniveau r_f. Ausführlich müsste C daher geschrieben werden als $C(t, S_t, K, T, \sigma, r_f)$. BLAKE and SCHOLES nehmen an, dass die letzten vier Parameter konstant sind, so dass gilt $C(t, S_t)$.

Für die Dynamik des Preises $C(t,S_t)$ einer Europäischen Kaufoption auf die Aktie S_t zum Zeitpunkt t folgt nach dem Lemma von ITO aus (16.14)

$$dC = \frac{\partial C}{\partial t}\cdot dt + \frac{\partial C}{\partial S}\cdot dS_t + \frac{1}{2}\cdot\frac{\partial^2 C}{\partial S^2}\cdot\sigma^2\cdot S_t{}^2\cdot dt$$

$$= (\frac{\partial C}{\partial t} + \frac{\partial C}{\partial S}\cdot\mu\cdot S_t + \frac{1}{2}\cdot\frac{\partial^2 C}{\partial S^2}\cdot\sigma^2\cdot S_t{}^2)\cdot dt + \frac{\partial C}{\partial S}\cdot\sigma\cdot S_t\cdot dW_t. \quad (16.22)$$

Verwendet man die auf Seite 288f eingeführte Diskretisierung, so erhält man daraus:

$$\Delta C = (\frac{\partial C}{\partial t} + \frac{\partial C}{\partial S}\cdot\mu\cdot S_t + \frac{1}{2}\cdot\frac{\partial^2 C}{\partial S^2}\cdot\sigma^2\cdot S_t{}^2)\cdot\Delta t + \frac{\partial C}{\partial S}\cdot\sigma\cdot S_t\cdot Z_t\cdot\sqrt{\Delta t}\,). \quad (16.23)$$

Zur Herleitung der *BLACK-SCHOLES-Formel* konstruierten die Autoren ein Portfolio V, bestehend aus dem Kauf einer Option und dem Leerverkauf von $\frac{\partial C}{\partial S}$ Aktien. Die ausgelösten Zahlungsströme ergeben damit zu Beginn des Betrachtungszeitraums eine Portefeuilleposition von

$$V_0 = -C(0,S_0) + S_0\cdot\frac{\partial C}{\partial S}. \quad (16.24)$$

Die Veränderung ΔV des Portefeuillewertes in einem kleinen Zeitintervall Δt setzt sich aus den Änderungen in den Einzelpositionen zusammen zu

$$\Delta V = -\Delta C + \Delta S\cdot\frac{\partial C}{\partial S}. \quad (16.25)$$

Indem man (16.23) und

$$\frac{\Delta S}{S_t} = \mu\cdot\Delta t + \sigma\cdot Z_t\cdot\sqrt{\Delta t} \quad (16.26)$$

in (16.25) einsetzt, folgt dafür

$$\Delta V = (\frac{\partial C}{\partial t} + \frac{\partial C}{\partial S}\cdot\mu\cdot S_t + \frac{1}{2}\cdot\frac{\partial^2 C}{\partial S^2}\cdot\sigma^2\cdot S_t{}^2)\cdot\Delta t - \frac{\partial C}{\partial S}\cdot\sigma\cdot S_t\cdot Z_t\cdot\sqrt{\Delta t}$$

$$+ (\mu\cdot S_t\cdot\Delta t + \sigma\cdot S_t\cdot Z_t\cdot\sqrt{\Delta t})\cdot\frac{\partial C}{\partial S} \qquad \text{oder}$$

$$\Delta V = (-\frac{\partial C}{\partial t} - \frac{1}{2}\cdot\frac{\partial^2 C}{\partial S^2}\cdot\sigma^2\cdot S_t{}^2)\cdot\Delta t. \quad (16.27)$$

Die normalverteilte Variable Z_t konnte also vollständig eliminiert werden. Damit enthält die obige Gleichung keine zufälligen Größen mehr, und die Veränderung

ΔV des Portefeuilles im Zeitintervall Δt ist unabhängig von unsicheren Größen. Möchte man Arbitragemöglichkeiten ausschließen, so muss das Portfolio V den gleichen Ertrag wie eine Anlage zum risikofreien Zinssatz r_f erbringen. Es muss also gelten

$$\Delta V = r_f \cdot V_t \cdot \Delta t\,. \qquad (16.28)$$

Setzt man in die Gleichung (16.28) die Werte für ΔV aus (16.27) und für V analog zu (16.24) ein, so erhält man – nach einfachen Umformungen – die BLACK-*SCHOLES-Differentialgleichung*

$$\frac{\partial C}{\partial t} + \frac{\partial C}{\partial S} \cdot r_f \cdot S_t + \frac{1}{2} \cdot \frac{\partial^2 C}{\partial S^2} \cdot \sigma^2 \cdot S_t{}^2 = r_f \cdot C\,. \qquad (16.29)$$

Durch die Konstruktion eines Hedgeportefeuilles konnte so eine Differentialgleichung zur Beschreibung der dynamischen Entwicklung des Optionspreises C aufgestellt werden. In dieser Gleichung sind die bekannten Werte r_f, σ und der aktuelle Aktienkurs S_t einzusetzen.

Die noch als Lösung von (16.29) zu bestimmende Funktion $C(t, S_t)$ gibt den Optionspreis auf einem arbitragefreien Markt zum Zeitpunkt t an.

Da BLACK und SCHOLES gemäß der Annahme BS5 nur Europäische Kaufoptionen betrachten, ist zusätzlich im Fälligkeitszeitpunkt T die Randbedingung

$$C(T, S_T) = \max(S_T - K, 0) \qquad (16.30)$$

zu berücksichtigen.

Nach BLACK und SCHOLES hat die Gleichung (16.29) unter Beachtung der Nebenbegingungen (16.30) und der Bedingung $C(t,0) = 0$ für alle $t \in [0,T]$ eine Lösung. Diese als BLACK-SCHOLES-Formel bekannte Lösung bestimmt den Preis einer Kaufoption zum Zeitpunkt $t \in [0,T]$.

Der aktuelle Optionspreis $C = C(0, S_0)$ erhält man danach als

$$C = S_T \cdot N(d) - K \cdot e^{-r_f T} \cdot N(d - \sigma\sqrt{T}) \qquad (16.31)$$

mit $$d = \frac{\ln(\frac{S_T}{K}) + (r_f + \frac{\sigma^2}{2})T}{\sigma\sqrt{T}}\,. \qquad (16.32)$$

Dabei ist N(d) die kumulierte Normalverteilungsfunktion

$$N(d) = \frac{1}{\sqrt{2\pi}} \int_{-\infty}^{d} \exp(-\frac{t^2}{2})\,dt\,.$$

Diese Formel lässt sich unabhängig von der konkreten Herleitung verbal interpretieren. Der erste Term $S_T \cdot N(d)$ lässt sich interpretieren als diskontierter erwarteter Aktienkurs zur Optionsfälligkeit gewichtet mit der Wahrscheinlichkeit, dass der Aktienkurs den Basispreis in T übersteigt, also die Option in the money ist. Analog stellt der zweite Term den diskontierten Basispreis gewichtet mit der Wahrscheinlichkeit dar, dass der Aktienkurs S_T über K liegt.

Falls S_T in Relation zu K sehr groß ist und damit die Wahrscheinlichkeit einer Ausübung der Option nahe Eins liegt, gilt approximativ

$$N(d) \approx N(d - \sigma\sqrt{T}) \approx 1;$$

es folgt also wie erwartet

$$C = S_T - K_e^{-r_f T}. \tag{16.33}$$

16.3.3 Einfluss der Eingabeparameter auf den Optionswert

Die Herleitung der BLACK-SCHOLES-Formel hat gezeigt, dass der Wert einer Option – zumindest nach diesem Modell – direkt von den Variablen Aktienkurs, Basiskurs, Restlaufzeit, risikofreier Zinssatz und Volatilität des Aktienkurses abhängt. Die zur Berechnung eines fairen Optionspreises benötigten Eingabeparameter sind somit recht einfach zu ermitteln, was einer der Gründe für die herausragende Bedeutung des BLACK-SCHOLES-Ansatzes ist. Aktienkurs, Basiskurs zum Bezug der Aktie, Restlaufzeit und Zinssatz sind entweder in den Vereinbarungen des Optionsgeschäftes explizit vorgegeben oder den entsprechenden Marktveröffentlichungen zu entnehmen.

Lediglich die Bestimmung der Standardabweichung (*Volatilität*) erfordert gewisse Einschränkungen. So kann man die Volatilität aus Vergangenheitsdaten berechnen, womit man unterstellt, dass die vergangene Kursvariabilität in der Zukunft Gültigkeit behält. Zur Bestimmung der *historischen Standardabweichung* vgl. [COX; RUBINSTEIN 1985], [BAMBERG; BAUR 1989], [NATENBERG 1994].

Alternativ lässt sich die Marktbewertung der Standardabweichung durch Berechnung der *impliziten Volatilität* verwenden. Man bestimmt dazu die Volatilität aus der BLACK-SCHOLES-Formel unter Verwendung des tatsächlich am Markt notierten Optionspreises mit numerischen Approximationen, vgl. z. B. [LATANE; RENDLEMANN 1976], [CHIRAS; MANASTER 1978], [BECKERS 1981].

Die so genannte *Put-Call-Parität* gibt den Zusammenhang zwischen den Preisen von Puts und Calls mit gleichem Basispreis und gleicher Fälligkeit an. Aufgelöst nach P hat die Put-Call-Parität die Form

$$P = C - S + K \cdot e^{-r_f T}. \tag{16.34}$$

Setzt man in (16.34) die Formel (16.31) ein, so erhält man direkt die *BLACK-Scholes-Formel für eine Europäische Verkaufsoption*:

$$\begin{aligned} P &= S_T \cdot N(d) - K \cdot e^{-r_f T} \cdot N(d - \sigma\sqrt{T}) - S_T + K \cdot e^{-r_f T} \\ &= S_T \cdot [N(d) -] + K \cdot e^{-r_f T} \cdot [1 - N(d - \sigma\sqrt{T})] \end{aligned} \tag{16.35}$$

Der Wert eines Puts entspricht demnach dem Wert eines Calls des gleichen Typs abzüglich des Aktienwertes plus des diskontierten Basispreises.

Lösungshinweise zu den Übungsaufgaben

1.1 **a.** $\underset{h}{\Delta} y(x) = 0, \ \Delta y(x) = \Delta y(1) = \Delta y(3) = 0$

b. $\underset{h}{\Delta} y = 2^x(2^h - 1), \ \Delta y(x) = 2^x, \ \Delta y(1) = 2, \ \Delta y(3) = 8$

c. $\underset{h}{\Delta} y(x) = 3h, \ \Delta y(x) = \Delta y(1) = \Delta y(3) = 3$

d. $\underset{h}{\Delta} y(x) = -2h, \ \Delta y(x) = \Delta y(1) = \Delta y(3) = -2$

e. $\underset{h}{\Delta} y(x) = 2xh + h^2, \ \Delta y(x) = 2x + 1, \ \Delta y(1) = 3, \ \Delta y(3) = 7$

f. $\underset{h}{\Delta} y(x) = 2h^2, \ \Delta y(x) = \Delta y(1) = \Delta y(3) = 2h$

1.2 **a.** $\underset{h}{\Delta^2} y(x) = 0, \ \Delta^2 y(x) = \Delta^2 y(1) = 0$

b. $\underset{h}{\Delta^2} y(x) = 2^x(2^h - 1)^2, \ \Delta^2 y(x) = 2^x, \ \Delta^2 y(1) = 2$

c. $\underset{h}{\Delta^2} y(x) = 0, \ \Delta^2 y(x) = \Delta^2 y(1) = 0$

d. $\Delta^2 \underset{h}{y}(x) = 0, \ \Delta^2 y(x) = \Delta^2 y(1) = 0$

e. $\underset{h}{\Delta^2} y(x) = 2h^2, \ \Delta^2 y(1) = 2$

f. $\underset{h}{\Delta^2} y(x) = 0, \ \Delta^2 y(x) = \Delta^2 y(1) = 0$

1.3 $\Delta^m y(x) = m(m-1) \cdot \dots \cdot 2 \cdot 1 = m!$

2.1 **a.** $y_k = (C + \frac{3}{2} \cdot [1 - (\frac{1}{3})^k]) \cdot 3^{k(k-1)}, \qquad k = 1, 2, \dots; C \in \mathbf{R}$

$y_k^* = \frac{1}{2}(5 - (\frac{1}{3})^{k-1}) \cdot 3^{k(k-1)} \qquad k = 1, 2, \dots$

b. $y_k = \begin{cases} C \cdot k! & \text{für k gerade} \\ (1-c) \cdot k! & \text{für k ungerade} \end{cases}$, $k = 1,2,\ldots; C \in \mathbf{R}$

$y_k^* = \frac{1}{2} \cdot k!$, $k = 1,2,\ldots$

2.2 **a.** $y_k = (C-3) \cdot (\frac{2}{3})^k + 3$, $k = 0,1,2,\ldots; C \in \mathbf{R}$

$y_k^* = 3 \cdot [(\frac{2}{3})^k + 1]$, $k = 0,1,2,\ldots$

b. $y_k = (C+3) \cdot 2^k - 3$, $k = 1,2,\ldots; C \in \mathbf{R}$

$y_k^* = 3 \cdot (2^{k-1} - 1)$, $k = 1,2,\ldots$

2.3 Die Modellgleichung lautet nun $Y_t = \frac{g+s}{g} \cdot Y_{t-1}$, $t = 1,2,\ldots$

Ihre allgemeine Lösung ist $Y_t = (1 + \frac{s}{g})^t \cdot Y_0$, $t = 1,2,\ldots$,

d. h. für $s, g > 0$ wächst Y_t mit der konstanten Wachstumsrate $\frac{s}{g}$ monoton.

2.4. **a.** "mit Lag" $\frac{s}{g-s} = \frac{0{,}15}{2{,}85} \approx 0{,}0526 > 0$;

"ohne Lag" $\frac{s}{g} = 0{,}05 > 0$;

In beiden Fällen wächst das Volkseinkommen monoton an, die Wachstumsrate ist im Fall "mit Lag" geringfügig höher.

b. "mit Lag" $\frac{s}{g-s} = 1{,}5 > 0$; "ohne Lag" $\frac{s}{g} = 0{,}6 > 0$;

in beiden Fällen wächst das Volkseinkommen monoton mit sehr hoher Wachstumsrate, insbesondere im Fall "mit Lag".

2.5 $p_t = \frac{40}{3} + C \cdot (-\frac{1}{2})^t$, $C \in \mathbf{R}, t = 0,1,2,\ldots$

Da $\lim\limits_{t \to +\infty} (-\frac{1}{2})^t = 0$ strebt der Preis p_t für $t \to +\infty$ gegen den stationären Gleichgewichtspreis $\overline{p} = \frac{40}{3}$, und zwar oszillierend.

2.6 $K_j = r \cdot \frac{(1+i)^j - 1}{i}$

3.1 **a.** $y_k = C_1 \cdot 2^k + C_2 \cdot (-1)^k,$ $\quad k = 0,1,2,\ldots;\ C_1, C_2 \in \mathbf{R}$

$y_k^* = \frac{1}{3}(2^k - (-1)^k),$ $\quad k = 0,1,2,\ldots$

b. $y_k = C_1 + C_2 \cdot k,$ $\quad k = 0,1,2,\ldots;\ C_1, C_2 \in \mathbf{R}$

$y_k^* = k$ $\quad k = 0,1,2,\ldots$

c. $y_k = A \cdot \cos(k \cdot \frac{\pi}{2} + B) = C_1 \cdot \cos k \cdot \frac{\pi}{2} + C_2 \cdot \sin k \cdot \frac{\pi}{2},$ $\quad k = 0,1,2,\ldots,$

$A, B, C_1, C_2 \in \mathbf{R}$

$y_k^* = -\cos(k+1) \cdot \frac{\pi}{2} = \sin k \cdot \frac{\pi}{2},$ $\quad k = 0,1,2,\ldots$

d. $y_k = A \cdot (\sqrt{2})^k \cdot \cos(\frac{3\pi}{4} \cdot k + B) = (\sqrt{2})^k \cdot (C_1 \cdot \cos \frac{3\pi}{4} \cdot k + C_2 \cdot \sin \frac{3\pi}{4} k,$

$k = 0,1,2,\ldots;\ A, B, C_1, C_2 \in \mathbf{R}$

$y_k^* = -(\sqrt{2})^k \cdot \cos(\frac{3\pi}{4} \cdot k + \frac{\pi}{2}) = (\sqrt{2})^k \cdot \sin \frac{3\pi}{4} \cdot k,$ $\quad k = 0,1,2,\ldots$

e. $y_k = (C_1 + C_2 k) \cdot (-\frac{1}{2})^k,$ $\quad k = 0,1,2,\ldots;\ C_1, C_2 \in \mathbf{R}$

$y_k^* = k \cdot (-\frac{1}{2})^{k-1},$ $\quad k = 0,1,2,\ldots$

3.2 **a.** $y_k = A(\sqrt{2})^k \cdot \cos(\frac{3\pi}{4} \cdot k + B),$ $\quad k = 0,1,2,\ldots;\ A, B \in \mathbf{R}$

$y_k^* = -\frac{1}{4}(\sqrt{2})^k \cdot \cos \frac{3\pi}{4} \cdot k = -(\sqrt{2})^{k-4} \cdot \cos \frac{3\pi}{4} \cdot k,$ $\quad k = 0,1,2,\ldots$

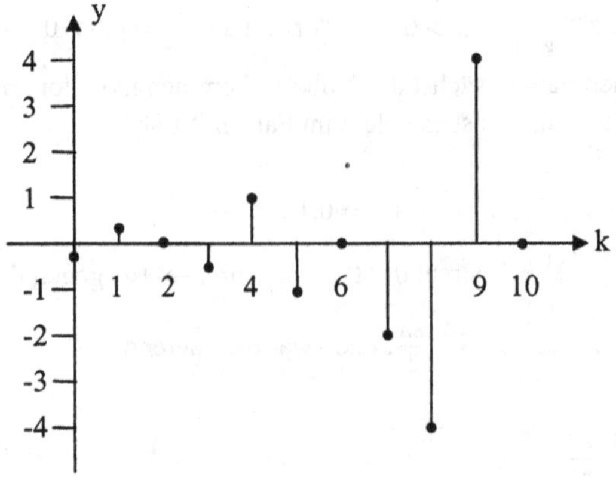

3.2. b. $y_k = A \cdot (\frac{1}{2})^k \cdot \cos(\frac{\pi}{6}k + B)$, $\quad k = 0,1,2,\ldots;\ A, B \in \mathbf{R}$

$y_k^* = -16(\frac{1}{2})^k \cdot \sin\frac{\pi}{6} \cdot k = -(\frac{1}{2})^{k-4} \cdot \sin\frac{\pi}{6}k$, $\quad k = 0,1,2,\ldots$

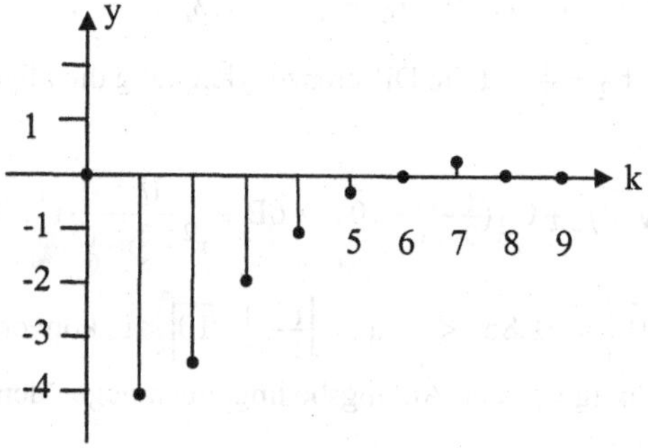

3.3 a. $y_k = C_1 \cdot (-3)^k + C_2 \cdot 2^k - \frac{5}{4}$, $\quad k = 0,1,2,\ldots$

b. $y_k = (C_1 + C_2 k + \frac{1}{18}k^2) \cdot 3^k + 2$, $\quad k = 0,1,2,\ldots$

c. $y_k = C_1 + C_2 k - 3k^2 + k^3$, $\quad k = 0,1,2,\ldots$

d. $y_k = A \cdot \cos(\frac{\pi}{2}k + B) - \frac{1}{2}k \cdot \sin\frac{\pi}{2}k$, $\quad k = 0,1,2,\ldots$ oder

$y_k = C_1 \cdot \cos\frac{\pi}{2} \cdot k + C_2 \cdot \sin\frac{\pi}{2} \cdot k - \frac{1}{2}k \cdot \sin\frac{\pi}{2} \cdot k$, $\quad k = 0,1,2,\ldots$

e. $y_k = C_1 \cdot 2^k + C_2(-1)^k - \frac{1}{2}k^2 - \frac{1}{2}k - 1$, $\quad k = 0,1,2,\ldots$

mit jeweils beliebigen reellen Konstanten C_1, C_2 bzw. A, B.

3.4 a. $y_k^* = \frac{17}{20} \cdot (-3)^k + \frac{7}{5} \cdot 2^k - \frac{5}{4}$, $\quad k = 0,1,2,\ldots$

b. $y_k^* = (-1 - \frac{1}{18}k + \frac{1}{18}k^2) \cdot 3^k + 2$, $\quad k = 0,1,2,\ldots$

c. $y_k^* = 1 - 3k^2 + k^3$, $\quad k = 0,1,2,\ldots$

d. $y_k^* = 1{,}17 \cos\cdot(\frac{\pi}{2}k + 0{,}55) - \frac{1}{2}k \cdot \sin\frac{\pi}{2}k$, $\quad k = 0,1,2,\ldots$ oder

$y_k^* = \cos\frac{\pi}{2}k - \frac{1}{2}(1 + k) \cdot \sin\frac{\pi}{2}k$, $\quad k = 0,1,2,\ldots$

e. $y_k^* = 2^k + (-1)^k - \frac{1}{2}k^2 - \frac{1}{2}k - 1,\qquad k = 0,1,2,\ldots$

3.5 Die Modellgleichung lautet nun

$$Y_t - b_1 \cdot Y_{t-1} - b_2 \cdot Y_{t-2} = B + I_0 \cdot r^t,\quad t = 2,3,4,\ldots$$

Für $b_1 = \frac{2}{3}$ und $b_2 = \frac{1}{6}$ hat die Differenzengleichung die allgemeine Lösung

$$Y_t = C_1\left(\tfrac{1}{3} + \tfrac{1}{6}\sqrt{10}\right)^t + C_2\left(\tfrac{1}{3} - \tfrac{1}{6}\sqrt{10}\right)^t + 6B + \frac{I_0}{r^2 - \frac{2}{3}r - \frac{1}{6}} \cdot r^t,\quad t = 2,3,4,\ldots$$

Da $\left|\frac{1}{3} + \frac{1}{6}\sqrt{10}\right| \approx 0{,}86 < 1$ und $\left|\frac{1}{3} - \frac{1}{6}\sqrt{10}\right| < 1$, konvergiert Y_t für $t \to +\infty$ unabhängig von den Anfangsbedingungen gegen den Gleichgewichtspfad

$$\overline{Y}_t = 6B + \frac{I_0}{r^2 - \frac{2}{3}r - \frac{1}{6}} \cdot r^t .$$

3.6 Die Modellgleichung lautet

$$Y_t - (b + v) \cdot Y_{t-1} + v \cdot Y_{t-2} = I_0 .$$

Die Stabilitätsbedingungen (3.36) haben hier die Form $1 - b > 0$, $1 + b + 2v > 0$, $1 - v > 0$.
Da nur $0 < b < 1$ und $v > 0$ ökonomisch sinnvoll ist, sind die beiden ersten Ungleichungen stets erfüllt. Das Volkseinkommen konvergiert also genau dann gegen den Gleichgewichtswert $\overline{Y} = \frac{I_0}{1-b}$, wenn $v < 1$ ist.

4.1 **a.** $y_k = C_1 \cdot 2^k + C_2 \cdot 3^k + C_3 \cdot 4^k - \frac{1}{2},\qquad k = 0,1,2,\ldots$

b. $y_k = (C_1 + C_2 k) \cdot 2^k + C_3 \cdot (\frac{1}{2})^k + 5 + k,\qquad k = 0,1,2,\ldots$

c. $y_k = C_1 + C_2 \cdot k + C_3 \cdot k^2 + C_4 \cdot k^3 + \frac{1}{6}k^4,\quad k = 0,1,2,\ldots$

mit jeweils beliebigen reellen Konstanten C_1, C_2, C_3.

4.2 $y_{k+3} + y_{k+2} - 5y_{k+1} + 3y_k = 8k + 2$

$$y_k = (C_1 + C_2 \cdot k) + C_3 \cdot (-3)^k - k^2 + \tfrac{1}{3}k^3$$

4.3 **a. i.** Da $1 \not> \frac{5}{2} \not> 3 > 1$ ist das Kriterium von SATO **nicht** erfüllt.

ii. Da $\sum_{i=0}^{2} |a_i| = 1 + 3 + \frac{5}{2} = \frac{13}{2} \not< 1$ ist das hinreichende Kriterium von SMITHIES **nicht** anwendbar.

iii. Da $-\sum_{i=0}^{2} a_i = -(1 + 3 + \frac{5}{2}) < 1$ ist das notwendige Kriterium von SMITHIES erfüllt. Es ist daher nicht auszuschließen, dass alle Wurzeln der charakteristischen Gleichung betragsmäßig kleiner 1 sind und ein Gleichgewichtspfad existiert.

b. $y_k = C \cdot (\frac{1}{2})^k + A(\sqrt{2})^k \cdot \cos(\frac{3\pi}{4} k + B) - 3 \sin \frac{\pi k}{2} + 4 \cdot \cos \frac{\pi k}{2}$,

$A, B, C \in \mathbf{R}$

Da $r = \sqrt{(-1+i) \cdot (-1-i)} = \sqrt{2} > 1$ existiert kein Gleichgewichtspfad.

4.4 Die Modellgleichung lautet nun

$Y_t - (2+k) \cdot b \cdot Y_{t-1} + (1+k) \cdot b \cdot Y_{t-2} = I_0, \quad t = 2, 3, \ldots$

Eine partikuläre Lösung ist die konstante Lösung

$\overline{Y}_t = \frac{I_0}{1-(2+k) \cdot b + (1+k) \cdot b} = \frac{I_0}{1-b}$

Die Stabilitätsbedingungen (3.36) auf S. 63 haben hier die Form

$1 - (2+k) \cdot b + (1+k) \cdot b = 1 - b > 0$

$1 + (2+k) \cdot b + (1+k) \cdot b > 0$

$1 - (1+k) \cdot b > 0$.

Da nur $0 < b < 1$ und $k > 0$ ökonomisch sinnvoll ist, sind die beiden ersten Ungleichungen stets erfüllt.

Das Volkseinkommen Y_t konvergiert daher genau dann stets gegen $\frac{I_0}{1-b}$, wenn $b < \frac{1}{1+k}$ (vgl. Abb. 4.1 auf S. 91).

5.1 $\begin{pmatrix} y_k \\ z_k \end{pmatrix} = 3^{k-1} \cdot \left[\begin{pmatrix} 3 & 0 \\ 0 & 3 \end{pmatrix} + k \cdot \begin{pmatrix} -1 & -1 \\ 1 & 1 \end{pmatrix} \right] \cdot \begin{pmatrix} y_0 \\ z_0 \end{pmatrix}, \quad k = 0, 1, 2, \ldots$

$\begin{pmatrix} y_k^* \\ z_k^* \end{pmatrix} = 3^{k-1} \cdot \left[\begin{pmatrix} 3 \\ 3 \end{pmatrix} + k \cdot \begin{pmatrix} -2 \\ 2 \end{pmatrix} \right], \quad k = 0, 1, 2, \ldots$

5.2 $\begin{pmatrix} x_k \\ y_k \end{pmatrix} = \frac{1}{5} \cdot \left[4^k \cdot \begin{pmatrix} 2 & -3 \\ -2 & 3 \end{pmatrix} + (-1)^k \cdot \begin{pmatrix} 3 & 3 \\ 2 & 2 \end{pmatrix} \right] \cdot \begin{pmatrix} x_0 \\ y_0 \end{pmatrix} + \begin{pmatrix} 2+k \\ 1+2k \end{pmatrix}$

5.3 $\mathbf{B}^{-1} = \frac{1}{6} \cdot \begin{pmatrix} 0 & 2 \\ 3 & -1 \end{pmatrix}, \qquad [\mathbf{B}^{-1}(\mathbf{I} - \mathbf{A}) + \mathbf{I}] = \frac{1}{60} \cdot \begin{pmatrix} 50 & 18 \\ 26 & 39 \end{pmatrix}$

Die Eigenwerte von $[\mathbf{B}^{-1}(\mathbf{I} - \mathbf{A}) + \mathbf{I}]$ sind $\lambda_1 \approx 0{,}09$ und $\lambda_2 \approx 1{,}39$.

$$x(t) = \left[0{,}09^t \cdot \begin{pmatrix} 0{,}43 & -0{,}23 \\ -0{,}33 & 0{,}57 \end{pmatrix} + 1{,}39^t \cdot \begin{pmatrix} 0{,}57 & 0{,}23 \\ 0{,}33 & 0{,}43 \end{pmatrix} \right] \cdot K + 1{,}1^t \cdot \begin{pmatrix} 3000 \\ 2833 \end{pmatrix}$$

$$x^*(t) = 0{,}09^t \cdot \begin{pmatrix} 176{,}59 \\ -69{,}81 \end{pmatrix} + 1{,}39^t \cdot \begin{pmatrix} 323{,}41 \\ 236{,}81 \end{pmatrix} + 1{,}1^t \cdot \begin{pmatrix} 3000 \\ 2833 \end{pmatrix}$$

5.4 $z_{k+2} + 11 z_{k+1} + 28 z_k = -3(-4)^k + 8$

$z_k = C_1 \cdot (-4)^k + C_2 \cdot (-7)^k + \frac{1}{4} k \cdot (-4)^k + \frac{1}{5}$

$$\begin{pmatrix} y_k \\ z_k \end{pmatrix} = \begin{pmatrix} 2C_1 + 2 \\ C_2 \end{pmatrix} \cdot (-4)^k + \begin{pmatrix} -C_2 \\ C_2 \end{pmatrix} \cdot (-7)^k + \frac{1}{4} k \cdot \begin{pmatrix} 2 \\ 1 \end{pmatrix} \cdot (-4)^k + \frac{1}{5} \begin{pmatrix} 7 \\ 1 \end{pmatrix}$$

5.5 $y_{k+1} = 4y_k - 4z_k + 3, \qquad k = 1, 2, \ldots$

$z_{k+1} = y_k, \qquad k = 1, 2, \ldots$

$$\begin{pmatrix} y_{k+1} \\ z_{k+1} \end{pmatrix} = \left[2^k \cdot (1-k) \cdot \begin{pmatrix} 1 & 0 \\ 0 & 1 \end{pmatrix} + k \cdot 2^{k-1} \cdot \begin{pmatrix} 4 & -4 \\ 1 & 0 \end{pmatrix} \right] \cdot \begin{pmatrix} -1 \\ 1 \end{pmatrix}$$

$$+ \left[\begin{pmatrix} 1 & 0 \\ 0 & 1 \end{pmatrix} - 2^k \cdot (1-k) \cdot \begin{pmatrix} 1 & 0 \\ 0 & 1 \end{pmatrix} - k \cdot 2^{k-1} \cdot \begin{pmatrix} 4 & -4 \\ 1 & 0 \end{pmatrix} \right] \cdot \begin{pmatrix} 1 & -4 \\ 1 & -3 \end{pmatrix} \cdot \begin{pmatrix} 3 \\ 0 \end{pmatrix}$$

$$= 2^k (1-k) \cdot \begin{pmatrix} -4 \\ -2 \end{pmatrix} + k \cdot 2^{k-1} \begin{pmatrix} -8 \\ -4 \end{pmatrix} + \begin{pmatrix} 3 \\ 3 \end{pmatrix}$$

$$= -2^{k+1} \begin{pmatrix} 2 \\ 1 \end{pmatrix} + \begin{pmatrix} 3 \\ 3 \end{pmatrix}, \quad k = 0, 1, 2$$

$y_k = -2^{k+1} + 3, \quad k = 0, 1, 2, \ldots$

7.1 **a.** $x^3 + 3x^2 y^2 + y^4 = C, \qquad C \in \mathbf{R}$

b. $(x^2 + y^2)^2 + 4xy = C, \qquad C \in \mathbf{R}$

c. $x \cdot \cos y + y \cdot \sin x = C,\qquad C \in \mathbf{R}$

7.2 **a.** $y^3 = C \cdot (1 + x^3),\qquad C \in \mathbf{R}$

b. $(x+1)^2 + (y-1)^2 + \ln[(x-1)^2 \cdot (y+1)^2] = C,\quad C \in \mathbf{R}$

c. $y = C \cdot \frac{x}{x-4},\qquad C \in \mathbf{R}$

d. $\frac{1}{2}x^4 + 3xy + \frac{1}{2}y^2 - y = C,\qquad C \in \mathbf{R}$

7.3 Es gilt stets $y = k \cdot x$ mit konstanten Durchschnittskosten $k > 0$.

7.4 **a.** $y(x) = Cx + \frac{1}{2}x^3 + 3x^2 - 2x \cdot \ln x,\qquad x > 0,\ C \in \mathbf{R}$

$y^*(x) = \frac{3}{2}x + 3x^2 + \frac{1}{2}x^3 - 2x \cdot \ln x,\qquad x > 0$

b. $y(x) = Cx^3 \cdot \exp(\frac{1}{x^2}) + \frac{1}{2}x^3,\qquad x > 0,\ C \in \mathbf{R}$

$y^*(x) = [\frac{9}{2}\exp(\frac{1}{x^2} - 1) + \frac{1}{2}] \cdot x^3,\qquad x > 0$

7.5 **a.** $y(x) = \left[C \cdot e^{3x^2} - \frac{1}{2}\right]^{-\frac{1}{3}}$

b. $y(x) = [C \cdot e^x - 2x - 1]^{-\frac{1}{3}}$

7.6 $y = \sqrt{\exp(2 \cdot \cos t + \ln 2 - 2) - 1},\quad t \in [-\arccos\frac{2-\ln 2}{2}, +\arccos\frac{2-\ln 2}{2}]$

7.7 **a.** $\ln|s(t)| = b \cdot \int t^{-a}\,dt$

für $a = 1$: $s(t) = C \cdot t^b, C > 0$

für $a \neq 1$: $s(t) = C \cdot \exp(\frac{b}{1-a} \cdot t^{1-a}), C > 0$

b. $s(25) = 8{,}187\,e \approx 22{,}25$

Nach fast 20 Jahren hat sich die Staatsverschuldung verdoppelt.

8.1 **a.** $y(x) = C_1 \cdot \exp(-\frac{1}{2}x) + C_2 \cdot \exp(\frac{1}{4}x), \quad C_1, C_2 \in \mathbf{R}$

b. $y(x) = A \cdot e^{2x} \cdot \cos(x + B), \; A, B \in \mathbf{R}$ oder

$y(x) = C_1 \cdot e^{2x} \cdot \cos x + C_2 \cdot e^{2x} \cdot \sin x, \quad C_1, C_2 \in \mathbf{R}$

8.2 **a.** $y(x) = (C_1 - 5x) \cdot e^{3x} + C_2 \cdot e^{4x} + 2x + \frac{7}{6}$

b. $y(x) = (C_1 + C_2 x + 2x^2) \cdot e^{3x} + \frac{4}{5} \cdot \sin x + \frac{3}{5} \cos x$

c. $y(x) = A \cdot e^{2x} \cdot \cos(3x + B) - \frac{8}{5} \cdot \sin 2x + \frac{9}{5} \cdot \cos 2x$ oder

$y(x) = C_1 \cdot e^{2x} \cdot \cos 3x + C_2 \cdot e^{2x} \cdot \sin 3x - \frac{8}{5} \cdot \sin 2x + \frac{9}{5} \cdot \cos 2x$

mit jeweils beliebigen reellen Konstanten A, B, C_1, C_2.

8.3 $y(x) = \cos 2x + \frac{9}{8} \cdot \sin 2x - \frac{1}{4} x \cdot \cos 2x$

8.4 $K''(t) + p^2 K = p^2 \cdot K_{gew}$

$$K(t) = \frac{K_0 - K_{gew}}{\cos B} \cdot \cos(pt + B) + K_{gew}$$

Der Kapitalstock entwickelt sich um den gewünschte Kapitalstock K_{gew} in Schwingungen mit der Periode $\frac{2\pi}{p}$. Da die Nullstellen $\lambda = \pm ip$ des charakteristischen Polynoms keinen Realteil besitzen, entwickelt sich der Kapitalstock mit gleich bleibenden Kosinusschwingungen mit der Amplitude $\frac{K_0 - K_{gew}}{\cos B}$.

9.1 **a.** $y(x) = (C_1 + C_2 x + C_3 x^2 + C_4 x^3) \cdot e^{-x} + 8$

b. $y(x) = (C_1 + C_2 x) \cdot e^{-x} + C_3 \cdot \sin 2x + C_4 \cdot \cos 2x + 2e^x + \frac{1}{6} \sin x$

c. $y(x) = C_1 \cdot e^x + C_2 \cdot e^{2x} + C_3 \cdot e^{3x} - 2x - \frac{1}{3}$

9.2 $y(t) = C_1 + C_2 \cdot e^{-x} + C_3 \cdot e^{-2x} + \frac{1}{4} x^2 + \frac{11}{4} x, \; C_1, C_2, C_3 \in \mathbf{R}$

10.1 **a.** $\begin{pmatrix} y_1 \\ y_2 \end{pmatrix} = C_1 \cdot \begin{pmatrix} 2 \\ 1 \end{pmatrix} \cdot e^{-4x} + C_2 \cdot \begin{pmatrix} 1 \\ -1 \end{pmatrix} \cdot e^{-7x} + \frac{1}{40} \cdot \begin{pmatrix} 7 \\ 1 \end{pmatrix} \cdot e^{x} + \frac{1}{54} \cdot \begin{pmatrix} 2 \\ 7 \end{pmatrix} \cdot e^{2x}$

b. $\begin{pmatrix} y_1 \\ y_2 \\ y_3 \end{pmatrix} = C_1 \cdot \begin{pmatrix} 0 \\ 1 \\ 1 \end{pmatrix} \cdot e^{x} + \left[C_2 \cdot \begin{pmatrix} -1 \\ 0 \\ -1 \end{pmatrix} + C_3 \begin{pmatrix} 1 \\ 1 \\ 0 \end{pmatrix} \right] \cdot \cos x$

$- \left[C_2 \cdot \begin{pmatrix} 1 \\ 1 \\ 0 \end{pmatrix} + C_3 \cdot \begin{pmatrix} 1 \\ 0 \\ 1 \end{pmatrix} \right] \cdot \sin x$

c. $\begin{pmatrix} y_1 \\ y_2 \end{pmatrix} = C_1 \cdot \begin{pmatrix} 1 \\ 4 \end{pmatrix} \cdot e^{-3x} + C_2 \cdot \begin{pmatrix} 1 \\ -1 \end{pmatrix} \cdot e^{2x} + \begin{pmatrix} -1 \\ 2 \end{pmatrix} \cdot x^2 + \begin{pmatrix} 0 \\ 2 \end{pmatrix} \cdot x,$

$C_1, C_2 \in \mathbf{R}$

$\begin{pmatrix} y_1^* \\ y_2^* \end{pmatrix} = \begin{pmatrix} 1 \\ 4 \end{pmatrix} \cdot e^{-3x} - \begin{pmatrix} 1 \\ -1 \end{pmatrix} \cdot e^{2x} + \begin{pmatrix} -1 \\ 2 \end{pmatrix} \cdot x^2 + \begin{pmatrix} 0 \\ 2 \end{pmatrix} \cdot x$

d. $\begin{pmatrix} y_1 \\ y_2 \end{pmatrix} = C_1 \cdot \begin{pmatrix} 3 \\ -2 \end{pmatrix} \cdot e^{5x} + C_2 \cdot \begin{pmatrix} 1 \\ 2 \end{pmatrix} \cdot e^{-3x}$

$\begin{pmatrix} y_1^* \\ y_2^* \end{pmatrix} = \begin{pmatrix} 3 \\ -2 \end{pmatrix} \cdot e^{5x} + 2 \cdot \begin{pmatrix} 1 \\ 2 \end{pmatrix} \cdot e^{-3x}$

10.2 **a.** $y_1 = C_1 \cdot e^{x} - (C_2 + \frac{1}{2} + \frac{1}{2}x) \cdot e^{-x}, \qquad C_1, C_2 \in \mathbf{R}$

$y_2 = C_1 \cdot e^{x} + (C_2 + \frac{1}{2}x) \cdot e^{-x}, \qquad C_1, C_2 \in \mathbf{R}$

b. $y_1 = C_1 \cdot e^{x} + C_2 \cdot e^{-2x}$

$y_2 = C_1 \cdot e^{x} + C_3 \cdot e^{-2x}$

$y_3 = C_1 \cdot e^{x} - (C_2 + C_3) \cdot e^{-2x}$

wobei C_1, C_2, C_3 beliebige reelle Konstanten sind.

10.3 $\begin{pmatrix} y_1(x) \\ y_2(x) \end{pmatrix} = \begin{pmatrix} 1 \\ 2 \end{pmatrix} \cdot e^{3x} + 2 \cdot \begin{pmatrix} 1 \\ -2 \end{pmatrix} \cdot e^{-x} + \begin{pmatrix} x-4 \\ -4x+5 \end{pmatrix}$

11.1 $\Omega = \{1\} \cup \{2,3\} \cup \{4\} \cup \{5,6\}$

$\mathcal{F} = \{\emptyset, \Omega, \{1\}, \{2,3\}, \{4\}, \{5,6\}, \{1,2,3\}, \{1,4\}, \{1,5,6\}, \{2,3,4\}, \{2,3,5,6\}, \{4,5,6\}, \{1,2,3,4\}, \{1,2,3,5,6\}, \{1,4,5,6\}, \{2,3,4,5,6\}\}$

11.2 $\Omega = [0,2[\cup [2,3] \cup]3,10]$

$\mathcal{F} = \{\emptyset, [0,10], [0,2[, [2,3],]3,10], [0,3], [2,10], [0,2[\cup]3,10]\}$

12.1 Ein geeigneter Wahrscheinlichkeitsraum ist $(\Omega, \mathcal{F}, P)$ mit $\Omega = [0,2]$, $\mathcal{F}$ = BORELsche σ-Algebra, P = Gleichverteilung.

Die kumulierte Verteilungsfunktion ist dann

$$F(x) = \begin{cases} 0 & \text{für } x < 0 \\ \frac{x}{2} & \text{für } 0 \le x \le 2. \\ 1 & \text{für } 2 < x \end{cases}$$

12.2

E	∅	{1}	{2}	{3}	{4}	{5}	{6}	Ω
P(E)	0	$\frac{4}{12}$	$\frac{2}{12}$	$\frac{2}{12}$	$\frac{2}{12}$	$\frac{1}{12}$	$\frac{1}{12}$	1

12.3 P (Schütze trifft) $= (0{,}5 + 0{,}6 + 0{,}7 + 0{,}8 + 0{,}9) \cdot 0{,}2 = 0{,}7$

12.4 **a.** $P(J \mid U) = \dfrac{1 \cdot 0{,}5}{1 \cdot 0{,}2 + 0{,}2 \cdot 0{,}4 + 0{,}5 \cdot 0{,}4} = 0{,}41\overline{6}$

b. $P(J \mid U) = \dfrac{1 \cdot \frac{1}{3}}{1 \cdot \frac{1}{3} + 0{,}2 \cdot \frac{1}{3} + 0{,}5 \cdot \frac{1}{3}} = 0{,}588$

12.5 $P(M) = 1 - P(\overline{M}) = 1 - 0{,}7 \cdot 0{,}8 \cdot 0{,}9 = 0{,}496$

12.6 $0{,}99 \le$ P (Molinero hat nach n Schüssen mindestens ein Tor geschossen)

$= 1 -$ P (Molinero hat nach n Schüssen kein Tor geschossen)

$= 1 - 0{,}5^n$

$0{,}5^n \le 0{,}01 \quad \Leftrightarrow \quad n \ge \dfrac{\log 0{,}01}{\log 0{,}5} = 6{,}64$

d. h. Molinero muss mindestens 7 mal auf das Tor schießen, um mit der Wahrscheinlichkeit 0,99 einen Treffer zu erzielen.

12.7 **a.** $P(X) = 0{,}03 \cdot 0{,}5 + 0{,}04 \cdot 0{,}3 + 0{,}05 \cdot 0{,}2 = 0{,}037$

b. $P(Ha \mid X) = \frac{0{,}03 \cdot 0{,}5}{0{,}037} = 0{,}405$

12.8 P (B. Becker ist männlich | B. Becker ist farbenblind) $= \frac{0{,}05 \cdot 0{,}5}{0{,}05 \cdot 0{,}5 + 0{,}0025 \cdot 0{,}5}$

$= \frac{20}{21} = 0{,}952$

12.9 **a.** P (Ei ist zu klein) $= 0{,}03 \cdot 0{,}4 + 0{,}03 \cdot 0{,}3 + 0{,}05 \cdot 0{,}3 = 0{,}036$

b. P (Ei stammt von Moni | Ei ist zu klein) $= \frac{0{,}03 \cdot 0{,}3}{0{,}036} = 0{,}25$

13.1 **a.** $\Omega = \{(1,1,1), (1,1,2), (1,1,3), (1,2,1), \ldots, (2,1,1), \ldots, (2,3,3), (3,1,1), \ldots, (3,3,3)\}$

$|\Omega| = 3^3 = 27$

b. $X(\Omega) = \{3,4,5,6,7,8,9\}$

x_j	3	4	5	6	7	8	9
$P_X(x_j)$	$\frac{1}{27}$	$\frac{3}{27}$	$\frac{6}{27}$	$\frac{7}{27}$	$\frac{6}{27}$	$\frac{3}{27}$	$\frac{1}{27}$

x	<3	≥ 3	≥ 4	≥ 5	≥ 6	≥ 7	≥ 8	≥ 9
$F_X(x)$	0	$\frac{1}{27}$	$\frac{4}{27}$	$\frac{10}{27}$	$\frac{17}{27}$	$\frac{23}{27}$	$\frac{26}{27}$	1

13.2 **a.** $\Omega = \{(1,2,3), (1,2,4), (1,2,5), (1,2,6), (1,3,4), (1,3,5), (1,3,6), (1,4,5), (1,4,6), (1,5,6), (2,3,4), (2,3,5), (2,3,6), (2,4,5), (2,4,6), (2,5,6), (3,4,5), (3,4,6), (3,5,6), (4,5,6)\}$

b.

x	6	7	8	9	10	11	12	13	14	15
$20 \cdot P(x)$	1	1	2	3	3	3	3	2	1	1

c.

x	< 6	≥ 6	≥ 7	≥ 8	≥ 9	≥ 10	≥ 11	≥ 12	≥ 13	≥ 14	≥ 15
F(x)	0	$\frac{1}{20}$	$\frac{2}{20}$	$\frac{4}{20}$	$\frac{7}{20}$	$\frac{10}{20}$	$\frac{13}{20}$	$\frac{16}{20}$	$\frac{18}{20}$	$\frac{19}{20}$	1

d.

y	3	4	5	6
$20 \cdot P(y)$	1	3	6	10

e. $P(y \geq 4) = \frac{3+6+10}{20} = \frac{19}{20}$

13.3 **a.** $\int_{-3}^{0} a \cdot (3+x)dx + \int_{0}^{3} a \cdot (3-x)dx = a \cdot 9 = 1 \quad \Leftrightarrow \quad a = \frac{1}{9}$

b. $$F(x) = \begin{cases} 0 & \text{für} \quad x < -3 \\ \frac{1}{18}x^2 + \frac{1}{3}x + \frac{1}{2} & \text{für} \quad -3 \leq x \leq 0 \\ -\frac{1}{18}x^2 + \frac{1}{3}x + \frac{1}{2} & \text{für} \quad 0 < x \leq 3 \\ 1 & \text{für} \quad 3 < x \end{cases}$$

c. $P(\frac{1}{2} \leq x \leq 1) = F(1) - F(\frac{1}{2}) = \frac{1}{8}$

13.4 $\int_{b}^{\frac{1}{a}} (1-ax)dx = \frac{1}{a} - \frac{1}{2a} - b + \frac{1}{2}ab^2 = 1$

$b = \frac{1}{a}(1-\sqrt{2a})$, da zusätzlich $b < \frac{1}{a}$ sinnvoll.

13.5 **a.** $P = B(4;100;0{,}04) = \binom{100}{4} \cdot 0{,}04^4 \cdot 0{,}96^{96} = 0{,}199$

b. $P = 1 - \sum_{j=0}^{6} B(j;100;0{,}04) = 0{,}30576$

c. $P = \sum_{j=0}^{8} B(j;100;0{,}04) = 0{,}78162$

13.6 **a.** $\int_3^5 a\,dx = 2a = 1 \quad \Leftrightarrow \quad a = \frac{1}{2}$

b. i. $E(X) = \int_3^5 \frac{1}{2} x\,dx = 4$

ii. $Var(X) = \sigma_X^{\;2} = \int_3^5 \frac{1}{2}(x-4)^2\,dx = \frac{1}{3}$

iii. $\sigma_X = 0{,}57735$

c. $P(\{2X < 9 \mid x > 4\} = \dfrac{\int_4^{4,5} \frac{1}{2}dx}{\int_4^5 \frac{1}{2}dx} = \frac{1}{2}$

14.1 **a.** x_t = Anzahl der an dem jeweiligen Tag bis zu dem Zeitpunkt t gerauchten Zigaretten.

b. Ω = Menge aller endlichen, mit Null beginnenden, monoton wachsenden Treppenfunktionen $[0,24[$, bei denen die einzelnen Stufen immer nur eine Einheit springen.

c. $T = [0,24[$ ist kontinuierlich;
$Z = \{0,1,2,\ldots,n\}$, wobei n eine geeignete natürliche zahl ist, z. B. $n = 1.000$

14.2 **a.** Jeder Pfad von $\{S_n \mid n \in \mathbf{N}\}$ ist eine streng monoton wachsende Folge natürlicher Zahlen, bei denen die Abstände zwischen den aufeinander folgenden Gliedern einer natürlichen Zahl zwischen 1 und 6 entsprechen.

b. $P(S_n \le 10 \text{ für alle } n \le 3) = P(S_3 \le 10) = \frac{108}{6^3} = \frac{1}{2}$

c. $P(S_n \le 20 \text{ für alle } n \le 6 \mid S_3 = 10) = P(S_6 \le 20 \mid S_3 = 10)$

$= P(S_{6-3} \le 20 - 10) = P(S_3 \le 10) = \frac{1}{2}$

d. $\{S_n \mid n \in \mathbf{N}\}$ ist nicht stationär, kein Martingal, kein GAUß-Prozess, kein POISSON-Prozess. Es ist aber ein Prozess mit stationären unabhängigen

Zuwächsen und damit ein MARKOV-Prozess, genauer eine MARKOV-Kette.

15.1 a.

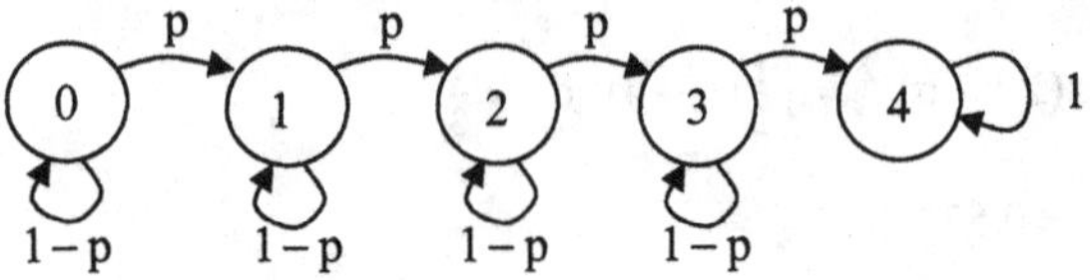

b. $p(4) = p^4[1 + 4(1-p) + 6(1-p)^2 + 4(1-p)^3]$

$p(4) = (\frac{2}{3})^4[1 + \frac{4}{3} + 6 \cdot (\frac{1}{3})^2 + 4(\frac{1}{3})^3] = 0{,}6218$

15.2 a. $1 \to 2, \quad 2 \to 3, \quad 3 \to 2, \quad 4 \to 3$

b. $K_1 = \{1\}, \quad K_2 = \{2,3\}, \quad K_3 = \{4\}$

c. K_2 und damit 2 und 3 sind rekurrent.

K_1 und K_3 sind transient.

K_2 ist absorbierend.

2 und 4 sind reflektierend.

15.3 a.

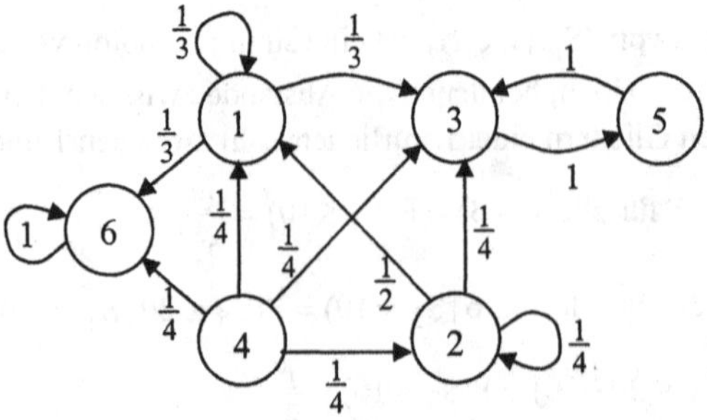

b. Die Klassen $K_1 = \{6\}$ und $K_2 = \{3,5\}$ sind rekurrent und die darin enthaltenen Zustände sind rekurrent. Dagegen sind die Klasse $K_3 = \{1,2,3,4\}$ und die darin enthaltenen Zustände transient.

15.4 Langfristig werden knapp 4 % kurzfristige Forderungen sein, während der Anteil der über 4 Monate überfälligen Forderungen gut 78 % beträgt.

15.5 **a.** $\mathbf{p}^T(1) = (0{,}2; 0{,}15; 0{,}32; 0{,}33)$

$\mathbf{p}^T(2) = (0{,}08; 0{,}17; 0{,}331; 0{,}419)$

$\mathbf{p}^T(3) = (0{,}032; 0{,}178; 0{,}3333; 0{,}4567)$

b. Da das lineare Gleichungssystem

$$(\pi_1, \pi_2, \pi_3, \pi_4) \cdot \mathbf{P} = (\pi_1, \pi_2, \pi_3, \pi_4)$$

$$\pi_1 + \pi_2 + \pi_3 + \pi_4 = 1$$

die allgemeine Lösung

$$(\pi_1, \pi_2, \pi_3, \pi_4) = (0,1,0,\ 0) + (0; 1{,}7; 0{,}7; 1) \cdot t_4, \quad 0 \le t_4 \le 1$$

hat, existiert kein Gleichgewichtszustand, der unabhängig von der Anfangsbedingung ist.

c. A ist transient.
B ist absorbierend und positiv rekurrent.
C ist reflektierend.
$K = \{C, D\}$ und damit auch C und D sind positiv rekurrent.

15.6 $\mathbf{p}^* = (p_1^*, p_2^*, p_3^*) = (1,0,0) + (-\frac{5}{2}, 1, \frac{3}{2}) \cdot t_2, \quad t_2 \in [0, \frac{2}{5}]$

Da mehr als eine stationäre Verteilung existiert, besitzt die MARKOV-Kette keine ergodische Verteilung.
Sie hat die beiden positiv-rekurrenten Klassen $K_1 = \{1\}$ und $K_2 = \{2,3\}$.

Anhang - Komplexe Zahlen und trigonometrische Funktionen

Bereits zu Beginn des 16. Jahrhunderts wurden die *komplexen Zahlen* eingeführt. Anlass dazu war die Tatsache, dass die Gleichung

$$x^2 + 1 = 0 \qquad \text{oder} \qquad x^2 = -1 \tag{A.1}$$

und viele andere quadratische Gleichungen keine reellen Lösungen besitzen. Das Quadrat einer reellen Zahl ist bekanntermaßen stets eine nicht-negative Zahl.

Um eine Lösung von (A.1) zu erhalten, führt man die *imaginäre Zahl* i ein, die formal als eine Zahl definiert ist, deren Quadrat gleich "–1" ist, d. h. $i^2 = -1$.

Die Einführung der imaginären Einheit i führt zu einer Erweiterung des Zahlenbegriffs von den reellen zu den *komplexen Zahlen.*

Algebraische Form:
Die algebraische Form einer komplexen Zahl ist

$$z = a + ib,$$

wobei a und b reelle Zahlen sind. Die Zahl a heißt der *Realteil* und die Zahl b der *Imaginärteil* von z.

Ist der Realteil $a = 0$ und der Imaginärteil $b \neq 0$, so heißt die komplexe Zahl $z = a + ib = ib$ *rein imaginär*.

Ist der Imaginärteil b = 0, so ist die komplexe Zahl $z = a + ib = a$ eine reelle Zahl.

Zwei Zahlen $z = a + ib$ und $\overline{z} = a - ib$ heißen *konjugiert komplex*, wenn ihre Realteile gleich sind und ihre Imaginärteile sich nur im Vorzeichen unterscheiden.

Für das Rechnen mit komplexen Zahlen $a + ib$ und $c + id$ gilt:

$$a + ib = c + id \iff a = c \text{ und } b = d \tag{A.2}$$

$$(a + ib) \pm (c + id) = (a + c) \pm i(b + d) \tag{A.3}$$

$$(a + ib) \cdot (c + id) = (ac - bd) + i(ad + bc) \tag{A.4}$$

$$(a + ib) : (c + id) = \frac{ac + bd}{c^2 + d^2} + i\,\frac{bc - ad}{c^2 + d^2}, \quad c + id \neq 0 \tag{A.5}$$

Geometrische Darstellung:
Komplexe Zahlen lassen sich als geordnete Paare auffassen und dann in einer speziellen kartesischen Koordinatenebene, der *GAUßschen Zahlenebene*, darstellen, wobei der Realteil auf der Abzissenachse, der *reellen Achse*, und der Imaginärteil auf der Ordinatenachse, der *imaginären Achse*, abgetragen werden.

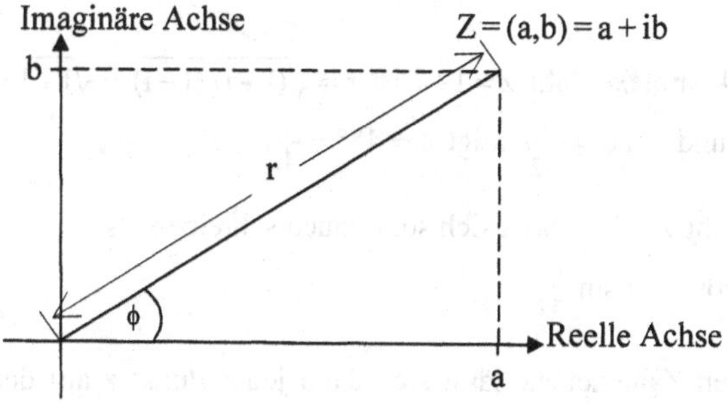

Abb. A.1: GAUßsche Zahlenebene

Die reelle Zahl $r = |z| = \sqrt{a^2 + b^2}$ heißt der *absolute Betrag* der komplexen Zahl $z = a + ib$. Sie entspricht in der GAUßschen Zahlenebene dem Abstand des Punktes z vom Schnittpunkt zwischen reeller und imaginärer Achse, berechnet nach dem Satz des PHYTAGORAS. Da für konjugiert komplexe Zahlen $z = a + ib$ und $z = a - ib$ gilt: $z \cdot \bar{z} = a^2 + b^2$, lässt sich der absolute Betrag von z bzw. $\bar{z}$ berechnen als $r = |z| = \sqrt{z \cdot \bar{z}}$.

Trigonometrische Form:
Bezeichnen wir in der GAUßschen Zahlenebene den Winkel zwischen der reellen Achse und dem Strahl, der vom Ursprung nach dem Punkt $z = (a, b)$ gezogen ist, mit ϕ, wobei die Drehungsrichtung von ϕ entgegengesetzt dem Uhrzeigersinn ist, dann gilt

$$\cos\phi = \frac{a}{r} \qquad \text{oder} \qquad a = r\cos\phi$$

$$\sin\phi = \frac{b}{r} \qquad \text{oder} \qquad b = r\sin\phi$$

Die komplexe Zahl $z = a + ib$ lässt sich somit auch in den *Polarkoordinaten* r und ϕ darstellen, und zwar gilt

$$z = r(\cos\phi + i\sin\phi)$$

Diese Darstellung in Polarkoordinaten wird als *trigonometrische Form* der komplexen Zahl z bezeichnet, wogegen man die Schreibweise $z = a + ib$ die *algebr-*

aische Form von z nennt. Der Winkel ϕ wird als das *Argument* der komplexen Zahl z bezeichnet.

Da $\tan\phi = \frac{\sin\phi}{\cos\phi} = \frac{b}{r} : \frac{a}{r} = \frac{b}{a}$ ist, berechnet sich der Winkel ϕ als $\phi = \arctan\frac{b}{a}$. Dabei ist die Mehrdeutigkeit der inversen trigonometrischen Funktion arc tan x zu beachten.

< **A.1** > Für die komplexe Zahl $z = 1 + i$ ist $r = \sqrt{(1+i)(1-i)} = \sqrt{1+1} = \sqrt{2}$ und aus $\cos\phi = \frac{1}{\sqrt{2}}$ und $\sin\phi = \frac{1}{\sqrt{2}}$ folgt $\phi = 45° = \frac{\pi}{4}$.

Die komplexe Zahl $z = 1 + i$ lässt sich somit auch schreiben als

$$z = \sqrt{2} \cdot (\cos\frac{\pi}{4} + i\sin\frac{\pi}{4}).$$ ♦

In der GAUßschen Zahlenebene lässt sich dann jeder Punkt z auf dem Einheitskreis um den Schnittpunkt zwischen den reellen und der imaginären Achse darstellen als

$$z = \cos\phi + i\sin\phi$$

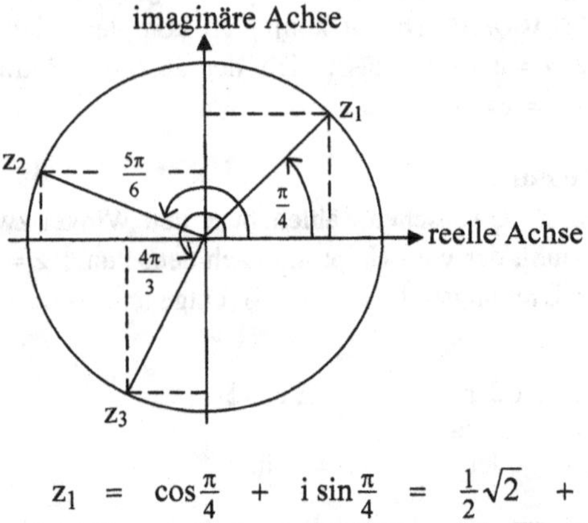

$$z_1 = \cos\frac{\pi}{4} + i\sin\frac{\pi}{4} = \frac{1}{2}\sqrt{2} + \frac{i}{2}\sqrt{2}$$

Abb. A.2: $$z_2 = \cos\frac{5\pi}{6} + i\sin\frac{5\pi}{6} = -\frac{1}{2}\sqrt{3} + \frac{i}{2}$$

$$z_3 = \cos\frac{4\pi}{3} + i\sin\frac{4\pi}{3} = -\frac{1}{2} - \frac{i}{2}\sqrt{3}$$

Es gilt nun, vgl. z. B: [COURANT, 1971, S. 358] die EULER*sche Relation*

$$e^{i\phi} = \cos\phi + i\sin\phi \tag{A.6}$$

d. h. alle Funktionswerte der imaginären Exponentialfunktion liegen auf dem Einheitskreis um den Ursprung der GAUßschen Zahlenebene.

Aus $(e^{i\phi})^n = e^{in\phi} = \cos n\phi + i\sin n\phi$ folgt unmittelbar die Gültigkeit der *Formel von* DE MOIVRE

$$(\cos\phi + i\sin\phi)^n = \cos n\phi + i\sin n\phi \tag{A.7}$$

< A.2 > Die 6-te Potenz der komplexen Zahl $z = (1+i) = \sqrt{2}\,(\cos\frac{\pi}{4} + i\sin\frac{\pi}{4})$ lässt sich leicht mit der Formel von DE MOIVRE berechnen als

$$z^6 = (1+i)^6 = (\sqrt{2})^6 \cdot (\cos\frac{6\pi}{4} + i\sin\frac{6\pi}{4}) = -8i$$ ◆

Eigenschaften der Sinus- und Kosinusfunktionen:

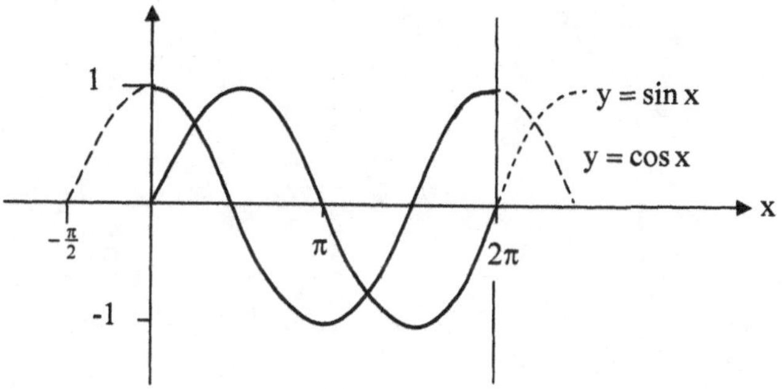

Abb. A.3: sin x, cos x

Für die 2π-periodischen Funktionen $y = \sin x$ und $y = \cos x$ gelten u. a. folgende wichtige Rechenregeln:

$$\sin(\phi + 2\pi) = \sin\phi \qquad \cos(\phi + 2\pi) = \cos\phi$$

$$\sin(\phi + \pi) = -\sin\phi \qquad \cos(\phi + \pi) = -\cos\phi$$

$$\sin(\phi + \tfrac{\pi}{2}) = \cos\phi \qquad \cos(\phi + \tfrac{\pi}{2}) = -\sin\phi$$

$$\sin(-\phi) = -\sin\phi \qquad \cos(-\phi) = \cos\phi$$

$$\sin^2\phi + \cos^2\phi = 1$$

$$\sin\alpha\cdot\sin\beta = \frac{1}{2}\cdot[\cos(\alpha-\beta)-\cos(\alpha+\beta)]$$
$$\cos\alpha\cdot\cos\beta = \frac{1}{2}\cdot[\cos(\alpha-\beta)+\cos(\alpha+\beta)]$$
$$\sin\alpha\cdot\cos\beta = \frac{1}{2}\cdot[\sin(\alpha-\beta)+\sin(\alpha+\beta)]$$

ϕ	0	$\frac{\pi}{6}$	$\frac{\pi}{4}$	$\frac{\pi}{3}$	$\frac{\pi}{2}$	π	$\frac{3\pi}{2}$	2π
$\sin\phi$	0	$\frac{1}{2}$	$\frac{1}{\sqrt{2}}$	$\frac{1}{2}\sqrt{3}$	1	0	−1	0
$\cos\phi$	1	$\frac{1}{2}\sqrt{3}$	$\frac{1}{\sqrt{2}}$	$\frac{1}{2}$	0	−1	0	1

Ausgewählte Literatur

Allen* R.G.D. (1971) Mathematische Wirtschaftstheorie. Duncker & Humblot, Berlin.[1]

Anderson T.W. (1955) Probability Models for Analyzing Time Changes and Attitudes. In: Lazarsfeld P.F. (ed.): Mathematical Thinking in the Social Sciences, Glencoe, Illinois, 17-66

Aulbach B. (2004) Gewöhnliche Differentialgleichungen. Spektrum Akademischer Verlag, Heidelberg

Bamberg G.; Baur F. (2002) Statistik. 12. Aufl., Oldenbourg Verlag, München

Baschnagel W.P. (1999) Stochastic Processes. Springer Verlag, Berlin Heidelberg New York

Baumol* W.J. (1970) Economic Dynamics. The MacMillan Company, New York

Beach* E.F. (1957) Economic Models. John Wiley, London Sydney

Beckers S. (1981) Standard Deviations Implied in Option Pricing as Predictors of Future Stock Price Volatility. Journal of Banking and Finance 5, 363-381

Beckmann M.J.; Künzi H. P. (1973) Mathematik für Ökonomen II: Lineare Algebra. Springer Verlag, Berlin Heidelberg New York

Benker H. (2005) Differentialgleichungen mit Mathcad und Matlab. 7. Aufl., Springer Verlag, Berlin Heidelberg New York

Bieberach L. (1965) Theorie der gewöhnlichen Differentialgleichungen. Springer Verlag, Berlin Göttingen Heidelberg New York

Birkhoff G.; MacLane S. (1968) Algebra. The MacMillan Company, New York

Black F. (1989) How to Use the Holes in Black-Scholes. Journal of Applied Corporate Finance 1, 67-73

Black F.; Scholes M. (1973) The Pricing of Options and Corporate Liabilities. Journal of Political Economy 81, 637-654

Boole G. (1860) A Treatise on the Calculus of Finite Differences. MacMillan, Cambridge

Borodin A.N. (2002) Handbook of Brownian Motion - Facts and Formulae. Birkhäuser Verlag, Basel

---

[1] In den mit * gekennzeichneten Quellen findet der interessierte Leser eine Vielzahl weiterer Anwendungsfälle für Differenzen- und Differentialgleichungen bzw. Systeme.

Boyce E.; DiPrima R.C. (2000) Gewöhnliche Differentialgleichungen. Spektrum Akademischer Verlag, Heidelberg

Braun M. (1991) Differentialgleichungen und ihre Anwendungen. Springer Verlag, Berlin Heidelberg New York

Burg K.; Haf H.; Wille F. (2004) Partielle Differentialgleichungen. Teubner Verlag, Wiebaden

Bush R.R.; Mosteller F. (1955) Stochastic Models for Learning. John Wiley, New York

Bushaw D.W.; Clower R.W. (1957) Introduction to Mathematical Economics, Part II. Homewood, Illinois

Capasso V.; Bakstein D. (2005) An Introduction to Continuous-Time Stochastic Processes. Springer Verlag, Berlin Heidelberg New York

Champerdowne D.G. (1953) A Model of Income Distribution. Economic Journal 63, 318-351

Cherny A.S.; Engelbert H.-J. (2005) Singular Stochastic Differential Equations. Lecture Notes in Mathematics, Vol. 1858. Springer Verlag, Berlin Heidelberg New York

Chipman J.S. (1951) The Theory of Inter-Sectorial Money Flows and Income Formation. Baltimore 1951

Chiras D.P.; Manaster S. (1978) The Information Content of Option Prices and a Test of Market Efficiency. Journal of Financial Economics 6, 213-234

Chow G.C. (1975) Analysis and Control of Dynamic Economic Systems. New York

Chung K.L.; Walsh J.B. (2005) Markov Processes, Brownian Motion, and Time Symmetry. Springer Verlag, Berlin Heidelberg New York

Courant R. (1971) Vorlesungen über Differential- und Integralrechnung 1. Springer Verlag, Berlin Heidelberg New York

Cox J.C.; Ross S.A.; Rubinstein M. (1979) Option Pricing: A Simplified Approach. Journal of Financial Economics 7, 229-263

Cox J.C.; Rubinstein M. (1985) Option Markets. Prentice Hall, Englewood Cliffs, New Jersey

Deuflhard P.; Bornemann F. (2002) Gewöhnliche Differentialgleichungen. Gruyter Verlag, Berlin

Domar E.D. (1944) The Burden of the Debt and the National Income. American Economic Review 34, 798-827

Domar E.D. (1957) Essays in the Theory of Economic Growth. Oxford University Press, New York

Dormann R.; Samuelson P.A.; Solow R.M. (1958) Linear Programming and the Economic Analysis. McGraw-Hill, New York

Dubofsky D.A.(1992) Options and Financial Futures. 2nd ed. McGraw-Hill, Singapore

Dürr R.; Ziegenbalg J. (1984) Dynamische Prozesse und ihre Mathematisierung durch Differenzengleichungen. Ferdinand Schönigh, Paderborn

Engel A. (1975) Anwendungsorientierte Mathematik. Der Mathematikunterricht, 21, 38-69

Erwe F. (1964) Gewöhnliche Differentialgleichungen. Bibliographisches Institut, Mannheim

Etheridge A. (2002) A Course in Financial Calculus. Cambridge University Press, Cambridge

Evans* G.C. (1930) Mathematical Introduction to Economics. McGraw-Hill, New York

Fahrmeir L.; Raßer G.; Kneib Th. (2005) Stochastische Prozesse. Skript zur Vorlesung an der Universität München, München

Fisz M. (1973) Wahrscheinlichkeitsrechnung und mathematische Statistik. Dt. Verl. d. Wiss., Berlin

Forst W.; Hoffmann D. (2005) Gewöhnliche Differentialgleichungen. Springer Verlag, Berlin Heidelberg New York

Gandolfo* G. (1972) Mathematical Methods and Models in Economic Dynamics. North-Holland Publ., Amsterdam London

Gandolfo* G. (1997) Economic Dynamics. Springer Verlag, Berlin Heidelberg New York

Gantmacher F.R. (1964) The Theory of Matrices. Volume Two. Chelsea Publishing Company, New York

Geske R. (1979) A Note on an Analytic Valuation Formula for Unprotected American Call Options on Stocks with Known Dividends. Journal of Financial Economics 7, 375-380

Goldberg J.L.; Schwartz A.J. (1972) Systems of Ordinary Differential Equations. An Introduction. Harper & Row, New York

Goldberg* S. (1968) Differenzengleichungen und ihre Anwendung in Wirtschaftswissenschaft, Psychologie und Soziologie. Oldenbourg Verlag, MünchenWien

Goodwin R.M. (1949) The Multiplier as Matrix. Economic Journal 59, 537-555

Greub W.H. (1963) Lineare Algebra. Springer Verlag, Berlin Göttingen Heidelberg

Grimmett G.R.; Stirzaker D.R. (2002) Probability and Random Processes. 3rd ed., Oxford University Press, Oxford

Hanau A. (1928 und 1930) Die Prognose der Schweinepreise. Sonderhefte 7 und 18 der Vierteljahreshefte zur Konjunkturforschung, Institut für Konjunkturforschung, Berlin

Harrod R.F. (1948) Towards a Dynamic Economics. MacMillan & Co, London.

Heller W.-D.; Lindenberg H.; Nuske M.; Schriever K.-H. (1978) Stochastische Systeme. Gruyter Verlag, Berlin New York

Heuser H. (2004) Gewöhnliche Differentialgleichungen. Teubner Verlag, Stuttgart

Hicks J.R. (1949) Mr. Harrod's Dynamic Theory. Economica 16, 106-121

Hicks J.R. (1950) A Contribution to the Theory of Trade Cycle. Oxford University Press, London

Hildebrand* F.E. (1968) Finite-Difference Equations and Simulations. Pretice-Hall, Englewood Cliffs, New Jersey

Hull J.C. (1998) Options, Futures and other Derivative Securities. 2nd ed., Prentice Hall, Englewood Cliffs, New Jersey

Hurwitz A. (1895) Über die Bedingungen, unter welchen eine Gleichung nur Wurzeln mit negativen reellen Teilen besitzt. Mathematische Annalen, 46, 273-284

Ito K. (2004) Stochastic Processes. Springer Verlag, Berlin Heidelberg New York

Kamke E. (1962) Gewöhnliche Differentialgleichungen. Geest & Portig, Leipzig

Kamke E. (1965) Partielle Differentialgleichungen. Geest & Portig, Leipzig

Kamke E. (1971) Differentialgleichungen. Lösungsmethoden und Lösungen, Band 1. 3. Aufl., Chelsea Publishing Company, New York

Karatzas I.; Shreve S.E. (1997) Brownian Motion and Stochastic Caculus. Springer Verlag, New York

Karlin S.; Taylor H.M. (2001) A First/ Second Course in Stochastic Processes. 12. ed., Academic Press, San Diego

Kloeden P.E.: Platen E. (1999) Numerical Solution of Stochastic Differential Equations. Springer Verlag, Berlin Heidelberg New York

Krause U.; Nesemann T. (1999) Differenzengleichungen und diskrete Systeme. Teubner Verlag, Wiesbaden

Lahres H. (1964) Einführung in die diskreten Markov-Prozesse und ihre Anwendungen. Vieweg Verlag, Braunschweig

Latane H.; Rendleman R.J. (1976) Standard Deviation of Stock Price Ratios Implied by Option Premia. Journal of Finance 31, 369-382

Leontief W.W. (1953) Studies in the Structure of the American Economy. Oxford University Press, New York

Liénard; Chipart M.H. (1914) Sur la signe de la partie réelle des racines d'une equation algébrique. J. Math. Pures Appl. 10, 291-346

Littler H.G. (1944) Pure Theory of Money. Canadian Journal of Economics and Political Sciences 10, 422-447

Mangold H.V.; Knopp. K. (1967) Einführung in die höhere Mathematik. Bd. 3, S. Hirzel Verlag, Stuttgart

Mangold H.V.; Knopp. K. (1971) Einführung in die höhere Mathematik. Bd. 1, S. Hirzel Verlag, Stuttgart

Marsal Dietrich (1976) Die numerische Lösung partieller Differentialgleichungen. Bibliographisches Institut, Mannheim

Meffert H. (1992) Marketingforschung und Käuferverhalten. 2. Aufl., Gabler Verlag, Wiesbaden

Meffert H.; Steffenhagen H. (1977) Marketing Prognosemodelle. 1.Aufl., Gabler Verlag, Wiesbaden

Merton R.C. (1973) Theory of Rational Option Pricing. Financial Analysts Journal 51, 8-20

Metzler L.A. (1941) The Nature and Stability of Inventory Cycles. Review of Economics and Statistics 23, 113-129

Metzler L.A. (1942) Underemployment Equilibrium in International Trade. Econometrica 10, 97-112

Metzler L.A.: (1950) A Multiple-Region Theory of Income and Trade. Econometrica 18, 329-354

Natenberg Sh. (1994) Option Volatility & Pricing. Irwin, Chicago London Singapore

Nöbauer* W.; Timischl W. (1979) Mathematische Modelle in der Biologie. Vieweg Verlag, Braunschweig

Nyquist H. (1932) Regeneration Theory. Bell System techn. Journal 11, 126-147

Oksendal B. (2003) Stochastic Differential Equations. Springer Verlag, Berlin Heidelberg New York

Ott* A.E. (1970) Einführung in die dynamische Wirtschaftstheorie. Vandenhoeck & Ruprecht, Göttingen

Petrowski I.G. (1954) Vorlesungen über die Theorie der gewöhnlichen Differentialgleichungen. Geest & Portig, Leipzig

Phillips A.W. (1954) Stabilisation Policy in a Closed Economy. Economic Journal 64, 290-323

Pielou* E.C. (1969) An Introduction to Mathematical Ecology. Wiley-Interscience, New York

Roman S. (2004) Introduction to the Mathematics of Finance. Springer Verlag, Berlin Heidelberg New York

Rommelfanger H. (1977) Differenzen- und Differentialgleichungen. Bibliographisches Institut, Mannheim

Rommelfanger H. (1985) Differenzengleichungen. Bibliographisches Institut, Mannheim

Rommelfanger H. (2004) Mathematik für Wirtschaftswissenschaftler Band 1, 6. Auflage, Elsevier Verlag, Heidelberg

Rommelfanger H. (2004) Mathematik für Wirtschaftswissenschaftler Band 2, 5. Auflage, Elsevier Verlag, Heidelberg

Rommelfanger H. (2004) Übungsbuch Mathematik für Wirtschaftswissenschaftler, Elsevier Verlag, Heidelberg

Rose* K. (1973) Grundlagen der Wachstumstheorie. Eine Einführung. Vandenhoeck & Ruprecht, Göttingen

Routh E.J. (1877) A Treatise on the Stability of a Given State of Motion. London, 74-81

Rutsch M. (1974) Wahrscheinlichkeit 1. Bibliographisches Institut, Mannheim

Rutsch M.; Schriever K.-H. (1976) Wahrscheinlichkeit 2, Bibliographisches Institut, Mannheim

Samuelson P.A. (1939) Interactions between the Multiplier Analysis and the Principle of Acceleration. Review of Economic Statistics 21, 75-78

Samuelson, P.A. (1941) Conditions that the Roots of a Polynomial be less than Unity in Absolute Value. Annals of Mathematical Statistics 12, 360-364

Samuelson, P.A. (1948) Foundations of Economic Analysis. Harvard University Press, Cambridge

Sato, R. (1970) A Further Note on a Difference Equation Recurring in Growth Theory. Journal of Economic Theory 2, 95-102

Schumann, J. (1968) Input-Output-Analyse. Springer Verlag, Berlin Heidelberg New York

Schur, J. (1917) Über Potenzreihen, die im Innern des Einheitskreises beschränkt sind. Journal für Mathematik 147, 205-232

Schwarze, J. (1992) Mathematik für Wirtschaftswissenschaftler, Band 3, 9. Aufl., Neue Wirtschafts-Briefe, Herne Berlin

Shinkai Y. (1960) On Equilibrium Growth of Capital and Labor. International Economic Review 1, 107-111

Smith J.M. (1968) Mathematical Ideas in Biology. Cambridge University Press, Cambridge

Smithies, A. (1942) The Stability of Competitive Equilibrium. Econometrica 10, 258-274

Solow R.M. (1960) Investment and Technical Progress. In: Arrow K.J.; Karlin S.; Suppes P. (eds.): Mathematical Methods in the Social Sciences. Stanford, 89-104

Steele J.M. (2000) Stochastic Calculus and Financial Applications. Springer Verlag, New York

Steele J.M. (2001) Stochastic Calculus and Financial Applications. Springer Verlag, Berlin Heidelberg New York

Stoll R.R (1952) Linear Algebra and Matrix Theory. McGraw-Hill, New York

Waldmann K.-H.; Stocker U. (2004) Stochastische Modelle. Springer Verlag, Berlin Heidelberg New York

Walter W. (2000) Gewöhnliche Differentialgleichungen. Eine Einführung. 7. Aufl., Springer Verlag, Berlin Heidelberg New York

Weßels Th. (1992) Numerische Verfahren zur Bewertung von Aktienoptionen. Gabler Verlag, Wiesbaden

Weizel R.; Weyland J. (1974) Gewöhnliche Differentialgleichungen. Bibliographisches Institut, Mannheim

Zurmühl, R. (1961) Praktische Mathematik für Ingenieure und Physiker. Springer Verlag, Berlin Heidelberg New York

Zurmühl, R. (1964) Matrizen. Springer Verlag, Berlin Heidelberg New York

Sachverzeichnis